北京一零一中生态智慧教育丛书——课堂教学系列
丛书主编 陆云泉 熊永昌

北京一零一中

利用图形计算器探究数学

LIYONG TUXING JISUANQI TANJIU SHUXUE

何 棋 著

北京理工大学出版社
BEIJING INSTITUTE OF TECHNOLOGY PRESS

图书在版编目（CIP）数据

利用图形计算器探究数学 / 何棋著. --北京：北京理工大学出版社，2024. 11.

ISBN 978-7-5763-4561-2

Ⅰ. O1-4

中国国家版本馆 CIP 数据核字第 20247MN063 号

责任编辑：钟　博　　文案编辑：钟　博

责任校对：周瑞红　　责任印制：李志强

出版发行 / 北京理工大学出版社有限责任公司

社　　址 / 北京市丰台区四合庄路 6 号

邮　　编 / 100070

电　　话 /（010）68944439（学术售后服务热线）

网　　址 / http：//www.bitpress.com.cn

版 印 次 / 2024 年 11 月第 1 版第 1 次印刷

印　　刷 / 廊坊市印艺阁数字科技有限公司

开　　本 / 710 mm × 1000 mm　1/16

印　　张 / 17

彩　　插 / 1

字　　数 / 296 千字

定　　价 / 88.00 元

丛书序

教育事关国计民生，是国之大计，党之大计。

北京一零一中是北京基础教育名校（以下简称“学校”），备受社会的关注和青睐。学校自1946年建校以来，取得了丰硕的办学业绩。学校始终以培养“卓越担当人才”为己任，在党的“教育必须为社会主义现代化建设服务，为人民服务，必须与生产劳动和社会实践相结合，培养德智体美劳全面发展的社会主义建设者和接班人”的教育方针的指引下，立德树人，踔厉奋发，为党和国家培养了一大批卓越担当的优秀人才。

教育事业的发展离不开教育理论的指导。时代是思想之母，实践是理论之源。新时代的教育需要教育理论创新。学校在传承历史办学思想的基础上，依据时代教育发展的需要，守正出新，走过了自己的“教育理论”扬弃、创新过程。

学校先是借鉴了苏联教育家苏霍姆林斯基的“自我教育”思想，引导师生在认识自我、要求自我、调控自我、评价自我、发展自我的道路上学习、成长。

进入21世纪以来，随着教育事业的飞速发展，学校在继续践行“自我教育”思想的前提下，开始探索生态智慧课堂，建设“治学态度严谨、教学风格朴实、课堂氛围民主、课堂追求高远”的课堂文化，赋予课堂以“生态”“智慧”属性，倡导课堂教学的“生态、生活、生长、生命”观和“情感、思想、和谐、创造”性，课堂教学设计力求情境化、问题化、结构化、主题化、活动化，以实现“涵养学生生命，启迪学生智慧”的课堂教学宗旨。

2017年，随着党的十九大的召开，教育事业进入了新的时代，学校的教育指导思想由生态智慧课堂发展为生态智慧教育。北京一零一人在思考，在新的历史条件下发展什么样的基础教育，怎样发展中国特色、国际一流的基础教育这个重大课题。北京一零一人在探索中进一步认识到，“生态”意味着绿色、开放、多元、差异、个性与各种关系的融洽，因此“生态教育”的本质即尊重规律、包容差异、发展个性、合和共生；“智慧”意味着点拨、唤醒、激励、启迪，因此“智慧教育”的特点是启智明慧，使人理性求真、至善求美、务实求行，获得机智、明智、理智、德智的成长。

2019 年 5 月，随着北京一零一中教育集团的成立，学校的办学规模不断扩大，学校进入集团化办学阶段，对生态智慧教育的思考和认识进一步升华。大家认识到，“生态”与“智慧”二者的关系不是互相割裂的，而是相互融通的，生态智慧教育意味着从科学向智慧的跃升。生态智慧教育强调从整体论立场出发，以多元和包容的态度，欣赏并接纳世间一切存在物之间的差异性、多样性和丰富性；把整个宇宙生物圈看成一个相互联系、相互依赖、相互存在、相互作用的生态系统，主张人与植物、动物、自然、地球、宇宙的整体统一；人与世界中的其他一切存在物之间不再是认识和被认识、改造和被改造、征服和被征服的实践关系，而是平等的对话、沟通、交流、审美的共生关系。生态智慧教育是基于生态学和生态观的智慧教育，是依托物联网、云计算、大数据、泛在网络等信息技术所打造的物联化、智能化、泛在化的生态智慧教育系统；实现生态与智慧的深度融合，实现信息技术与教育教学的深度融合，致力于教育环境、教与学、教育教学管理、教育科研、教育服务、教育评价等的生态智慧化。

学校自 2019 年 7 月第一届北京一零一中教育集团教育教学年会以来，将“生态 · 智慧”教育赋予“面向未来”的特质，提出了“面向未来的生态智慧教育”思想。强调教育要“面向未来”培养人，要为党和国家培养“面向未来”的合格建设者和可靠接班人，要教会学生面向未来的生存技能，包括学习与创新技能、数字素养技能和职业生活技能，要将学生培养成拥有创新意识和创新能力的拔尖创新人才。

目前，“面向未来的生态智慧教育”思想已逐步贯穿学校办学的各领域、各环节，基本实现了“尊重规律与因材施教的智慧统一”“学生自我成长与学校智慧育人的和谐统一”“关注学生共性发展与培养拔尖创新人才的科学统一”“关注学生学业发展与促进教师职业成长的相长统一”。在“面向未来的生态智慧教育”思想的指导下，北京一零一中教育集团将“中国特色国际一流的基础教育名校”确定为学校的发展目标，将“面向未来的卓越担当的拔尖创新人才”作为学校的学生发展目标，将“面向未来的卓越担当的高素质专业化创新型的生态智慧型教师”明确为教师教育目标。

学校为此完善了北京一零一中教育集团“六大中心”的矩阵式、扁平化治理组织模式；研究制定了“五育并举”“三全育人”“家庭—学校—社会”协同育人、“线上线下—课上课后—校内校外”融合育人、“应试教育—素质教育—英才教育”融合发展的育人体系；构建了“金字塔式”的生态智慧教育课程体系；完善了“学院—书院制”的课程内容建设及实施策略建构；在北京一零一中教育集团内部实施“六个一体化”的生态智慧管理，各校区在“面向未来的生态智慧教育”思想指引下，传承自身文化，着力打造自身的办学特色，实现各美其美、美美与共。

北京一零一中教育集团着力建设了英才学院、翔宇学院、鸿儒学院和GITD（Global Innovation and Talent Development）学院，在学习借鉴生态学与坚持可持续生态发展观的基础上，追求育人方式改革，开展智慧教育、智慧教学、智慧管理、智慧评价、智慧服务等实验，着力打造了智慧教研、智慧科研和智慧学研，尤其借助对国家自然科学基金项目《面向大中学智慧衔接的动态学生画像和智能学业规划》和国家社会科学基金项目《基础教育集团化办学中学校内部治理体系和治理能力建设研究》的研究，加快学校的“生态·智慧”校园建设，同时通过2019年和2021年两次北京一零一中教育集团教育教学年会，加深了全体教职员工对“面向未来的生态智慧教育”思想的理解、认同、深化和践行。

目前，“面向未来的生态智慧教育”思想已深入人心，成为北京一零一中教育集团教职员工的共识和工作指导纲领——在教育教学管理中，自觉坚持“道法自然，各美其美”的管理理念，坚持尊重个性、尊重自然、尊重生命、尊重成长的生态、生活、生命、生长的“四生”观；在教师队伍建设中，积极践行“启智明慧，破惑证真”的治学施教原则，培养教师求知求识、求真求是、求善求美、求仁求德、求实求行的知性、理性、价值、德性、实践的“智慧”观；在拔尖创新人才培养中，立足“面向未来”，培养师生面向未来的信息素养、核心素养、创新素养等“必备素养”和学习与创新、数字与AI运用、职业与生活等“关键能力”。

北京一零一中教育集团注重“生态·智慧”校园建设，着力打造面向未来的生态智慧教育文化——在“面向未来的生态智慧教育”思想的引领下，各项事业蓬勃发展，育人方式深度创新，国家级新课程新教材实施示范校建设卓有成效；“双减”政策抓铁有痕，在借助生态智慧教育手段充分减轻师生过重“负担”的基础上，在提升课堂教学质量、进行高质量作业设计与管理、供给优质的课后服务等方面，充分提质增效；尊重规律、发展个性、成长思维、厚植品质、和合共生、富有卓越担当意识的生态智慧型人才的培养成果显著；面向未来的卓越担当型的高素质专业化创新型生态智慧型教师队伍建设成绩斐然；各校区各中心的内部治理体系和治理能力建设成绩突出；各校区的智慧教学、智慧作业、智慧科研、智慧评价、智慧服务的意识、能力、效率空前提高。北京一零一中教育集团在“面向未来的生态智慧教育”思想的引领下正朝着生态智慧型集团企业迈进。

为了更好地总结经验、反思教训、创新发展，我们启动了“面向未来的生态智慧教育”丛书的编写。本套丛书分为理论与实践两大部分，分别由导论、理论、实践、案例、建议五个篇章构成，各部分由学校发展中心、教师发展中心、学生发展中心、课程教学中心、国际教育中心、后勤管理中心及北京一零一中教育集团下辖的十二个校区的相关研究理论与实践成果构成。

本套丛书的编写得益于北京一零一中教育集团各个校区、各个学科组、广大干部教师的共同努力，在此对各位教师的辛勤付出深表感谢。希望本套丛书所蕴含的教育教学成果能够对北京市海淀区乃至全国的基础教育有所贡献，实现教育成果资源的共享，为中国基础教育的发展提供有益的借鉴和帮助。

中国教育学会副会长
北京一零一中教育集团总校长 陆云泉
中国科学院大学基础教育研究院院长

序　言

为了落实教育“立德树人”的根本任务，北京一零一中持续开展基于核心素养的生态智慧教育的实践研究。生态智慧教育倡导以学生的素养发展和生命成长为目标，最大限度地开发和启迪智慧，让教育焕发生命的光彩。

在这个知识爆炸、技术飞速发展的时代，智慧教育的理念和实践已经成为推动教育改革的重要力量。在所有学科教育中，数学教育尤为关键，它不仅是培养学生逻辑思维能力的基石，更是激发学生创新潜能、塑造拔尖创新人才的重要途径。智慧教育的基本内涵是通过构建智慧学习环境，运用智慧教学法，促进学生进行智慧学习，从而提升成才期望，即培养具有高智能和创造力的人才。其主要特征体现在信息技术与学科教学深度融合、教育资源无缝整合共享、全向交互、智能管控、按需推送、可视化、大数据的科学分析与评价等方面。智慧教育包括两个层面：从技术层面看，智慧教育依托智慧化的环境开展智慧教育，采用技术手段完成“智教”和“慧学”的教育目标；从教育层面看，智慧教育强调启迪智慧，获取知识，从知识传授向智慧生成转变，教师要智慧地教，学生要智慧地学。

何棋老师是我们学校的一位杰出教师，他致力于智慧教育与数学教育的实践。他毕业于华东师范大学数理统计专业，拥有深厚的数学理论基础。在长达近30年的教育生涯中，他始终坚守在教育一线，担任中学数学教师，以其丰富的教学经验和卓越的教学成果，赢得了学生、家长和社会的广泛赞誉。他不仅是我国教育学会的会员，还是人民教育出版社数字出版重点实验室的兼职研究员，同时担任海淀区数学学科带头人和国际课程数学学科兼职教研员，肩负着引领和推动区域数学教育发展的重任。他擅长将信息技术与数学教学深度融合，对如何在计算机、图形计算器以及网络环境中高效引领学生学习数学有着深刻的理解和独到的见解。他的教学方法不仅在国内产生了广泛影响，他还多次受邀到其他省市分享信息技术与数学整合教育经验，为我国数学教育的发展贡献了自己的智慧和力量。

在北京一零一中这片教育的沃土上，他辛勤耕耘，致力于高中数学和国际课程数学教育教学工作。他不断探索包括图形计算器的各种信息网络技术与数学教学的整合，经常在课堂中创设智慧教育情景，恰到好处地运用技术，将抽象的数学知识、原理、方法等进行可视化的呈现和动态变换，帮助学生突破数学抽象性，便于学生理解数学概念、领悟数学思想、掌握数学方法。同时，他设计学生参与体验的数学实验活动，有效地推动学生发现问题，提出问题，分析问题，解决问题。让学生逐渐养成用数学的眼光审视世界、分析世界、表达世界的习惯。他在探索技术与课堂有效融合的道路上走在了最前面，在他的课堂上“数学是好玩的”，他营造了集“乐教乐学、智慧情景、数学探索”为核心的课堂环境，带领学生“玩好数学”。他辅导的学生所完成的用技术探究数学的论文多次获奖，并发表在相关刊物上。

在教育教学研究方面，他积极参与人民教育出版社教材研究所国家重点课题研究，多次获得各级教育奖项，充分体现了他在数学教育领域的卓越成就。值得一提的是，他曾受邀参加在美国华盛顿召开的全球第 17 届 T3 教育会议，与国际教育界同仁共同探讨教育信息化的发展。此外，他在国内外教育期刊如《数学通报》《中国电化教育》等杂志上发表了 30 余篇论文，其中 2 篇被人大报刊资料中心转载，还出版专著一本，并获得北京市教科研优秀成果奖，为数学教育研究提供了丰富的实践经验。

他作为国际部数学教研组组长，以其非凡的数学素养和卓越的领导才能，对国际部数学教研组的建设和发展做出了不可磨灭的贡献。在他的引领下，国际部数学教研组成为一个充满活力、创新和协作精神的团队，也成为国际部的标杆教研组。

他带领国际部数学教研组团队，结合国内课程体系和学生实际情况，编制了完善的高中数学国际课程 AP、IB 项目教学实施方案，进行国际数学课程和教育资源的开发与建设，组织老师精心编写教案、课件、习题等优质教学材料，实现了教学资源的标准化和系统化管理，使教师们能够快速找到所需的教学资源，提高了工作效率。他积极推动教学改革，不断引入新的教学理念和方法，使我校的数学教学始终走在时代的前沿。国际部数学教研组成功开展了多项课题研究，这些研究成果不仅提升了教学质量，也为我校的教育改革提供了宝贵的经验。

他特别注重教师培养，对新教师勤听课勤反馈，严格要求又不失鼓励。他通过组织定期的教学研讨和经验分享会，为新教师提供了成长的平台。在他的悉心指导下，许多年轻教师迅速成长为学校的骨干教师，他们的研究课题和论文不断获得各级奖励乃至发表。他大力提倡推广国际部数学教学组共同备课，无私地分享自己的教学课件和教学经验，使国际部数学教研组的整体教学水平迅速提高。正是因为如此，我校国际部的学生在参加各项目高中数学全球统考中都取得了很好的成绩，无论是满分率还是合格率都处于国内领先的水平，大大高于全球平均水平。

何棋老师作为海淀区国际课程数学学科带头人，配合区里的整体教研安排，为海淀区中外合作办学项目带出一批国际化、专业化的数学教师队伍。何棋老师借助多年的数学学科教学经验，结合课程理论与学习理论，创造出一套完整的“何氏数学教学法”，应用于普通高中同国际课程数学的融合性探索，并以此为基础，带领老师们开展AP微积分、AP统计、IB数学、A－level数学等系列的教学实践，形成多项教学成果，受到海淀区中外合作办学项目数学教师们的一致首肯，数次获得海淀区教委、海淀区教师进修学校颁发的国际课程优秀教师、优秀兼职教研员称号。总之，他把自己对教育事业的追求与热爱、坚定与智慧、创新与探索精神不断地辐射给身边的教师，不断在平凡的工作中创造不平凡的成就。

《利用图形计算器探究数学》一书的问世，是何棋老师多年教育实践和研究的集大成之作，正是生态智慧教育理念的具体体现。本书不仅是对传统数学教学方法的一次革新，更是对生态智慧教育理念的一次深刻诠释。教育不是简单的知识灌输，而是智慧的启迪和生命的成长。生态智慧教育的核心在于打造“生活场”“思维场”“情感场”和“生命场”，让学生在轻松愉悦的氛围中茁壮成长。他以独特的视角，将图形计算器与数学教学巧妙融合，为广大师生提供了一种新颖、高效的学习方法。本书不仅可以教会学生如何使用图形计算器，还传递了一种尊重学生思维的生态价值观，让学生在掌握知识技能的同时，培养良好的数学素养。我相信，本书的出版必将为我国数学教育改革注入新的活力，助力更多学生成长为具有创新精神和实践能力的优秀人才。

在此，我衷心祝愿本书能为您带来智慧的启迪和教学的灵感，也期待我国数学教育事业在何棋老师和所有教师的共同努力下，不断攀登新的高峰，为国家的繁荣发展贡献力量。

最后，我要对何棋老师为我国教育事业付出的辛勤努力表示由衷的敬意，并祝愿他在未来的教育研究和实践中继续创造辉煌，为培养更多拔尖创新人才贡献自己的力量！

北京一零一中书记、校长熊永昌

2024 年 11 月

前　言

高中数学课程标准指出现代信息技术的广泛应用正在对数学课程内容、数学教学、数学学习等方面产生深刻的影响。高中数学课程应提倡实现信息技术与课程内容的有机整合，整合的基本原则是有利于学生认识数学的本质，通过选用合适的信息技术将高中数学的知识、内容恰当呈现，形成学习资源；通过恰当地使用信息技术创设学习情景实施教学，使学生有机会在一种真实的、体现数学发生与发展的过程中不断学习数学知识、理解数学本质、形成数学认知结构，并且可以接受挑战性的学习任务，进行实验、探究和发现，培养创新精神和实践能力。信息技术整合教学的关键是利用信息技术平台进行高层次的数学思维活动，使学生更好地理解数学的本质，形成数学认知结构，提升思维水平，提高信息素养，改善数学学习方式。

目前智慧教育的理念逐渐得到推广，主要是通过全面深入地运用现代信息技术，如物联网、云计算、无线通信等新一代信息技术来促进教育领域的改革与发展。智慧教育以学生为中心，借助信息技术手段，以个性化、智能化、网络化、多元化为主要特点，旨在培养具有创新精神和实践能力的高素质人才。智慧教育根据学生的兴趣、特长和需求，提供个性化的教学方案，满足学生的差异化需求，同时，通过智能化手段实现教学过程的自动化、信息化和智能化，提高教学效率和质量。

在智慧教育的背景下，图形计算器可以作为一个重要的工具来支持数学教学和学习。图形计算器以其直观性和交互性强的特点，极大地丰富了智慧教育的教学手段和方式。它可以将抽象的数学概念以图像、图形等形式直观地呈现出来，帮助学生更好地理解和掌握数学知识，探索数学规律，提高学习效果。同时，图形计算器的实时计算、绘图和数据分析功能，使学生能够更加便捷地进行数学探索和实践，培养他们的创新思维和实践能力。图形计算器还可以与其他教学设备和软件进行无缝连接，实现数据、图像和程序等的传输和共享，为师生提供更加丰富多样的教学资源和交互方式。

图形计算器最先出现在20世纪80年代中期。作为现代教育技术的一种重要工具，图形计算器从诞生到现在，已经在全球30多个国家的各层次教学中得到了普及和广泛应用。图形计算器在美国中学的使用最为广泛。2004年对全美中学数学老师的一项最新调查显示，约80%的高中数学老师在日常教学中使用图形计算器。在欧洲许多国家，如法国、荷兰、丹麦、挪威、芬兰、葡萄牙、瑞典、英国和卢森堡等，图形计算器已成为课堂教学的常用工具，并允许在考试中使用。

图形计算器在欧美的广泛使用证明：TI图形计算器引入课堂是数学理论教育领域的革命。它非但没有使学生对数学理论的理解降低，没有弱化学生的数理计算能力，反而非常有效地促进和提高了学生对数学理论、数学本质的理解和消化，将学生从机械烦琐的基础计算中解放出来，通过更有兴趣、更为形象、更为有效的方式了解数学科学的精髓、本质和规律。研究数据表明：TI图形计算器可以在短期内非常有效地提升学生对数学知识的掌握及应用的能力，而在物理、化学、生物等基础学科，使用TI图形计算器有助于学生对规律性知识的掌握和合理推理，有效地促进和提高了学生的能力。

TI－nspire图形计算器是美国德州仪器公司的最新产品，它是一种以现代信息技术为基础的手持式设备，具有强大的数据处理功能、函数功能、图形功能，简单的编程功能和一些数理实验功能，可以用数字、解析和图形等多种方式表示各种数学对象，它运算快捷，计算准确，操作方便，具有很好的交互性。利用TI－nspire图形计算器的这些功能，学生可以充分参与探索性活动，主动建构知识体系，增强动手实践能力，体会归纳、猜想和推理等数学思想和方法，这有助于促进学生在学习和实践过程中形成和发展数学思维，应用数学知识。它使学生把更多的时间和精力集中在对问题的思考、观察、归纳、分析、证明上，它能够支撑学生进行高层次的数学思维活动，对于数学学习很有帮助。更为重要的是TI－nspire图形计算器已经获得包括A－level、IB、AP、SAT、PSAT/NMSQT等国际考试的许可，作为指定机型，可以带入考场使用。

目前世界各国的教育正转向以培养学生核心素养为目标的教育方式，正在从灌输式被动接受教育向体验式主动探究教育转变。“学习要以探究为核心”，这是西方学校普遍采用的方式，也是新课程的基本理念之一。美国探究教学专家萨奇曼认为，学生生来就具有一种好奇的倾向，他们会想办法弄清科学现象的背后究竟发生了什么及为什么会发生，学生应该掌握探究问题的方法，养成随时发现新事物的习惯。因此，体验式、探究式学习的核心是在观察到科学现象后，探索为什么会发生这种科学现象，或者说发生这种科学现象的条件是什么，进而建构新的认知结构，同时提升自己的问题解决能力。

从教学手段看，国内的数学教学主要强调老师讲解，学生进行抽象思考，学生理解数学的程度全靠自己的资质和领悟能力。对于资质较好的学生这是没问题的，但是对于资质较差的学生困难就很大，因此题海战术成为法宝，学生也就成为解题的机器，而缺少数学思维能力。为了解决这个问题，可以通过使用技术将抽象的数学思维可视化、形象化，使学生更容易理解数学，更容易掌握数学的本质，引导学生使用图形计算器去探究，去发现，去证明，去建构新知识体系，注重培养学生应用图形计算器解决数学问题和实际问题的能力。在美国的各种考试(如 SAT、ACT、AP)中都允许使用图形计算器，考查学生应用图形计算器解决问题的能力。因此，对于即将出国留学的学生来讲，必须掌握图形计算器的功能，学会应用图形计算器解决数学问题，提升探究实际问题的能力。下面来看一个例子。

例 1 作出下列函数图像，并用分段函数表示。

(1) $f(x)=|x-1|+|x-3|$； (2) $g(x)=|x-1|-|x-3|$。

在传统教学中，教师讲解，学生被动地听讲，然后自己仔细思考，才能领悟。从学生学习的角度看，本例应想办法去掉绝对值，由绝对值的概念进行理性分析，得出函数的分段表达式，然后去画出图像。

现在使用图形计算器进行探究学习，学生用图形计算器作出图像(图 1、图 2)，学生都惊奇地问："为什么是这样的呢?"可以看到，函数(1)的图像分成了 3 段，通过跟踪图像找出分界点在 $x=1$，$x=3$ 处，如图 3、图 4 所示。这恰好是绝对值为 0 的点，因此很容易理解，要去掉绝对值，只需要按绝对值的零点分段，从而得出分段函数的表达式为

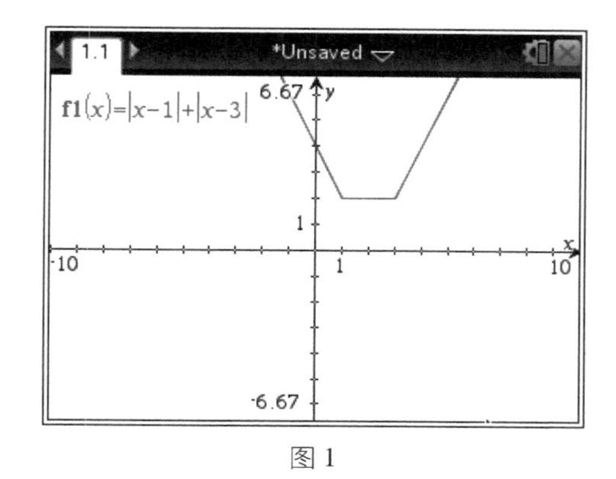

图 1

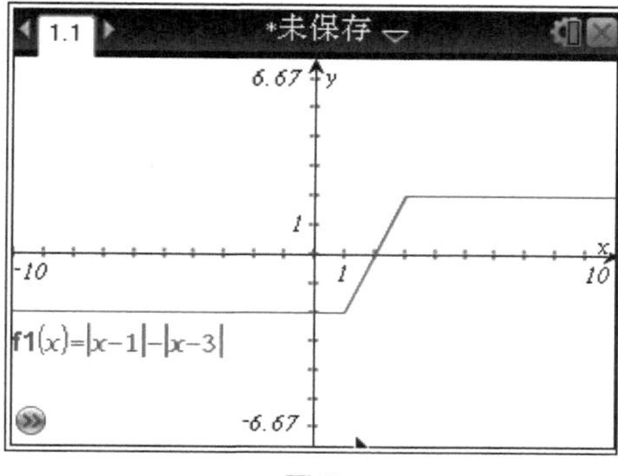

图 2

$$f(x)=\begin{cases}-2x+4, & x\leqslant 1\\ 2, & 1<x\leqslant 3\\ 2x-4, & x>3\end{cases},\quad g(x)=\begin{cases}-2, & x\leqslant 1\\ 2x-4, & 1<x\leqslant 3\\ 2, & x>3\end{cases}$$

这样的体验式探究学习轻松有趣，而且能够使学生深刻理解和掌握知识，效果比简单的死记硬背好得多。

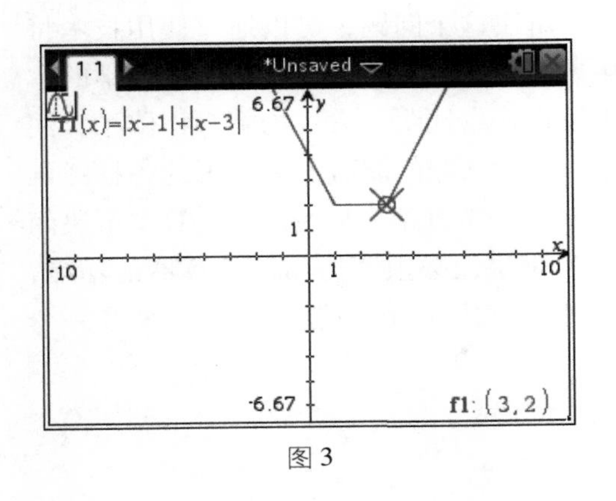

图 3

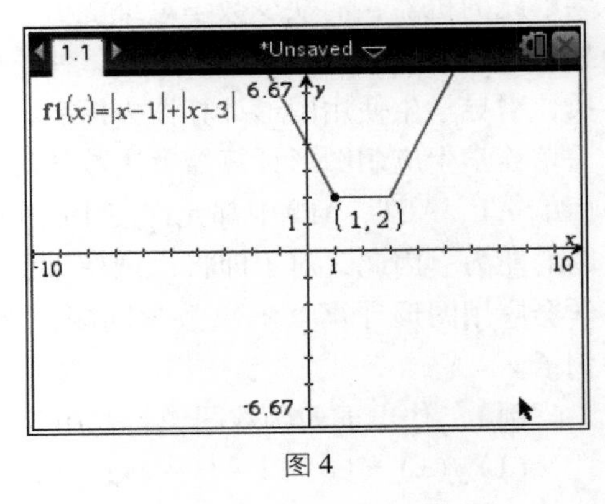

图 4

再看一个例子。

例 2 如图 5 所示，在四边形 $ABCD$ 中，AC 平分 $\angle DAB$，$\angle ABC=60°$，$AC=7$，$AD=6$，$S_{\triangle ADC}=\dfrac{15\sqrt{3}}{2}$，求 AB 的长.

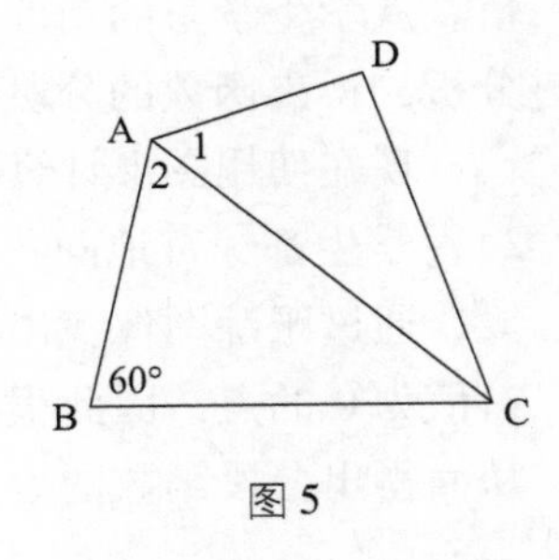

图 5

解： 因为 $S_{\triangle ADC}=\dfrac{15\sqrt{3}}{2}$，所以 $\dfrac{1}{2}AD\cdot AB\sin\angle 1=\dfrac{15\sqrt{3}}{2}$。

解得 $\sin\angle 1=\dfrac{5\sqrt{3}}{14}$。

在 $\triangle ABC$ 中，$\angle B=60°$，$\sin\angle 1=\dfrac{5\sqrt{3}}{14}$，因此 $\cos\angle 1=\dfrac{11}{14}$。

$\sin\angle ACB=\sin(\pi-(\angle B+\angle 1))=\sin(\angle B+\angle 1)=\sin\angle B\cdot\cos\angle 1+\cos\angle B\cdot\sin\angle 1=\dfrac{\sqrt{3}}{2}\times\dfrac{11}{14}+\dfrac{1}{2}\times\dfrac{5\sqrt{3}}{14}=\dfrac{4\sqrt{3}}{7}$。

由正弦定理得 $\dfrac{AB}{\sin\angle ACB}=\dfrac{AC}{\sin\angle B}$，从而得 $AB=\dfrac{AC}{\sin\angle B}\times\sin\angle ACB=\dfrac{7}{\sqrt{3}/2}\times$

$\frac{4\sqrt{3}}{7}=8$。

这个例子是解斜三角形的问题，是中外教材中的典型问题。以上解法是国内的解法，可以看到解题的基本思想很简单，只要在$\triangle ADC$中用面积解出$\sin\angle 1$，然后在$\triangle ABC$中算出$\sin\angle ACB$，再用正弦定理就可以算出AB。但是，在转化的过程中用到了很多数学的基本变形，例如同角的三角函数关系、两角和的正余弦公式、正弦定理等，其中的数学概念和公式很多，计算也很烦琐。如果用图形计算器求解，那么中间的结果可以不用计算出来，只要把$\angle 1$看作一个具体的确定角，即只用反三角符号表示的角(不用计算出大小)，然后参与运算就可以了，省略了原来解法中的很多步骤，如图6所示。这样，只要有数学想法，就容易用图形计算器实现，不涉及烦琐的数学运算，学生可以把精力放在对问题本身的思考和解析上。由此也可以看到技术思维和数学思想融合解决问题的便利性。当然，图形计算器还有更强大的作图、图形变换、数据采集、统计分析等功能，更能揭示数学的本质，对学习数学很有帮助。

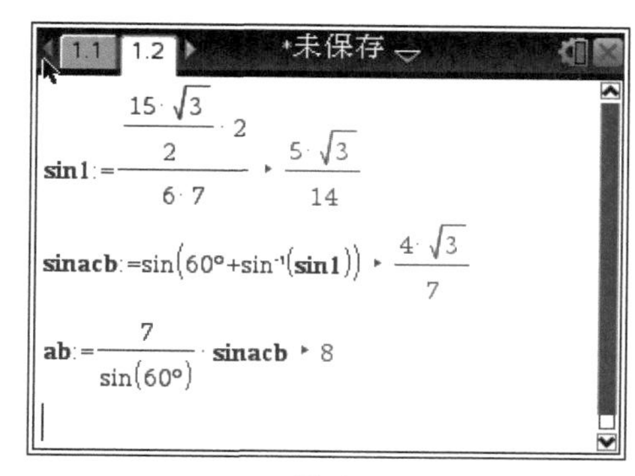

图6

恰逢我校成立国际部，我有幸参与开展国际班的数学教学。为了满足学习数学以及学习国外AP等课程的需要，也为了能够更好地同国际接轨，提高学生自主探究的学习能力，提高学生通过各种国际考试的能力，提高学生成功申请国外一流大学的概率，我编写了TI－nspire图形计算器辅助学习数学的教程，开展TI图形计算器辅助学习数学的教学，在适合的条件下，让学生在课堂中使用TI－nspire图形计算器进行数学探究活动。

在教程使用多年的基础上，我对教程进行了修订和调整，编写了本书。本书以学习数学、理解数学、探究数学为根本，以提升数学思维水平，提高在SAT、AP、ACT等考试中使用图形计算器的能力为目的，避免写成使用说明书，也不追求大而全，做到适用即可。因此，本书选择高中数学、SAT、AP课程中的核心内容，应用TI－nspire图形计算器进行探究性学习，同时体现信息技术在学习和考试中的优势。本书分为两个部分：一部分是应用TI－nspire图形计算器进行探究性学习数学的案例，不仅讲解了TI－nspire图形计算器的基本操作，还从国外高中数学课程中选择和改编了大量案例，通过利用TI－nspire图形计算器去试验、探究、和发现，帮助学生培养数学思维，从而认识数学本质，提高数学能力；另一部分是 SAT、AP 微积分、AP 统计等往年考试真题，选择其中可以应用 TI - nspire 图形计算器的部分试题，将解答过程和评注呈现给读者，相信对想要参加 SAT、AP、ACT 等考试的学生很有帮助。

本书不仅可供准备参加出国考试的同学使用，也可为国内教师和学生使用 TI - nspire图形计算器进行探究教学提供参考。

本书难免存在不足和疏漏之处，恳请读者指正。

何 棋

2024 年 3 月于圆明园

目　录

第一部分

应用图形计算器学习数学

第一课时　基本操作以及代数运算

学习目标

了解 TI－nspire 图形计算的功能，掌握 TI－nspire 图形计算器的基本操作，会使用 TI－nspire 图形计算器进行代数运算。

学习过程

一、基本功能及操作介绍

（一）键盘布局

TI－nspire 图形计算器的键盘布局如图 1－1 所示。具体如下：①红框：功能区；②黄框：数学符号和数字；③蓝框：字符输入；④绿框：中英文输入法切换。

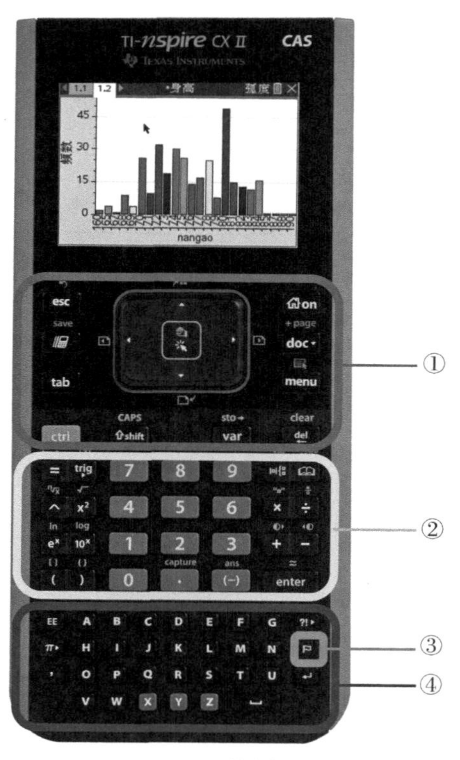

图 1－1（附彩插）

（二）键盘快捷键

键盘快捷键见表 1－1。

表 1－1

编辑文本		文档管理		导航	
剪切	ctrl X	新建文档	ctrl N	页顶	ctrl 7
复制	ctrl C	插入新页	ctrl I	页尾	ctrl 1
粘贴	ctrl V	选择应用程序	ctrl K	上页	ctrl 9
撤销	ctrl Z	保存当前文档	ctrl S	下页	ctrl 3
恢复	ctrl Y	关闭文档	ctrl W	文档菜单	doc▾
显示字符库	ctrl 📖	在矩阵中添加一列	⇧shift ↵	**文档导航**	
下划线	ctrl ␣	在矩阵中添加一行	↵	显示上一页	ctrl ◀
显示数学模板库		积分模板	⇧shift +	显示下一页	ctrl ▶
清除	ctrl del	导数模板	⇧shift −	显示页面大纲	ctrl ▲
大写锁定	ctrl ⇧shift	**调节显示屏**		插入页面	ctrl doc▾
存储	ctrl var	增加对比度	ctrl +	**应用程序专用**	
等号	=	降低对比度	ctrl −	插入数据采集台	ctrl D
等号/不等号库	ctrl =	关机	ctrl ⌂on	打开便签本	
平方根	ctrl x²	答案	ctrl (−)	撤销	ctrl esc

下面介绍几个重要的功能键。

（1）开机键⌂on：开机或者在开机状态下进入主页面。

（2）控制键ctrl：先按此键，再按其他键，可以实现按键上方字符标示的功能。

（3）菜单键menu：每个应用程序打开后，按menu键可以调用该应用程序的预置功能，此键类似计算机的鼠标左键；如果按ctrl+menu键，可以对当前选中的对象进行属性设置，类似计算机的鼠标右键。

（4）删除键del：按此键可以删除字符和对象。

（5）变量键var：按此键可以显示所有的系统自动生成变量和自定义变量，可以在不同应用程序中使用该键调用变量。

（6）书本键📖：按此键可以查找系统函数帮助和数学公式输入模板以及一些

特殊字符。

（7）旗帜键🏳：按此键可以进行中英文输入法切换键。

（8）常见的快捷键：ctrl C（复制）、ctrl V（粘贴）、ctrl Z（撤销）、ctrl Y（恢复）、ctrl X（剪切）等。这些快捷键和计算机快捷键的功能完全相同。

（9）页面之间切换：ctrl ▶、ctrl ◀。

（10）同页面窗口切换：ctrl tab。

（三）主界面

按 on 键开机后会进入主界面。如果开机后没有显示主界面，可以按退出键进入主界面，如图 1－2 所示。

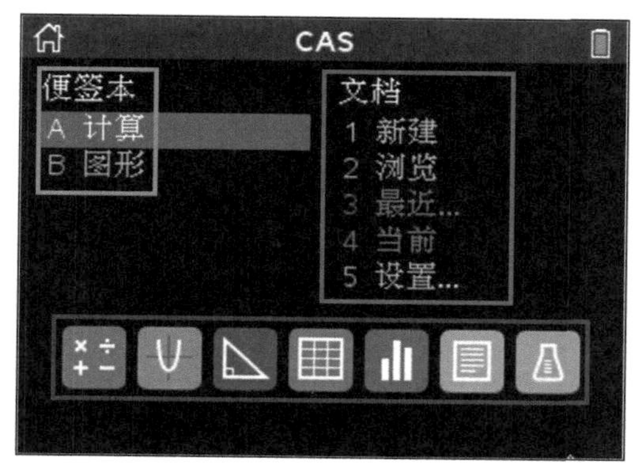

图 1－2

主界面分为 3 个部分。左上角是便签本，它提供简化的“计算”工具和“图形”工具。右上角是文档，它是文件管理器，可以完成一个复制、粘贴、删除文件，新建文件、文件夹等操作，也可以双机对传或者在无线环境中发送文件、操作系统。最下面是七大应用程序，如图 1－3 所示。

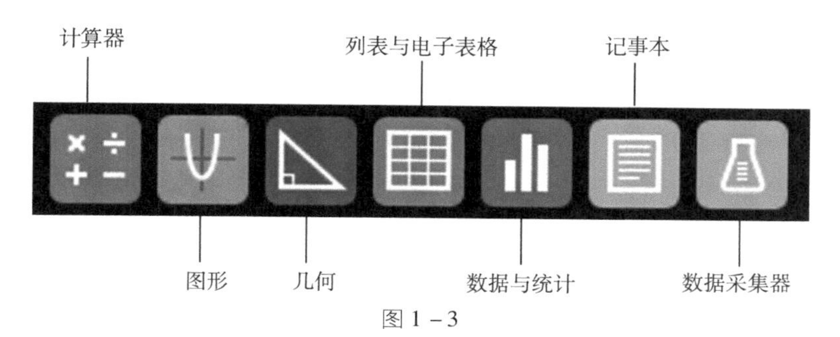

图 1－3

（1）计算器（Calculator）：能够完成各种数学运算，其输入和显示表达式、公式和方程的方式与数学课本保持一致，并且能够从标准的符号模板中快速、方便地寻找与选用合适的数学符号、变量名；可以通过滚动条查看之前的运算结果与公式。

（2）图形（Graphs）：可以进行函数、方程、数列、参数、极坐标、统计作图并且能够对图像进行分析，能够跟踪探测交点、最值等性质。

（3）几何（Geometry）：可以绘制各种几何图形，并且能够保证几何图形在运动和变换过程中逻辑关系不变，从而可以探究它们之间的数量关系，还可以通过单击图形内部的几何形状查看对象的构成原因。

（4）列表与电子表格（Lists & Spreadsheet）：功能类似计算机电子表格，如有标签栏，可以在单元格中插入公式、选择单元格并调整大小等，可以用它抓取和跟踪图表上的值、收集数据，并观察数学模型，统计分析的结果。

（5）数据与统计（Data & Statistics）：使用不同类型的图形统计数据；调整和研究数据——观察数据变化如何影响统计分析结果；创建“快图”；执行对真实数据集合的描述与推论统计计算。

（6）记事本（Notes）：将数学用文字进行描述，包括用文字描述数学问题与其结论，解释解题的步骤；利用问题—答案模板以方便教师提出问题和学生提交答案。

（7）数据采集器（Vernier Dataquest）：创建一个假设图形，收集与重放实验数据；结合 TI－Nspire Lab Cradle 实验托板或者 Vernier－Easy Link 单探头数据采集器使用。

（四）计算菜单

在任何时候按键都会进入便签本的计算页面，然后按menu键，移动光标可以查看计算菜单的所有项目，如图 1－5～图 1－11 所示。

图 1－4

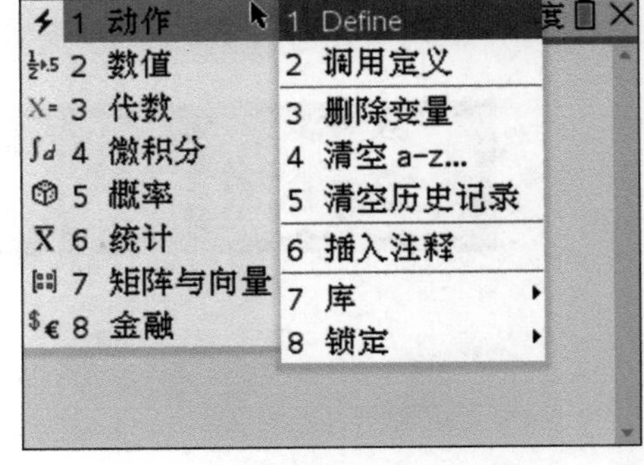

图 1－5

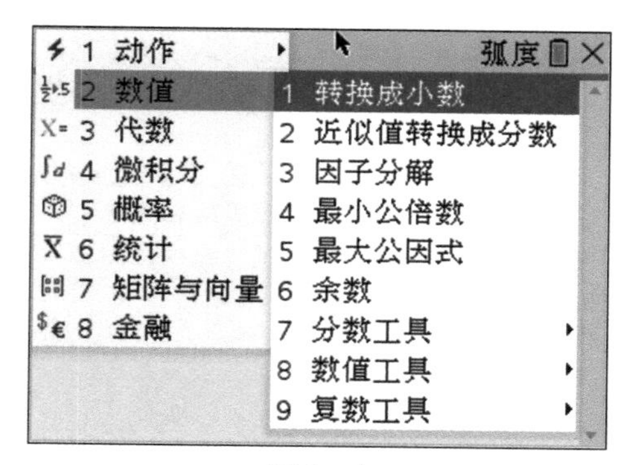

图 1－6

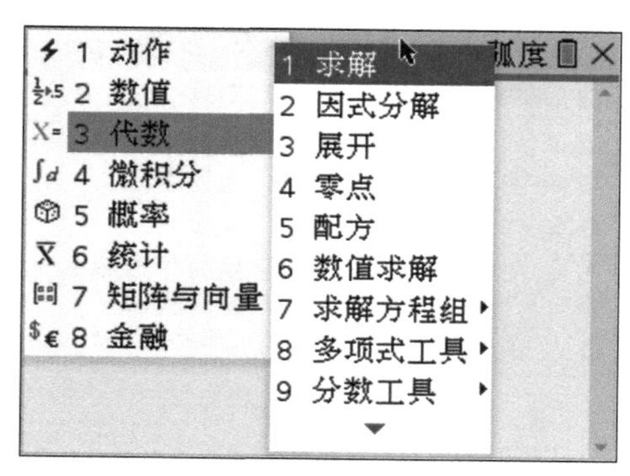

图 1－7

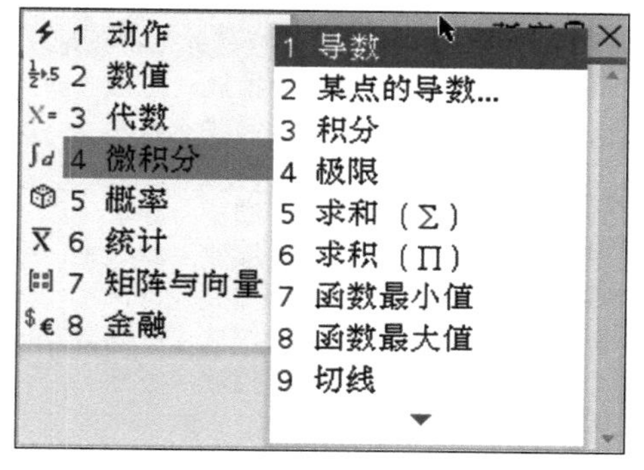

图 1－8

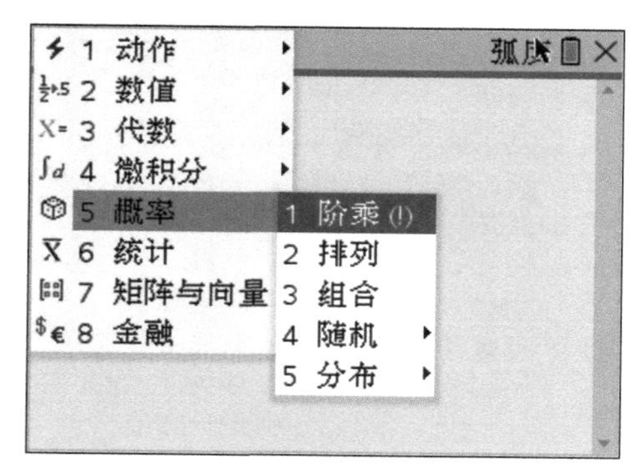

图 1－9

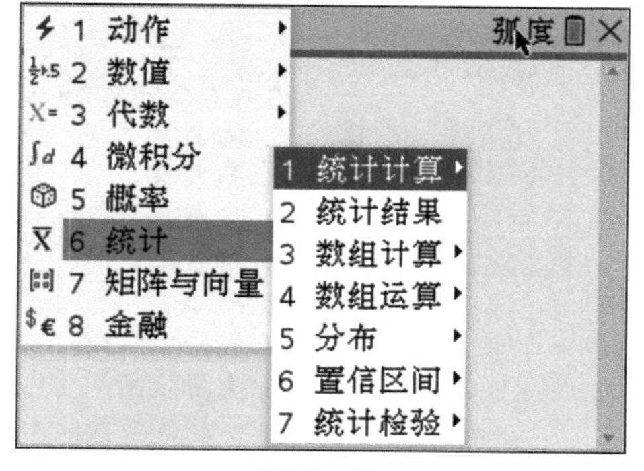

图 1－10

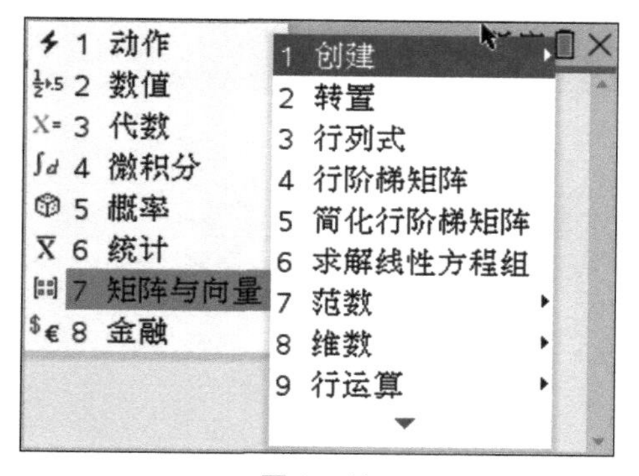

图 1－11

（五）图形菜单

在任何时候按键都会进入便签本的计算页面，再按键，会在计算页面和图形页面转换，按menu键，移动光标可以查看图形菜单的所有项目，如图 1－12 ~ 图 1－17 所示。

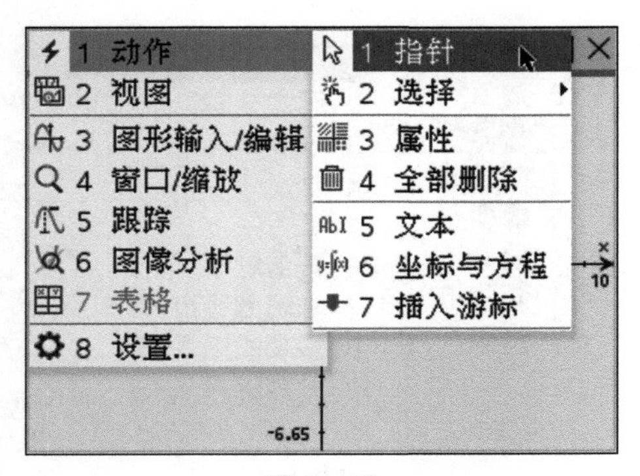

图 1 – 12

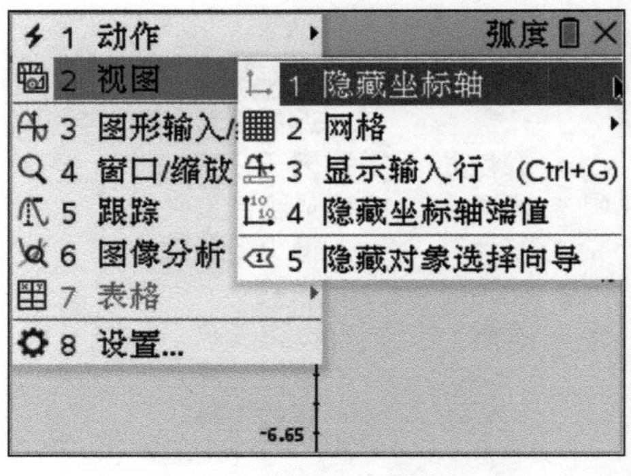

图 1 – 13

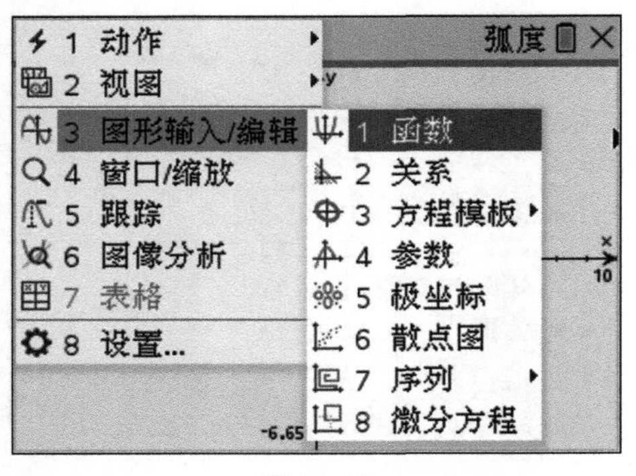

图 1 – 14

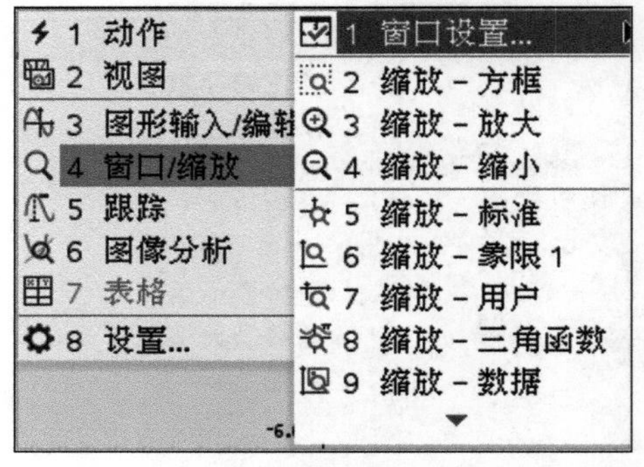

图 1 – 15

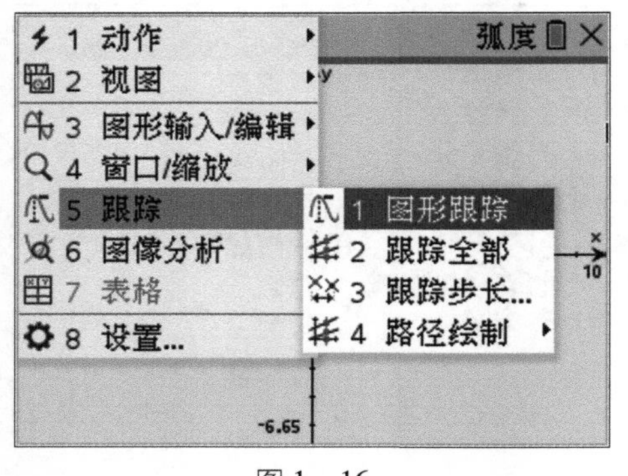

图 1 – 16

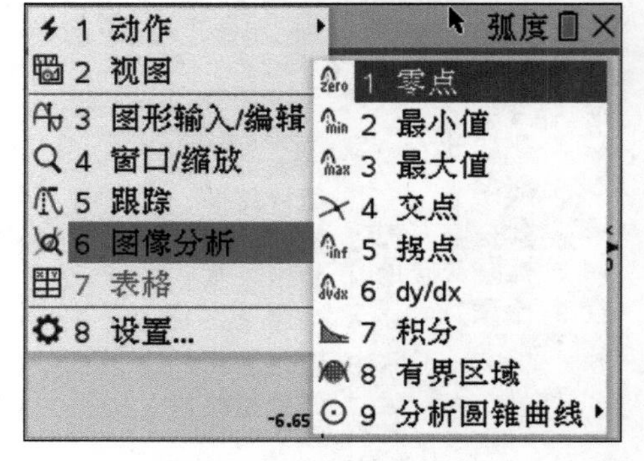

图 1 – 17

二、实践操作练习

实践 1： 进行以下计算。

（1）$(-3)^4$；（2）-3^4。

步骤：

（1）按[(][(-)][3][)][^][4][enter]键，可得结果 81，如图 1－18 所示。

（2）按[(-)][3][^][4][enter]键，可得结果 －81，如图 1－18 所示。

注意：负号键[(-)]位于数字键的下面，负号键[(-)]不同于减法运算键，输入负数最好使用负号键[(-)]，有时把负号键当作减法运算键输入可能导致错误，对于计算器来说减法运算与求反运算不是同一个运算。

实践 2：进行以下计算（计算结果显示精确值和近似值两种）。

（1） 45 的算术平方根；（2） tan 60°；（3） $\sin\left(-\frac{5\pi}{6}\right)$。

步骤：

（1）按[ctrl][√]45[enter]键，屏幕上将显示精确的计算值；如果想显示近似值则再按[ctrl]＋[enter]键，如图 1－19 所示。

（2）按[ctrl][trig]键，移动光标选择 tan 函数，输入 60，按[π▸]键，移动光标选择单位（°），按[enter]键确认进行计算，屏幕将显示精确结果（图 1－19）。若按[ctrl]＋[enter]键，可以显示计算结果的近似值。

（3）按[ctrl][trig]键，移动光标选择 sin 函数，按[(-)][5][÷][6]键，再按[π▸]键选择 π，按[enter]键确认进行计算，屏幕将显示精确结果（图 1－19）。

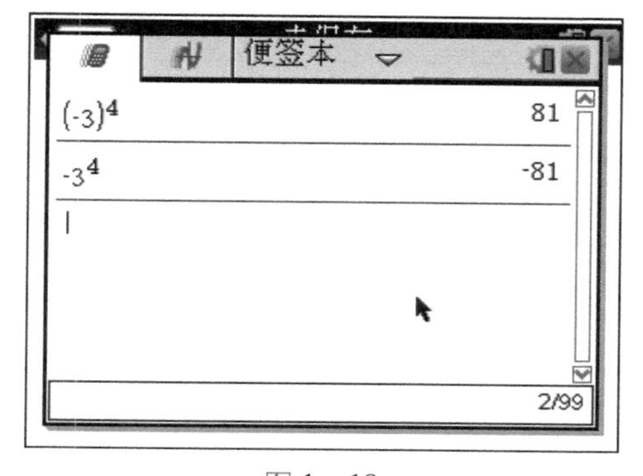

图 1－18

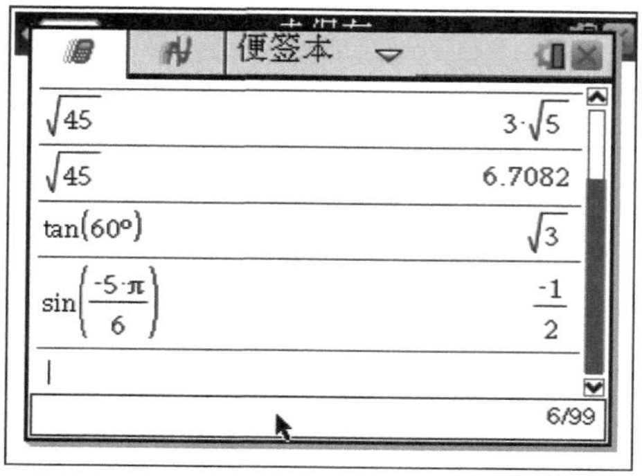

图 1－19

实践 3：运用变量运算。

给变量 a 赋值 3，给变量 b 赋值 2，计算 a^b，b^a。

步骤：

（1）按[3][ctrl][sto→][A][enter]键，完成给变量 a 赋值 3。

（2）按[B][ctrl][:=][2][enter]键，完成变量 b 赋值 2。

（3）按[A][^][B][enter]键，依次再按[B][^][A][enter]键，得出结果，如图 1－20 所示。

注意：这里[ctrl][sto→]与[ctrl][:=]都可以给变量赋值。

实践 4：在实数范围内解方程(组)。

命令格式：solve(方程，变量)。依次按 menu 3 1 键可以输入该命令，也可以直接输入命令。

例 解以下方程。

(1) $2x^2-8x+3=0$；

(2) $\begin{cases}x^2+y^2=4\\x-2y=2\end{cases}$。

步骤：

(1) 按 menu 3 1 键，选择 solve 命令，在括号内按 2 X x² − 8 X + 3 = 0 , X 键，即输入“$2x^2-8x+3=0$，x”，再按 enter 键确认，得出结果，如图 1－21 所示。

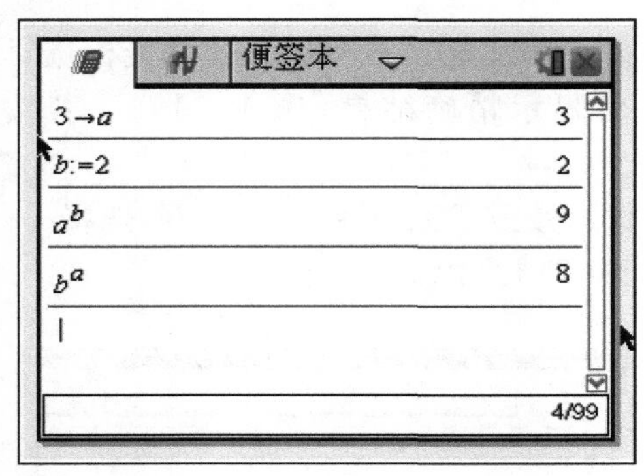

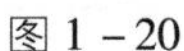
图 1－20

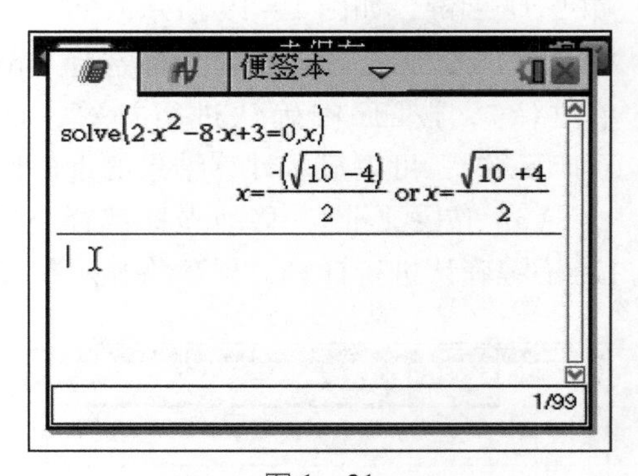

图 1－21

(2) 按 menu 3 7 1 键，如图 1－22 所示，按回车键选择“求解方程组”命令，在对应位置分别输入“$x^2+y^2=4$，$x-2y=2$”，再按 enter 键确认，得出结果，如图 1－23 所示。

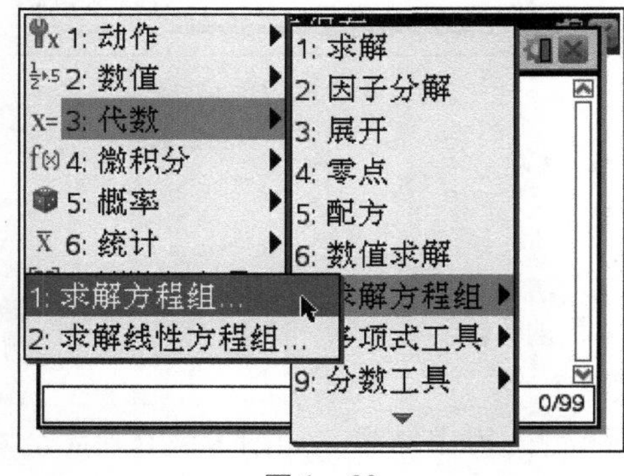

图 1－22

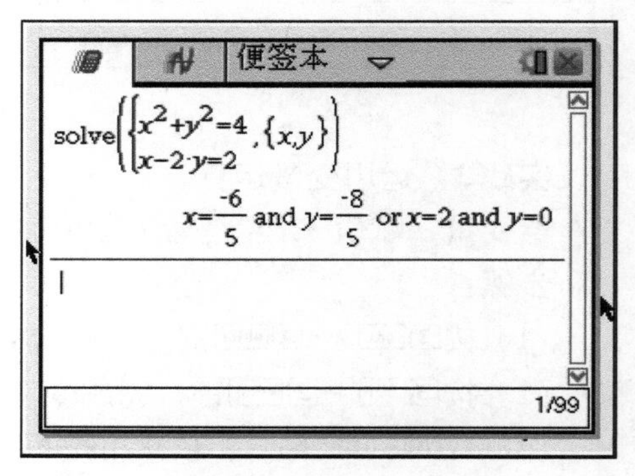

图 1－23

实践 5：在实数范围内进行因式分解。

factor 命令可以进行实数范围的因式分解，分解后的因式中可能含有无理数。

命令格式：factor(表达式)——将表达式在有理数范围内分解。

命令格式：factor(表达式，变量)——将表达式按给定变量在实数范围内分解。

例　分别在有理数和实数范围内分解 x^4-64。

步骤：

(1) 按menu ③②键，选择“因子分解”命令，在括号内输入“x^4-64”，按回车键得出在有理数范围内因式分解的结果，如图 1-24 所示。

(2) 按menu ③②键，输入“x^4-64，x”，按回车键得出在实数范围内因式分解的结果，如图 1-24 所示。

提示：如果想在复数范围内进行因式分解，只需在 factor 命令前面加一个 c，即变成 cFactor 命令就可以得到结果，如图 1-24 所示。

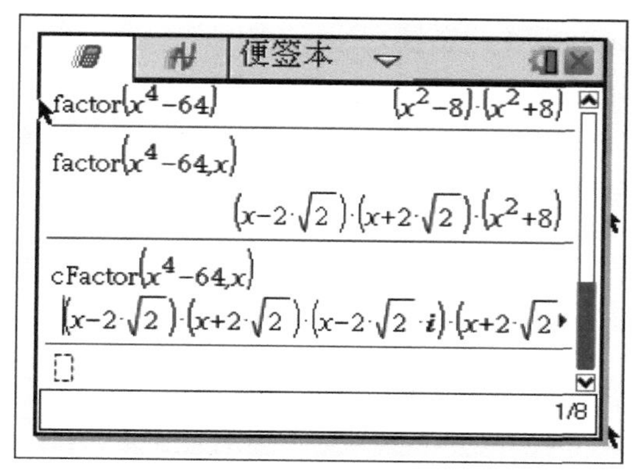

图 1-24

实践 6：多项式展开。

命令格式：expand(表达式)。

例　展开或化简式子。

(1) $(x+6)^5$；

(2) $\dfrac{(x+3)^3(x-4)^2}{x^2-x-2}$。

步骤：

(1) 按menu ③③键，选择“展开”命令，在括号内输入“$(x+6)^5$”，再按回车键得出展开的结果，如图 1-25 所示。

(2) 按menu ③③键，选择“展开”命令，在括号内输入“$(x+3)^3(x-4)^2/(x^2-x-2)$”，再按回车键得出展开的结果，如图 1－26 所示。

注：主屏幕中(▸)符号表示结果超过了屏幕宽度，可按▸键查看后面的内容。

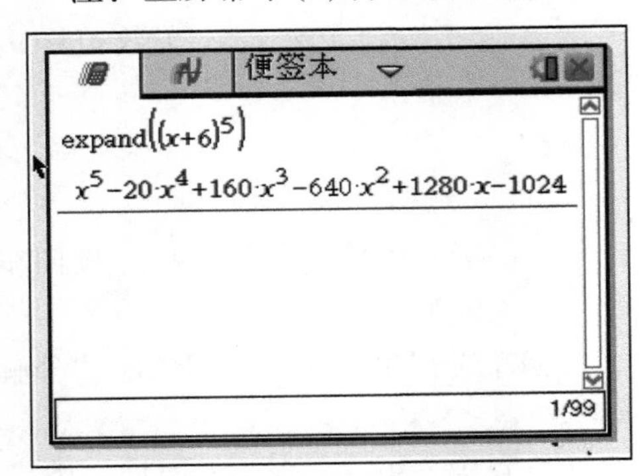

图 1－25

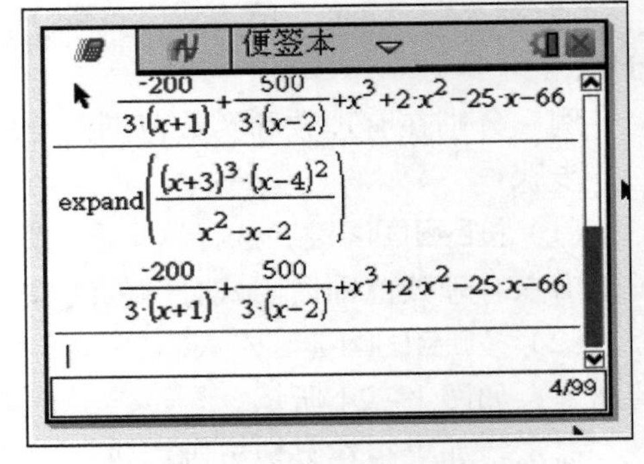

图 1－26

实践 7：求零点。

命令格式：zeros(表达式，变量)。

命令格式：zeros({表达式 1，表达式 2，…}，{变量 1，变量 2，…})。

例　求下列表达式的零点。

(1) x^2-2x-2；

(2) x^2-2x-c；

(3) x^2-bx-c。

步骤：

(1) 按menu ③④键，选择“零点”命令，在括号内输入“x^2-2x-2，x”，再按回车键得出结果，如图 1－27 所示。

(2) 按menu ③④键，选择“零点”命令，在括号内输入“x^2-2x-c，x”，再按回车键得出结果，如图 1－27 所示。

(3) 按menu ③④键，选择“零点”命令，在括号内输入“x^2-bx-c，x”，再按回车键得出结果，如图 1－27 所示。

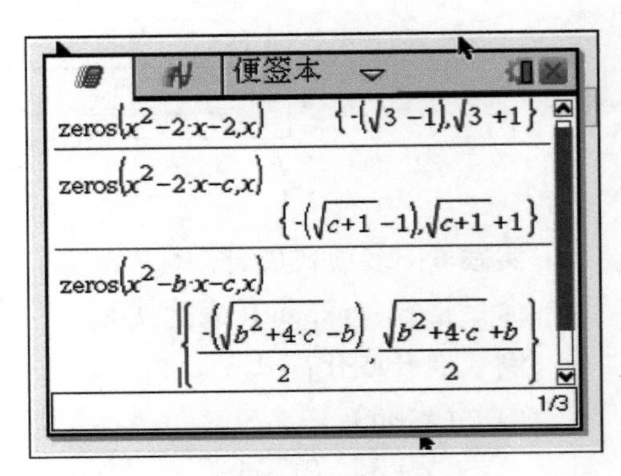

图 1－27

实践 8：通分。

命令格式：comDenom (表达式，变量)。

例　对$\dfrac{y^2+y}{(x+1)^2}+y^2+y$进行通分。

步骤：

按menu③⑨④键，选择“去分母”命令(图1－28)，在括号内输入“$(y^2+y)/(x+1)^2+y^2+y$”，再按回车键，得出的结果，如图1－29所示。

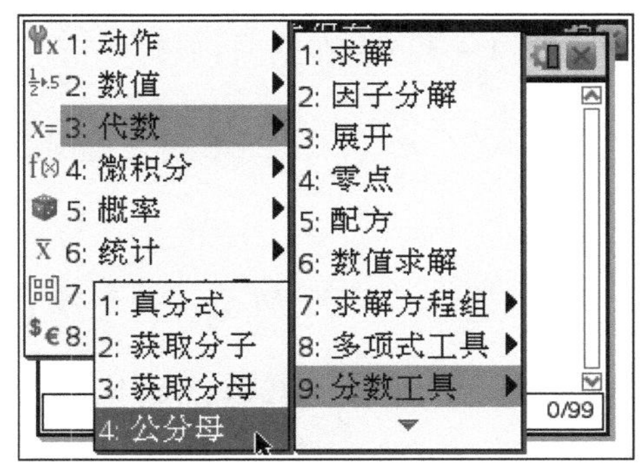

图1－28

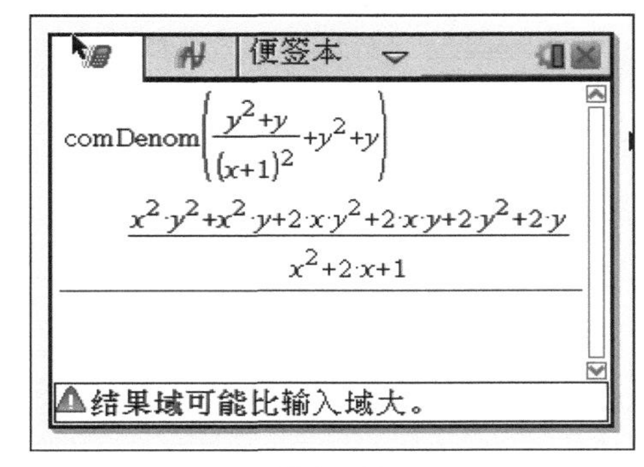

图1－29

如果输入“$(y^2+y)/(x+1)^2+y^2+y$，x”，再按回车键，得出的结果如图1－30所示。

如果输入“$(y^2+y)/(x+1)^2+y^2+y$，y”，再按回车键，得出的结果如图1－31所示。

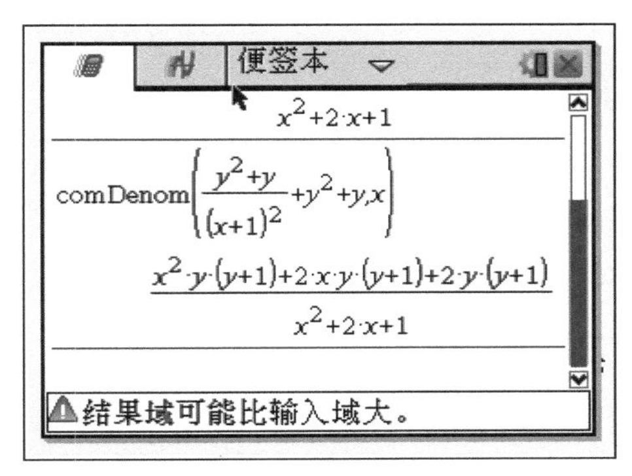

图1－30

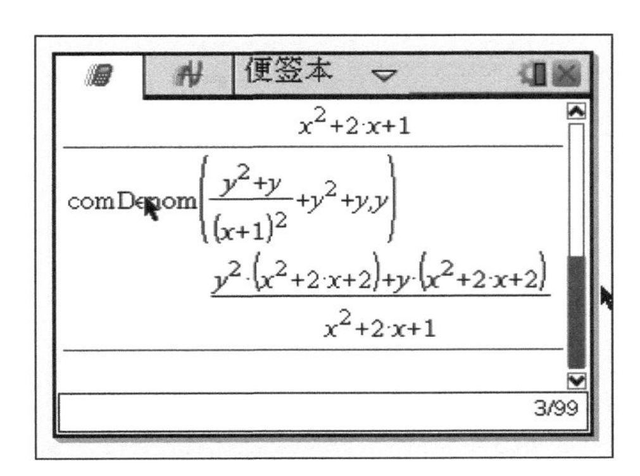

图1－31

它们的区别在于，如果不输入变量，就对分子进行完全展开，如果输入变量，则分子按输入的变量进行展开后按降幂排列。

实践9：化真分式。

命令格式：propFrac(表达式，变量)。

(1) 如果表达式为有理数，则结果化成带分数形式。

(2) 如果表达式为分式，则结果化成相对于变量的多项式的和；如果不指定变量，就对所有变量操作。

例 拆分分式 $\frac{8}{5}$，$-\frac{9}{2}$，$\frac{x^2+x+1}{x+1}+\frac{y^2+y+1}{y+1}$。

步骤：

按menu键，移动光标，选择“真分式”命令(图 1－32)，在括号内输入“$\frac{8}{5}$”，按回车键，得出结果，再进行一次，在括号内输入“$-\frac{9}{2}$”，按回车键，得出结果，如图 1－33 所示。

如果输入“$\frac{x^2+x+1}{x+1}+\frac{y^2+y+1}{y+1}$”，得出结果如图 1－34 所示；如果输入“$\frac{x^2+x+1}{x+1}+\frac{y^2+y+1}{y+1}$，$x$”，得出结果如图 1－35 所示。思考：如果输入“$\frac{x^2+x+1}{x+1}+\frac{y^2+y+1}{y+1}$，$y$”，会得出什么结果？

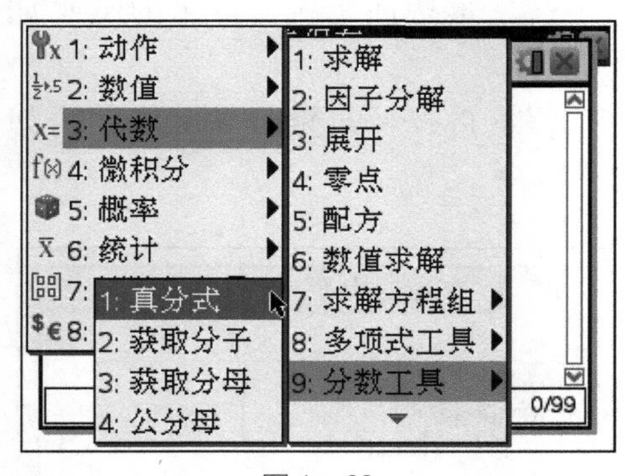

图 1－32

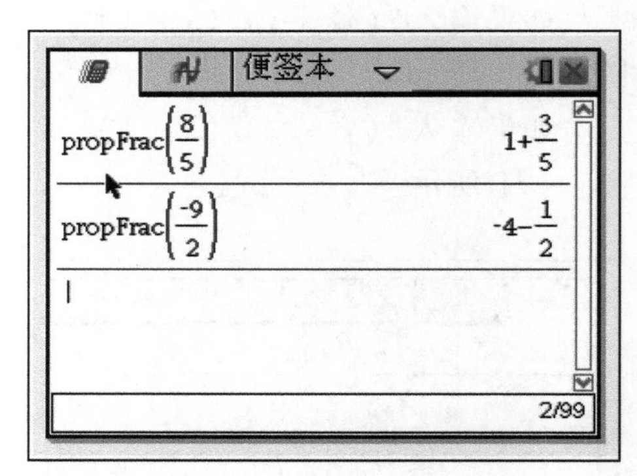

图 1－33

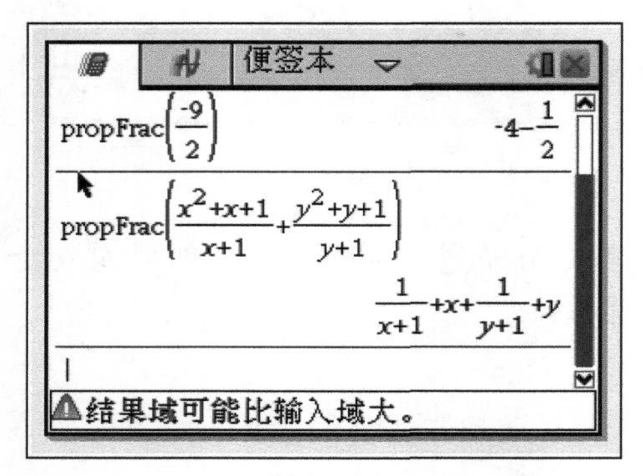

图 1－34

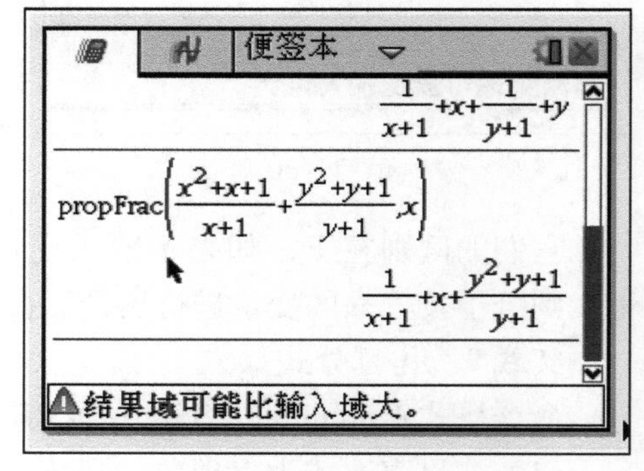

图 1－35

实践 10：取分数的分子、分母。

getNum 命令可以实现取分数的分子，getDenom 命令可以实现取分数的分母。

命令格式：getNum(表达式)——显示表达式计算或化简后的分子。

命令格式：getDenom(表达式)——显示表达式计算或化简后的分母。

操作方法与前面的命令一致，参照图 1－36～图 1－39 进行练习，也可以自己出题训练。

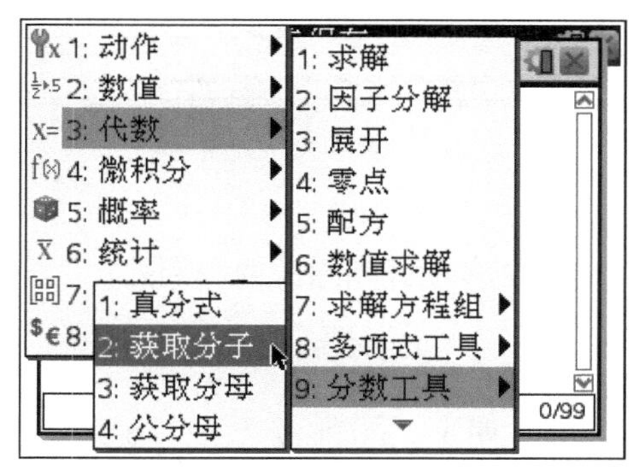

图 1－36

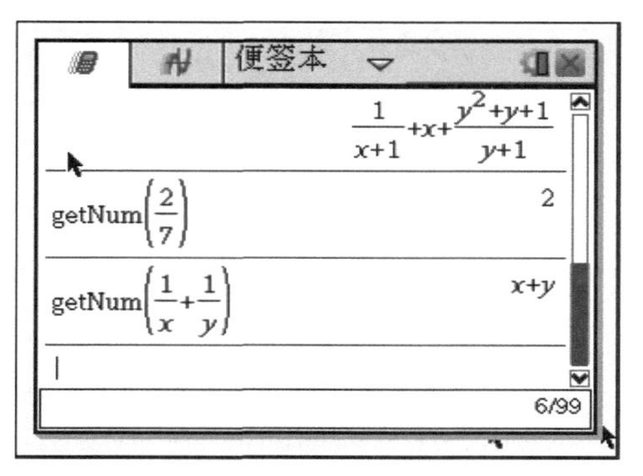

图 1－37

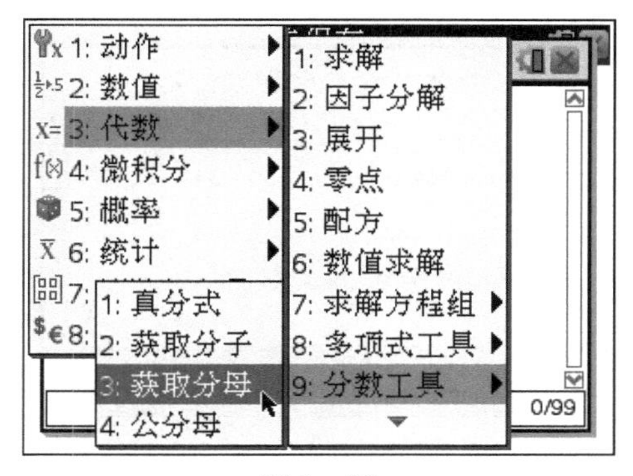

图 1－38

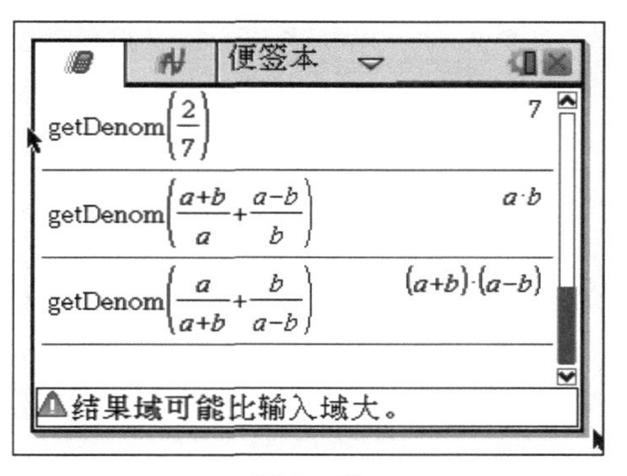

图 1－39

实践 11：求最大公因式。

命令格式：polyGcd（表达式，表达式）。

操作方法与前面的命令一致，参照图 1－40、图 1－41 进行练习，也可以自己出题训练。

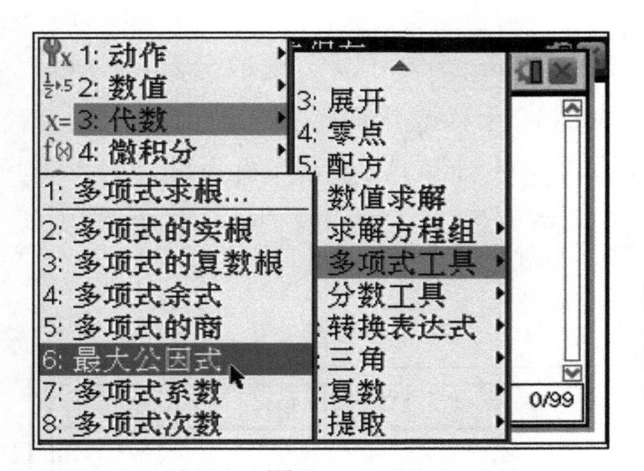

图 1 – 40

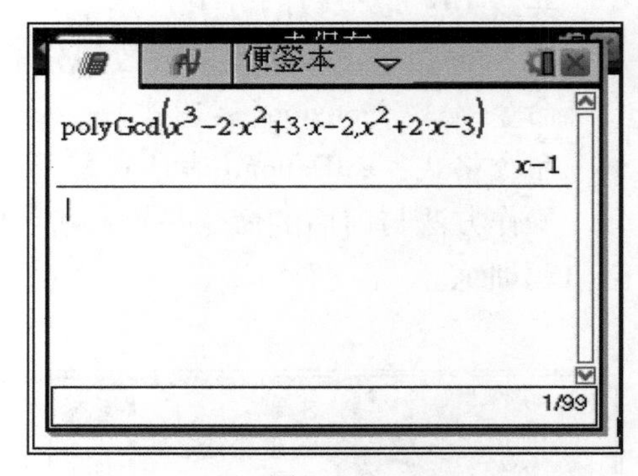

图 1 – 41

实践 12： 多项式的商和余式。

polyQuotient、ployRemainder 命令可以求出两个多项式相除的商和余式。

命令格式：polyQuotient（表达式，表达式）。

命令格式：polyRemainder（表达式，表达式）。

操作方法与前面的命令一致，参照图 1 – 42、图 1 – 43 进行练习，也可以自己出题训练。

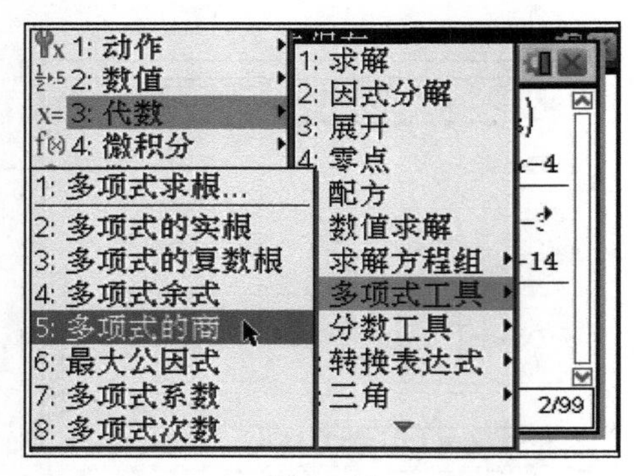

图 1 – 42

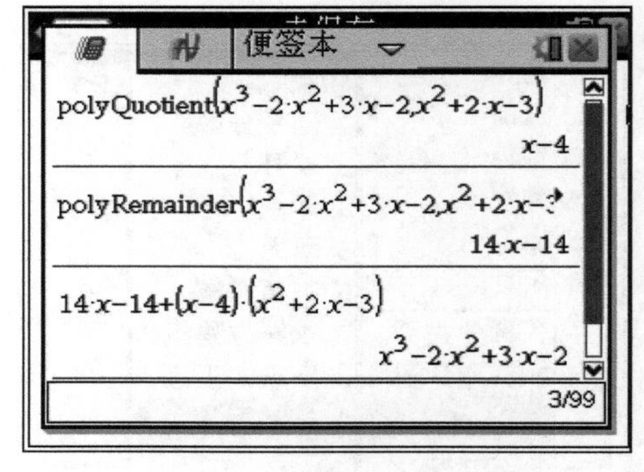

图 1 – 43

三、文件操作

实践 1： 从便签本另存文件。

步骤：

（1）按 doc▾ 1 4 键，选择“保存”命令，弹出对话框，如图 1 – 44 所示。

（2）单击“保存”按钮，可以将便签本的计算和绘图 2 个页面保存到文档中，计算页面保存在页面 1. 1 中，绘图页面保持在页面 1. 2 中，如图 1 – 45 所示。

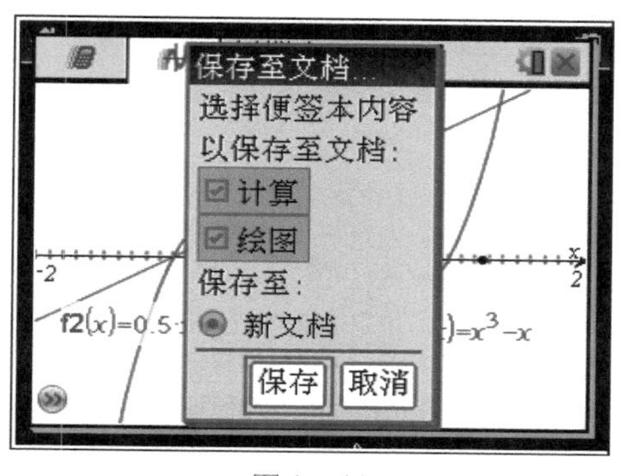

图 1－44

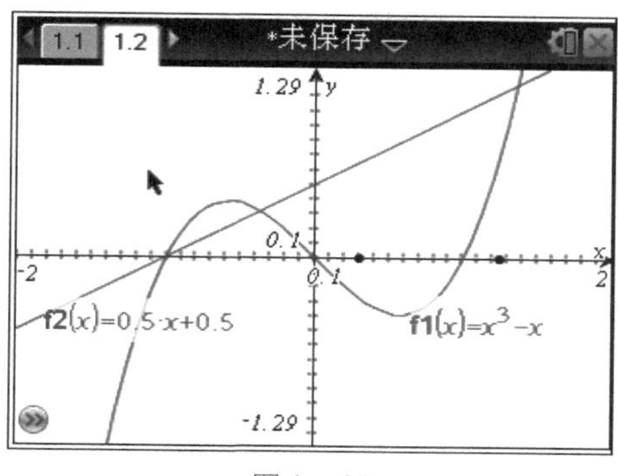

图 1－45

（3）按 doc▾ 1 4 键，弹出菜单，如图 1－46 所示；选择“文件”→“保存”命令，弹出对话框，如图 1－47 所示。

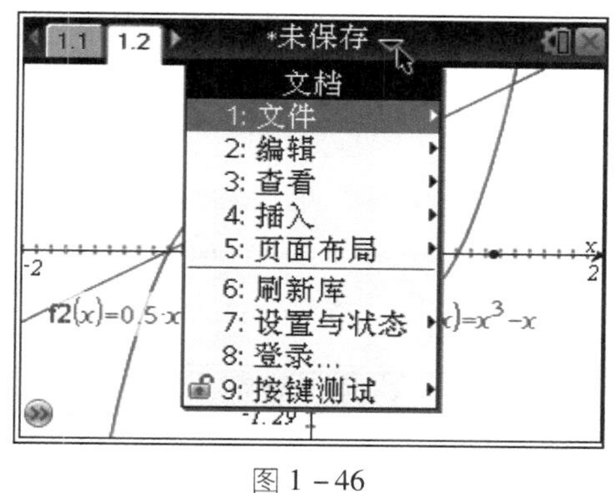

图 1－46

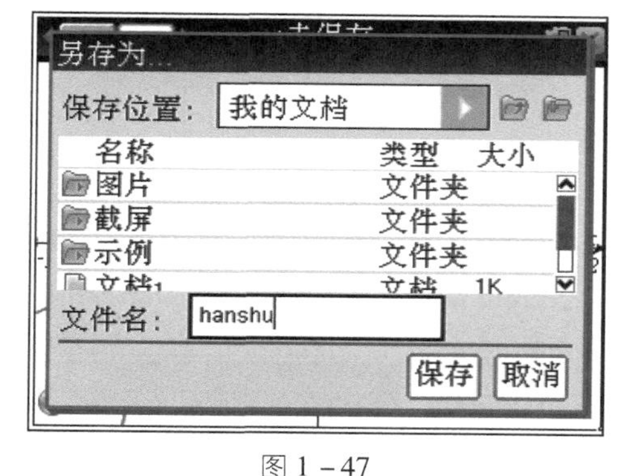

图 1－47

（4）在“文件名”框中输入“hanshu”，作为文档的文件名，如图 1－47 所示，单击“保存”按钮，可看到标题栏显示的文件名为“hanshu”。

（5）单击计算页面 1.1，或者按 ctrl ◀ 或 ctrl ▶ 键，可以在不同页面之间切换，回到刚才的计算页面可以完成各种计算和操作，如图 1－48 所示。

（6）按 doc▾ 4 5 键，选择“几何”命令（图 1－49），插入几何页面 1.3，如图 1－50 所示。

（7）按 menu 键，选择作图工具，可以作出各种几何图形，如图 1－51 所示。

（8）同样可以增加电子表格、记事本等页面，如图 1－52、图 1－53 所示。

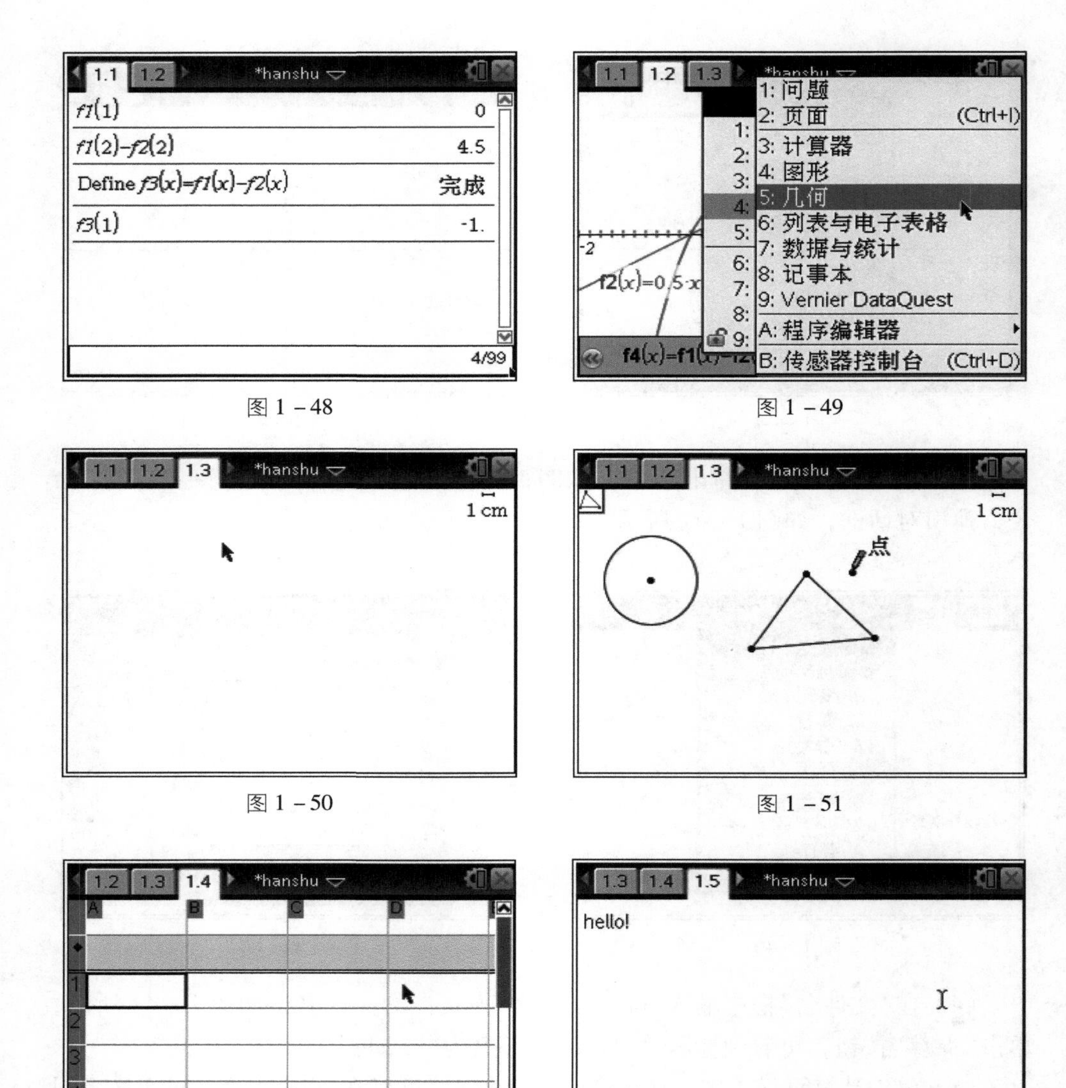

图 1－48

图 1－49

图 1－50

图 1－51

图 1－52

图 1－53

实践 2： 新建文档。

开机后，在任何时候都可以新建文档。

步骤：

（1）按doc▾ 1 1键，选择“新建文档”命令，如图 1－54 所示，按回车键后，弹出对话框，如图 1 - 55 所示，询问是否保存当前的文档。如果想保存当前的文档，则单击“是”按钮或按回车键后，按照实践 1 的操作保存文档；如果不想保存当前的文档，则单击“否”按钮，此时弹出对话框，如图 1 - 56 所示。

（2）可以根据需要选择相应的页面，这里选择计算页面，将产生只有页面 1.1 的空白计算页面，如图 1 - 57 所示。

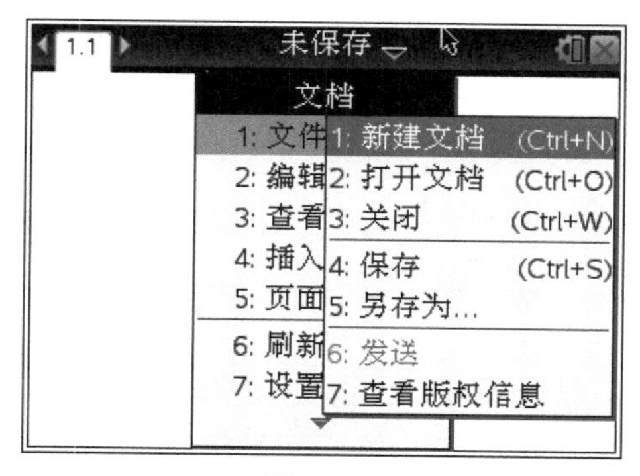

图 1 - 54

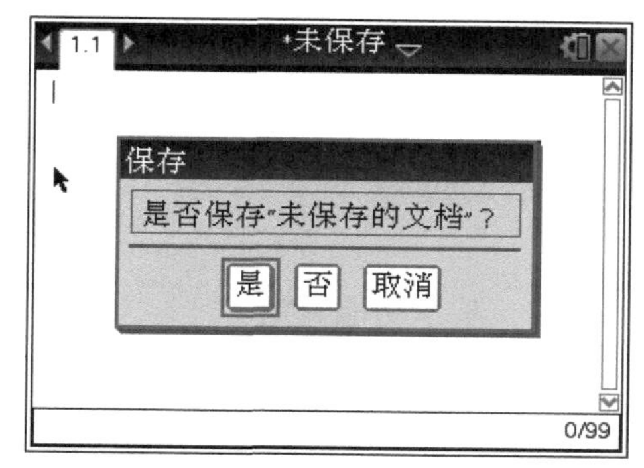

图 1 - 55

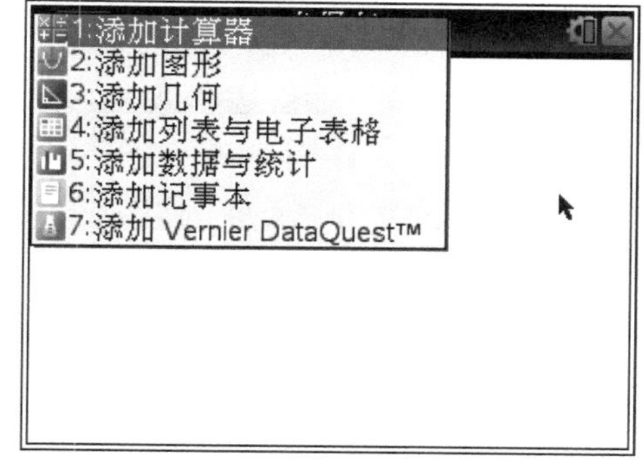

图 1 - 56

图 1 - 57

在该页面可以进行各种数学运算，也可以像实践 1 一样增加几何、电子表格、记事本等页面。

第二课时　方程的图像和性质探索

学习目标

利用 TI - nspire 图形计算器绘制方程图像的功能，可以作出一些方程的图像，从而探究图像的性质，解决一些简单问题。

学习过程

一、基本功能介绍

在任何时候按[键]键都会进入便签本的简易计算页面，再按[键]键，会在计算页面和图形页面之间切换，然后按menu键，移动光标可以查看图形菜单的所有项目，如图 2 - 1、图 2 - 2 所示。通过调用图形菜单中的命令，可以探究图像的最值、截距、对称性等。

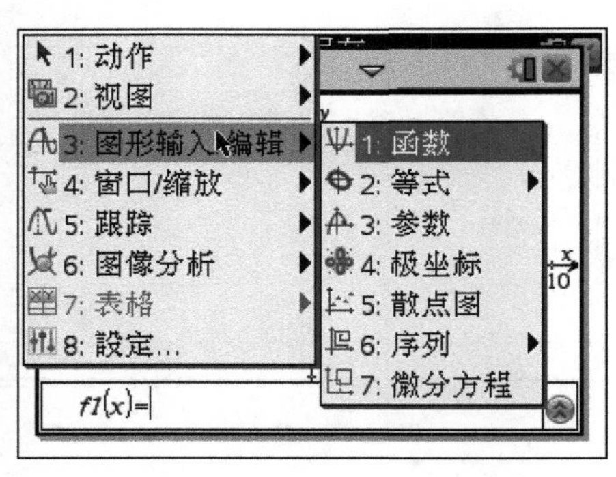

图 2 - 1

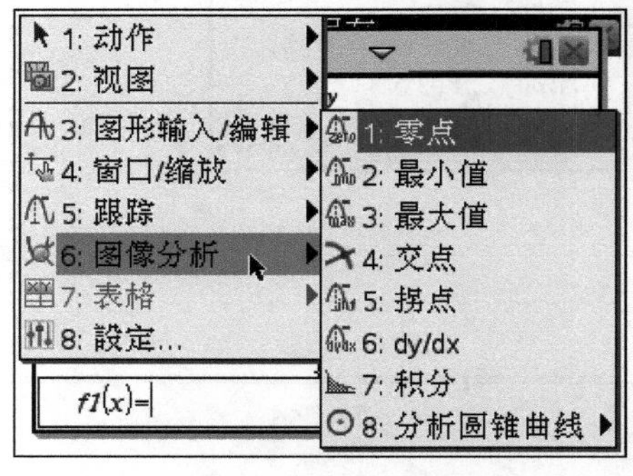

图 2 - 2

二、实践操作

目标：作方程的图像，跟踪图像，求出截距、零点等。

实践 1：作出下列方程的图像，观察图像与 x，y 轴交点的情况。

（1）$x^2+y^2=5$；（2）$2x-y=6$；（3）$y=2x+5$；（4）$x^2=y$。

步骤：

（1）连续按[键]键调出绘图页面，如图 2 - 3 所示，按menu 3 2键，选择“等式”命令，弹出子菜单，如图 2 - 4 所示；移动光标选择与第（1）小题形式一致的方程，如图 2－5 所示，按回车键，弹出输入行，如图 2－6 所示。

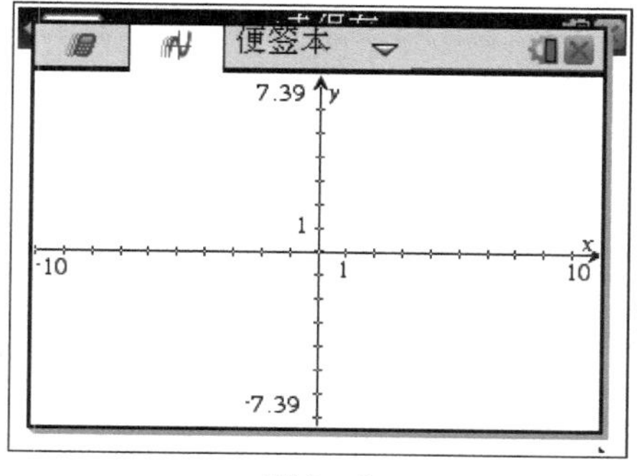

图 2－3

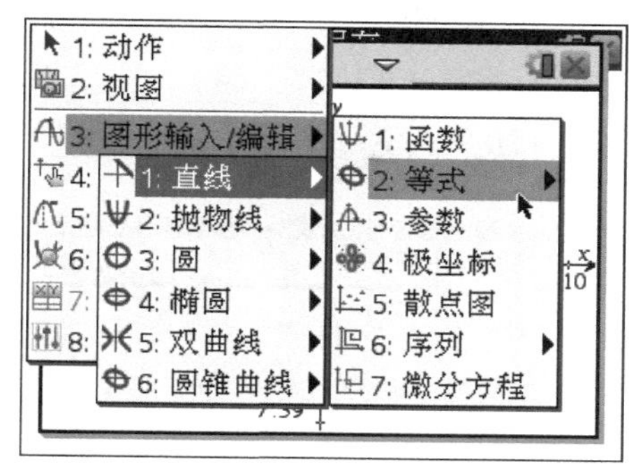

图 2－4

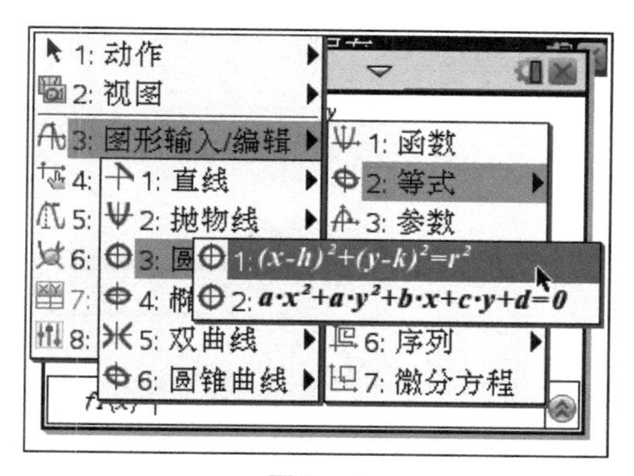

图 2－5

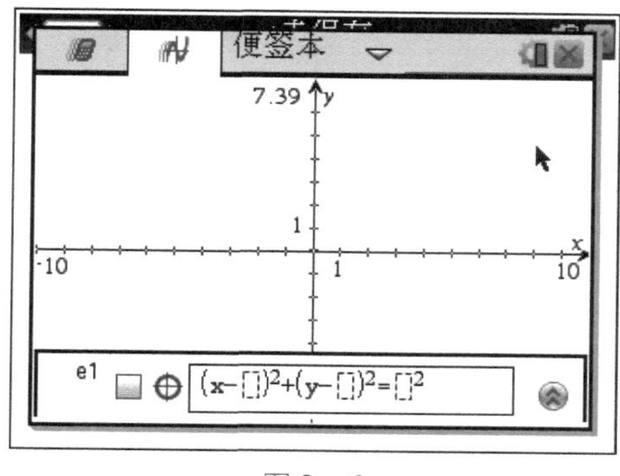

图 2－6

（2）在 3 个空中依次输入“0”“0”“$\sqrt{5}$”，如图 2－7 所示，按回车键，作出图像。

（3）按menu 3 2键，选择“等式”命令，弹出子菜单，移动光标选择与第（2）小题形式一致的方程，如图 2－8 所示，按回车键，弹出输入行。

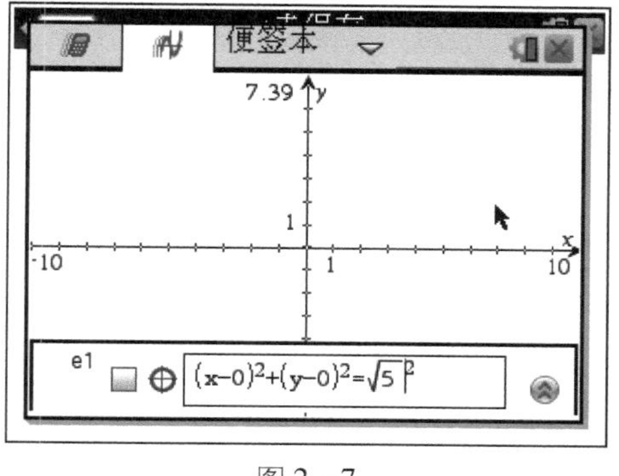

图 2－7

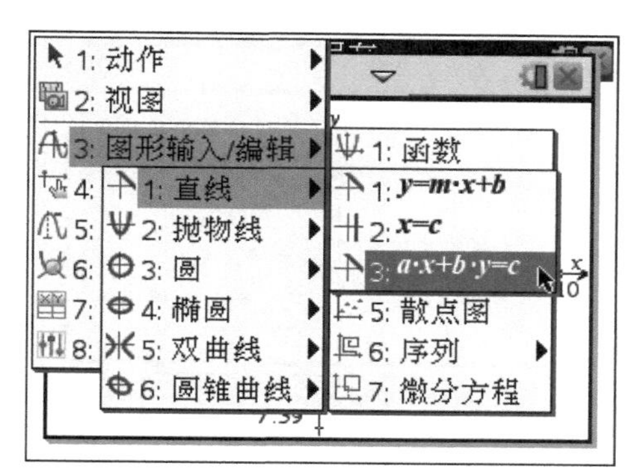

图 2－8

(4) 在3个空中依次输入"2""－1""6"，按回车键，作出图像，如图2－9所示。

(5) 重复步骤(3)、(4)，选择相应的方程形式，输入相应参数，作出图像，如图2－10～图2－14所示。

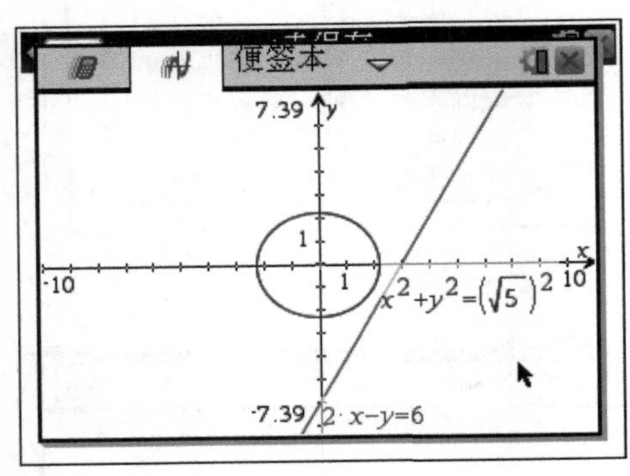

图2－9

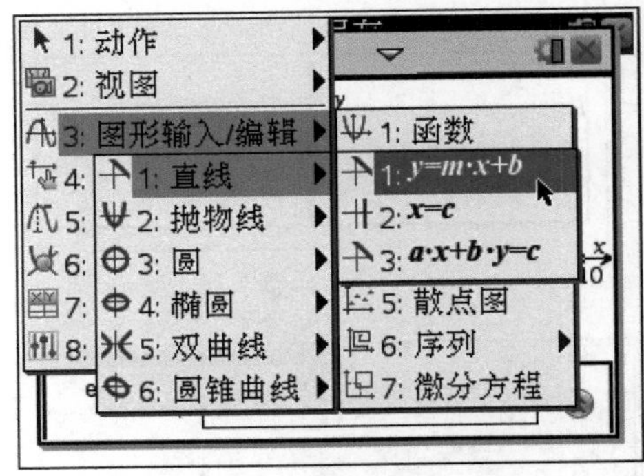

图2－10

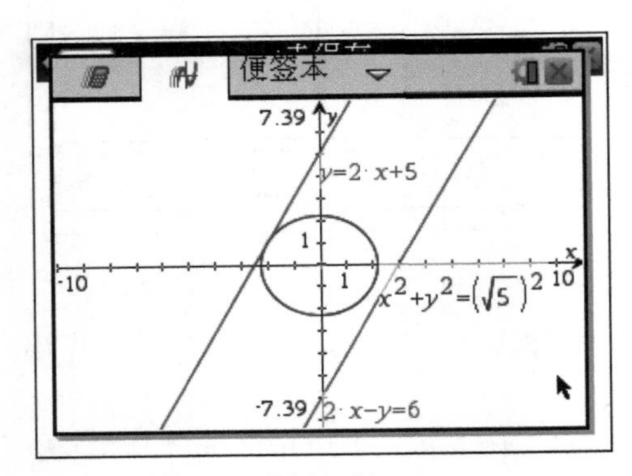

图2－11

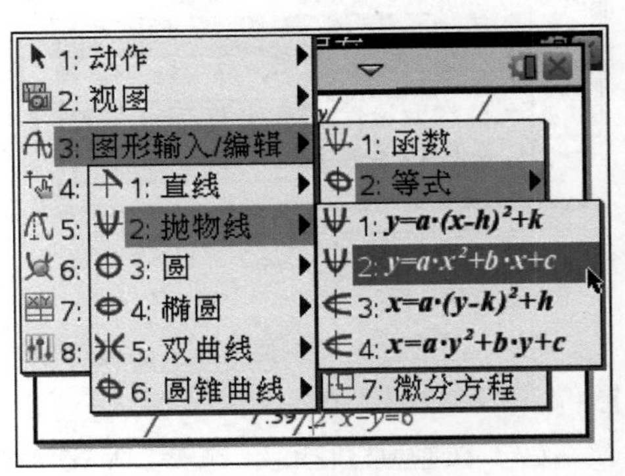

图2－12

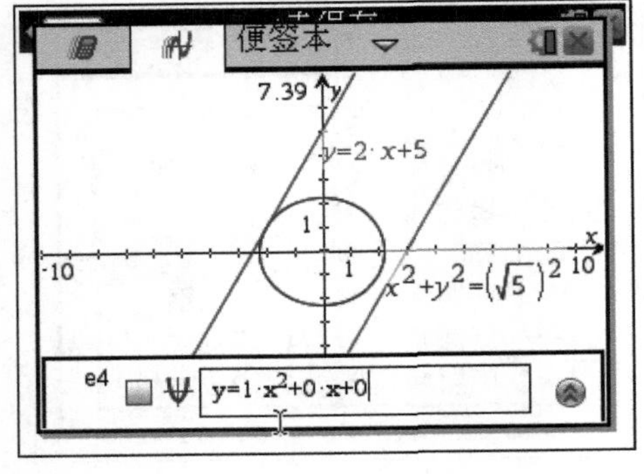

图2－13

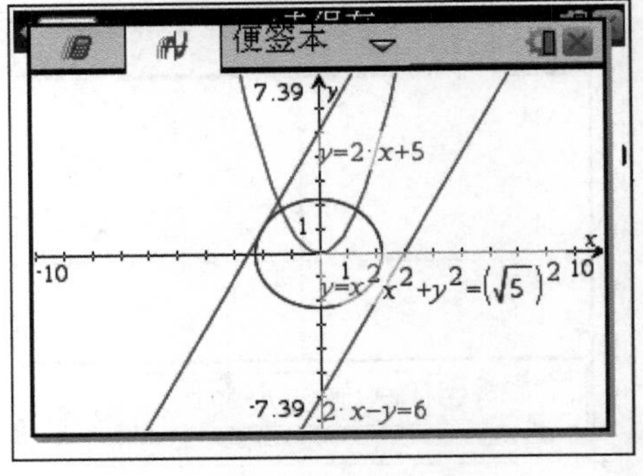

图2－14

（6）按doc▾ 1 4键，保存文档，可任取文档名称，这里取名为“fangcheng”。

实践 2：选择和隐藏图像，跟踪方程的图像，求方程图像的截距等。

以实践 1 中的方程为例。

步骤：

（1）按tab键，显示方程输入框，如图 2－15 所示，移动光标到复选框位置，按回车键将复选框中的√去掉，表明不显示该方程的图像，再按回车键确认，计算器将隐藏其图像，如图 2－16 所示。如果想显示它的图像，可以重复上述操作，再次勾选其方程即可。

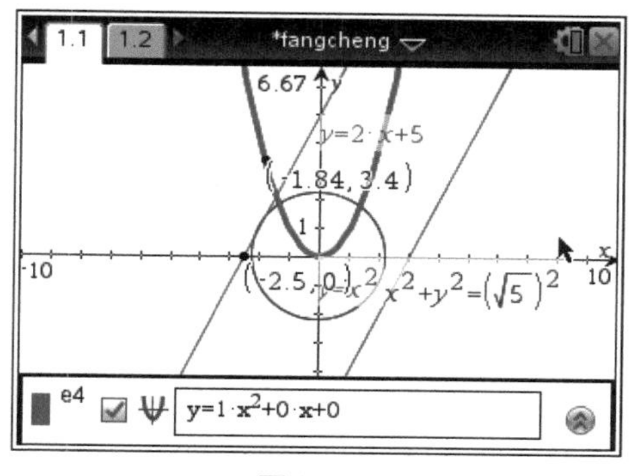

图 2－15

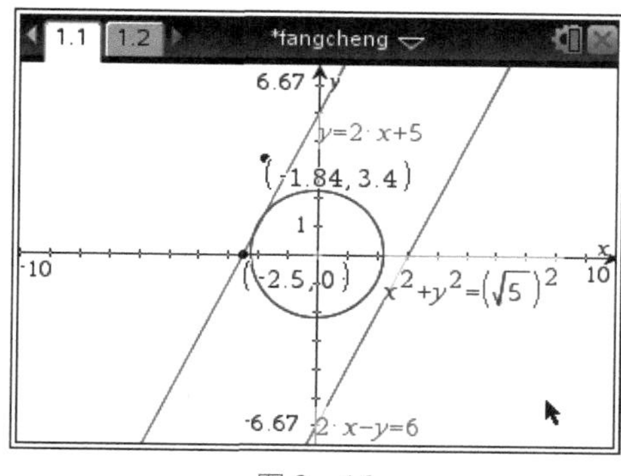

图 2－16

（2）按menu 5 1键，选择“图形跟踪”命令（图 2－17），此时光标呈现出圈和叉的状态，并且落在当前函数的图像上，在屏幕右下角显示该点的坐标，如图 2－18 所示，左右移动光标，跟踪的点将在图像上移动，坐标也随之变化。当光标移到图像与 x 轴的交点时，屏幕将显示“零点”，如图 2－19 所示；当光标移到图像与 y 轴的交点时，屏幕将显示“y－截距”，如图 2－20 所示。

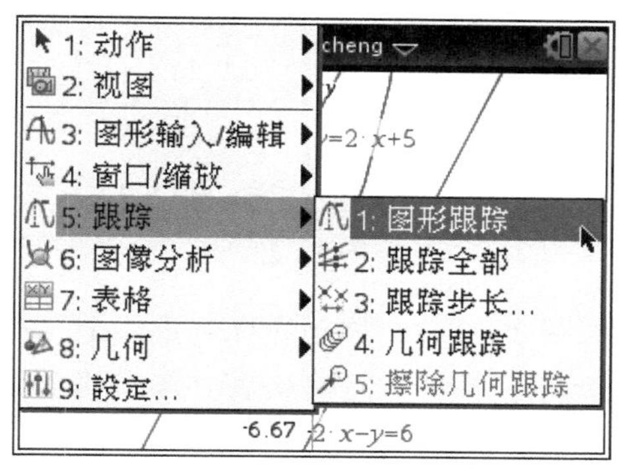

图 2－17

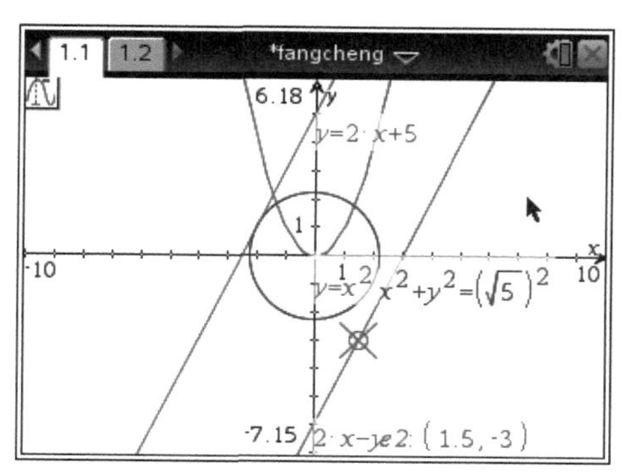

图 2－18

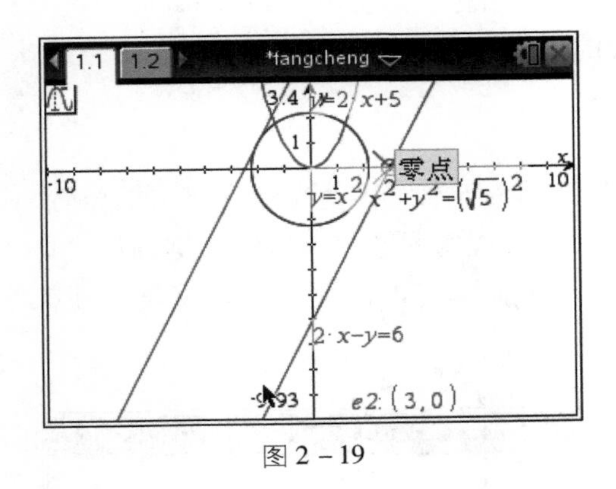

图 2－19

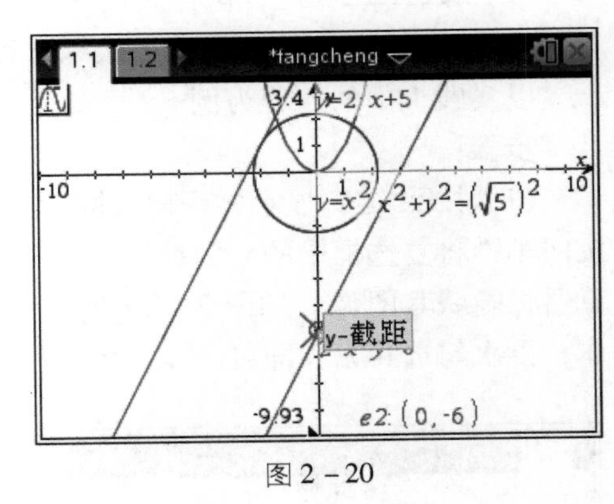

图 2－20

实践 3： 探究方程 $x=y^2$ 图像的对称性。

步骤：

（1）作出方程 $x=y^2$ 的图像，如图 2－21 所示。

（2）按menu⑧④①键，选择“垂线”命令（图 2－22），按回车键后，页面如图 2－23 所示。移动光标到 x 轴，此时 x 轴变粗，如图 2－24 所示，按回车键确认后就在 x 轴上任取一点，如图 2－25 所示。此时有一条虚线状的垂线出现，再一次单击 x 轴，就作出过该点与 x 轴垂直的直线，按esc键退出“垂线”命令，如图 2－26 所示。这样就任意作出了一条 x 轴的垂线。

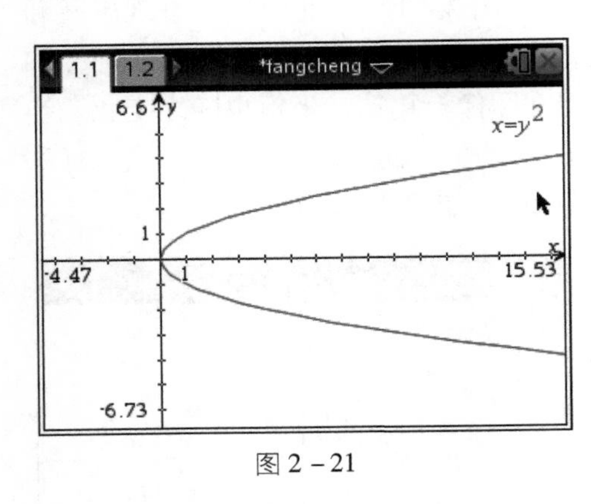

图 2－21

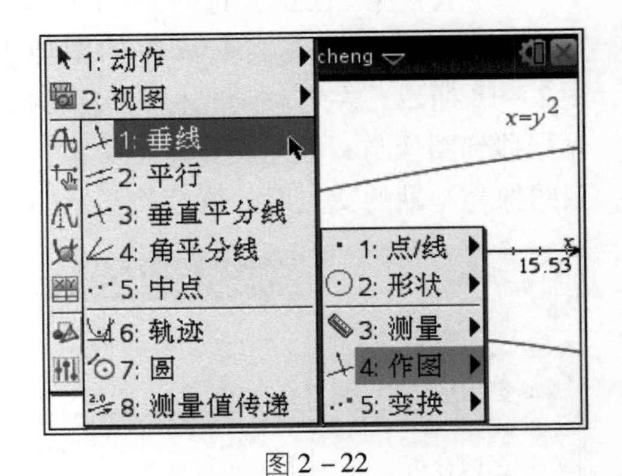

图 2－22

（3）按menu⑧①③键，选择“交点”命令（图 2－27），移动光标到垂线上，按回车键确认，再移动光标到方程 $x=y^2$ 的图像上，按回车键确认后可作出两个交点，如图 2－28 所示。

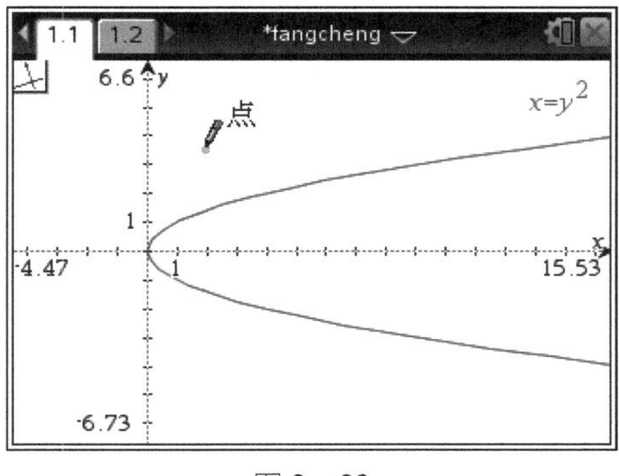

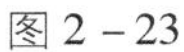
图 2 – 23

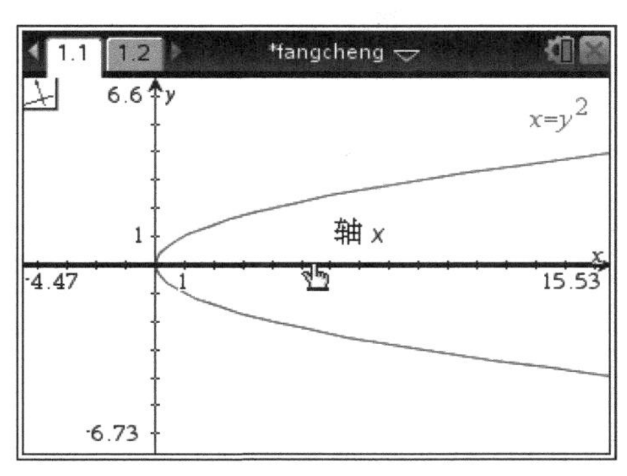

图 2 – 24

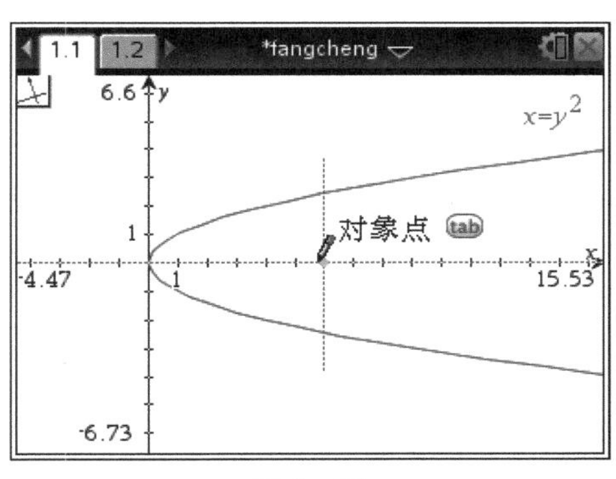

图 2 – 25

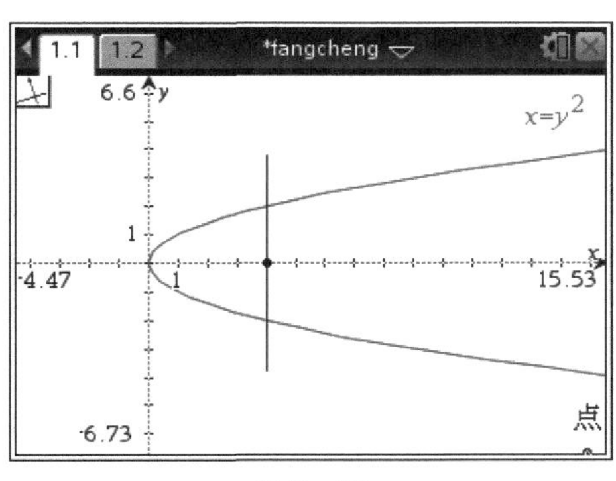

图 2 – 26

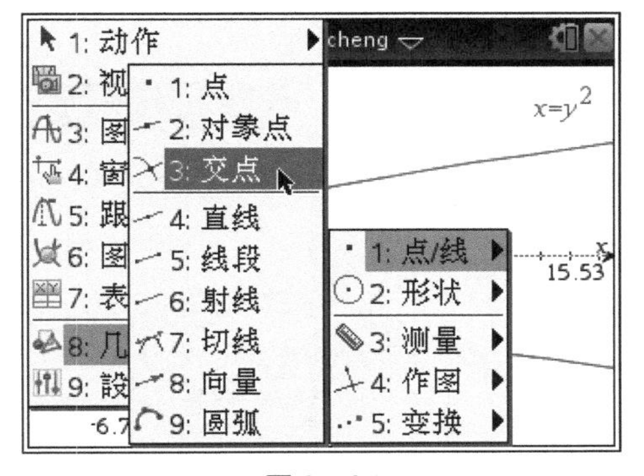

图 2 – 27

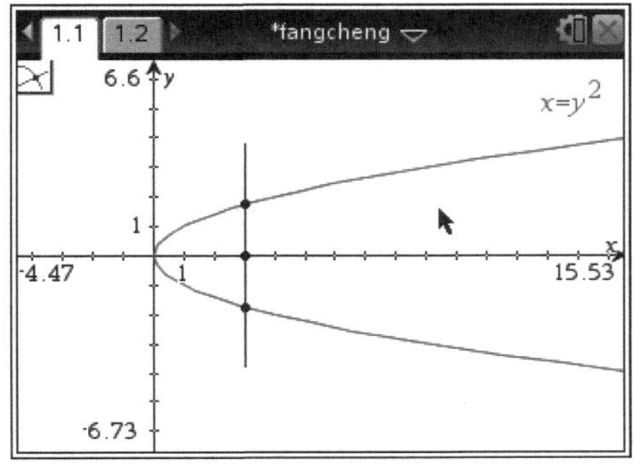

图 2 – 28

(4) 按menu 1 8 3键，选择“坐标与方程”命令(图 2－29)，单击上边的交点一次，显示交点坐标(3，1.73)，再单击该交点一次，将坐标附在交点上。同样单击下边的交点显示坐标(3，－1.73)，如图 2－30 所示，发现横坐标相等，纵坐标互为相反数，说明两点关于 x 轴对称。

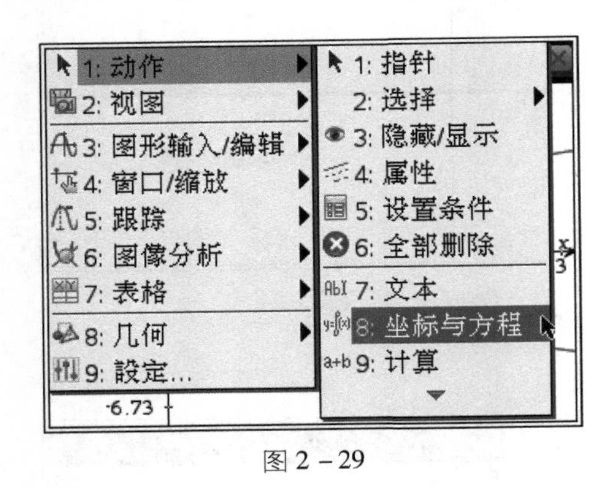

图 2－29

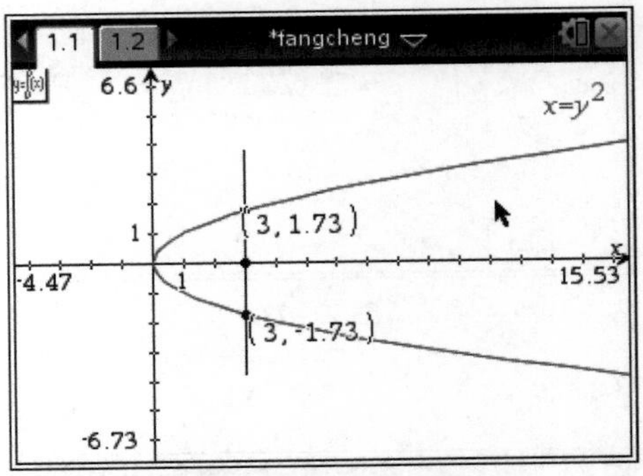

图 2－30

(5) 单击 x 轴上的动点，按ctrl 键锁定该点，拖动该点到另外的位置，观察交点的坐标关系，发现它们的关系保持不变，如图 2－31 所示，说明图像关于 x 轴对称。

下面给出另一种方法探究方程图像的对称性。

(1) 按menu 8 5 2键，选择“轴对称”命令(图 2－32)，单击图像，任意作出图像上一点，如图 2－33 所示。单击 x 轴选为对称轴，如图 2－34 所示，按回车键确认后作出对称点，按esc键退出“轴对称”命令，如图 2－35 所示。

(2) 用前面步骤(4)的方法显示两个点的坐标，并且拖动点来观察坐标关系，如图 2－36 所示。

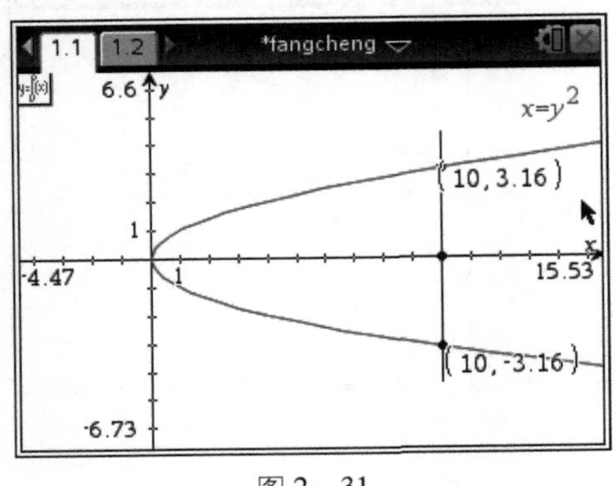

图 2－31

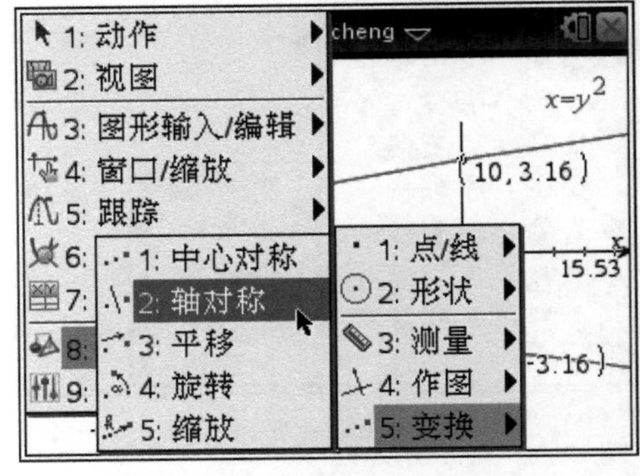

图 2－32

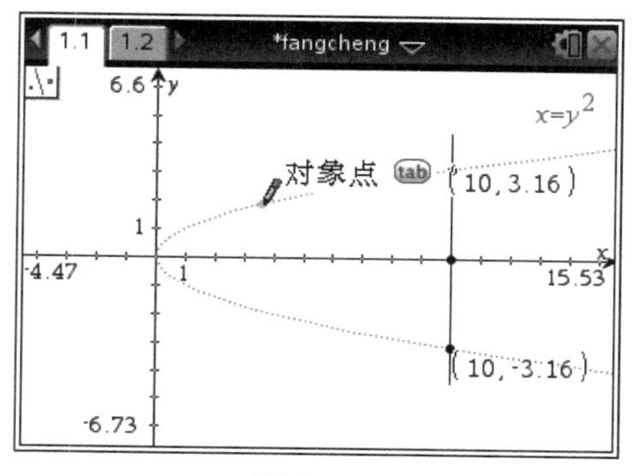

图 2－33

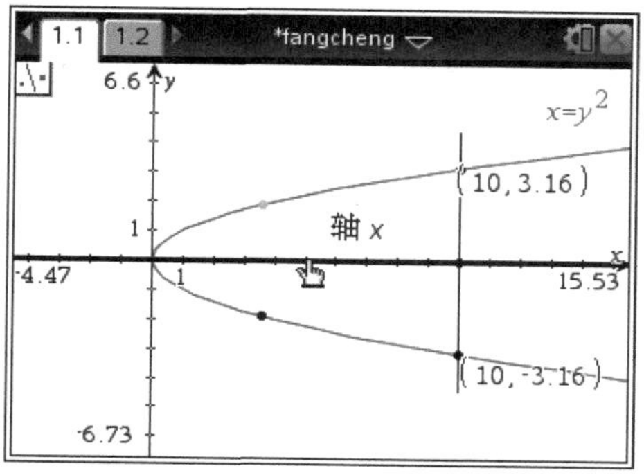

图 2－34

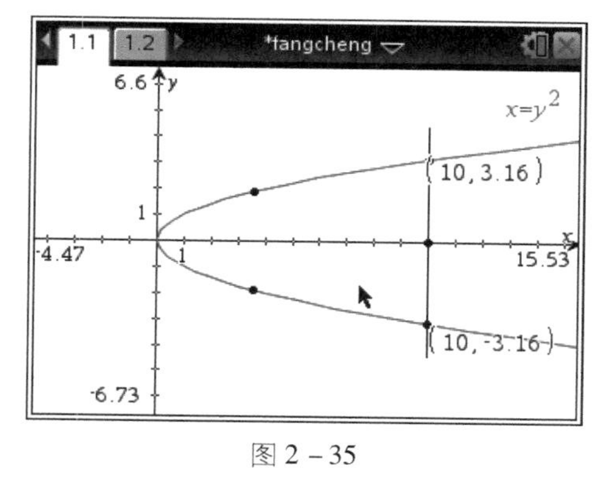

图 2－35

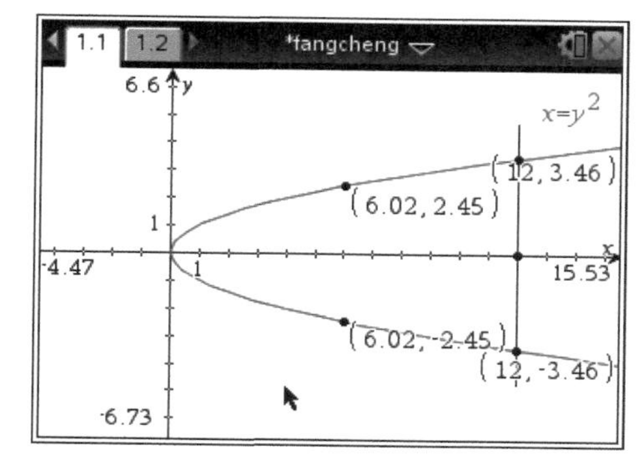

图 2－36

（3）证明图像关于 x 轴对称。

任意取纵坐标为 a，则该点的坐标为(a^2, a)。

纵坐标为 $-a$ 时，$x=(-a)^2=a^2$，该点的坐标为$(a^2, -a)$。

两点纵坐标互为相反数，横坐标相等，因此两点关于 x 轴对称。由于 a 是任意的，所以说明图像上任意一点 x 轴的对称点都在图像上，从而证明 $y^2=x$ 的图像关于 x 轴对称。

结论：

关于 x 轴对称的图像：____________________

关于 y 轴对称的图像：____________________

关于原点对称的图像：____________________

练习：

（1）用图像方法和代数方法检验 $y=\frac{x^2}{x^2+1}$ 的对称性。

（2）作出圆$(x-2)^2+(y-3)^2=1$ 的图像，找出圆的水平对称轴、竖直对称轴、对称中心，并用代数方法证明它的对称性。

第三课时　函数的表示

学习目标

能够用 TI－nspire 图形计算器由函数表达式计算函数值，作出函数图像，显示函数值表，由函数值表能够画出函数图像，探究函数的简单性质，并解决一些简单问题。

学习过程

实践 1：作函数图像，并缩放函数图像，跟踪函数图像，求出零点、最值等。

作出函数 $y=x^3-x$ 的图像，并进行缩放，观察图像与 x 轴交点的情况。

步骤：

（1）连续按[图标]键调出作图窗口，单击左下角双箭头图标，展开函数输入行，输入函数 $y=x^3-x$ 表达式，如图 3－1 所示，按回车键作出图像，如图 3－2 所示。

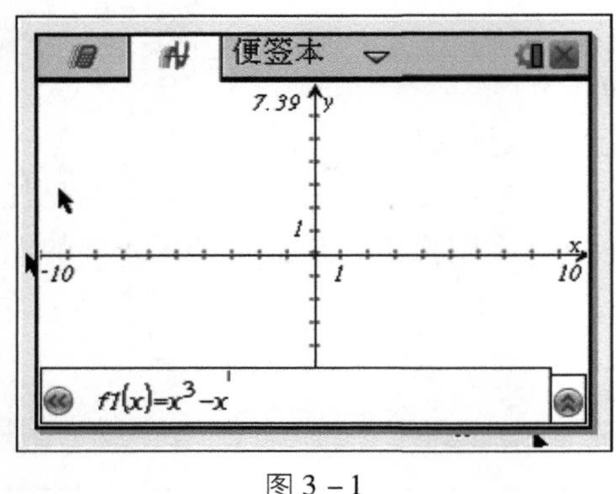

图 3－1

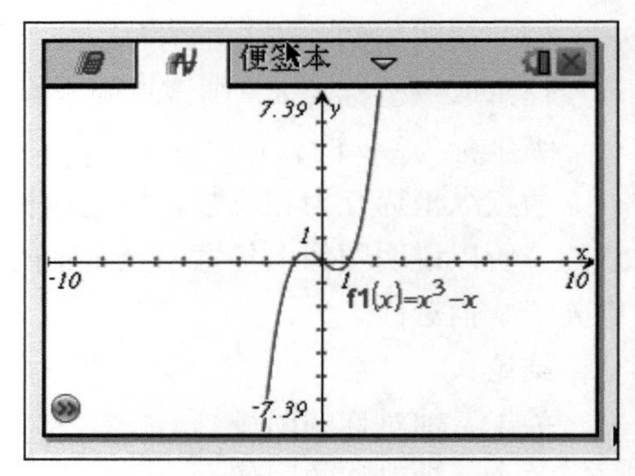

图 3－2

（2）单击左下角双箭头图标，调出函数表达式输入框，单击右下角双箭头图标，展开函数输入行，如图 3－3 所示，单击函数 f1 前面的眼睛图标，可以隐藏其图像，如图 3－4 所示，再次单击又可以显示其图像。

（3）按menu 4 2键，选择“缩放－方框”命令，如图 3－5 所示，光标变成圈，如图 3－6 所示，移动光标到合适的位置，按回车键确定位置，再移动光标到另外一个合适的位置，如图 3－7 所示，按回车键确定位置，此时将拉出的虚线矩形框的图像放大到整个屏幕，如图 3－8 所示。

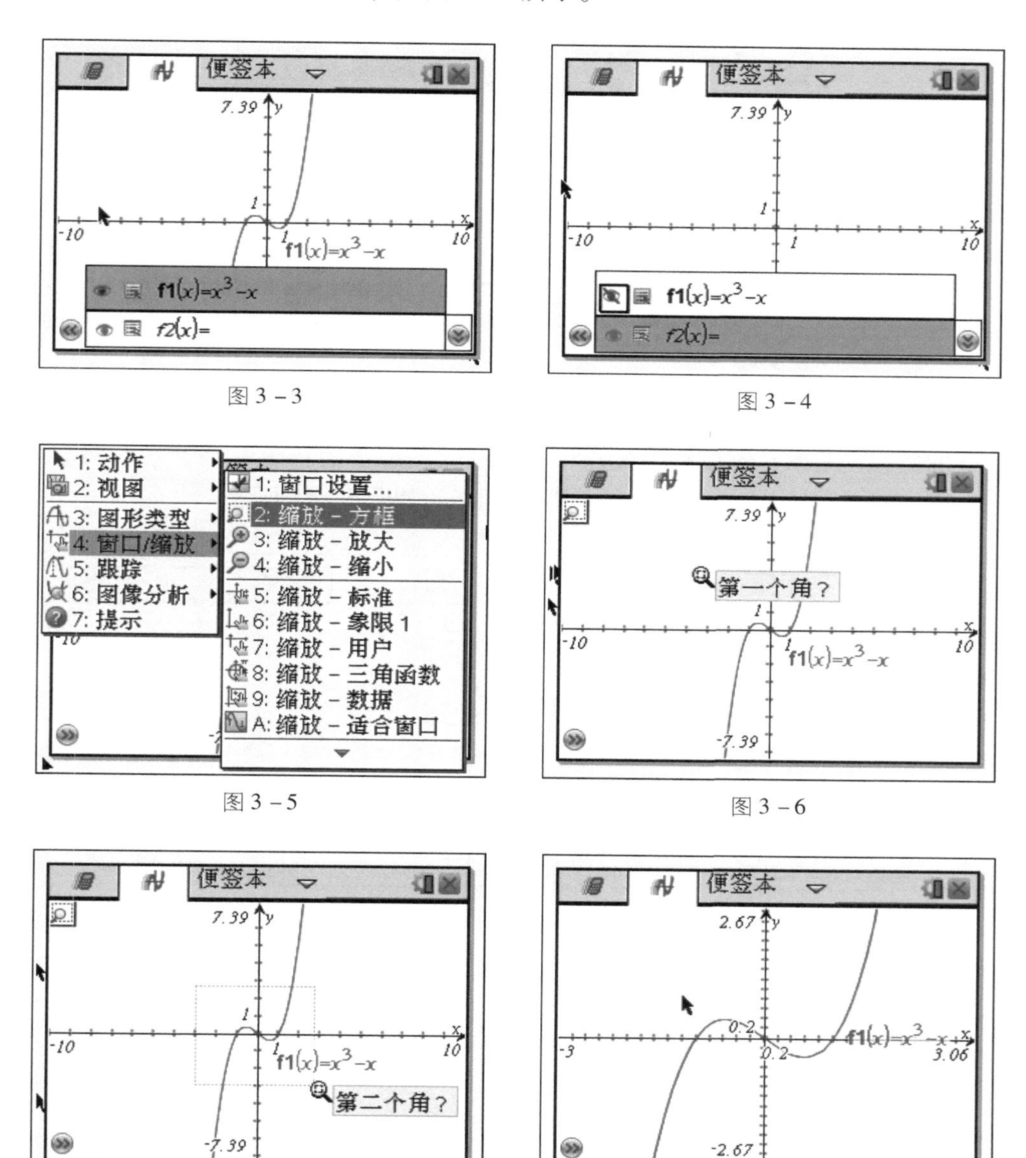

图 3－3　图 3－4

图 3－5　图 3－6

图 3－7　图 3－8

（4）按menu 4 1键，选择“窗口设置”命令，显示出窗口中 x，y 的范围，如图 3－9 所示，可以改变 x，y 的范围，如图 3－10 所示，按回车键后显示新的图像，如图3－11所示。

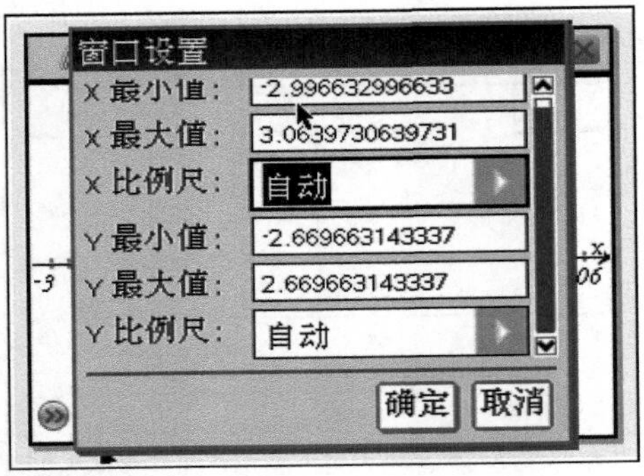

窗口设置
X 最小值：
-2.996632996633
X 最大值：
3.0639730639731
X 比例尺：
自动
Y 最小值：
-2.669663143337
Y 最大值：
2.669663143337
Y 比例尺：
自动
确定
取消

图 3－9

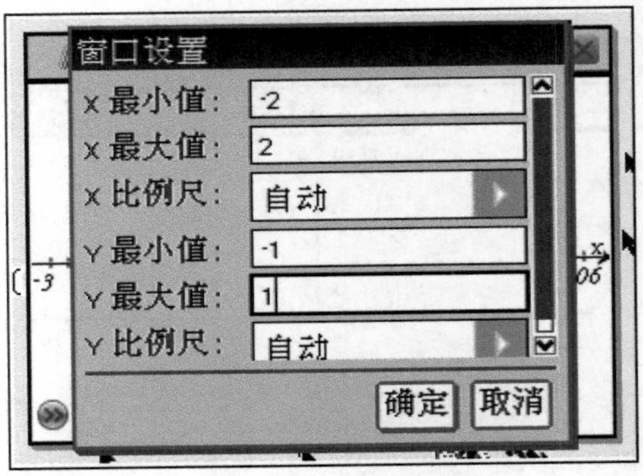

窗口设置
X 最小值：
-2
X 最大值：
2
X 比例尺：
自动
Y 最小值：
-1
Y 最大值：
1
Y 比例尺：
自动
确定
取消

图 3－10

（5）按menu 4 4键，选择“缩放－缩小”命令，如图 3－12 所示，移动光标到合适的位置，按回车键后显示按预设的缩放比例缩小的新图像，如图 3－13 所示，再按回车键后显示再缩小一次的新的图像，如图 3－14 所示。

便签本
1
y
0.1
0.1
-2
2
文本
tab
f1(x)=x^3-x
-1

图 3－11

便签本
1
y
0.1
-2
2
x
中心？
f1(x)=x^3-x
-1

图 3－12

便签本
2.03
y
0.2
-4.03
3.97
x
中心？
f1(x)=x^3-x
-1.97

图 3－13

便签本
4.06
y
f1(x)=x^3-x
中心？
0.5
0.5
-8.07
7.93
x
-3.94

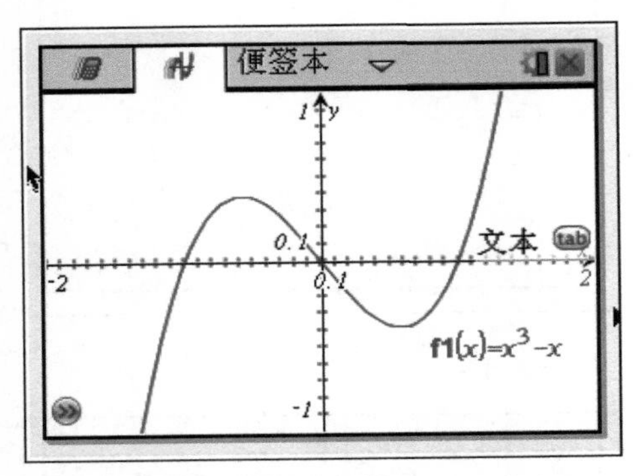

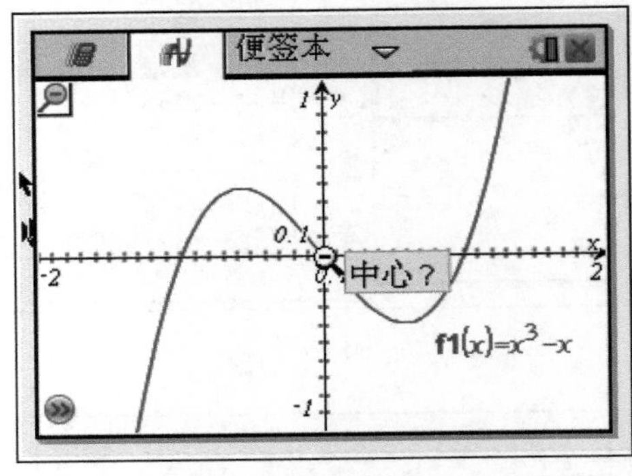

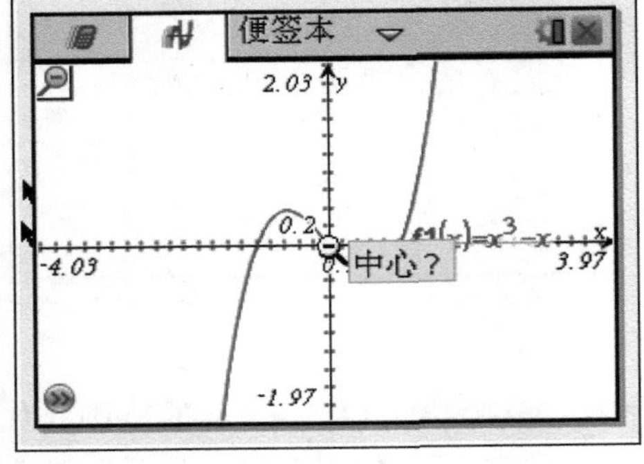

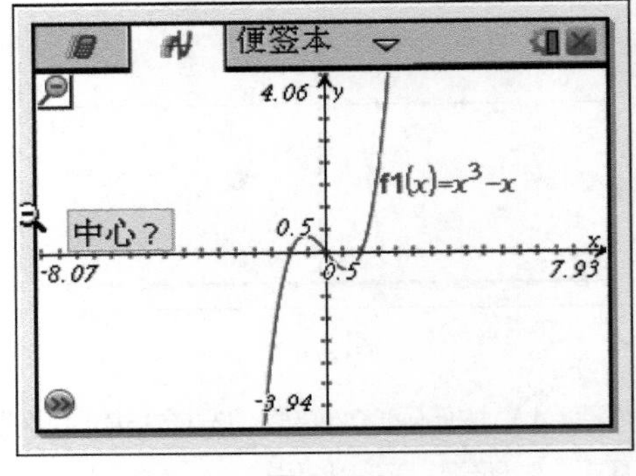

图 3－14

（6）按menu 5 1键，选择“图像跟踪”命令，此时光标移动图像上的某个点，并且在右下角显示该点的坐标，如图 3 – 15 所示。移动光标，可以探索函数的零点、最大值、最小值，如图 3 – 16 ~ 图 3 – 18 所示。这里的最大值、最小值是指在一个有界闭区间上的最值。

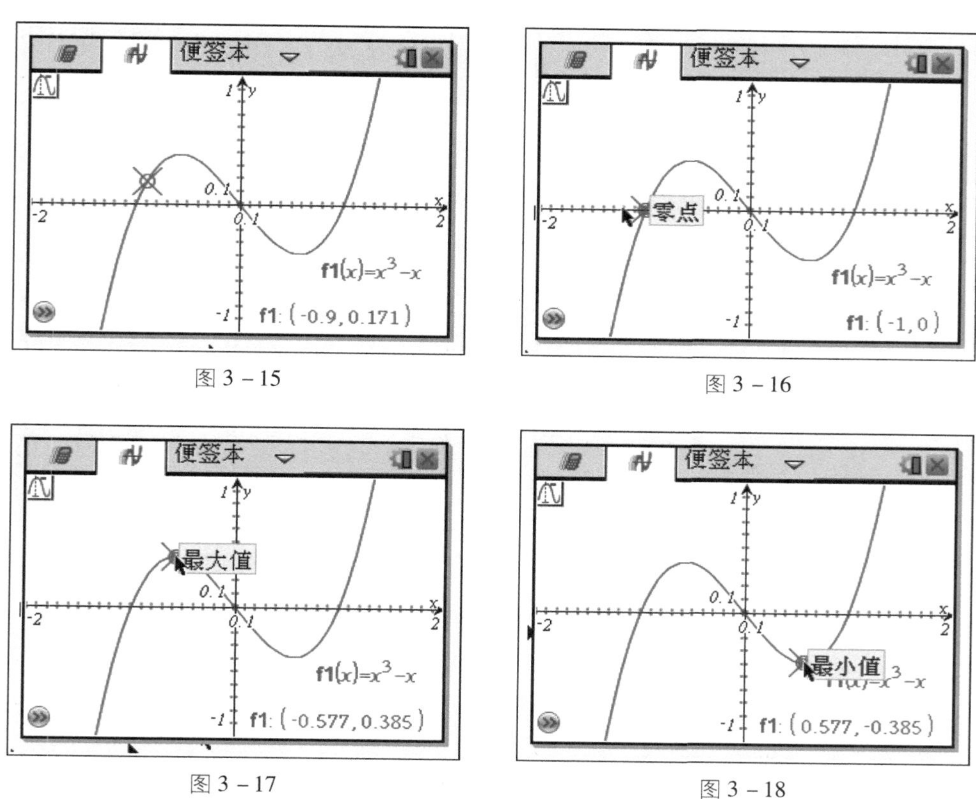

图 3 – 15

图 3 – 16

图 3 – 17

图 3 – 18

（7）按menu 6 1键，选择“零点”命令，此时光标变成手指形状，并且出现竖直虚线，左下角提示 下界? ，如图 3 – 19 所示。移动光标到零点附近左侧，按回车键确认区间下界，再向零点右侧移动光标，如图 3 – 20 所示，按回车键确认区间上界，计算器将作出函数在指定区间内的零点，并显示坐标，如图 3 – 21 所示。

（8）按menu 6 3键，选择“最大值”命令，其操作方式与求零点一样，可以作出函数在指定区间内的最大值点，并显示坐标，如图 3 – 22 所示。

（9）作函数 $y=0.5x+0.5$ 的图像，按menu 6 4键，选择“交点”命令，其操作方式与求零点一样，确认后可作出两函数在指定区间内的交点，并显示其坐标，如图 3 – 23 所示。

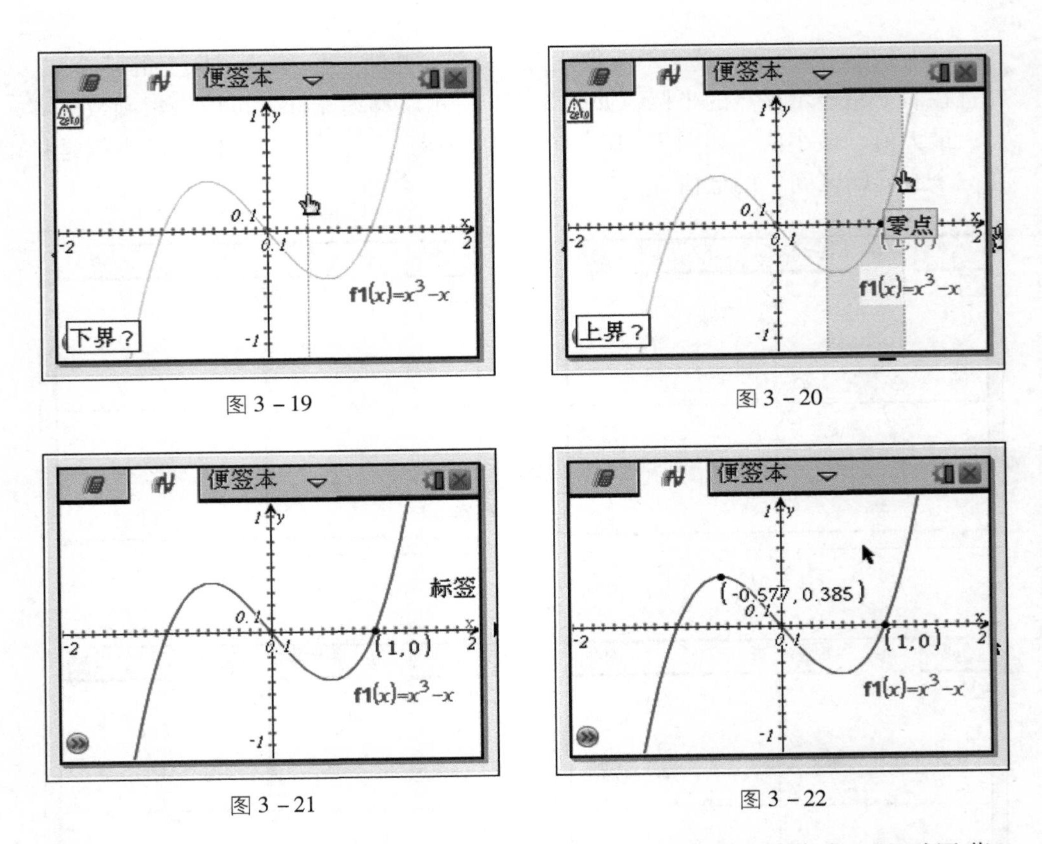

图 3－19　　图 3－20

图 3－21　　图 3－22

（10）按menu 2 5键，选择“显示图表”命令，将显示函数值表，这时屏幕一分为二，左边是函数图像，右边是函数值表，如图 3－24 所示。

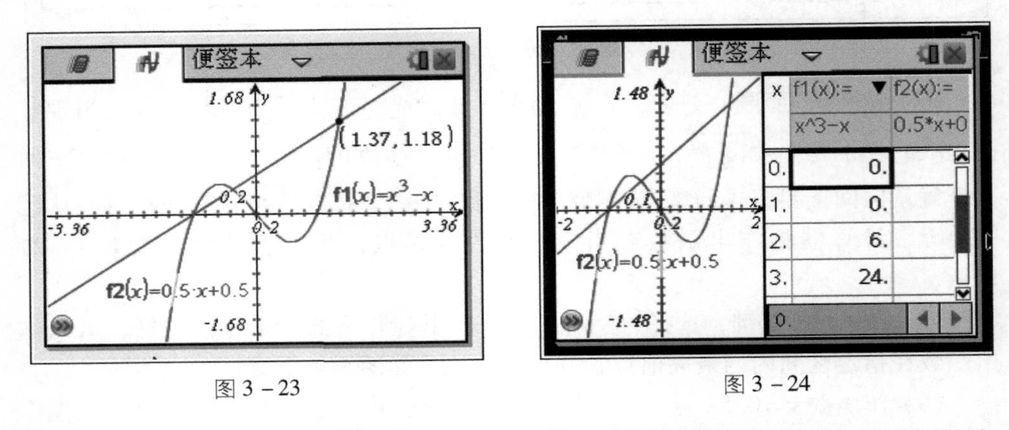

图 3－23　　图 3－24

（11）移动光标到图像窗口单击选定图像，重新缩放图像，如图 3－25 所示。移动光标并单击选定表格窗口，移动光标到第一行表格竖线位置，光标变成竖线带左右箭头形状，此时，按 ctrl 键锁定表格竖线，移动光标，可以拉长或缩短列，如图 3－26 所示。

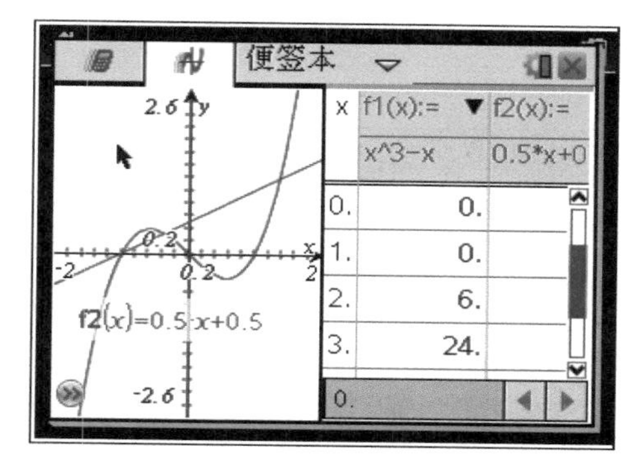

图 3－25

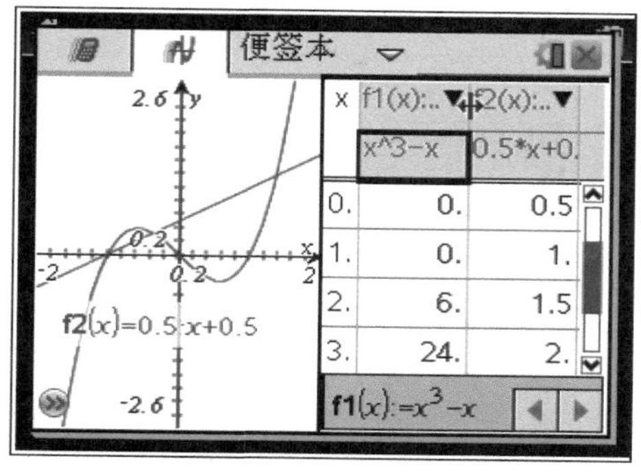

图 3－26

（12）按 menu 5 5 键，选择“编辑表格设置”命令，弹出对话框，输入表格起始值和表格步长，如图 3－27 所示，单击“确定”按钮，表格将按照新的设定显示数据，如图 3－28 所示，上下移动光标可以观察函数值的变化。

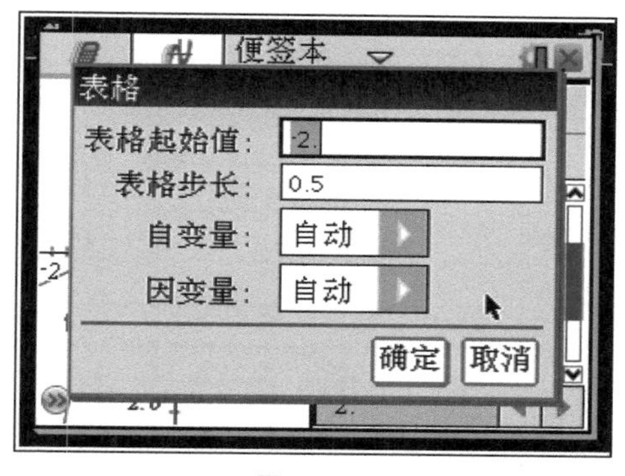

图 3－27

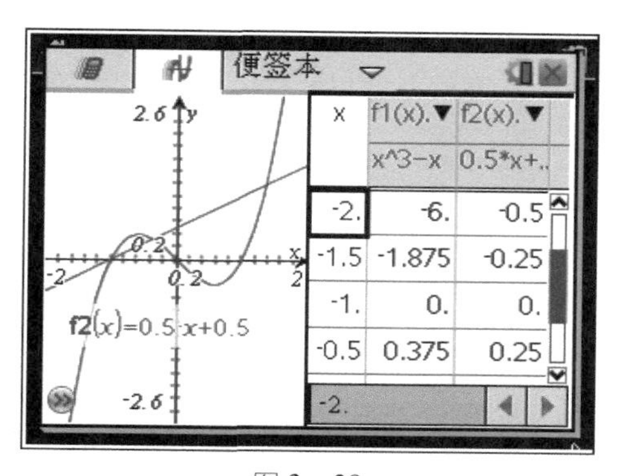

图 3－28

实践 2：由炮弹距地面的高度 H 随时间的变化规律 $H=294x-4.9x^2\ (0\leqslant x\leqslant 60)$，计算某时刻炮弹的高度，作出函数的图像，显示函数值表。

步骤：

（1）按 on 5 2 1 键，打开“常规设置”对话框，按 tab 键至“计算模式”选项，按 ▸ 键选择“近似”选项，调整数值的计算结果为近似状态，如图 3－29 所示。

（2）设置计算值精确度。按 tab 键至“显示数位”选项，按 ▸ 键选择“定点 1”选项，按回车键确定，如图 3－30 所示。

（3）按 on 1 1 键，新建计算页面，按 menu 1 1 键，选择“Define”命令，输入

解析式，按回车键完成解析式定义，如图 3－31 所示。

（4）依次按 h(1) enter、h(10) enter、h(20) enter、h(31.2) enter、h(39.2) enter、h(45) enter、h(58.9) enter键，计算给定时刻所对应的炮弹高度，体会解析式所确定的对应关系，如图 3－32 所示。

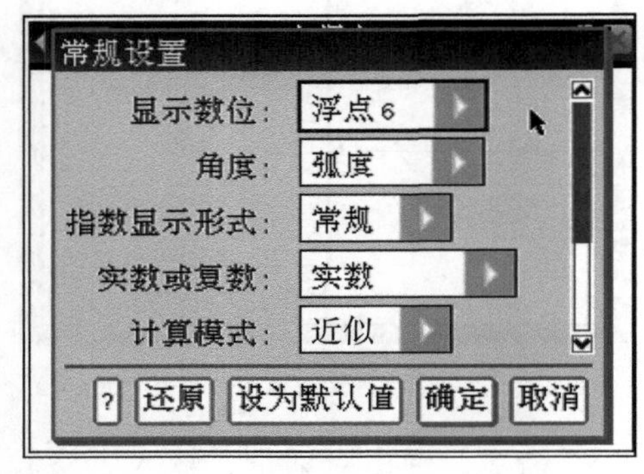

图 3－29

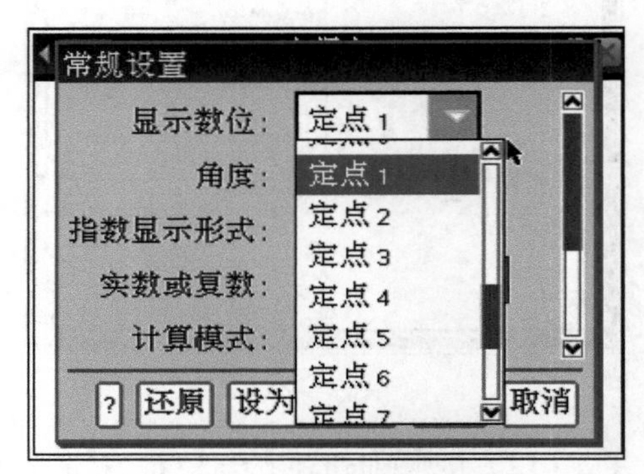

图 3－30

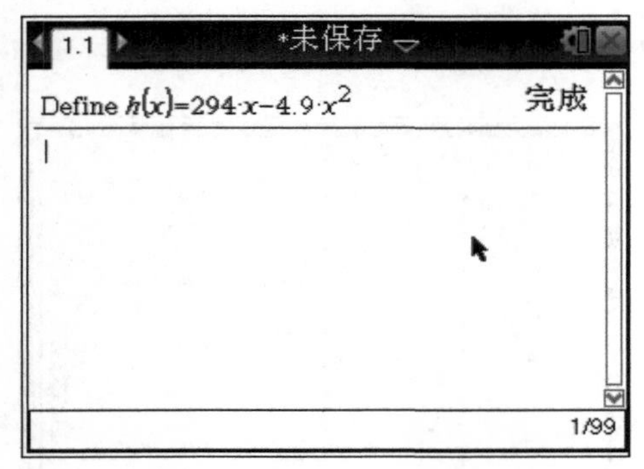

图 3－31

图 3－32

（5）按 ctrl +page 2 键，新建图形页面，如图 3－33 所示。按 doc 7 2 2 键，打开“图形与几何设置”对话框，按 键，使用▼键将“显示数位”设置为“定点 1”，按回车键确认，如图 3－34 所示。

（6）按 menu 4 1 键，打开“窗口设置”对话框，依次输入图 3－35 所示的参数，按回车键确认，完成图形窗口的设置。

（7）按 tab 键，展开函数输入行，输入解析式，按回车键作出图像，如图 3－36、图 3－37 所示（注意：按 ctrl ≠≥ 键，在弹出的对话框中选择竖线和不等号）。

（8）按 menu 5 1 键，选择“图形跟踪”命令，按◀▶键可以左右移动图像，如图 3－38 所示。观察图像上点的坐标值变化，由此体会图像在刻画对应关系中的作用，如果十字光标移动缓慢，可以按menu 5 3键，修改“跟踪步长”选项。

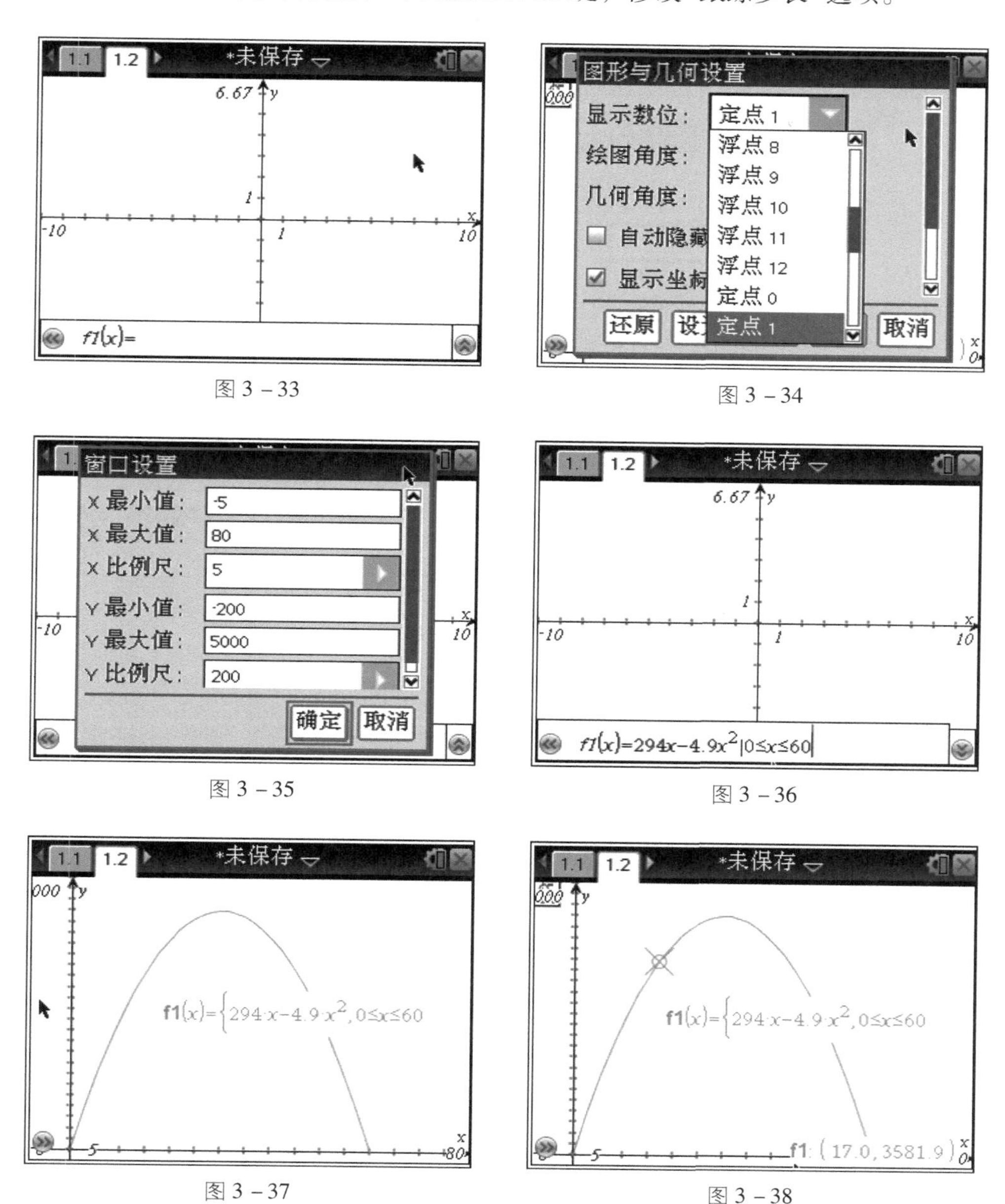

图 3－33

图 3－34

图 3－35

图 3－36

图 3－37

图 3－38

（9）按menu 2 A键或者ctrl T键，将在页面 1.2 中分屏显示函数值表，如图 3－39 所示。

（10）按▲▼键，移动光标位置，进入函数值表，观察时间和高度的对应关系，如图 3 - 40 所示。

(11) 按menu 5 5键，进行函数值表设置，如图 3 - 41 所示，改变表格步长为 0.5，按回车键确认，进一步观察函数值表，如图 3 - 42 所示。

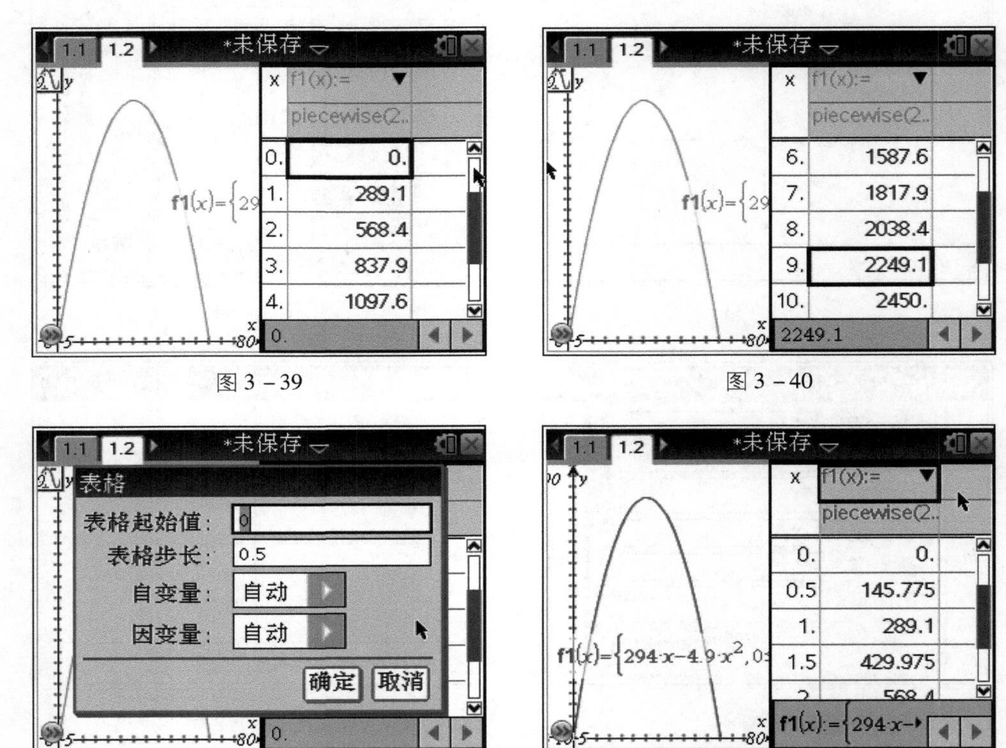

图 3 - 39

图 3 - 40

图 3 - 41

图 3 - 42

实践 3：作出函数 $y=5x(x\in\{1,2,3,4,5\})$ 的图像，体会函数解析式、函数值表、函数图像三种表示法与函数的联系。

步骤：

(1) 开机，按on 1 4键，添加列表与电子表格页面，如图3 - 43所示。

(2) 依次输入自变量与函数值的对应表，通过按◆▲▼键输入数值，如图 3 - 44 所示。

(3) 移动光标至 A，B 列最顶端单元格，分别输入“x0”“y0”，即给列变量命名——A：x0，B：y0，如图3 - 45所示。

(4) 按doc 4 4键，添加图形页面，如图 3 - 46 所示。

(5) 按menu 3 4键，修改“图形类型”为“散点图”，如图 3 - 47 所示。按var键选择变量，分别给变量 x，y 赋值 x0，y0，如图 3 - 48 所示，按回车键键作出散点图，如图3－49所示。

（6）按[menu][4][9]键，选择“缩放－数据”命令，显示所有散点，如图3－50、图3－51所示。按[menu][5][1]键，选择“图像跟踪”命令，移动光标跟踪散点图，如图3－52所示。

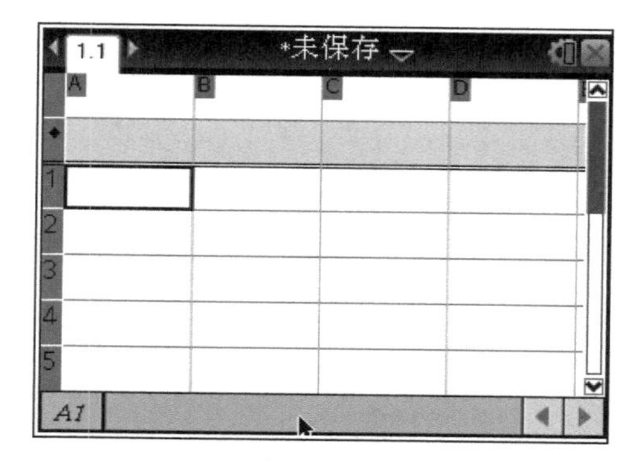

图3－43

图3－44

图3－45

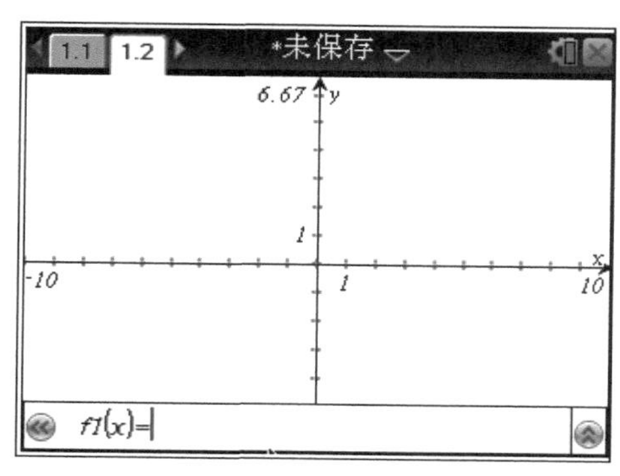

图3－46

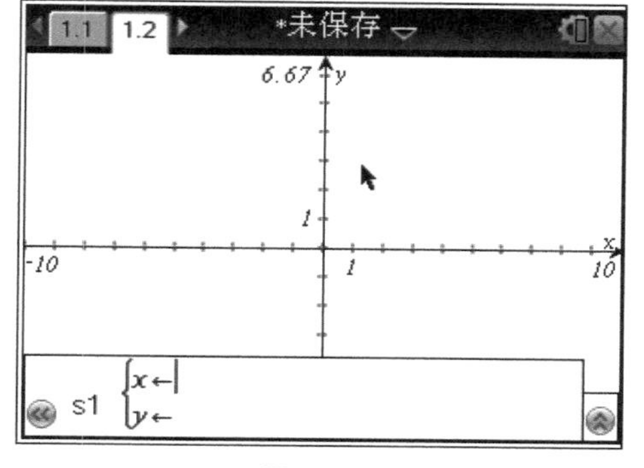

图3－47

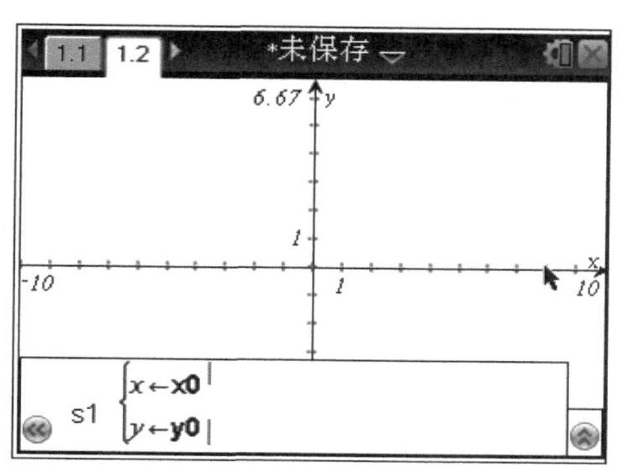

图3－48

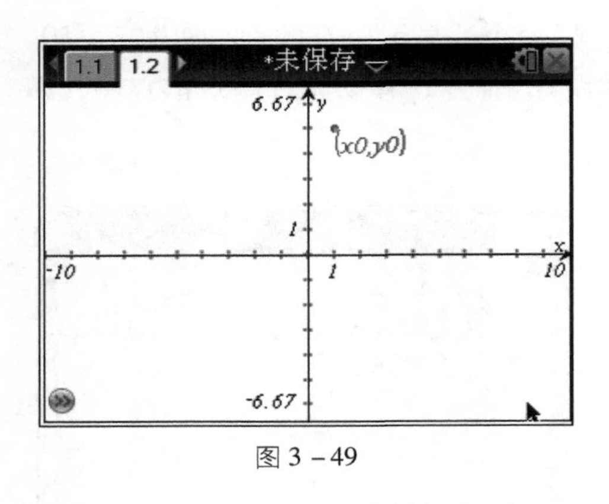

图 3－49

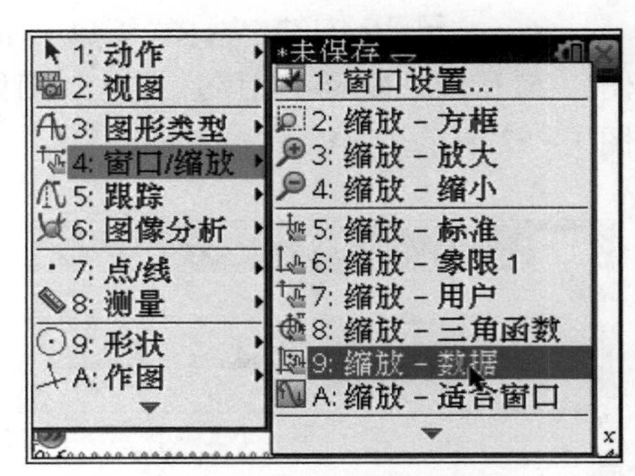

图 3－50

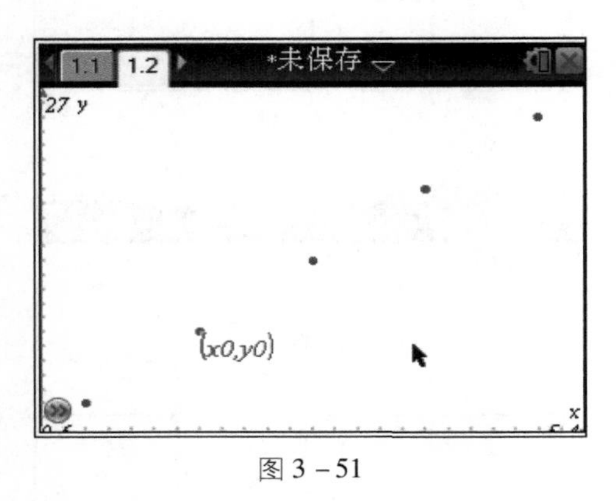

图 3－51

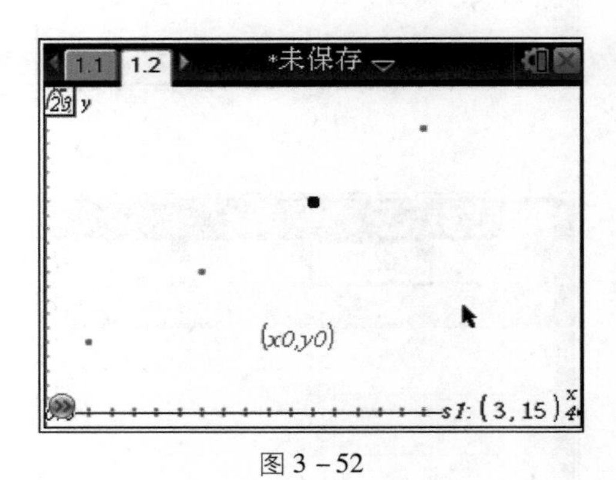

图 3－52

实践 4：作出分段函数 $y=\begin{cases} x^2-10x+29, & x\geqslant 4 \\ x^2-2x-3, & 0<x<4 \\ -x^2-4x-3, & x\leqslant 0 \end{cases}$ 的图像，探究函数性质。

步骤：

（1）开机，按 on 1 2 键，添加图形页面，展开函数输入行，按键打开数学模板，按◆▲▼键选择分段函数模板，如图 3－53 所示，弹出“建立分段函数”对话框，如图 3－54 所示，输入分段数 3，再按回车键。

（2）依次输入表达式，如图 3－55 所示，按回车键后作出分段函数的图像，如图 3－56 所示。

（3）可以用前面的方法探究函数性质，如零点、截距、极值点等。

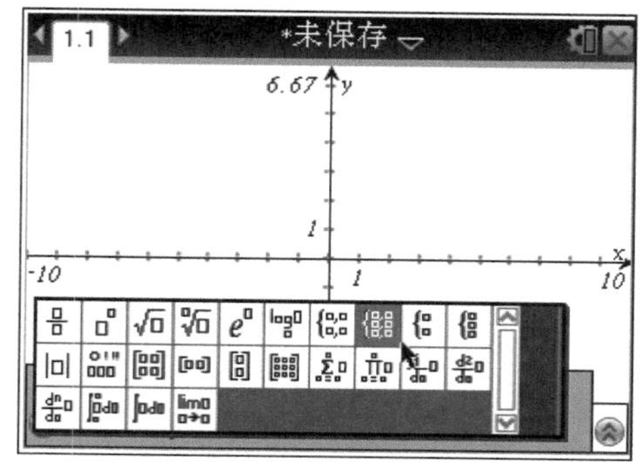

图 3－53

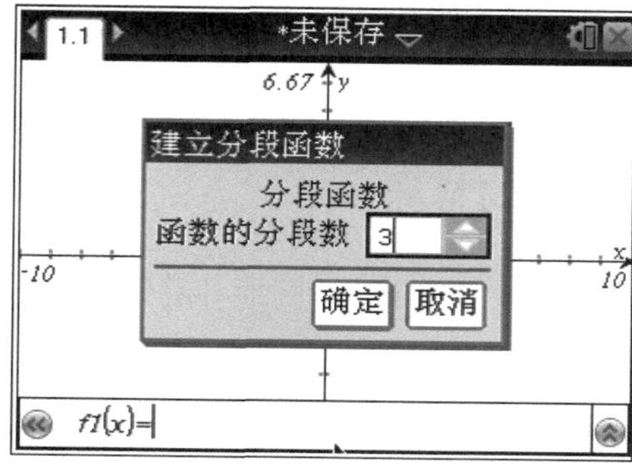

图 3－54

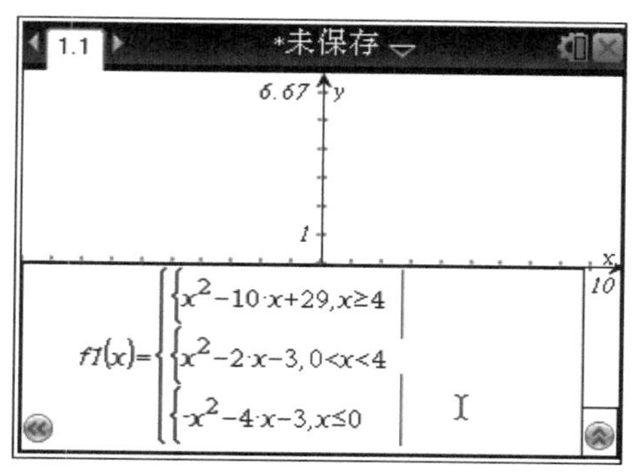

图 3－55

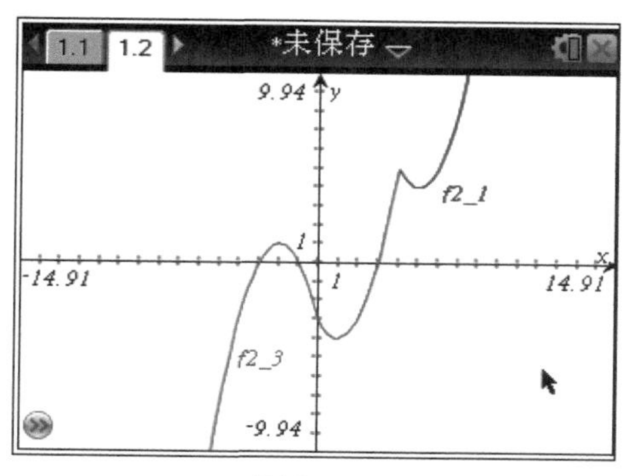

图 3－56

第四课时 探索函数的性质

学习目标

利用 TI - nspire 图形计算器的函数作图、显示函数值表等功能，探究函数图像的对称性及函数图像的变换，体验函数的奇偶性与单调性的本质，并构造出关于 y 轴对称的函数。

学习过程

实践 1： 探究函数的单调性。

作出函数 $y = |x^2 - 2x - 3|$ 的图像，找出其单调区间，求出极大值、极小值。

步骤：

（1）开机，按 on 1 2 键，添加图形页面，展开函数输入行，输入"abs(x^2 - 2x - 3)"，按回车键，作出函数图像，如图 4 - 1 所示。

（2）按 doc 7 2 2 键，勾选"自动查找关键点"复选框，设置自动查找关键点，如图 4 - 2 所示。

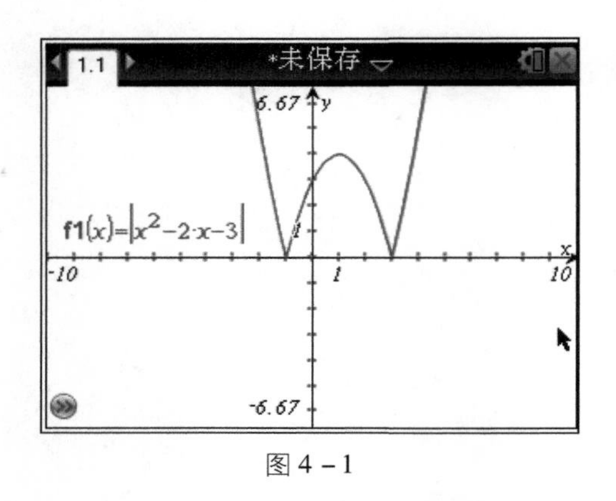

图 4 - 1

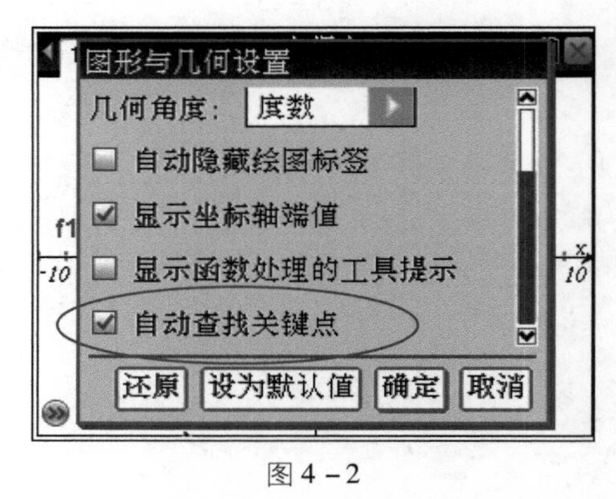

图 4 - 2

（3）按 menu 5 1 键，跟踪图像，移动光标，当到达局部最低点时，屏幕会自动提示最小值，如图 4 - 3 所示，当到达局部最高点时，屏幕会自动提示最大值，如图 4 - 4 所示。在跟踪图像的过程中可以感受到函数值 y 随着 x 的增大而增大（减小），体会单调性的本质。

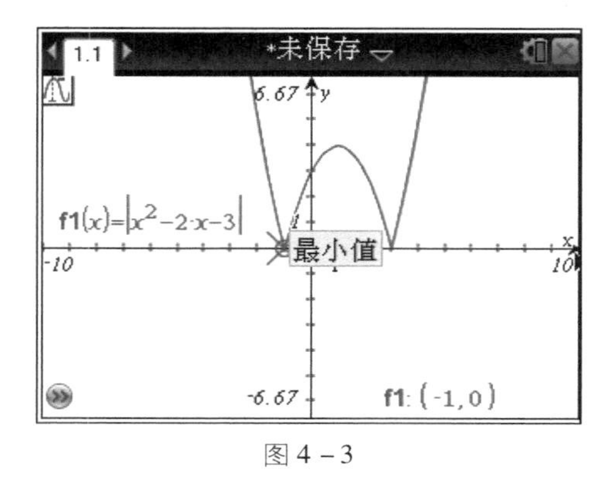

图 4－3

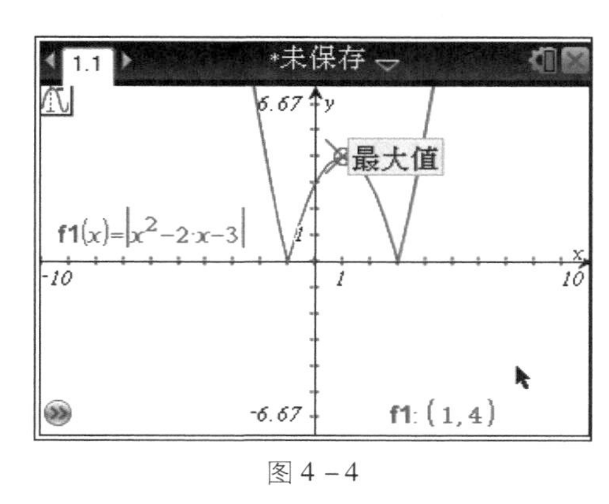

图 4－4

(4) 记录关键的坐标，光标每移动一次，按回车键，都会在图像上作出该点，并记录该点的坐标，利用这一功能可以记录一些关键点的坐标(与坐标轴的交点、极值点等)，如图 4－5、图 4－6 所示。

(5) 由关键点坐标，读出函数的单调增区间是$[-1, 1]$，$[3, +\infty)$，减区间是$(-\infty, -1]$，$[1, 3]$。

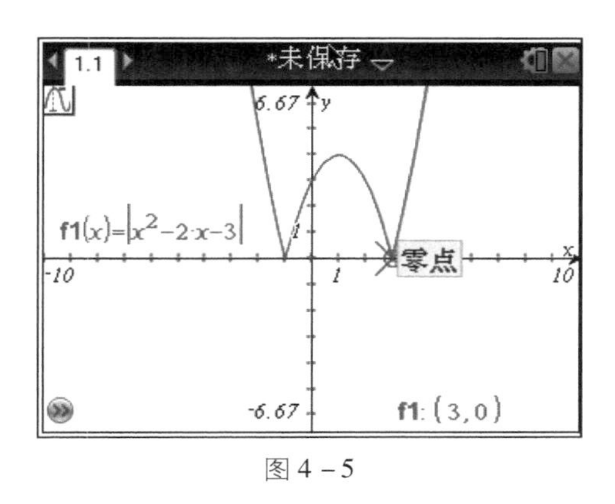

图 4－5

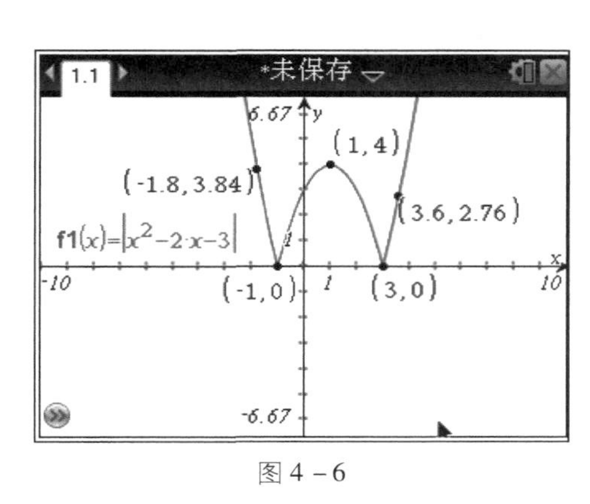

图 4－6

实践 2：探究函数的奇偶性。

作出 $y=x^2$ 的图像，探究图像的对称性，体会函数奇偶性的概念。

步骤：

(1) 开机，按 on 1 2 键，添加图形页面，展开函数输入行，输入“x^2”，按回车键，作出函数图像，如图 4－7 所示。

(2) 任意取一个常数函数 $y=4.37$，作出图像，如图 4－8 所示。

(3) 求两个函数的交点。按 menu 5 1 键，选择“交点”命令，如图 4－9 所示，求出左边交点为$(-2.09, 4.37)$，再求出右边交点为$(2.09, 4.37)$，如图 4－10

所示。这说明横坐标互为相反数，纵坐标相等，这两点关于 y 轴对称。再另外任意作一个常数函数，重复步骤(3)，有相同的结论。

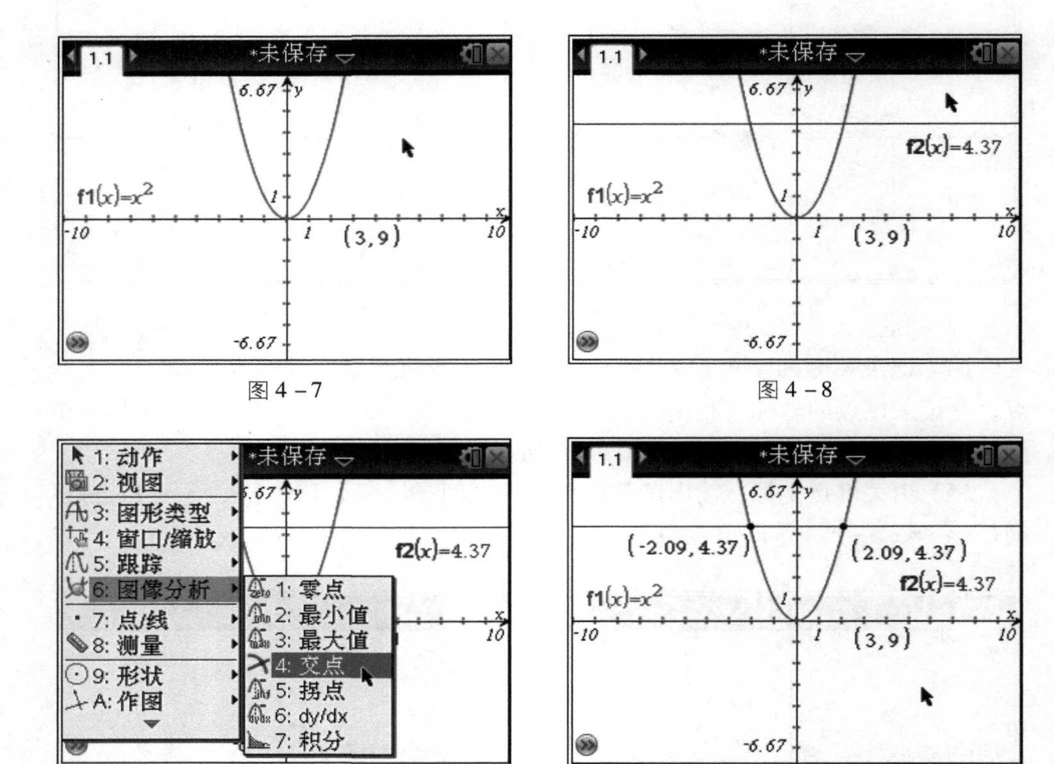

图 4－7　　图 4－8

图 4－9　　图 4－10

（4）通过函数值表验证对称性。按menu 2 A键，选择“显示表”命令，向上移动光标，可以看出当 x 互为相反数时，函数值相等，如图 4－11 所示。

（5）改变表格步长，再一次验证对称性。按menu 5 5键，选择“表格设置”命令，输入表格起始值0，输入任意取定的表格步长 0.34，如图 4－12 所示，按回车键确认，移动光标，函数值表的结果如图 4－13 所示，发现规律依旧，再改变表格步长，显示函数值表如图 4－14 所示，规律依旧，因此猜想当自变量 x 互为相反数时，函数值相等。

（6）按menu 7 1键，选择“作点”命令，单击图像，在图像上任意作出一点，输入标签 P，如图 4－15 所示。

（7）按menu B 2键，选择“轴对称”命令，如图 4－16 所示，单击点 P，再单击 y 轴，作出 P 点关于 y 轴的对称点 P'，发现它也在函数图像上。选中 P'点，按ctrl 7键，度量出 P 点坐标，发现 P，P'的横坐标互为相反数，纵坐标相等，如图 4－17 所示。

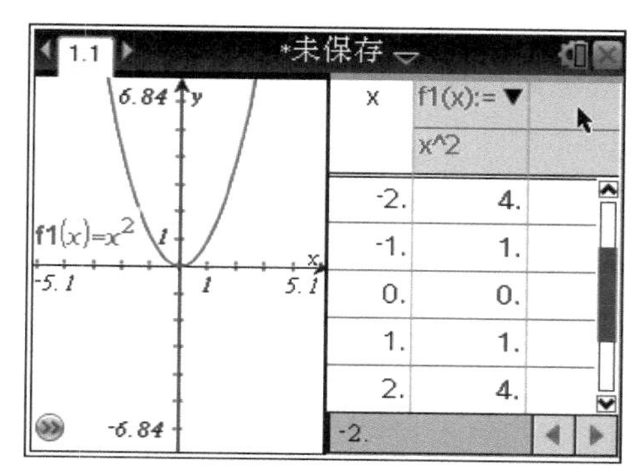

图 4－11

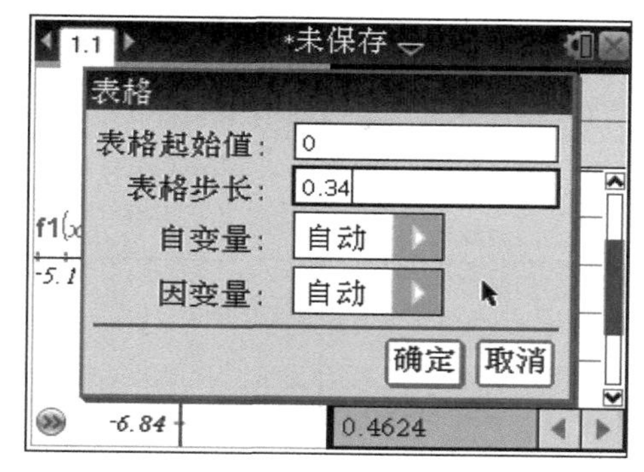

图 4－12

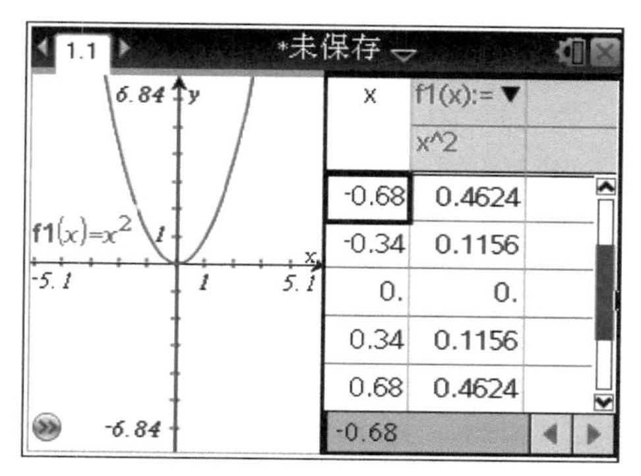

图 4－13

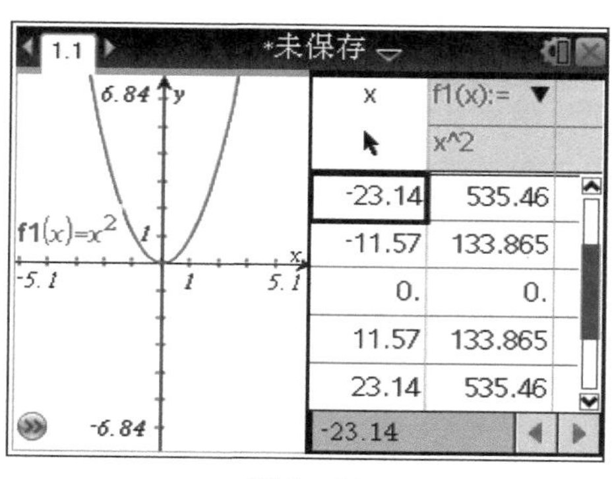

图 4－14

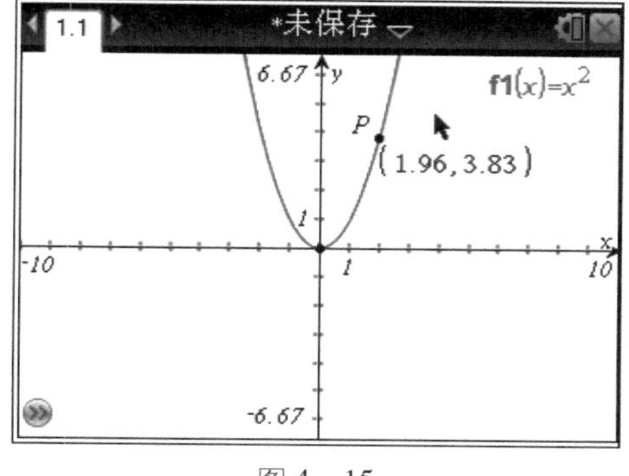

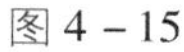
图 4－15

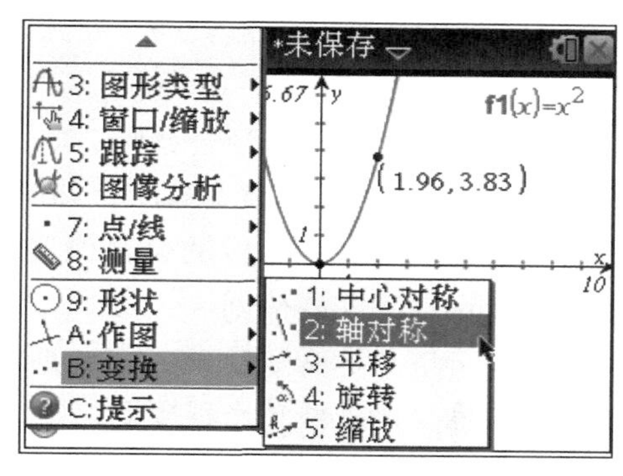

图 4－16

（8）移动点 P，观察 P 与 P'的坐标关系。P 与 P'的横坐标始终互为相反数，纵坐标始终相等，如图 4－18 所示，这说明函数图像关于 y 轴对称，对任意 x 有

$f(-x)=f(x)$。

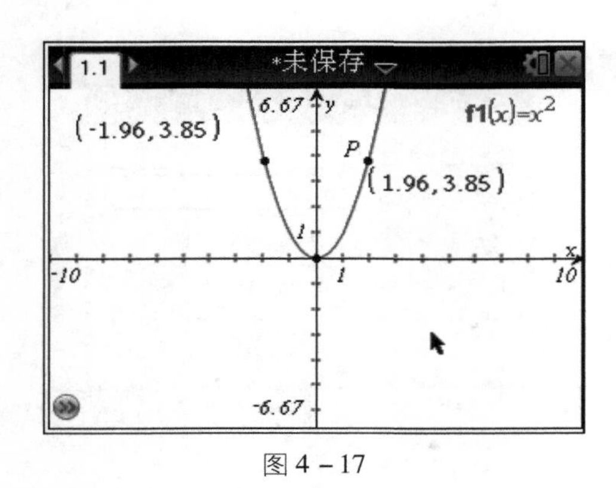

图 4－17

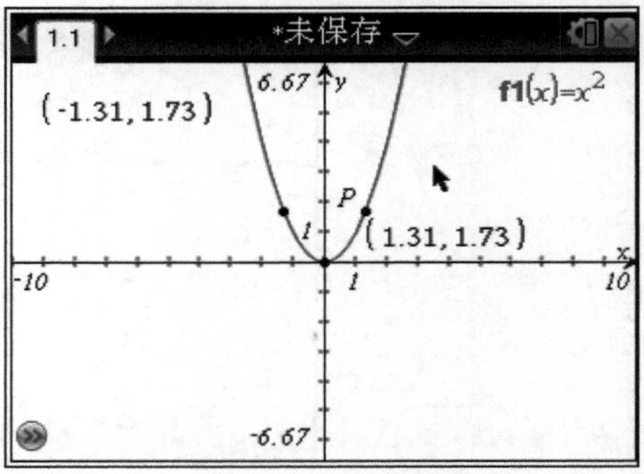

图 4－18

（9）证明函数图像关于 y 轴对称。

任意取横坐标为 a，则该点的坐标为(a, a^2)。

横坐标为 $-a$ 时，$y=(-a)^2=a^2$，该点的坐标为$(-a, a^2)$。

两点纵坐标相等，横坐标互为相反数，因此两点关于 y 轴对称。由于 a 是任意的，所以说明图像上任意一点关于 y 轴的对称点都在函数图像上，从而证明函数 $y=x^2$ 的图像关于 y 轴对称。这样的函数称为偶函数，于是得出偶函数的定义，形成概念。

实践 3：探究函数的渐近线。

作出 $y=\dfrac{x^2-1}{x}$，$y=x$ 的图像，探究它们之间的关系。

步骤：

（1）开机，添加图形页面，展开函数输入行，分别输入两个函数的解析式，作出函数图像，如图 4－19 所示。

（2）移动图像观察渐进趋势。单击坐标轴，选中坐标轴，如图 4－20 所示。按 ctrl 键，光标变成拳头形状，如图 4－21 所示。移动光标，就可以拖动坐标系，使窗口能够显示图像的合适位置，如图 4－22 所示。可以看出随着 x 的增加，两个图像越来越接近。

（3）分屏显示函数值表。按 menu 7 1 键，选择“拆分显示表”命令，拖动滚动条，观察两个函数值越来越接近，如图 4－23～图 4－25 所示。

（4）插入计算页面，计算两个函数值的差，并计算 x 趋于 ∞ 的极限，如图 4－26所示，其极限值为 0，说明函数 $y=\dfrac{x^2-1}{x}$的渐近线为 $y=x$。

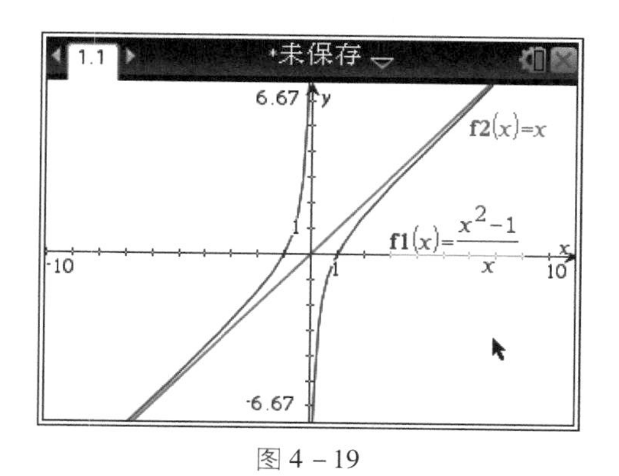

图 4 – 19

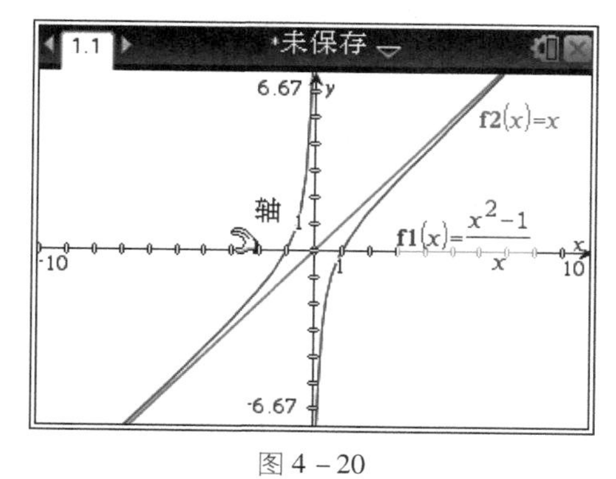

图 4 – 20

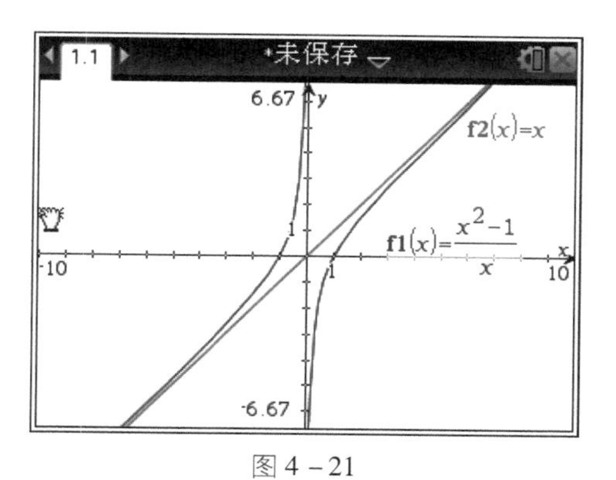

图 4 – 21

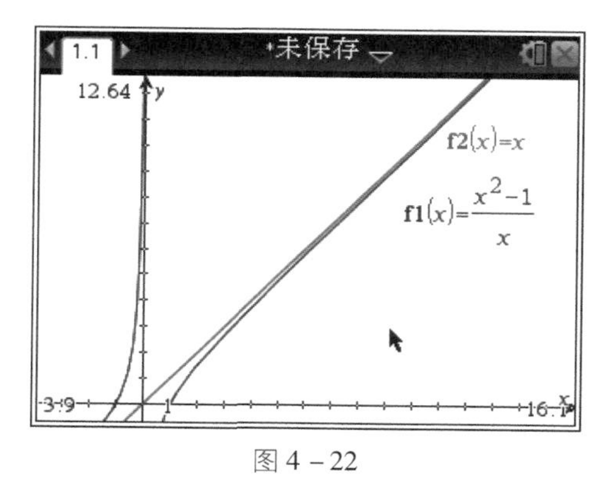

图 4 – 22

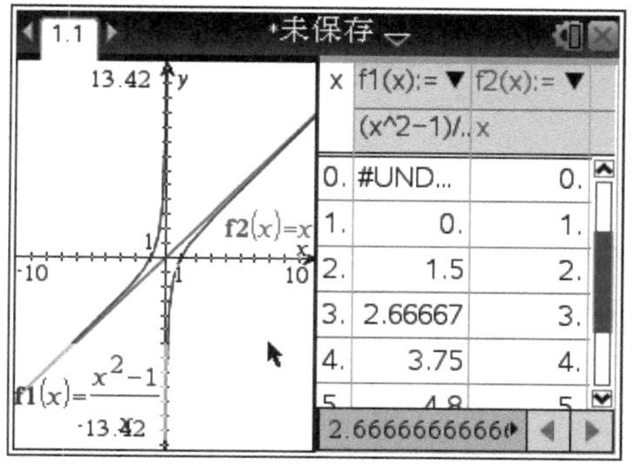

图 4 – 23

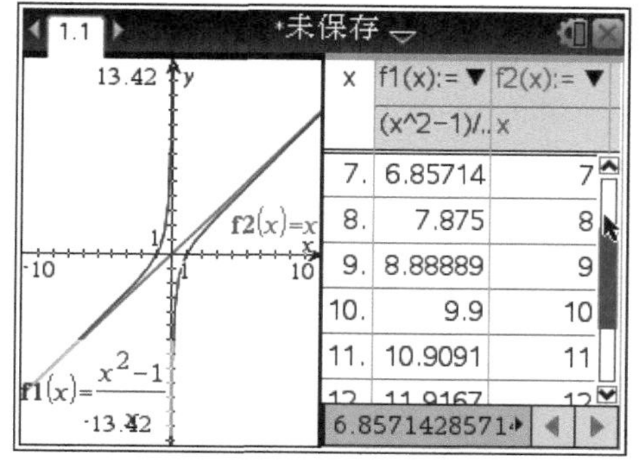

图 4 – 24

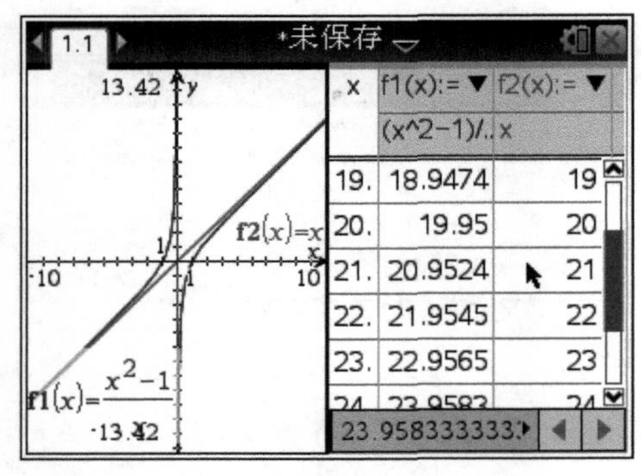

图 4－25

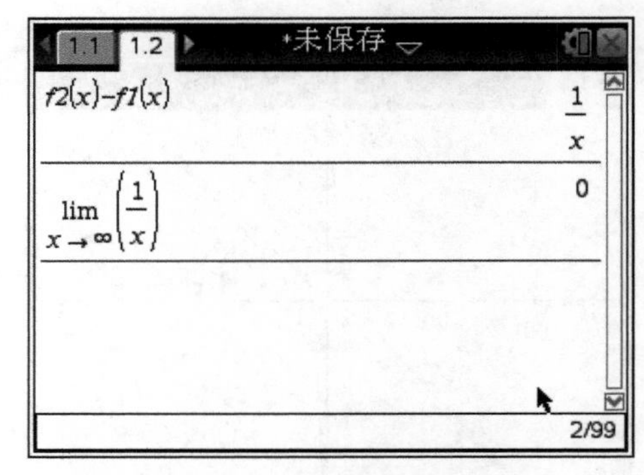

图 4－26

练习：

（1）请作出 5 个关于 y 轴对称的函数的图像。

（2）给出函数 $f(x)=\dfrac{x^2+1}{x}$，完成以下任务。

①作出函数的图像，观察它的对称性。

②判断函数的奇偶性，用代数方法证明。

③利用图像分析函数的单调性，写出单调区间和值域。

④找出函数的渐近线。

（3）找出函数 $f(x)=\dfrac{-x^3}{x^2-9}$的截距，从图形和代数两方面研究它的对称性。

第五课时　函数图像的变换

学习目标

利用 TI－nspire 图形计算器的游标功能，作出含有参数的图像，探究参数对图像的影响。

学习过程

实践 1：在同一坐标系中画出 $y=|x|$，$y=|x-1|$，$y=|x+2|$，$y=|x|+1$，$y=|x|-3$ 的图像，探究图像间的关系。

步骤：

（1）开机，按[on][1][2]键，添加图形页面，展开函数输入行，按[⊞]键，再按◀▶▲▼键选择绝对值符号，如图 5－1 所示，然后按回车键，输入“x”，结果如图 5－2 所示。再按回车键确认后作出 $y=|x|$ 的图像，如图 5－3 所示。

（2）同样作出 $y=|x-1|$，$y=|x+2|$ 的图像，如图 5－4 所示，可以观察它们之间的关系。

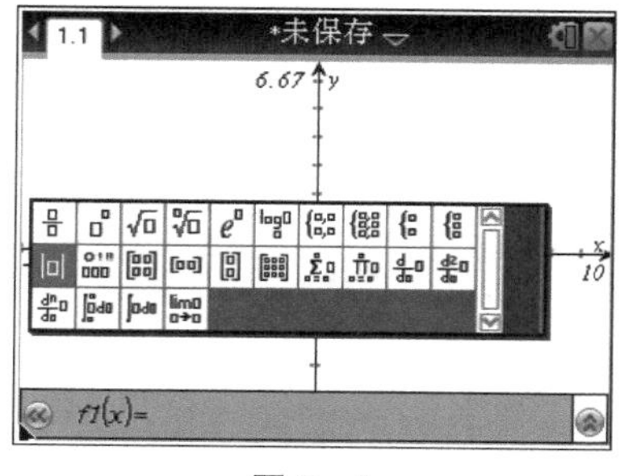

图 5－1

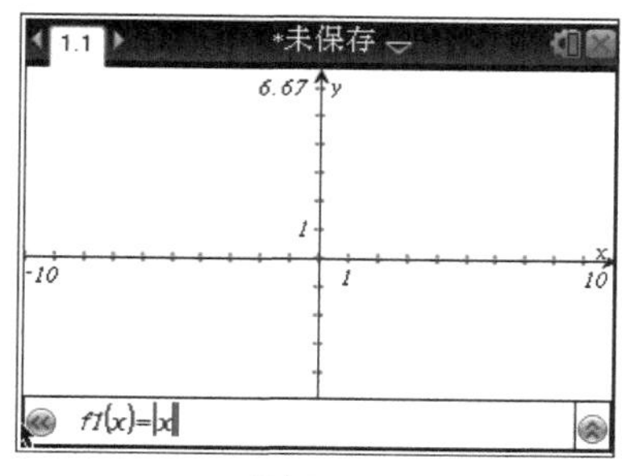

图 5－2

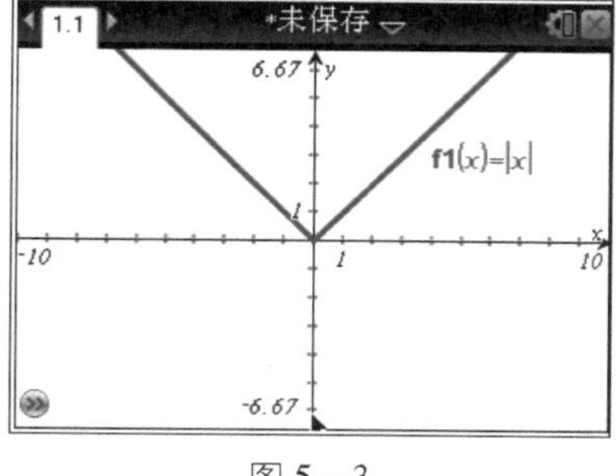

图 5－3

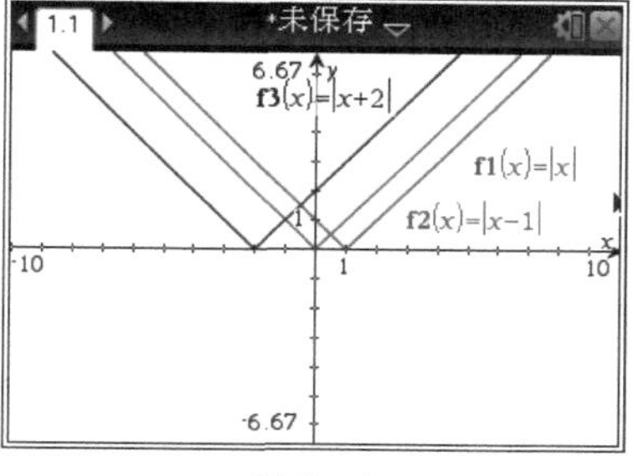

图 5－4

（3）作出 $y=|x|+1$，$y=|x|-3$ 的图像，如图 5－5 所示，可以观察它们之间的关系。

（4）可以显示函数值表来观察图像的关系，如图 5－6 所示。

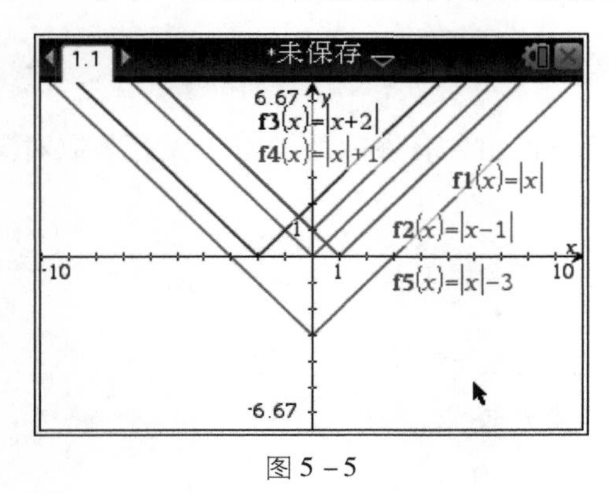

图 5－5

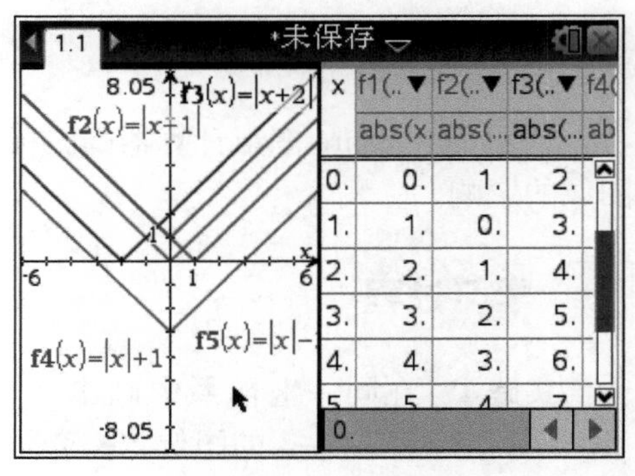

图 5－6

思考：

函数 $y=f(x)$ 的图像如何变换得到 $y=f(x+m)$ 的图像？

函数 $y=f(x)$ 的图像如何变换得到 $y=f(x)+n$ 的图像？

实践 2： 通过改变参数研究函数图像的关系。

探究 $y=x^3$ 与 $y=ax^3$ 图像的关系。

步骤：（1）按 on 1 2 键，添加图形页面，如图 5－7 所示。

（2）建立参数 a。按 menu 1 A 键，利用触摸板移动光标放到合适的位置，按回车键，输入变量名 a，如图 5－8 所示。

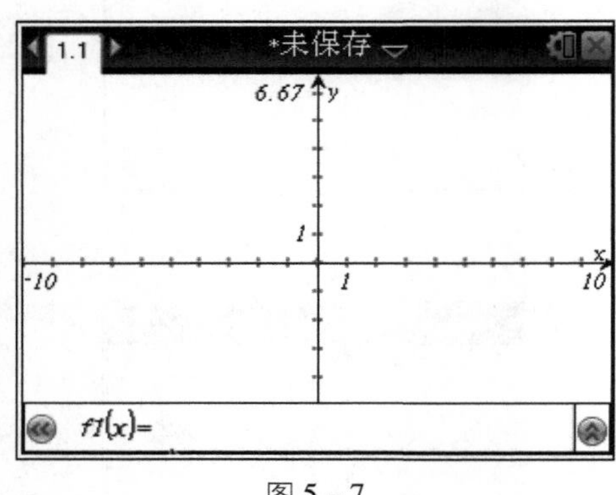

图 5－7

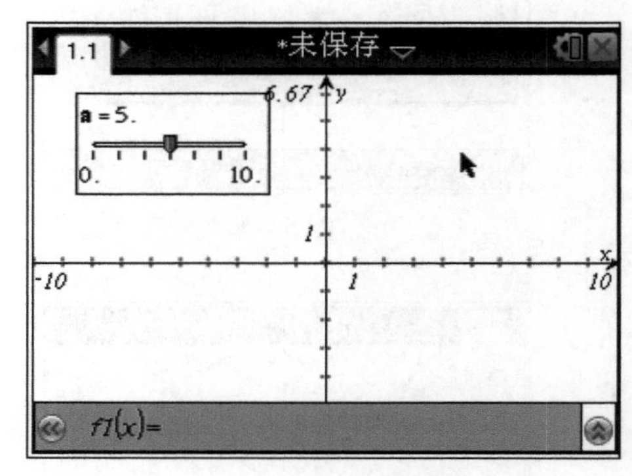

图 5－8

（3）输入解析式并作图。按 tab 键，展开输入函数行，输入 $f1(x)=a\cdot x^3$［注意，a 与 x^3 之间必须输入乘号（·）］，如图 5－9 所示，按回车键作出图像，如图 5－10 所示。

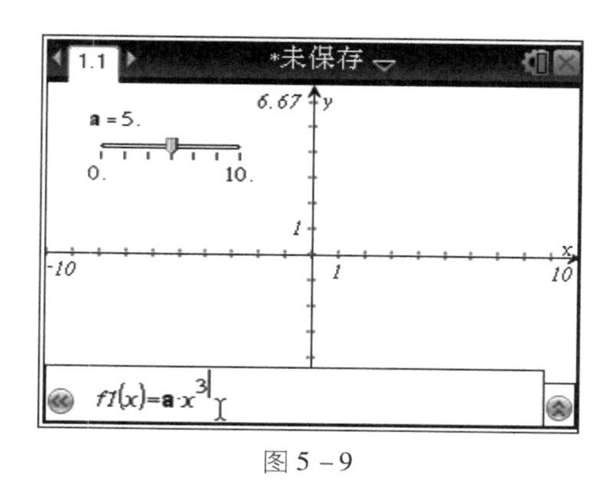

图 5－9

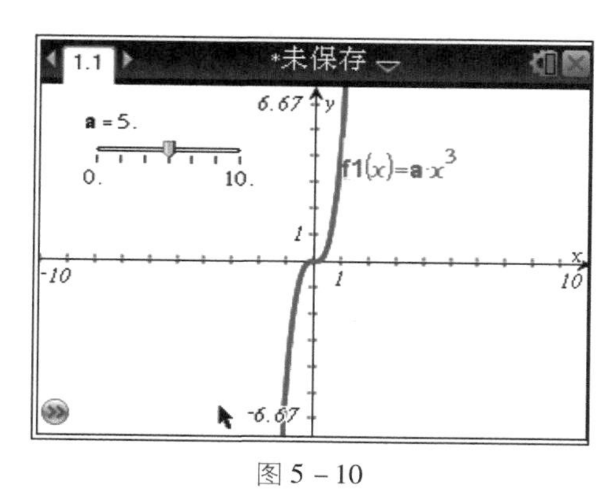

图 5－10

（4）改变游标的值，观察图像变化，移动光标到游标滑块处，长按键，鼠标指针虎口闭合，轻轻在触摸板上滑动鼠标，改变 a 值，图像发生连续变化，如图 5－11 所示。

（5）设置游标参数。当游标处于被选中状态时，按 ctrl menu 1 键，弹出“游标设置”对话框进行设置，如图 5－12、图 5－13 所示。

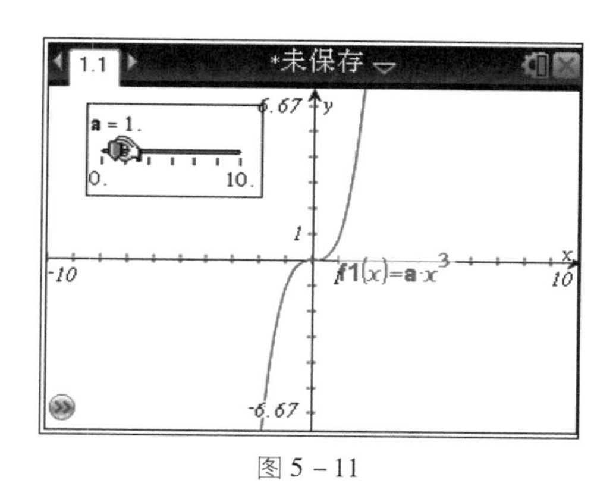

图 5－11

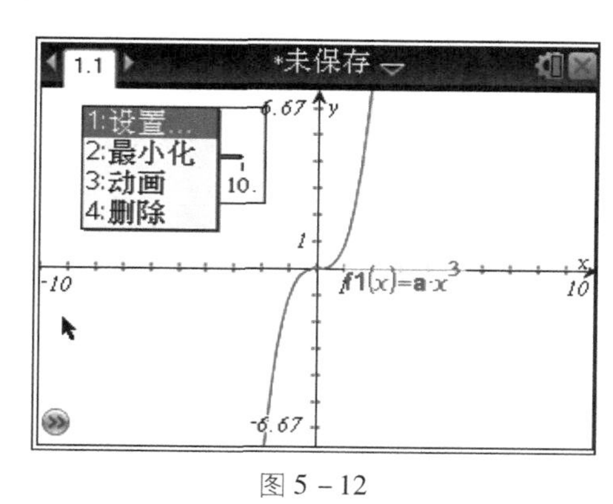

图 5－12

（6）拖动游标，观察图像变化，如图 5－14 所示。

（7）作出 $y=x^3$，$y=2x^3$，$y=0.5x^3$ 的图像，拖动游标，观察图像变化，如图 5－15、图 5－16 所示。

思考：

函数 $y=f(x)$ 的图像如何变换得到函数 $y=af(x)$ 的图像？

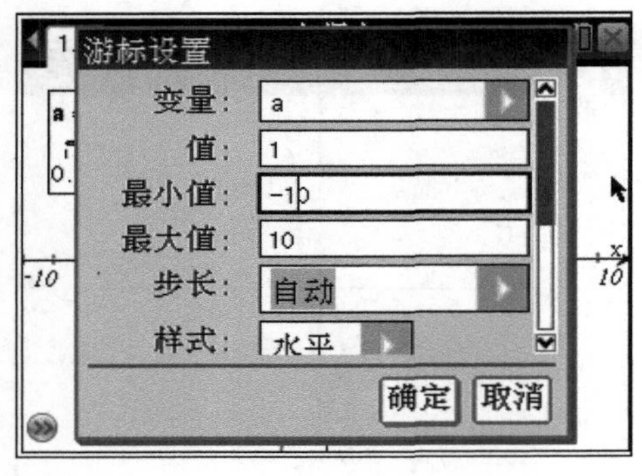

图 5－13

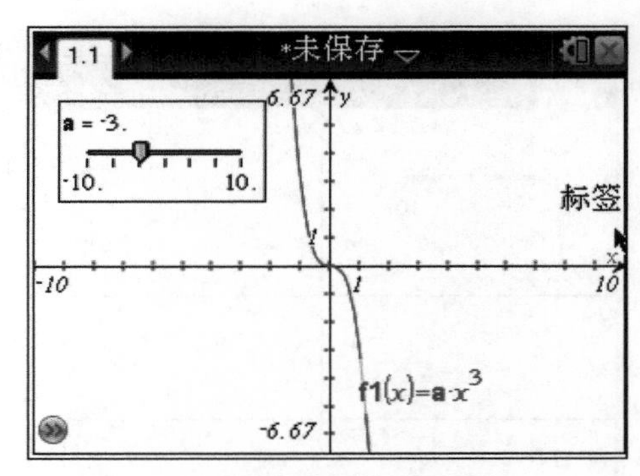

图 5－14

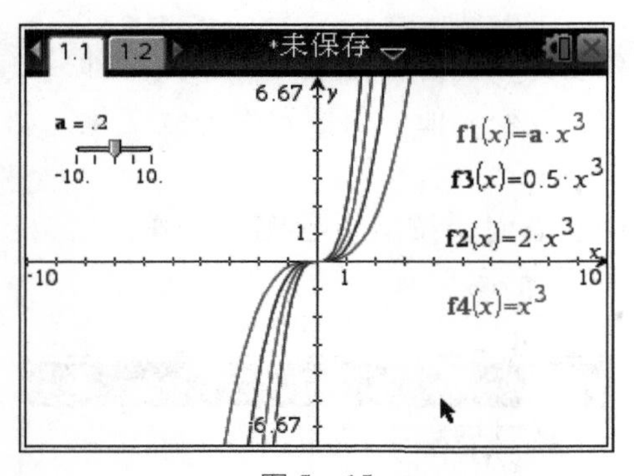

图 5－15

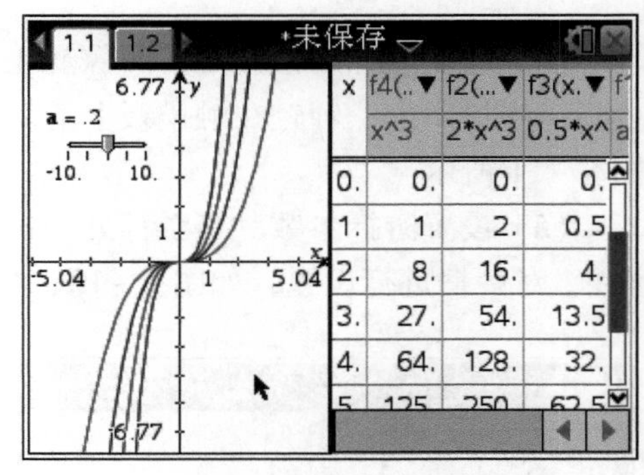

图 5－16

实践 3：通过改变参数探究函数图像的关系。

探究 $y=f(x)=x^3-4x$ 与 $y=f(ax)$ 图像的关系。

步骤：

（1）作出函数 $y=f(x)=x^3-4x$，$y=f(2x)$ 的图像，如图 5－17 所示。

（2）作出函数 $y=f(2x)$，$y=f(0.5x)$ 的图像，如图 5－18 所示。

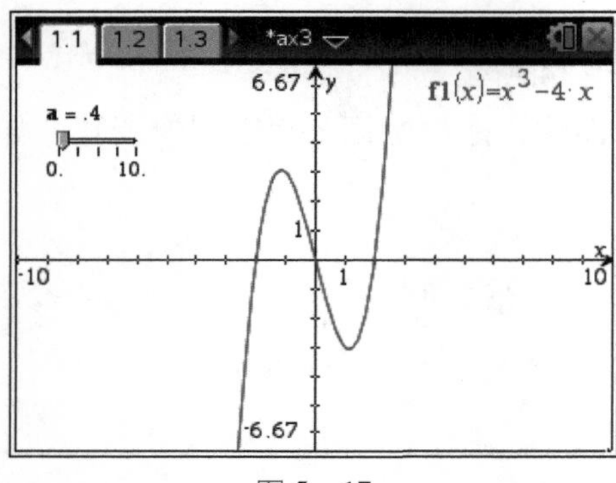

图 5－17

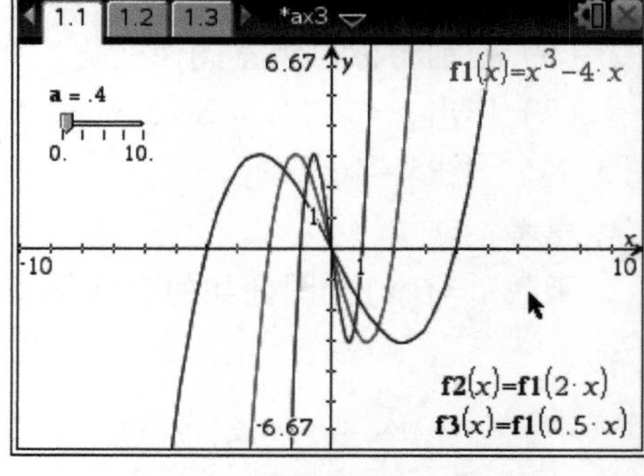

图 5－18

（3）分别求出 3 个函数的正零点依次为 2，1，4，如图 5－19 所示，探究它们的关系。

（4）作出函数 $y=f(ax)$ 的图像，并求出正零点，隐藏另两个函数的图像，如图 5－20 所示。拖动游标改变 a 值，观察两个正零点的关系，如图 5－21、图 5－22 所示。

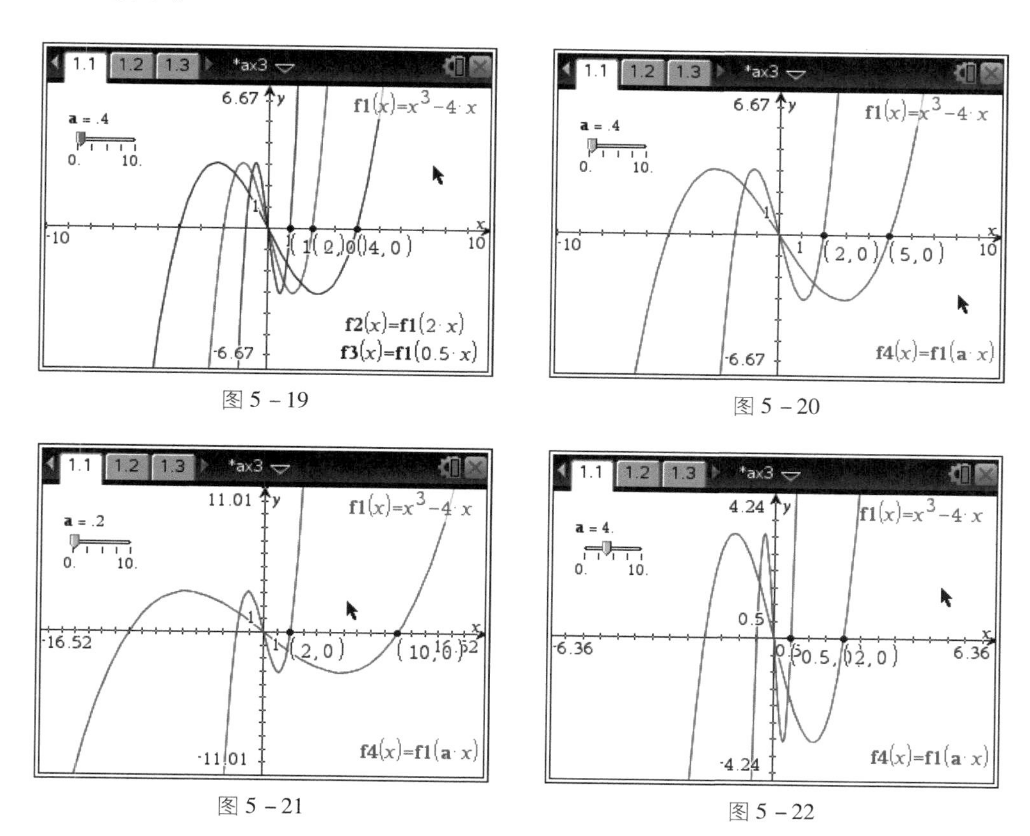

图 5－19

图 5－20

图 5－21

图 5－22

（5）任意作水平线，并分别作出它与两个函数图像的交点，度量出各自最右侧的交点坐标，如图 5－23 所示。

（6）选择第一个交点的横坐标，按 ctrl sto→ 键，在变量名位置输入“$x1$”，如图 5－24、图 5－25 所示，按回车键确认，此时横坐标显示为粗体，表明已被存入某个变量。用同样的操作把第二点的横坐标存入变量 $x2$，如图 5－26 所示。

（7）按 menu 1 7 键选择“文本”命令，单击屏幕空白处，如图 5－27 所示，输入“$x1/x2$”。

（8）按 menu 1 9 键选择“计算”命令，如图 5－28 所示，依次单击 $x1$，$x2$，单击屏幕空白处得出结果，如图 5 - 29 ~ 图 5 - 31 所示。

(9) 拖动作水平线，发现比值不变，如图 5 - 32 所示。

(10) 拖动游标，改变 a 值，观察图像变化，如图 5 - 33、图 5 - 34 所示。

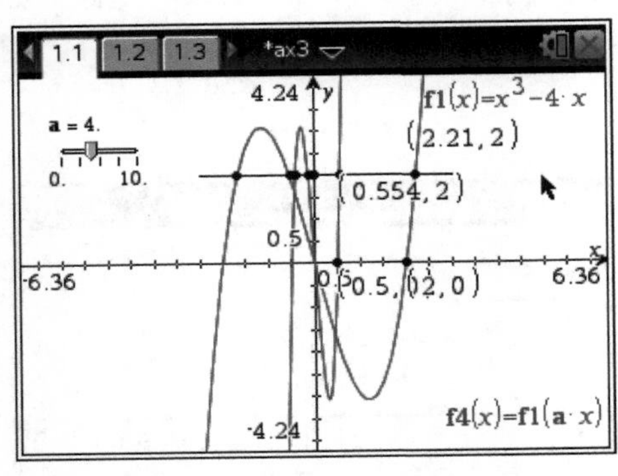

图 5 - 23

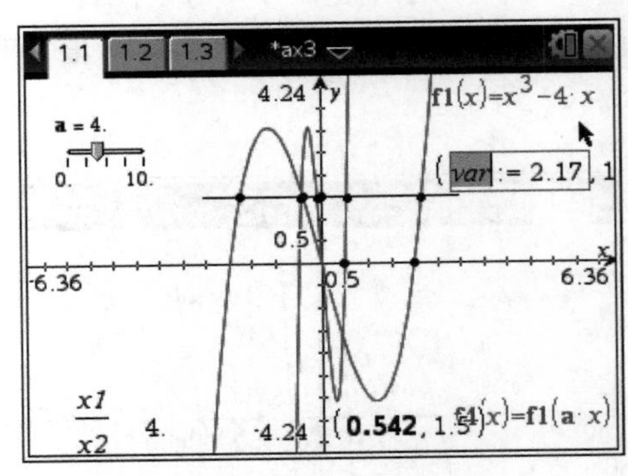

图 5 - 24

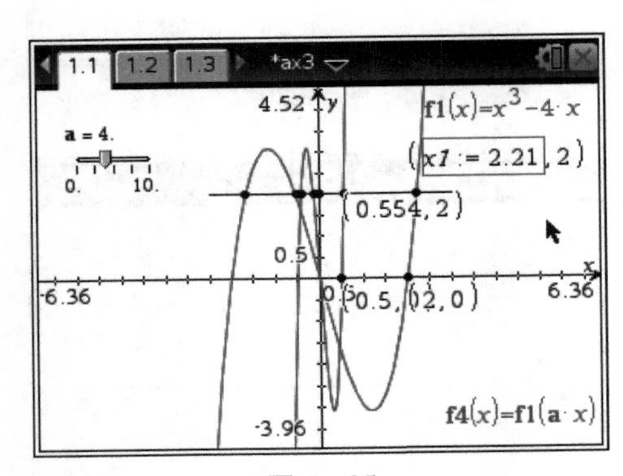

图 5 - 25

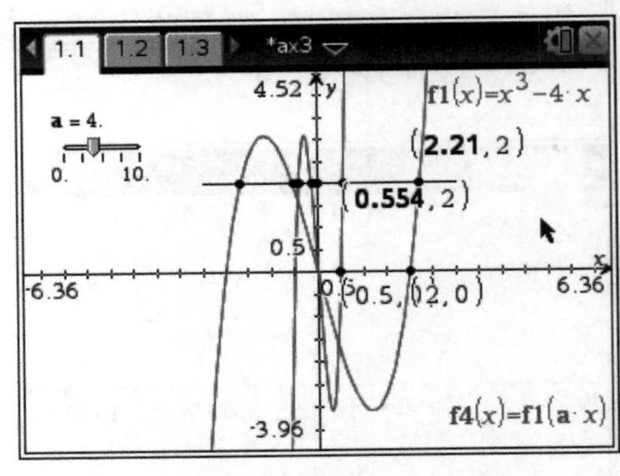

图 5 - 26

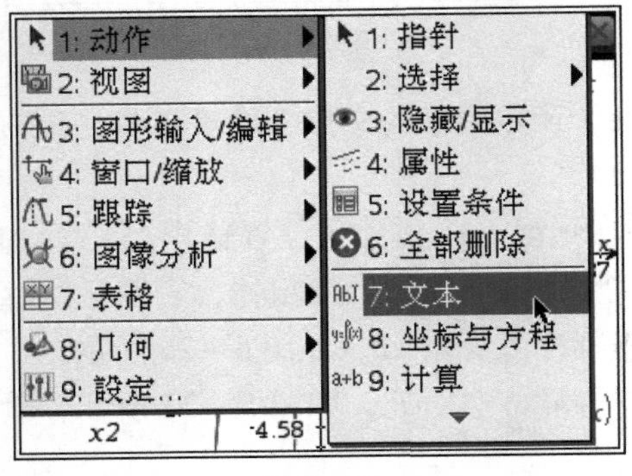

图 5 - 27

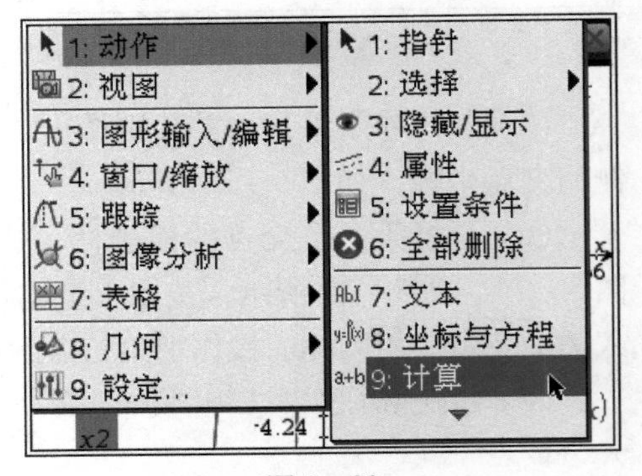

图 5 - 28

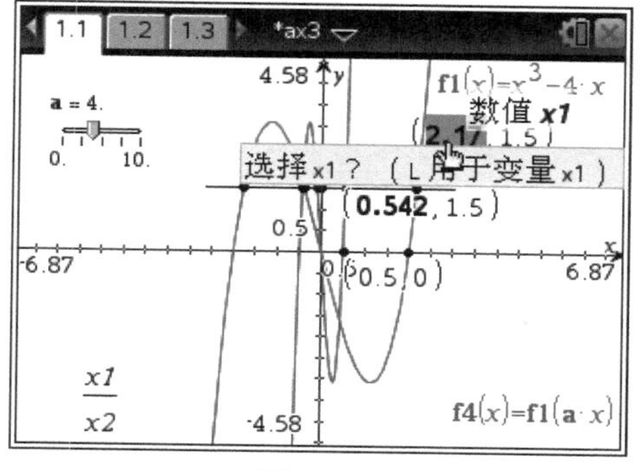

图 5－29

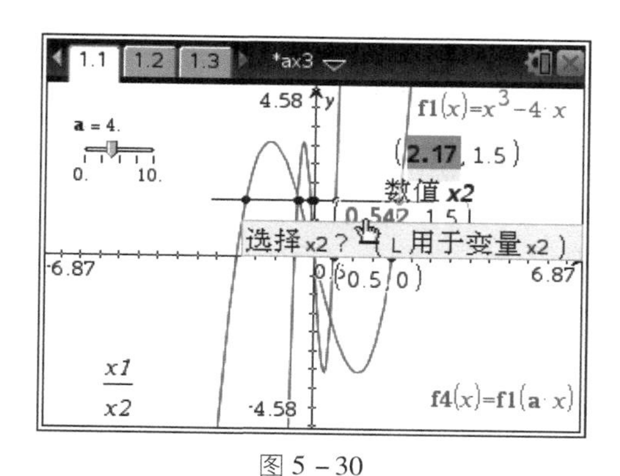

图 5－30

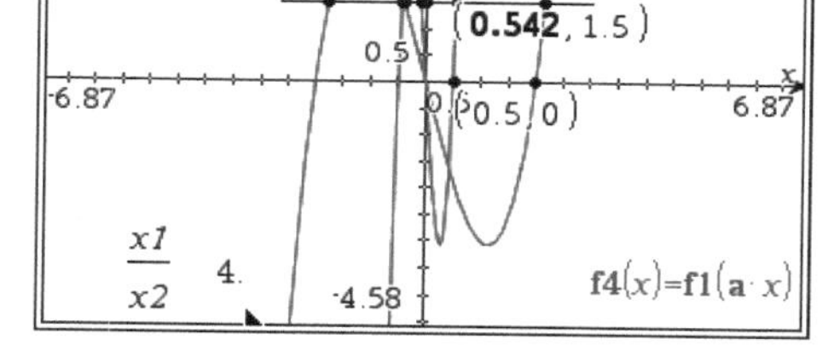

图 5－31

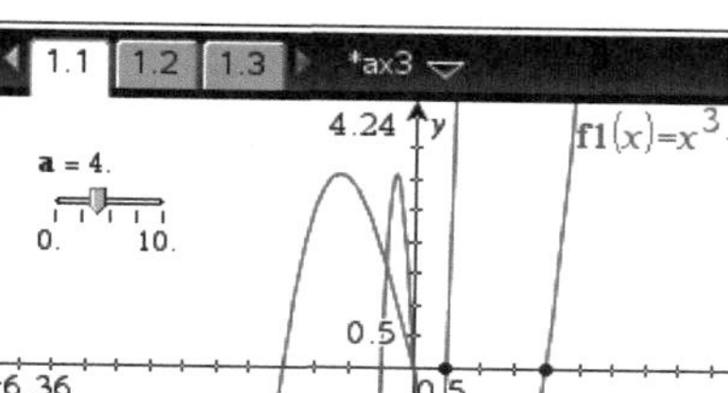
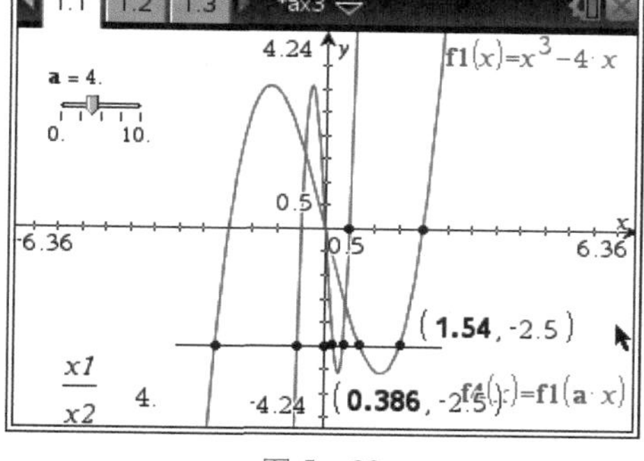

图 5－32

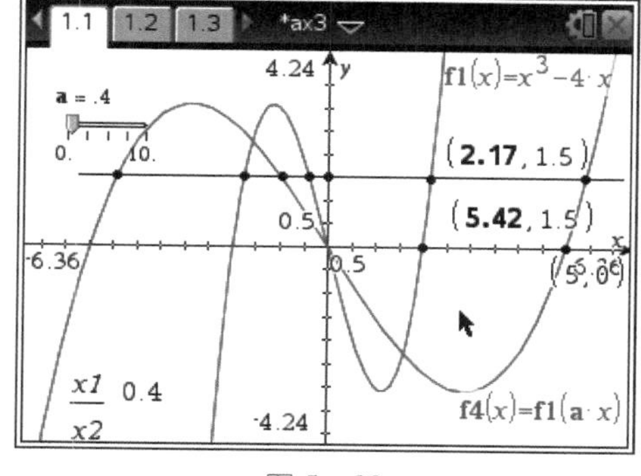

图 5－33

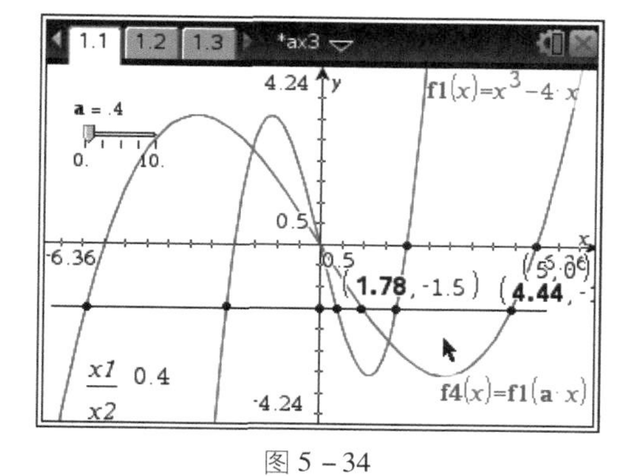

图 5－34

思考：

函数 $y=f(x)$ 的图像如何变换得到函数 $y=f(ax)$ 的图像？

实践 4： 通过改变参数研究函数图像的关系。

已知 $y=f(x)=\sqrt{x}$，探究 $y=f(-x)$，$y=-f(x)$，$y=-f(-x)$ 与 $y=f(x)$ 的

关系。

步骤：

(1) 作出函数 $y=f(x)=\sqrt{x}$，$y=f(-x)=\sqrt{-x}$的图像，如图 5－35 所示。

(2) 任意作垂直于 y 轴的直线，作出它与两个图像的交点，并度量出坐标，观察坐标的关系，改变垂线的位置，再探究坐标的关系，如图 5－36、图 5－37 所示。

(3) 显示函数值表，移动光标，观察两个函数自变量与函数值的关系，如图 5－38 所示。

(4) 作出函数 $y=f(x)=\sqrt{x}$，$y=-f(x)=-\sqrt{x}$的图像，如图 5－39 所示。显示函数值表，移动光标，观察两个函数自变量与函数值的关系，如图 5－40 所示。

(5) 作出函数 $y=f(x)=\sqrt{x}$，$y=-f(-x)=-\sqrt{-x}$的图像，如图 5－41 所示。显示函数值表，移动光标，观察两个函数自变量与函数值的关系，如图 5－42所示。

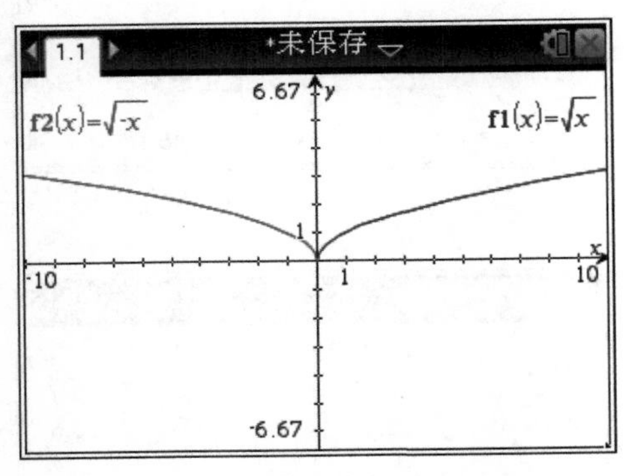

图 5－35

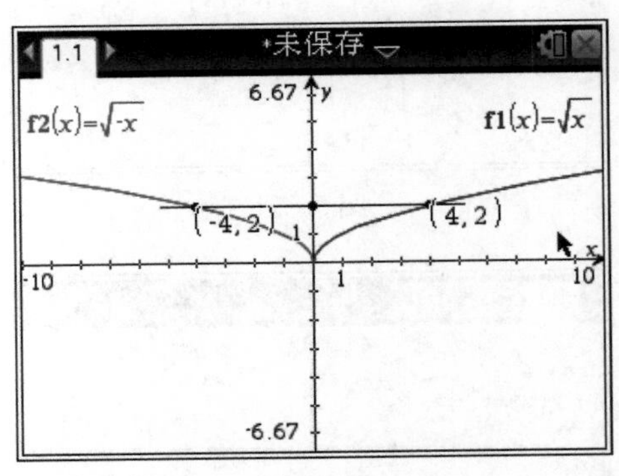

图 5－36

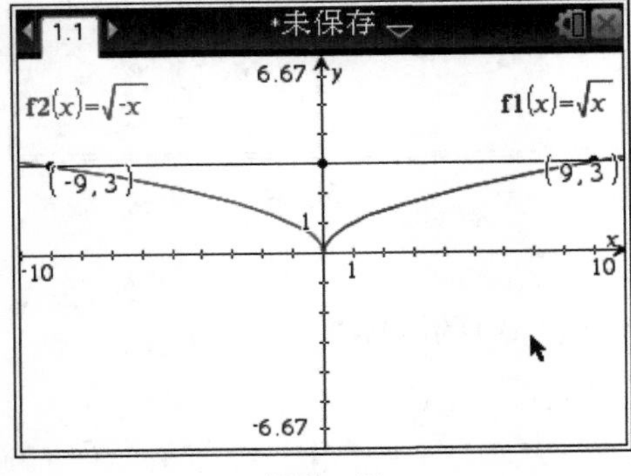

图 5－37

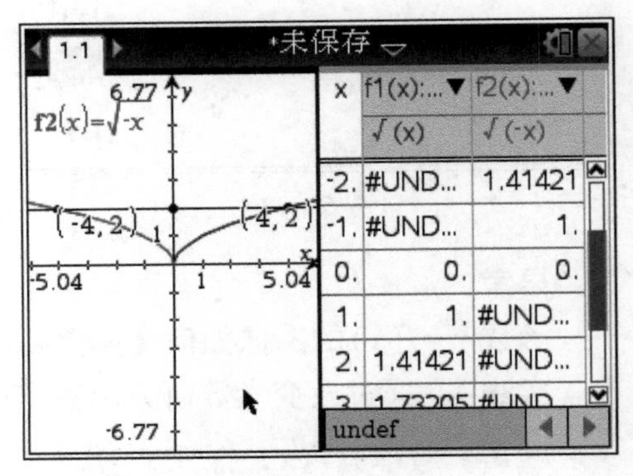

x	f1(x):...	f2(x):...
	√(x)	√(-x)
-2.	#UND...	1.41421
-1.	#UND...	1.
0.	0.	0.
1.	1.	#UND...
2.	1.41421	#UND...
3.	1.73205	#UND...

图 5－38

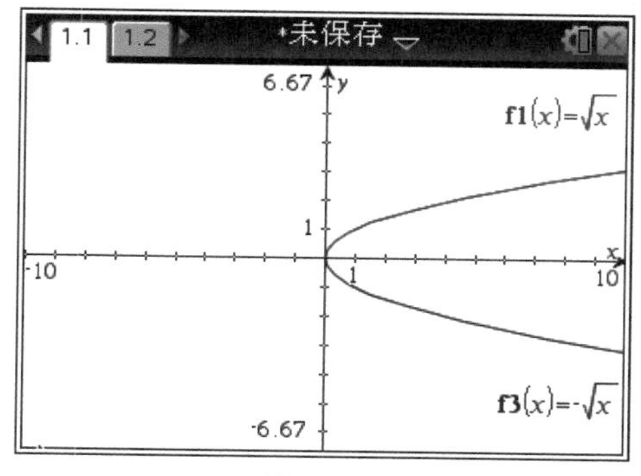

图 5－39

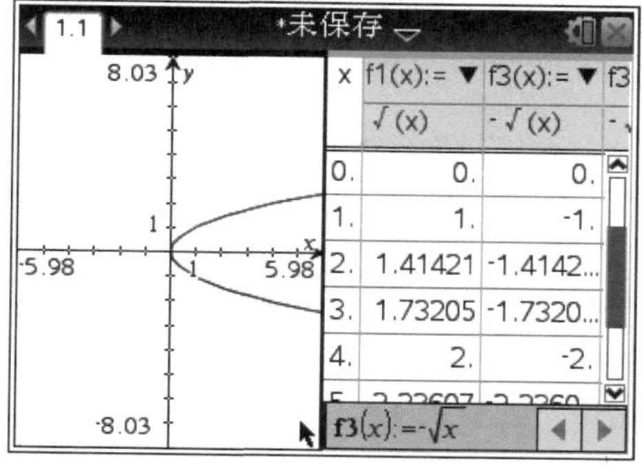

图 5－40

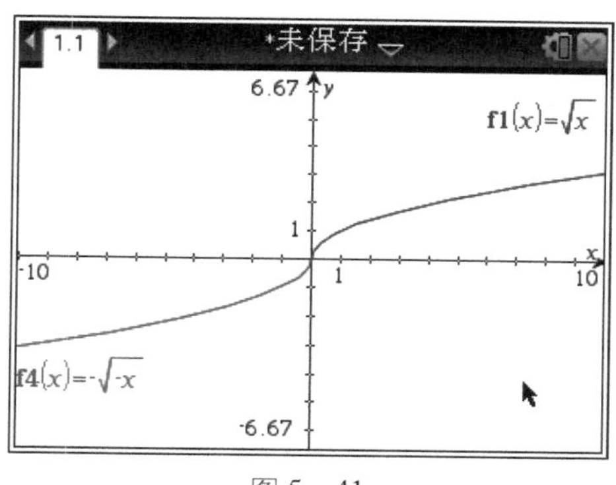

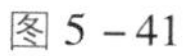
图 5－41

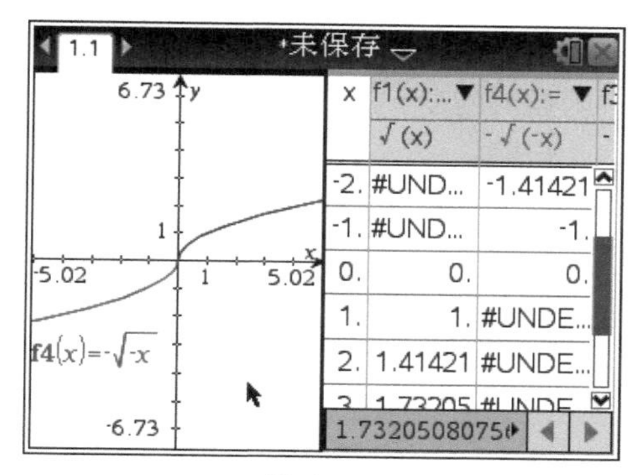

图 5－42

思考：

函数 $y=f(x)$ 的图像如何变换得到 $y=f(-x)$ 的图像？

函数 $y=f(x)$ 的图像如何变换得到 $y=-f(x)$ 的图像？

函数 $y=f(x)$ 的图像如何变换得到 $y=-f(-x)$ 的图像？

练习：

用变换的方法作出下列函数的图像。

（1）$y=2+\dfrac{1}{x}$；

（2）$y=2-\dfrac{1}{x+1}$；

（3）$y=\dfrac{x^2-4}{x^2}$。

第六课时　幂函数、有理函数性质探究

学习目标

利用 TI－nspire 图形计算器作出幂函数、有理函数的图像，显示函数值表，探究幂函数、有理函数的性质。

学习过程

实践1：探究幂数函数的性质。

取 $a=1$，-1，2，-2，3，-3，$\frac{1}{2}$，$\frac{3}{2}$，$\frac{2}{3}$，作出 $y=x^a$ 的图像，观察分析函数的性质。

步骤：

（1）开机，添加图形页面，输入函数表达式，作出 $y=x$，$y=x^2$，$y=x^3$ 的图像，如图 6－1 所示。

（2）输入函数表达式，作出 $y=x^{-1}$，$y=x^{-2}$，$y=x^{-3}$ 的图像，如图 6－2 所示。

（3）输入函数表达式，作出 $y=x^{\frac{1}{2}}$，$y=x^{\frac{3}{2}}$，$y=x^{\frac{2}{3}}$的图像，如图 6－3 所示。

（4）求出函数在第一象限的交点(1，1)，如图 6－4 所示，发现所有函数过点(1，1)。

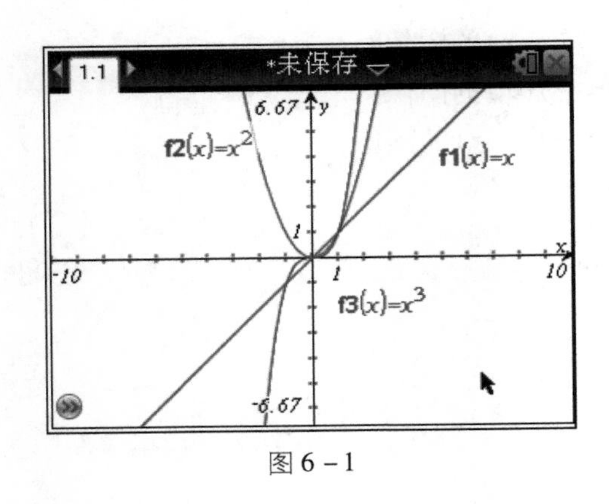

图 6－1

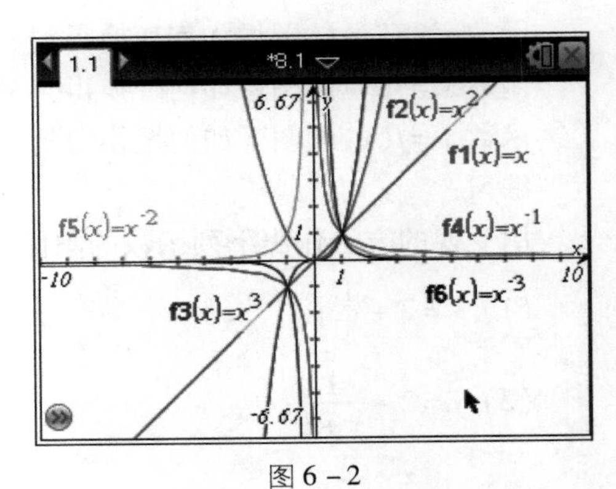

图 6－2

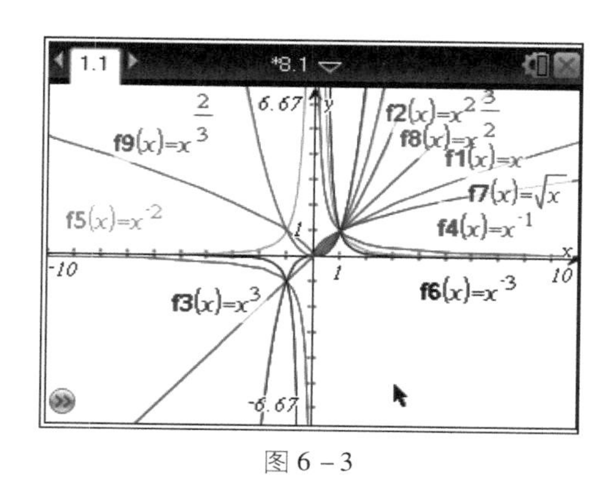

图 6－3

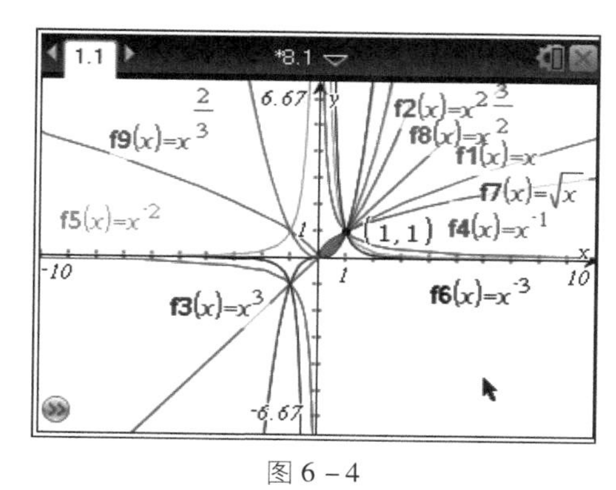

图 6－4

（5）由于函数较多，所以可以分别显示每个函数的图像，以便于分析。选择函数 $y=x$ 与 $y=x^2$ 的图像，如图 6－5 所示，观察到函数 $y=x^2$ 在 R 上有意义，函数左减右增，并关于 y 轴对称。

（6）选择函数 $y=x$ 与 $y=x^3$ 的图像，如图 6－6 所示，观察到函数在 R 上有意义，函数递增，并关于原点对称。

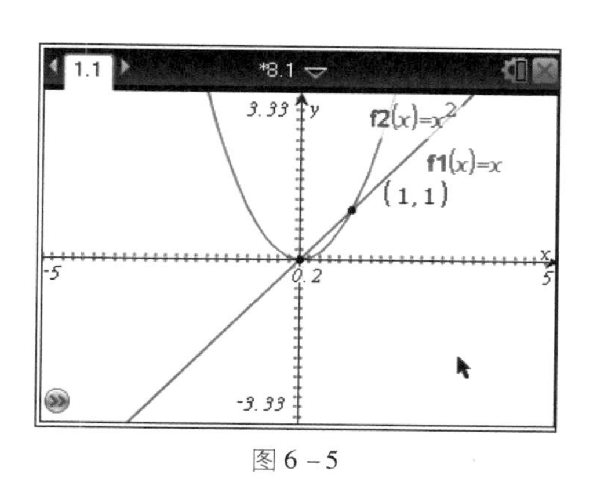

图 6－5

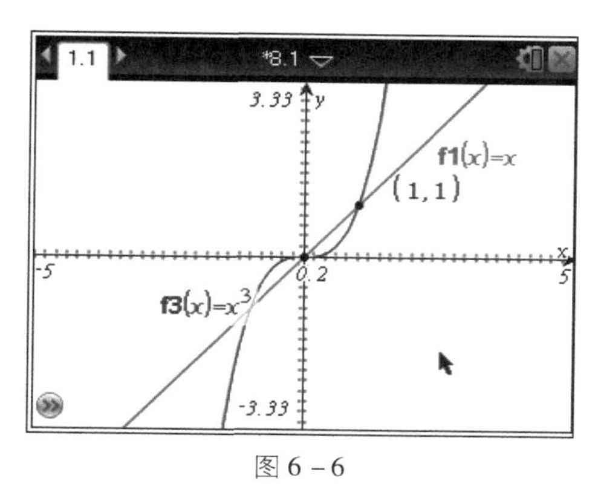

图 6－6

（7）选择函数 $y=x$ 与 $y=x^{-1}$，$y=x^{-3}$的图像，如图 6－7 所示，观察到函数在 $x=0$ 时无意义，函数左、右两边都递减，并关于原点对称。

（8）选择函数 $y=x$ 与 $y=x^{\frac{1}{2}}$的图像，如图 6－8 所示，观察到函数在 $x\geqslant 0$ 时有意义，函数递增且在 $x>1$ 时函数 $y=x^{\frac{1}{2}}$的图像在函数 $y=x$ 的图像下边，函数 $y=x^{\frac{3}{2}}$的图像在 $y=x$ 的图像上边。

（9）选择函数 $y=x$ 与 $y=x^{-2}$的图像，如图 6－9 所示，观察到函数在 $x=0$ 时无意义，函数左增右减，图像关于 y 轴对称，且 x 越大图像越接近 x 轴。

（10）选择函数 $y=x$ 与 $y=x^{\frac{2}{3}}$ 的图像，如图 6 - 10 所示，观察到函数在 R 上有意义，函数左减右增，图像关于 y 轴对称，且在 $x>1$ 时函数 $y=x^{\frac{2}{3}}$ 的图像在函数 $y=x$ 的图像下边。

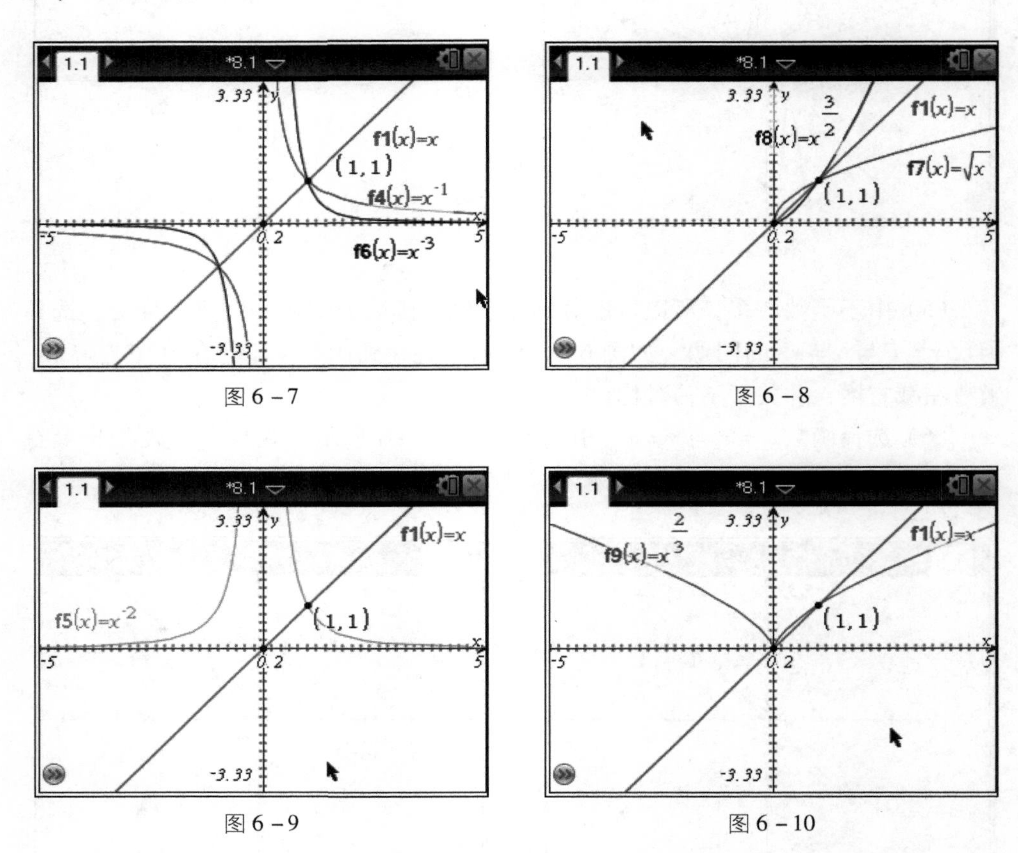

图 6 - 7

图 6 - 8

图 6 - 9

图 6 - 10

（11）添加图形页面，按 menu 1 A 键，在合适的位置新建游标，输入变量名 a，建立参数 a，输入函数 $y=x^{a}$，如图 6 - 11 所示。

（12）设置游标参数，最小值为 -5，最大值为 5，步长为 0.1，改变 a 值，图像发生连续变化，如图 6 - 12 ~ 图 6 - 18 所示。

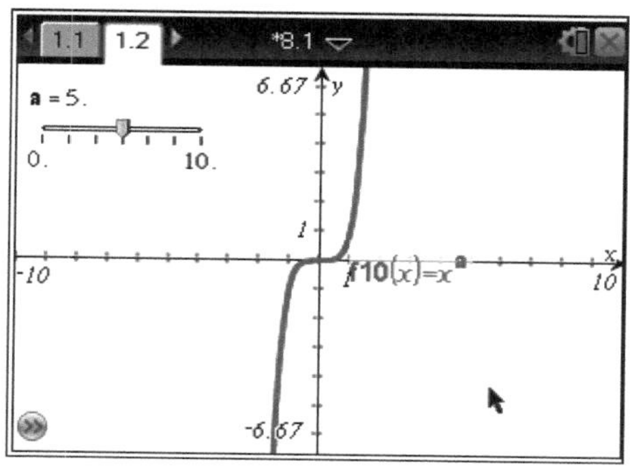

图 6－11

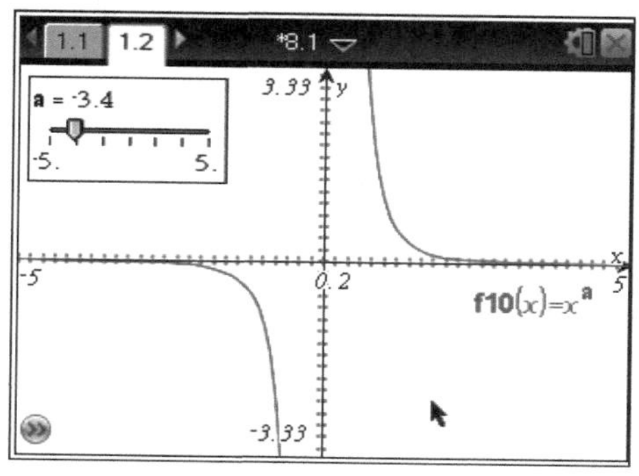

图 6－12

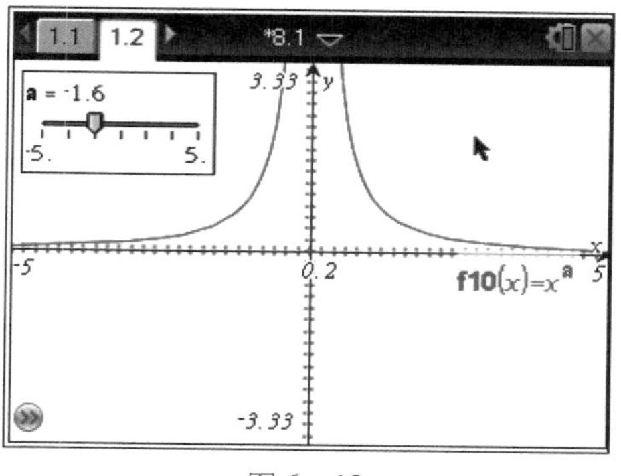

图 6－13

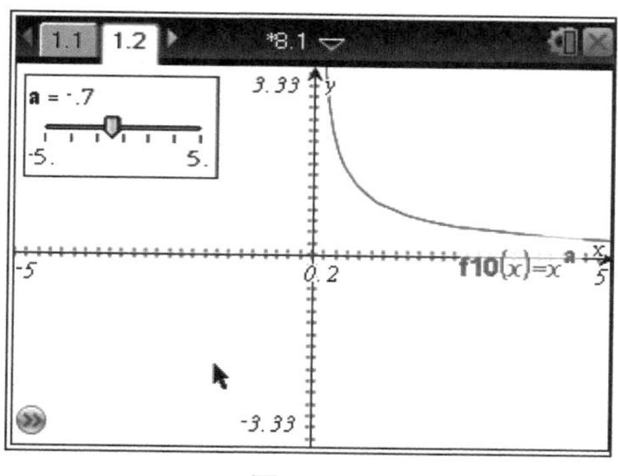

图 6－14

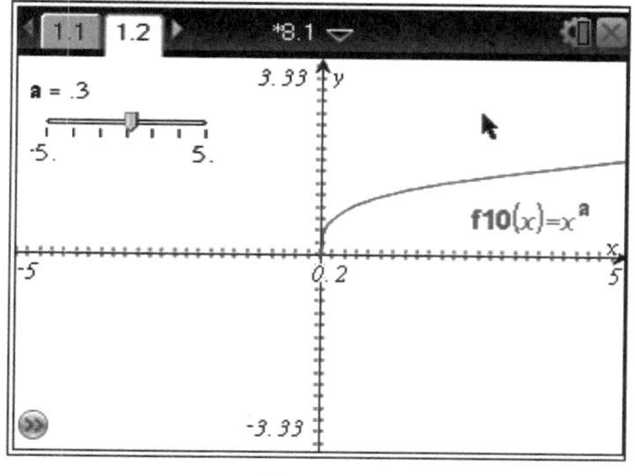

图 6－15

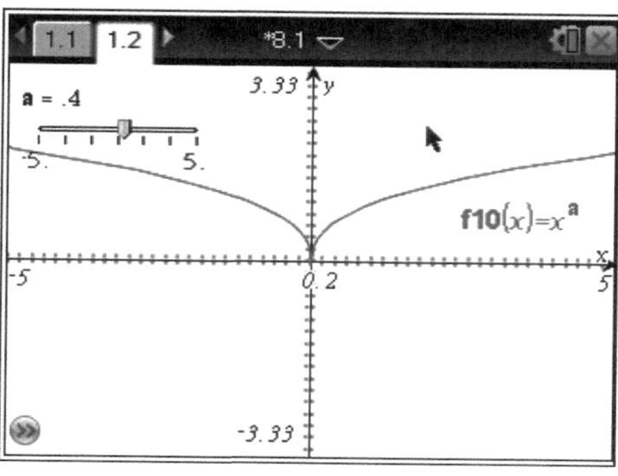

图 6－16

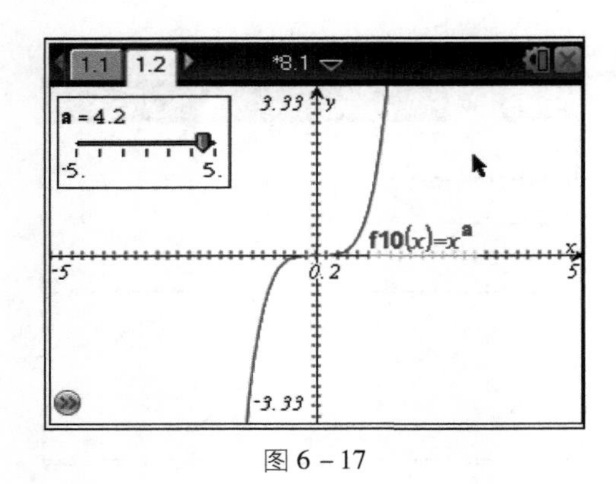

图 6 – 17

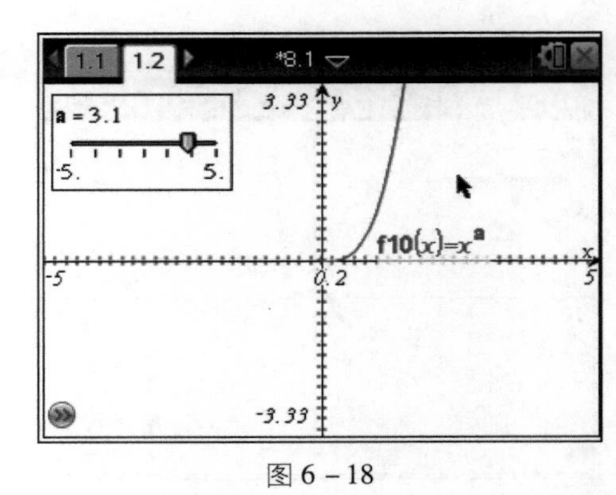

图 6 – 18

思考：

(1) 所有幂函数在________都有定义，并且图像都通过点________。

(2) 如果 $a>0$，则幂函数的图像过________，并且在区间________上是增函数。

(3) 如果 $a<0$，则幂函数在 $x=0$ 处________，图像在区间________上是减函数，在第一象限，当 x 从右边趋近原点时，图像在 y 轴右方无限地逼近 y 轴，当 x 趋近 $+\infty$ 时，图像在 x 轴上方无限地逼近 x 轴。

(4) 当 a 为奇数时，幂函数为________函数；当 a 为偶数时，幂函数为________函数。

实践 2：探究有理函数的性质。

已知函数 $f(x)=\frac{x^2+4}{x^2-4}$，作出函数 $f(x)$ 的图像，找出 $f(x)$ 的渐近线，写出函数 $f(x)$ 的单调区间和值域，并讨论直线 $y=a$ 与函数 $f(x)$ 图像的交点个数。

步骤：

(1) 开机，添加图形页面，输入函数表达式，作出 $f(x)=\frac{x^2+4}{x^2-4}$ 的图像，如图 6 – 19 所示。

(2) 任意作 x 轴的垂线，如图 6 – 20 所示。观察直线与函数图像的交点，移动垂线到与函数图像没有交点的位置，如图 6 – 21 所示。再作出另一条垂线，用同样的方式移动到与函数图像没有交点的另一个位置，并测算出垂线的方程，如图 6 – 22 所示。猜想函数有两条竖直渐近线为 $x=2$ 和 $x=-2$。

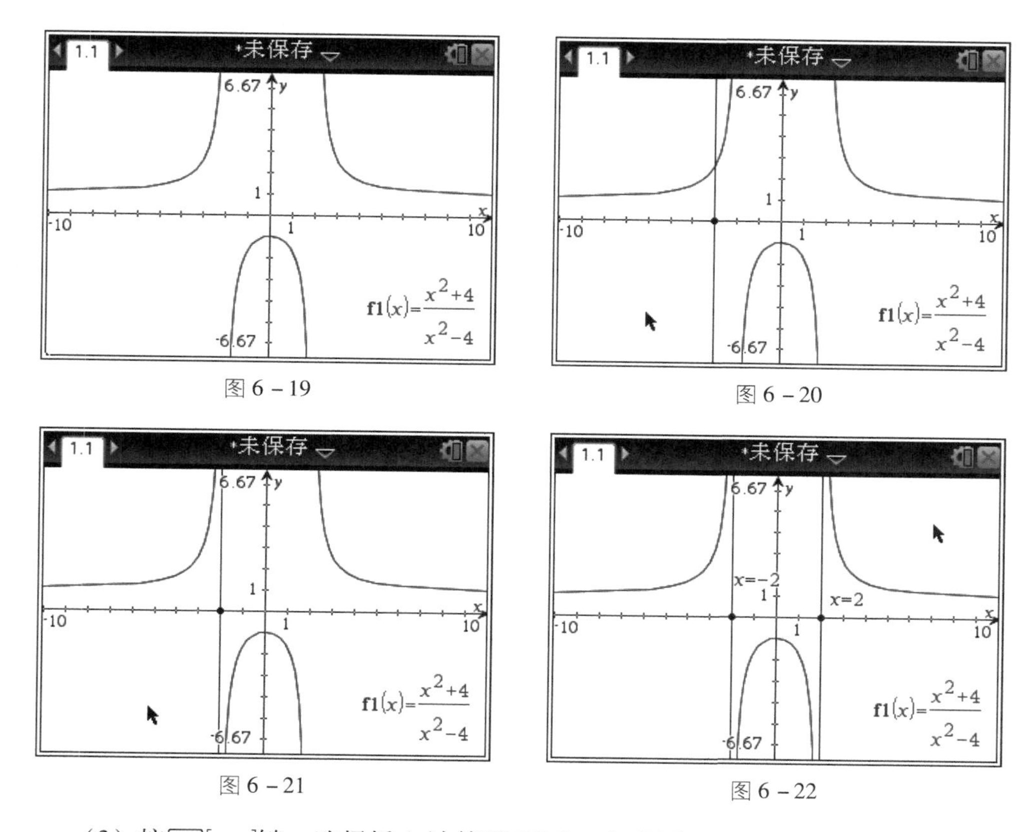

1.1
*未保存
6.67
y
1
-10
1
10
x
-6.67
f1(x)=x^2+4 / x^2-4

图 6 - 19

1.1
*未保存
6.67
y
1
-10
1
10
x
-6.67
f1(x)=x^2+4 / x^2-4

图 6 - 20

1.1
*未保存
6.67
y
1
-10
1
10
x
-6.67
f1(x)=x^2+4 / x^2-4

图 6 - 21

1.1
*未保存
6.67
y
x=-2
1
x=2
-10
1
10
x
-6.67
f1(x)=x^2+4 / x^2-4

图 6 - 22

（3）按 ctrl +page 键，选择插入计算器页面，完成图 6 - 23、图 6 - 24 的运算，发现当 x 从右边趋近 2 时，函数值趋近 $+\infty$，当 x 从左边趋近 2 时，函数值趋近 $-\infty$，因此直线 $x=2$ 是函数的竖直渐近线。同理，直线 $x=-2$ 也是函数的竖直渐近线。

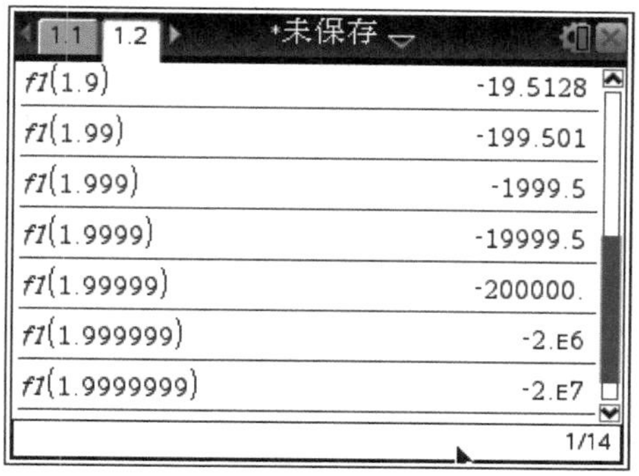

1.1 1.2
*未保存
f1(1.9) -19.5128
f1(1.99) -199.501
f1(1.999) -1999.5
f1(1.9999) -19999.5
f1(1.99999) -200000.
f1(1.999999) -2.E6
f1(1.9999999) -2.E7
1/14

图 6 - 23

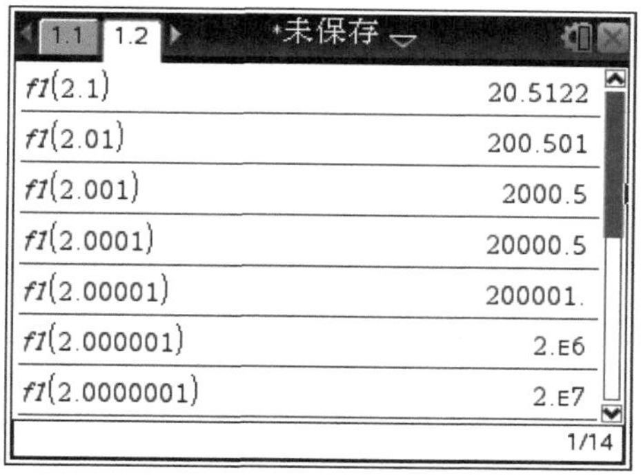

1.1 1.2
*未保存
f1(2.1) 20.5122
f1(2.01) 200.501
f1(2.001) 2000.5
f1(2.0001) 20000.5
f1(2.00001) 200001.
f1(2.000001) 2.E6
f1(2.0000001) 2.E7
1/14

图 6 - 24

(4) 回到图形页面，隐藏两条垂线，任意作 x 轴的平行线，并且测算出平行线的方程，如图 6－25 所示。改变平行线的位置，如图 6－26～图 6－28 所示，发现 a 在 $(-1,1]$ 上时，平行线与函数图像没有交点，猜想 $y=1$ 是函数的水平渐近线。

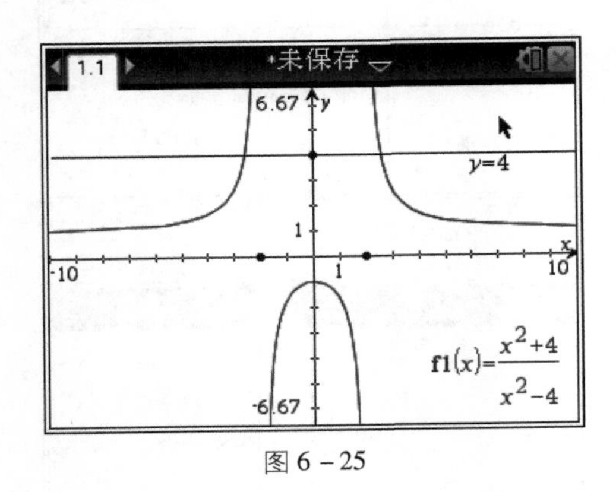

图 6－25

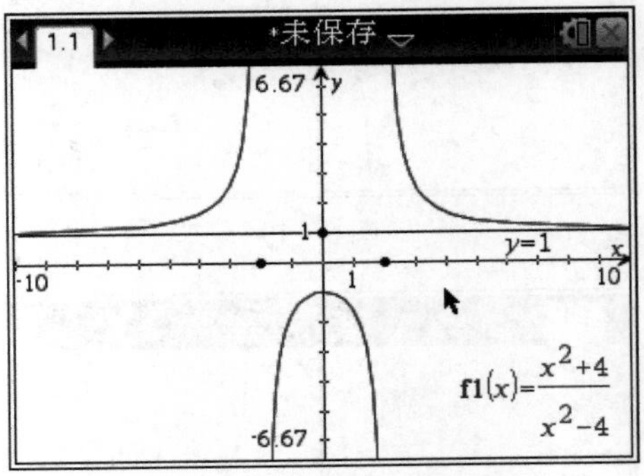

图 6－26

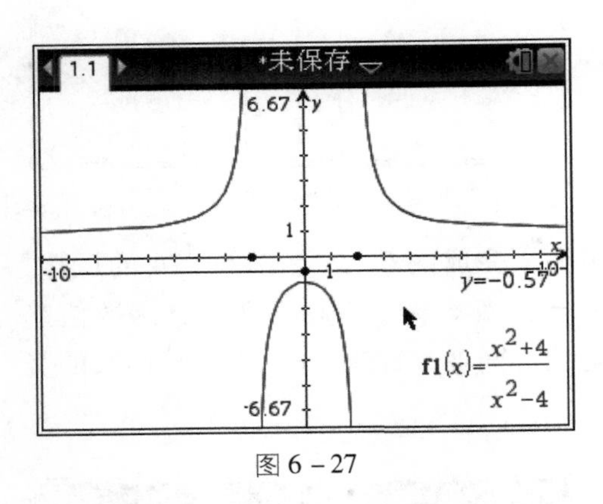

图 6－27

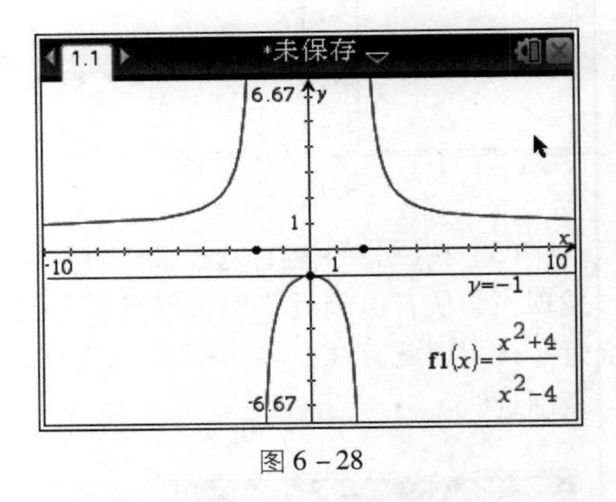

图 6－28

(5) 按 menu 7 1 键，选择“拆分显示表”命令，拖动滚动条，观察发现当 x 趋近 ∞ 时，函数值越来越接近 1，如图 6－29～图 6－32 所示，说明直线 $y=1$ 是函数的水平渐近线。

(6) 由图写出函数 $f(x)$ 的单调区间和值域，并讨论直线 $y=a$ 与函数图像的交点个数。

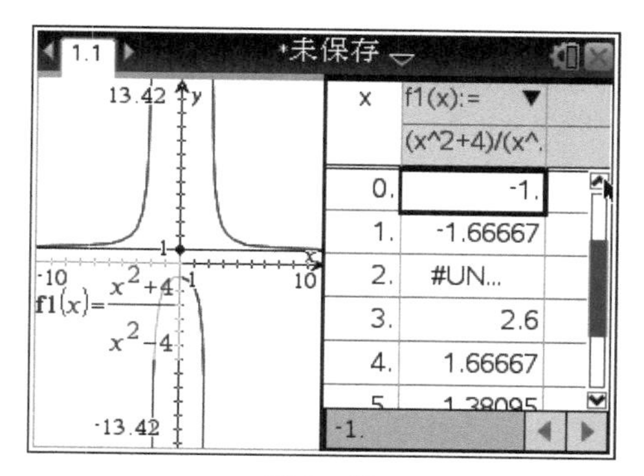

图 6－29

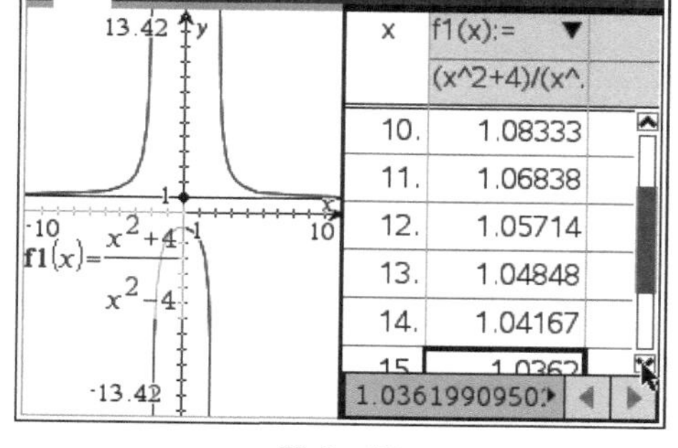

图 6－30

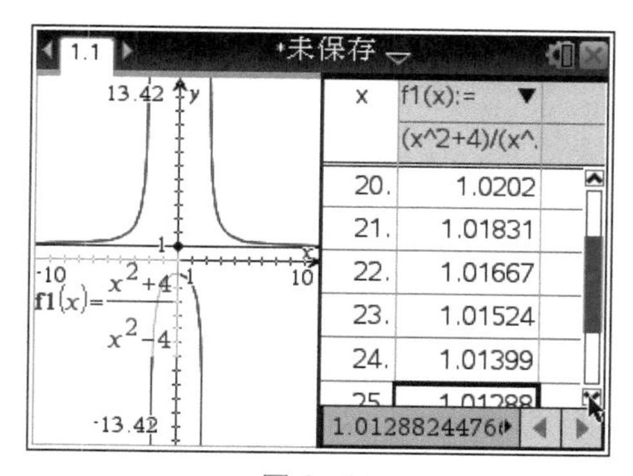

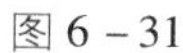
图 6－31

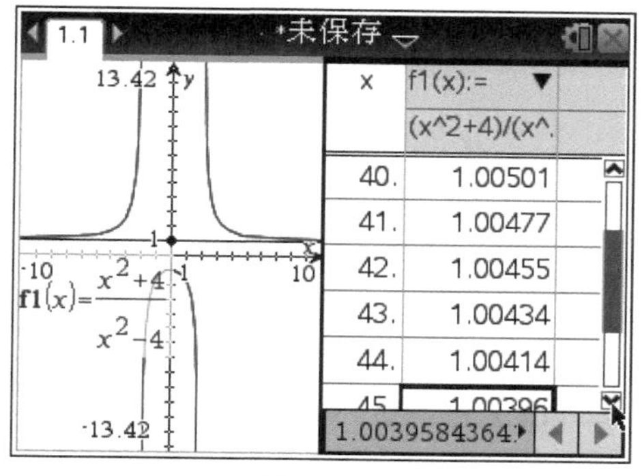

图 6－32

结论：

当 x 趋近 ∞ 时，函数值趋近常数 A，则直线 $y=A$ 是函数的水平渐近线。

当 x 趋近 x_0 时，函数值趋近 $+\infty$ 或 $-\infty$，则直线 $x=x_0$ 是函数的竖直渐近线。

练习：

找出下列函数的渐近线。

（1）$y=\dfrac{x^3-8}{x^2-5x+6}$；

（2）$y=\dfrac{x^3}{x^4-1}$；

（3）$y=\dfrac{x^4-16}{x^2-2x}$。

第七课时　函数应用与函数拟合

学习目标

利用 TI－nspire 图形计算器进行函数拟合，解决一些实际问题。

 学习过程

实践 1：应用问题。

函数 $y=x^2-1$ 的图像上有一动点 $P(x,y)$，P 到原点的距离为 d，求函数 $d(x)$ 的表达式。当 $x>0$ 时，求出 d 的极小值及此时的 x 值(保留 2 位小数)。

步骤：

(1) 开机，添加图形页面，输入函数表达式，作出 $y=x^2-1$ 的图像。按 menu 8 1 1 键，选择“点”命令，单击函数图像作出一点，并且显示标签，命名为 P，如图 7－1 所示。

(2) 作线段 OP，度量其长度。按 menu 8 1 5 键，选择“线段”命令，单击 P 点和原点，作出线段 OP。按 menu 8 3 1 键，选择“测量长度”命令，单击线段 OP，单击空白处得到测量值为 2.41u，即 2.41 个单位长，如图 7－2 所示。

(3) 移动 P 点，探究 d 可能的极小值，如图 7－3～图 7－5 所示，发现当 x 约为 0.71，y 约为 －0.5 时，d 的最小值约为 0.866。

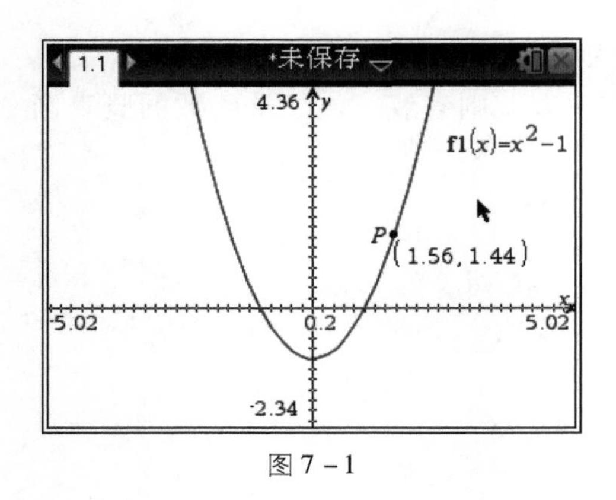

图 7－1

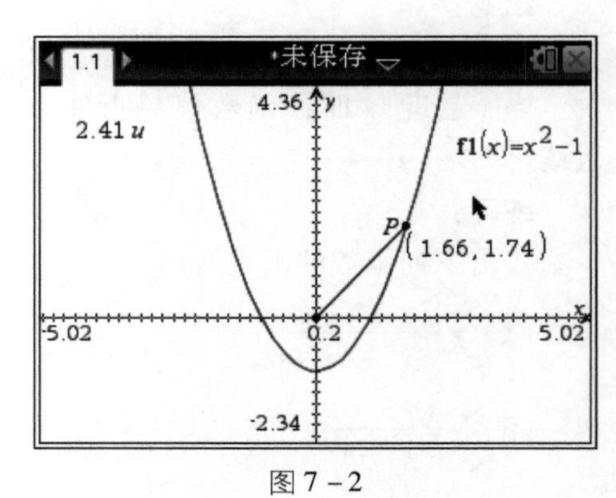

图 7－2

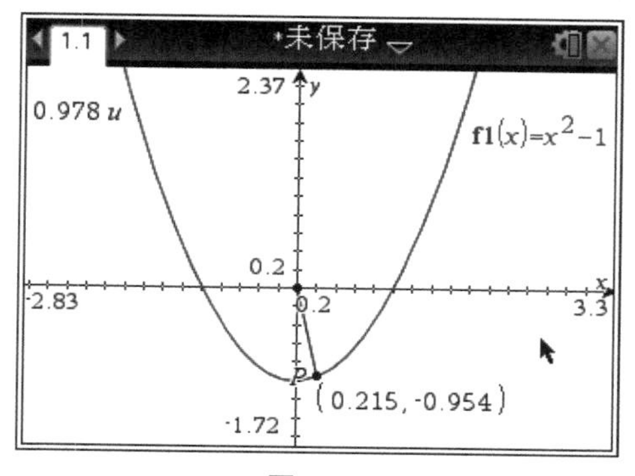

图 7 – 3

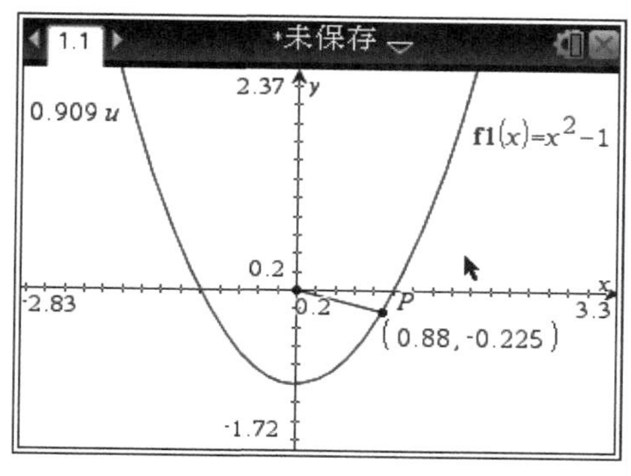

图 7 – 4

（4）按doc▾ 5 2 2键，选择左右布局（布局 2），如图 7 – 6 所示，确认后产生左右分屏，函数图像页面在左边，右边新增空白页面，如图 7 – 7 所示，在右边页面中按menu 4键，添加电子表格，如图 7 – 8、图 7 – 9 所示。

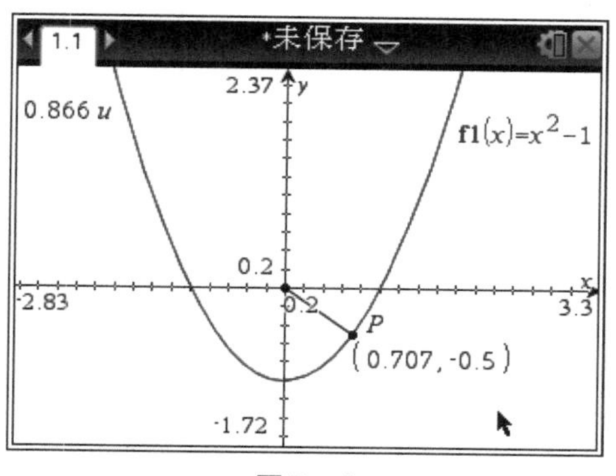

图 7 – 5

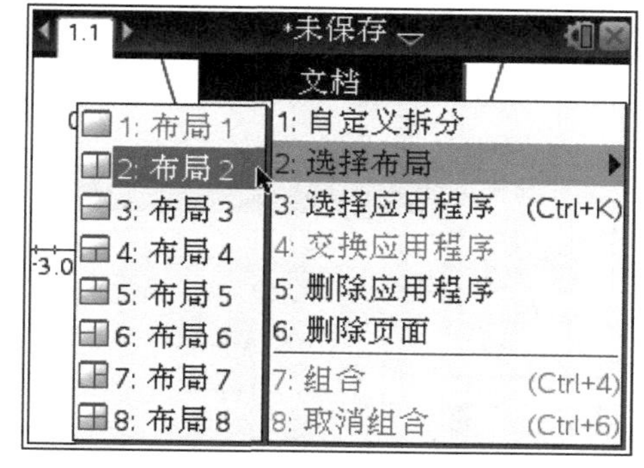

图 7 – 6

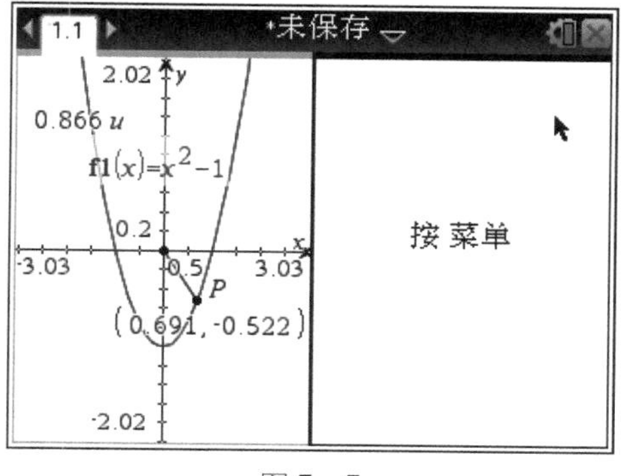

图 7 – 7

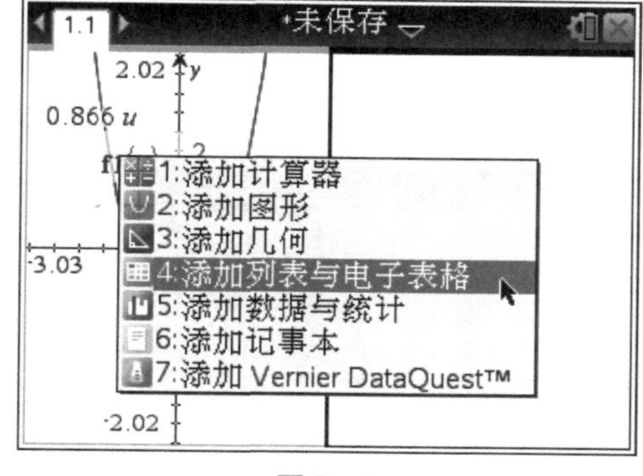

图 7 – 8

（5）回到函数图像页面，按menu 4 5键，缩放显示窗口，并拖动 x 轴刻度，将图像放大到合适位置，选择 P 点横坐标，按ctrl sto→键，将横坐标保存到变量 $x1$

中，将 OP 的长度值保存到变量 d 中，如图 7－10 所示。

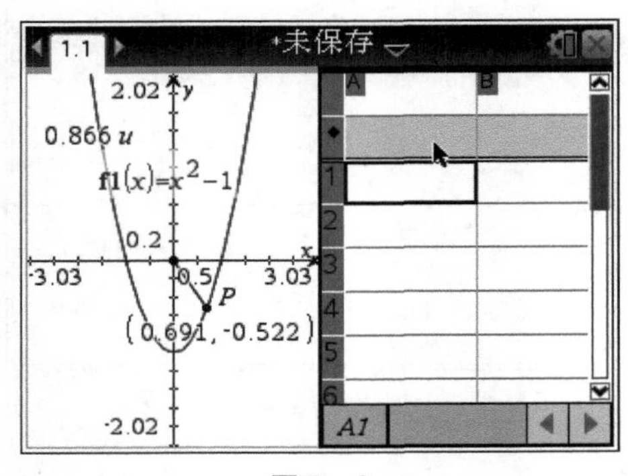

图 7－9

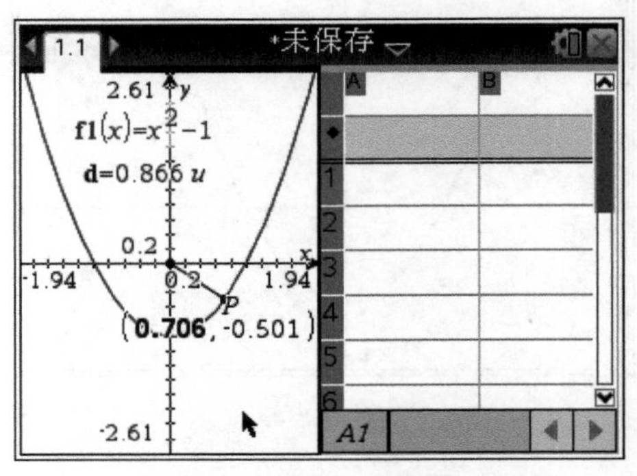

图 7－10

（6）回到电子表格页面，选择 A 列的钻石单元格，按 menu 3 2 1 键，选择“数据捕获”→“自动”命令，如图 7－11 所示，按回车键，在变量名处输入 $x1$，按回车键，在表格的第一行显示 $x1$ 的当前值，如图 7－12 所示。同样，在 B 列捕获 d 的值，如图 7－13、图 7－14 所示。

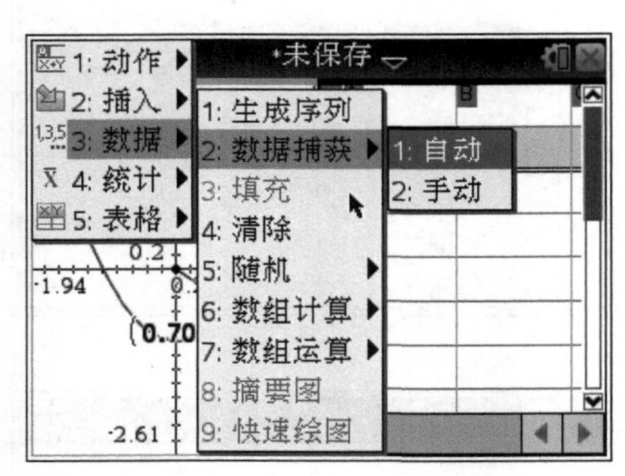

图 7－11

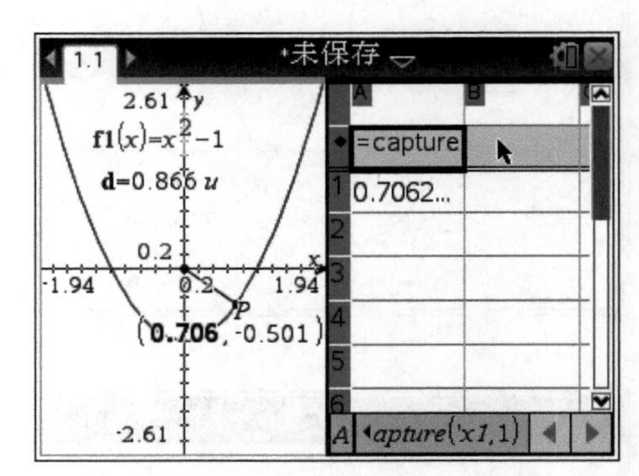

图 7－12

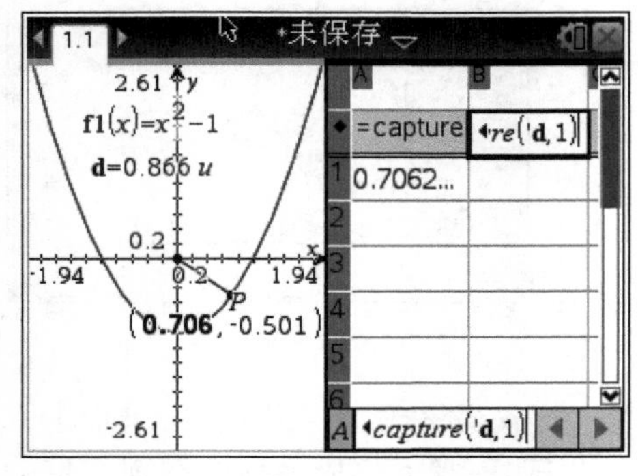

图 7－13

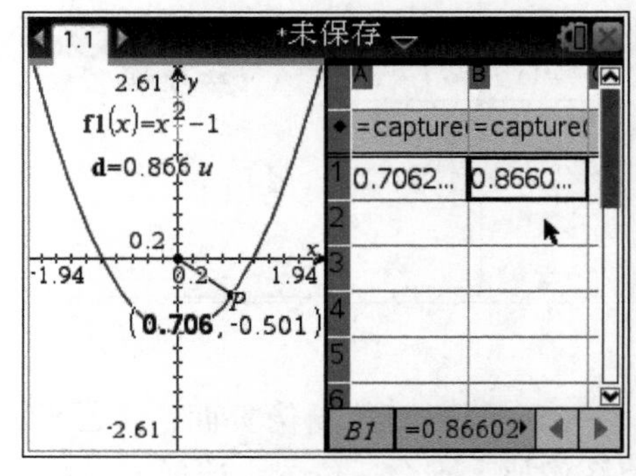

图 7－14

（7）回到函数图像页面，拖动 P 点，将数据不断采集到表格中，在表格中可以拖动滚动条观察数据，分析极小值，如图 7－15、图 7－16 所示。

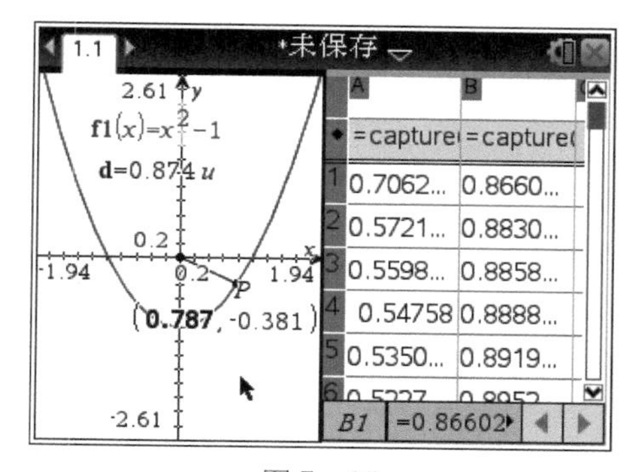

图 7－15

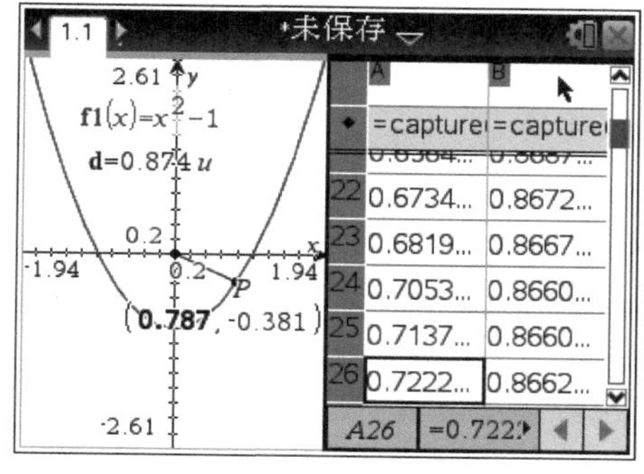

图 7－16

（8）求出 OP 距离的表达式 $d(x)=\sqrt{x^2+y^2}=\sqrt{x^2+(x^2-1)^2}=\sqrt{x^4-x^2+1}$ $(x>0)$，按 ctrl +page 键，新增一个页面，按 menu 2 键，选择图形页面，按 tab 键，输入表达式，作出图像，如图 7－17 所示。

（9）缩放图像到合适的位置，按 menu 5 键，跟踪图像，移动光标可以探究极小值，如图 7－18 所示。

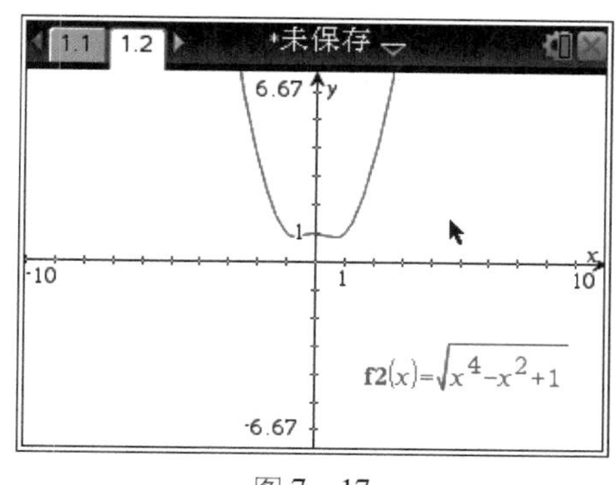

图 7－17

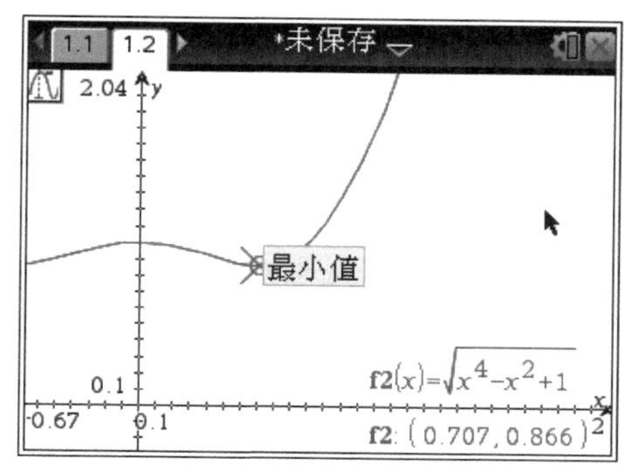

图 7－18

实践 2：函数拟合。

某人开了一家饮品店，此人为了研究气温对热饮销售的影响，经过统计，得到卖出的热饮杯数与气温的对比表，见表 7－1。

表 7－1

气温/℃	－5	0	4	7	12	15	19	23	27	31	36
卖出的热饮杯数/杯	156	150	132	128	130	116	104	89	93	76	54

（1）画出散点图。

（2）从散点图中发现气温与卖出的热饮杯数关系的一般规律。

（3）找出最合适的直线方程。

（4）如果某天的气温是2℃，预测这天卖出的热饮杯数。

步骤：

（1）按[on][1][4]键，新建列表页面，按[ctrl][保存]键，保存文件名为“线性回归”，输入数据，将A列命名为“wd”，B列命名为“bs”，如图7－19所示。

（2）按[doc][4][4]键，插入图形页面，按[doc][3][4]键，选择“图形类型”→“散点图”命令，如图7－20所示。按[var]键选择变量给 x，y 赋值，如图7－21所示，按回车键作出散点图。

（3）按[menu][4][9]键，按数据缩放显示窗口，如图7－22所示。

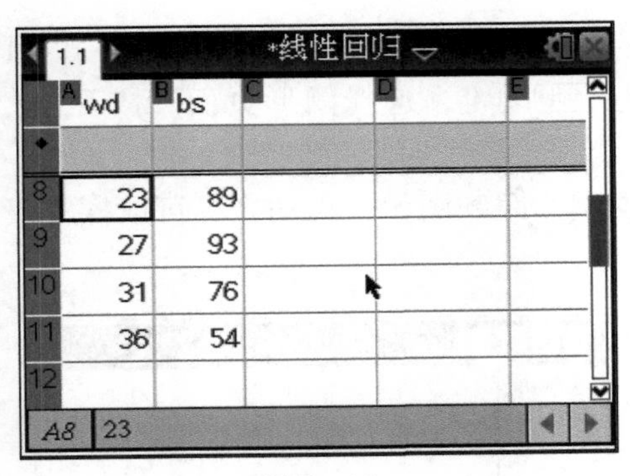

图7－19

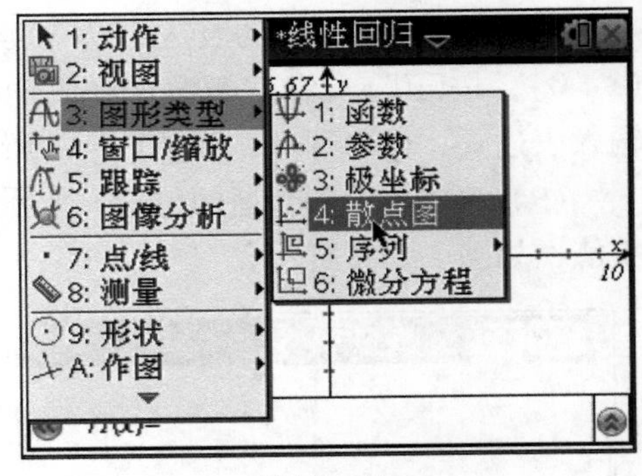

图7－20

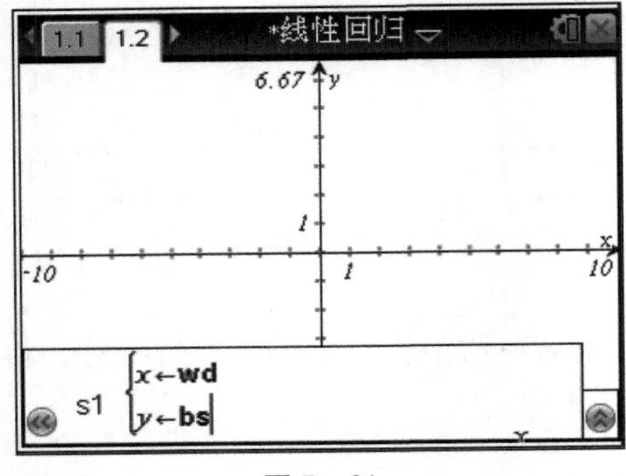

图7－21

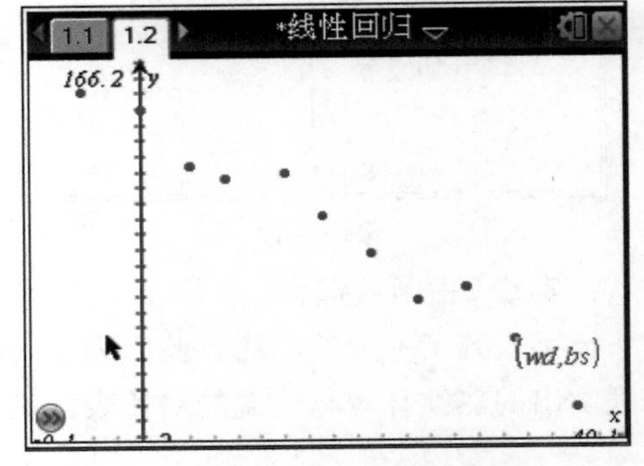

图7－22

（4）返回列表页面，按[menu][4][1][3]键，选择“线性回归”命令，如图7－23所示。按照图7－24所示进行设置，按回车键，结果如图7－25所示。

（5）返回图形页面，按[menu][3][1]键，选择“图形类型”→“函数”命令，找出

f1(x)，并绘制该线性函数图像，如图 7 – 26 所示。

（6）按menu 5 1键，跟踪函数或者散点图，如图 7 – 27 所示。

（7）返回列表页面，按doc 5 7键，选择左右布局，如图 7 – 28 所示，以便于观察。

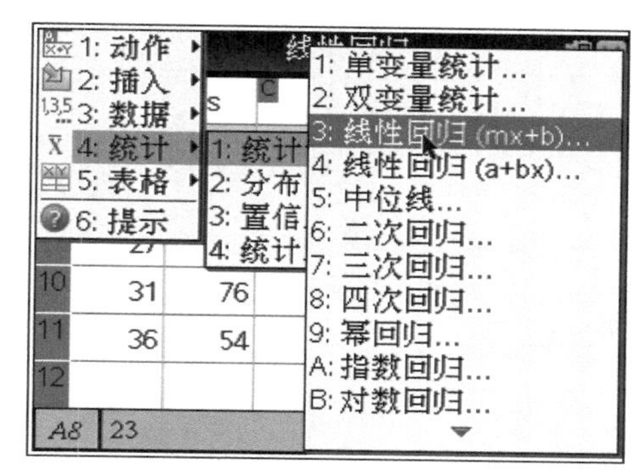

图 7 – 23

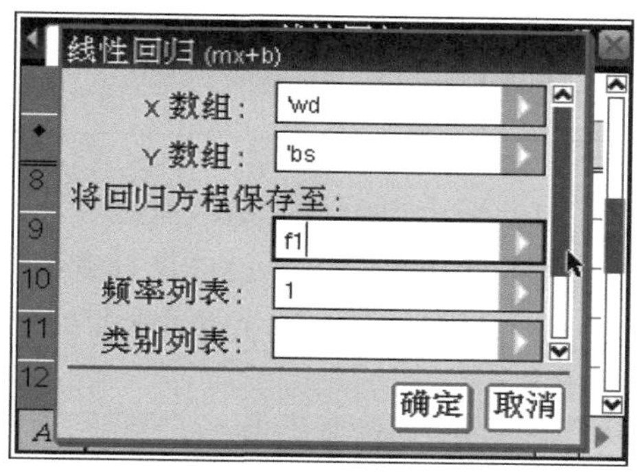

图 7 – 24

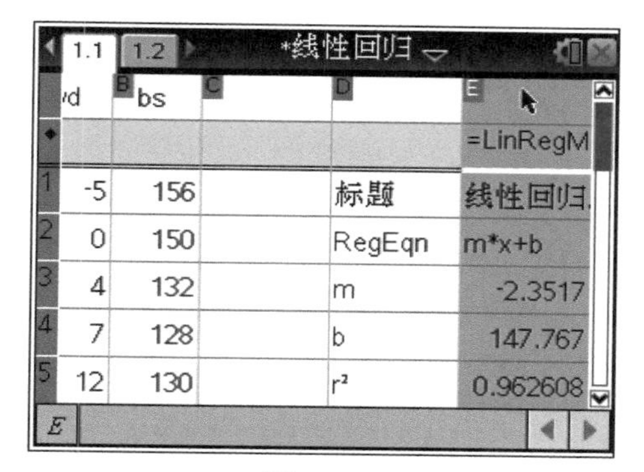

图 7 – 25

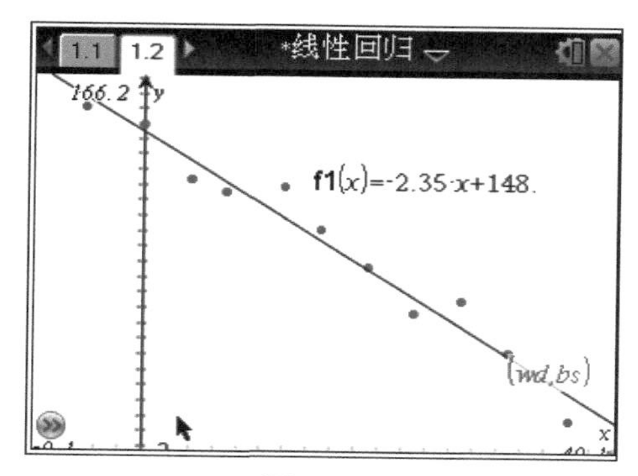

图 7 – 26

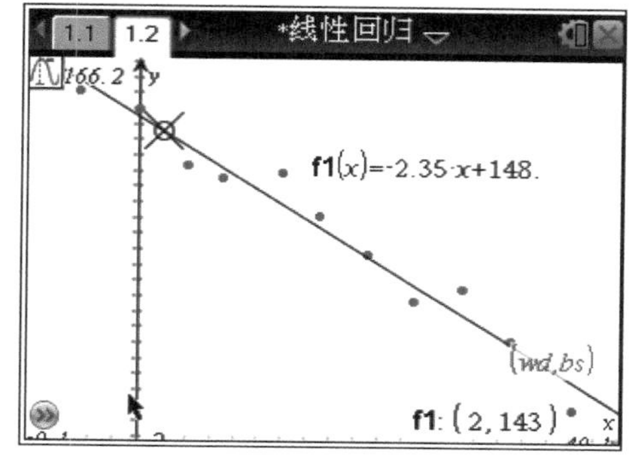

图 7 – 27

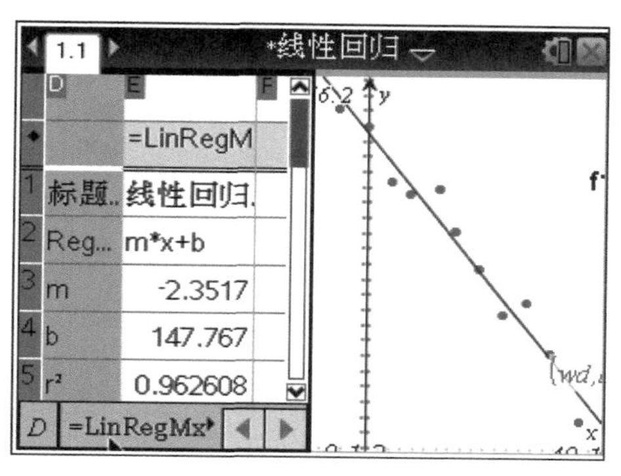

图 7 – 28

练习：

在某种产品表面进行腐蚀刻线试验，得到腐蚀深度 Y 与腐蚀时间 x 的一组观察数据，见表 7－2。

表 7－2

x/s	5	10	15	20	30	40	50	60	70	90	120
Y/μm	6	10	10	13	16	17	19	23	25	29	46

（1）画出表中数据的散点图。

（2）找出 Y 对 x 的最佳拟合直线方程。

（3）试预测腐蚀时间为 100 s 时腐蚀深度是多少。

第八课时　指数运算以及指数函数性质探究

学习目标

利用 TI－nspire 图形计算器进行指数运算，作出指数函数图像，显示函数值表，探究指数函数的性质。

学习过程

实践 1：计算 $0.2^{1.52}$，3.14^{-2}，$3.1^{\frac{2}{3}}$，$5^{\sqrt{2}}$的值。

步骤：

（1）开机，按[⌂on][1][1]键和回车键，添加计算页面。

依次按[0][.][2][^][1][.][5][2]、[3][.][1][4][^][(−)][2]、[3][.][1][^][2][÷][3]、[5][^][ctrl][√][2]键，可得结果如图8－1所示。

（2）$5^{\sqrt{2}}$的结果是精确值，如果想得到近似值，按[ctrl][≈]键即可，如图 8－2 所示。

（3）设置结果显示位数和计算模式。按[doc▾][7][2][1]键，选择“常规”命令，如图 8－3 所示，显示数位可以设置为浮点 0～12 位和定点 0～12 位，如图 8－4、图8－5 所示，默认为浮点 6 位，计算模式可以设为自动、精确、近似，默认为自动，如图 8－6 所示。

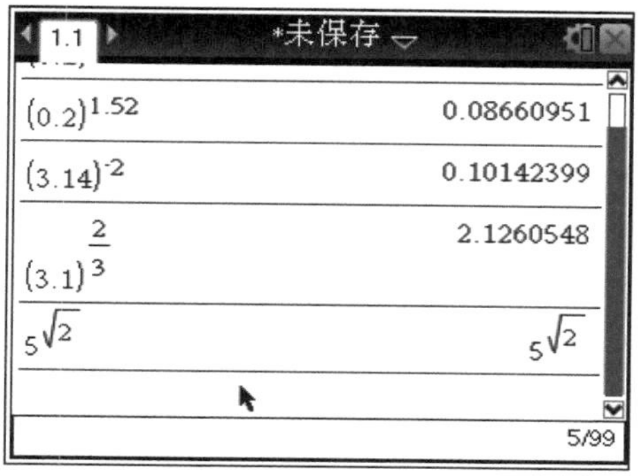

1.1
*未保存
$(0.2)^{1.52}$　0.08660951
$(3.14)^{-2}$　0.10142399
$(3.1)^{\frac{2}{3}}$　2.1260548
$5^{\sqrt{2}}$　$5^{\sqrt{2}}$
5/99

图 8－1

1.1
*未保存
$(0.2)^{1.52}$　0.08660951
$(3.14)^{-2}$　0.10142399
$(3.1)^{\frac{2}{3}}$　2.1260548
$5^{\sqrt{2}}$　$5^{\sqrt{2}}$
$5^{\sqrt{2}}$　9.7385177
6/99

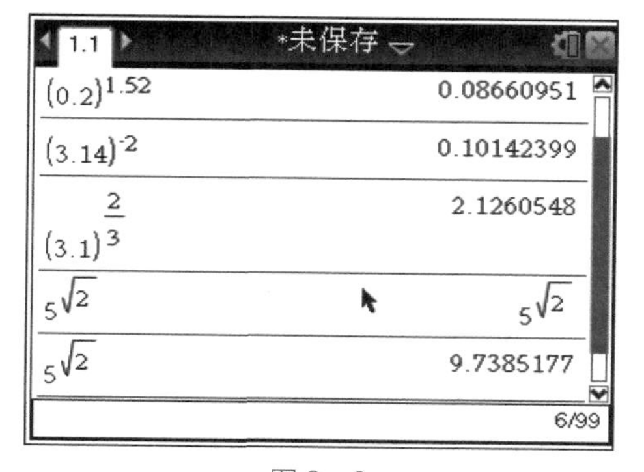

图 8－2

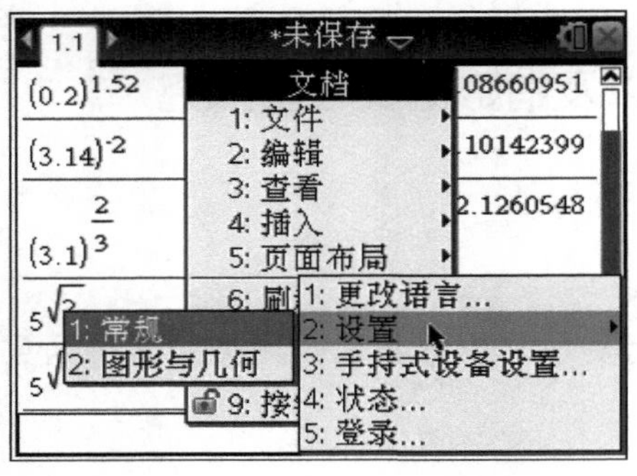

图 8 – 3

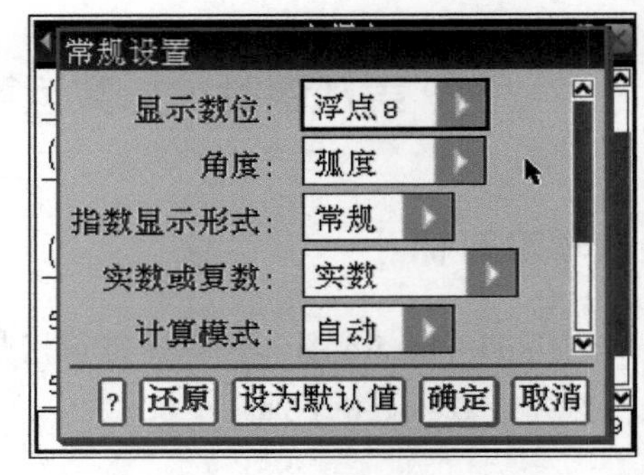

图 8 – 4

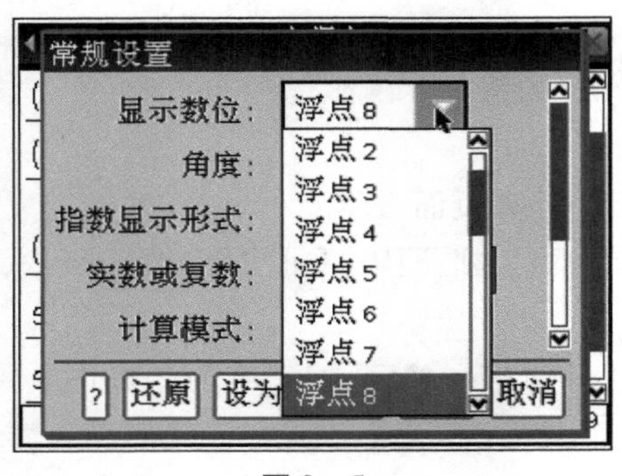

图 8 – 5

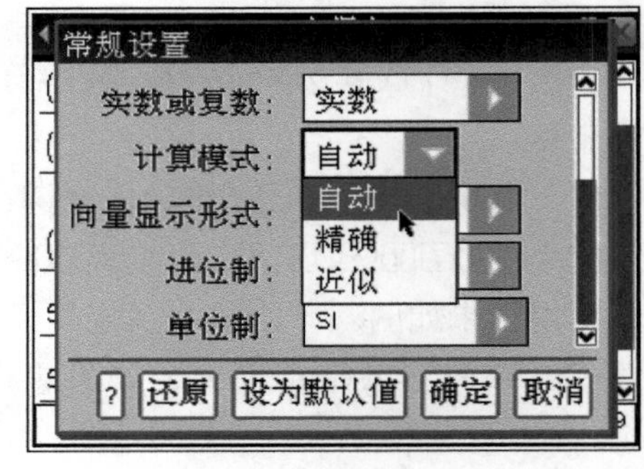

图 8 – 6

实践 2：已知 $f(x)=2.72^x$，计算 $f(-3)$，$f(-2)$，$f(-1)$，$f(1)$，$f(2)$，$f(3)$ 的值。

方法一：同实践 1 的方法，在计算页面依次输入计算，结果如图 8 – 7 所示。

方法二：计算同一个函数的函数值较多，而且步长都是 1，可以使用函数值表。

步骤：

（1）按 doc▾ 4 4 键，添加图形页面，输入函数表达式，作出函数图像，如图 8 – 8 所示。

（2）按 ctrl T 键，显示函数值表，移动光标，查看要求的函数值，如图 8 – 9、图 8 – 10 所示。

实践 3：探究函数性质。

在同一坐标系内，作出函数 $y=x^3$ 与 $y=\sqrt[3]{x}$ 的图像，观察它们的性质，探究这两个函数及它们的图像有何关系。

步骤：

（1）开机，添加图形页面，输入函数表达式，作出函数图像，如图 8 – 11

所示。

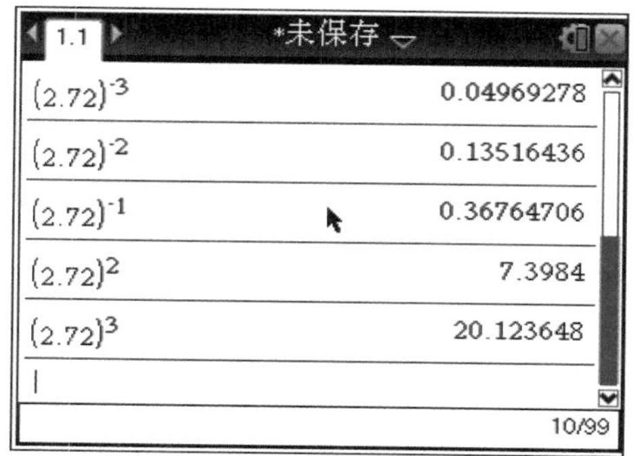

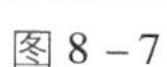

图 8－7

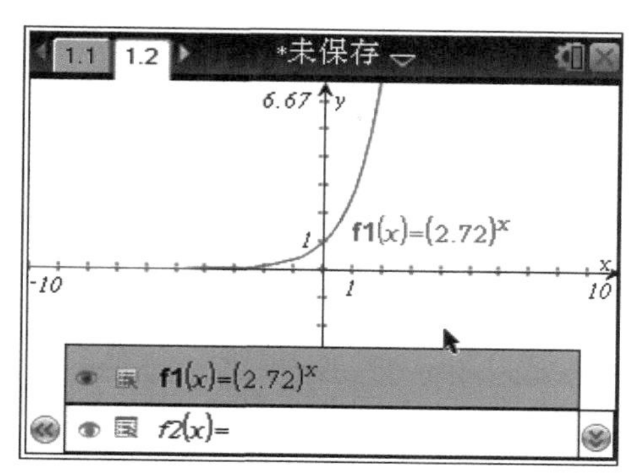

图 8－8

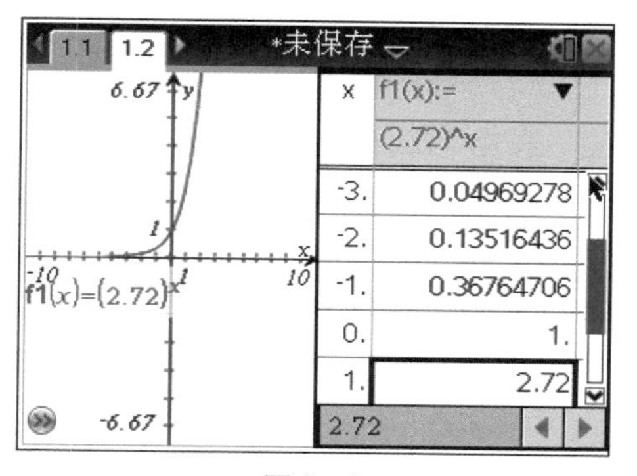

图 8－9

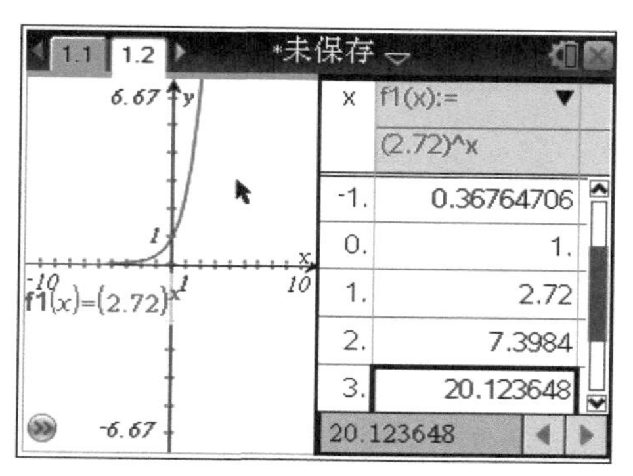

图 8－10

（2）缩放图像。将光标移动到坐标轴上，光标形状变成小手，拖动光标可以缩放图像，如图 8－12、图 8－13 所示，或者使用缩放命令进行缩放。

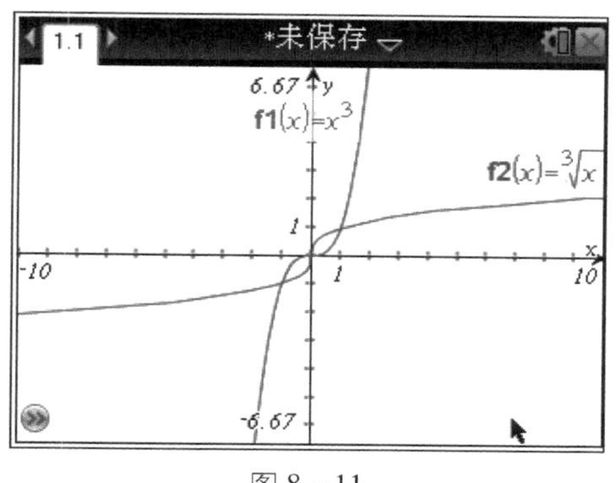

图 8－11

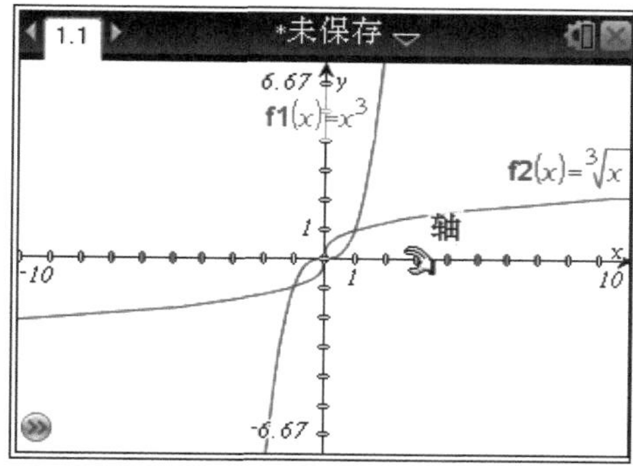

图 8－12

(3) 按menu 6 4键，选择“交点”命令，求出两个函数图像的交点(1，1)，再求出两个函数图像的另一个交点(－1，1)，如图8－14。函数图像有3个公共点，即(－1，1)，(0，0)，(1，1)，在直线$y=x$上，猜想两个函数关于直线$y=x$对称。

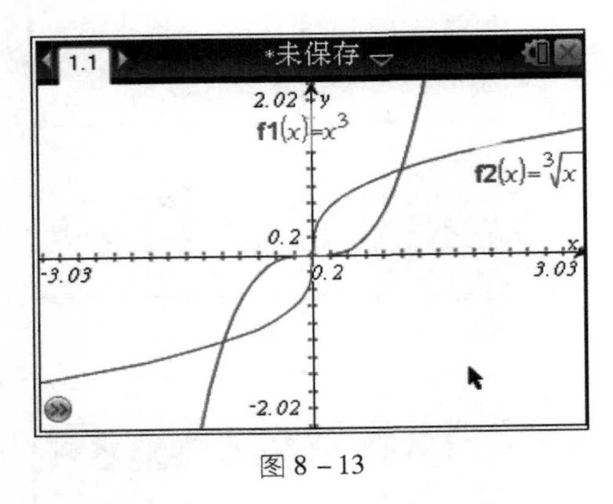

图8－13

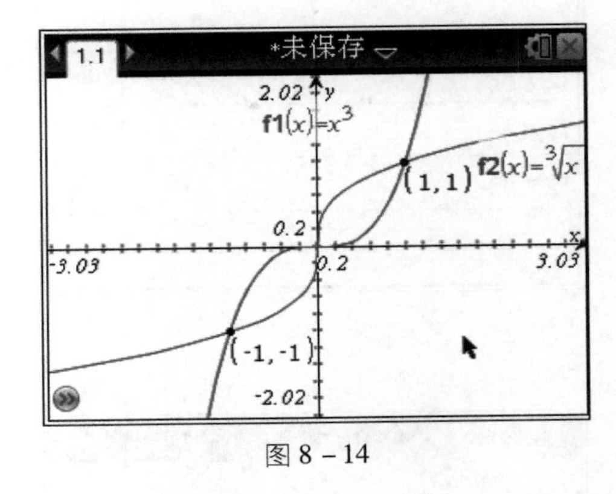

图8－14

(4) 作直线$y=x$的图像，按menu 7 4键，选择“直线”命令，如图8－15所示。单击点(1，1)、(－1，－1)，作出直线$y=x$的图像，如图8－16所示。

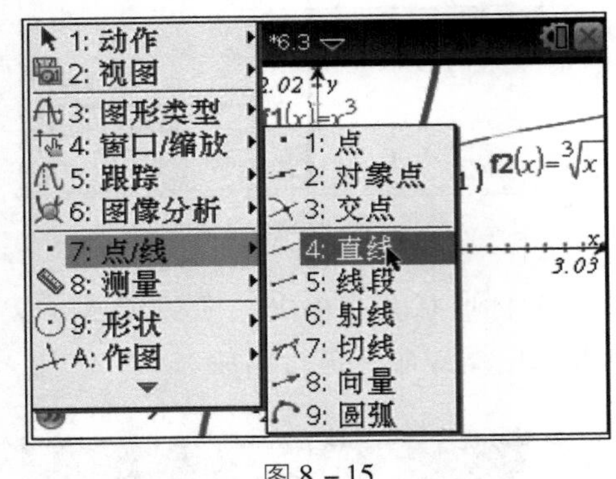

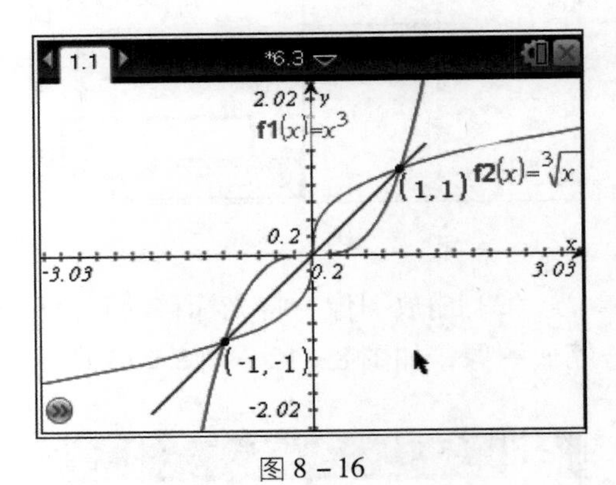

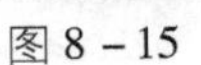

图8－15

图8－16

(5) 在函数$y=x^3$的图像上任意取一点，按menu 7 1键，选择“点”命令，在函数$y=x^3$图像的任意位置单击，作出一点，如图8－17所示。按menu B 2键，选择“轴对称”命令，作出该点关于直线$y=x$的对称点，如图8－18所示，发现其在$y=\sqrt[3]{x}$的图像上。

(6) 单击对称点，选择“属性”→“坐标与方程”命令，显示对称点的坐标，移动$y=x^3$图像的点，观察到对称点始终在$y=\sqrt[3]{x}$的图像上，如图8－19、图8－20所示。

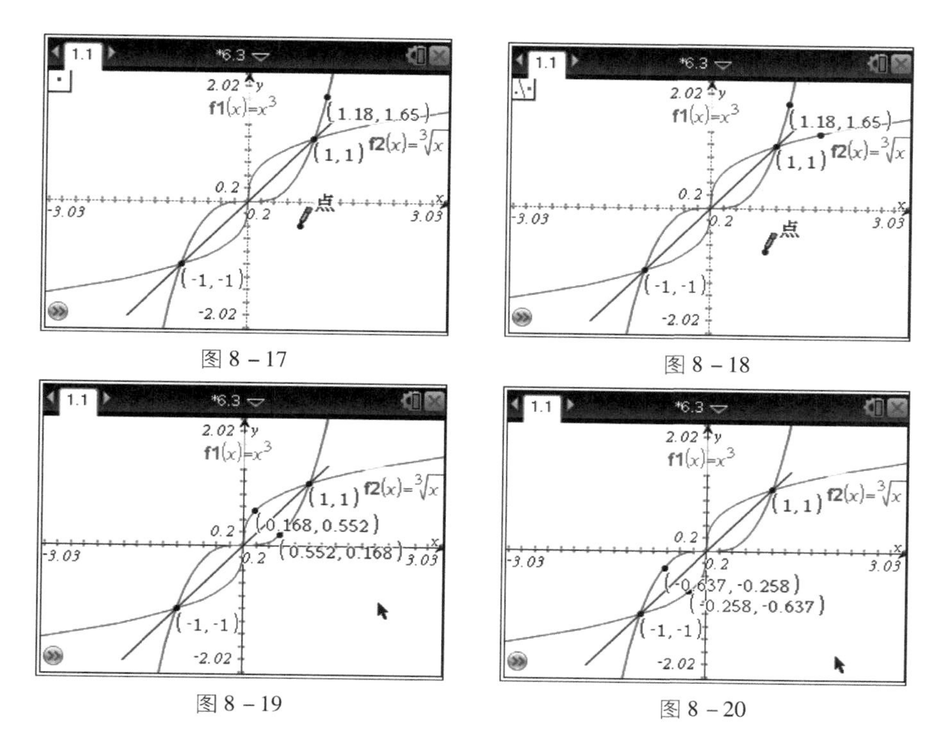

图 8－17　　图 8－18

图 8－19　　图 8－20

注：也可以任意作一条与 $y=x$ 垂直的直线，求出直线分别与两个函数图像的交点，拖动直线，观察交点坐标的关系，从而分析它们是否关于 $y=x$ 对称。

思考：

如果两个图像互为________，则图像关于________对称。

实践 4：探究指数函数的性质。

取 $a=1.5$，2，3，5，$\frac{1}{2}$，$\frac{1}{3}$，$\frac{1}{5}$，作出 $y=a^x$ 的图像，观察并分析函数的性质。

步骤：

（1）开机，添加图形页面，输入函数表达式 1.5^x，作出 $y=1.5^x$ 的图像，如图 8－21 所示。

（2）输入函数表达式 2^x，作出 $y=2^x$ 的图像，如图 8－22 所示。

（3）输入函数表达式 3^x，作出 $y=3^x$ 的图像，如图 8－23 所示。

（4）输入函数表达式 5^x，作出 $y=5^x$ 的图像，如图 8－24 所示。

（5）输入函数表达式 $\left(\frac{1}{2}\right)^x$，作出 $y=\left(\frac{1}{2}\right)^x$ 的图像，发现 x 轴下方没有图像，单击原点，将坐标系往下拖动到合适位置，如图 8－25 所示。

（6）输入函数表达式$\left(\frac{1}{3}\right)^x$，作出$y=\left(\frac{1}{3}\right)^x$的图像，再输入函数表达式$\left(\frac{1}{5}\right)^x$，作出$y=\left(\frac{1}{5}\right)^x$的图像，如图8－26所示。

（7）观察到一些函数是递增的，如图8－26所示，发现其底数都大于1；一些函数是递减的，如图8－27所示，发现其底数都在区间(0，1)内，因此分两类情况总结性质。

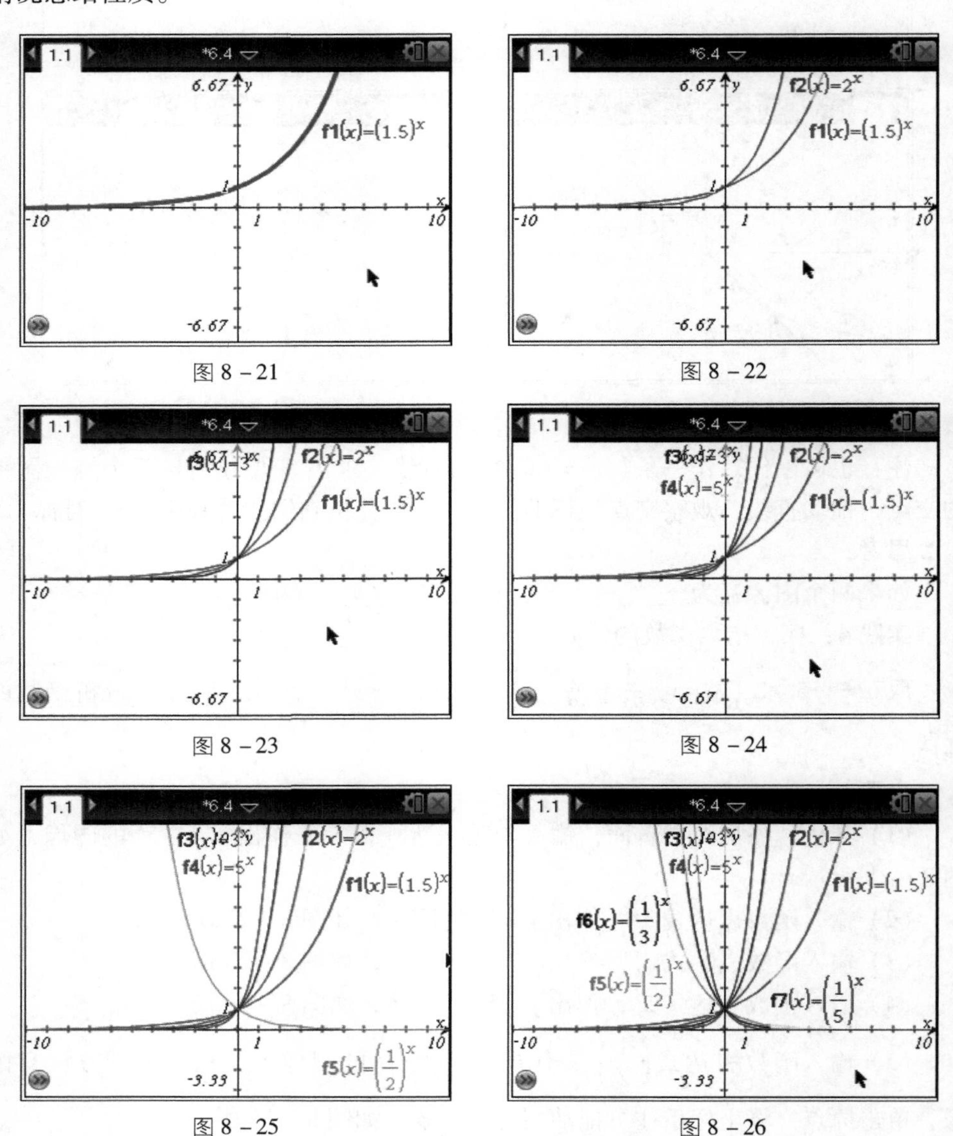

图8－21

图8－22

图8－23

图8－24

图8－25

图8－26

（8）输入函数表达式 1，作出 $y=1$ 的图像，如图 8－28 所示，观察当 $x>0$ 或 $x<0$ 时函数的取值情况。

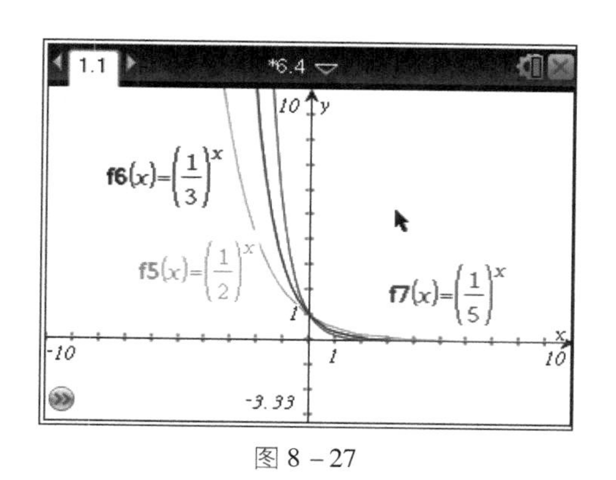

图 8－27

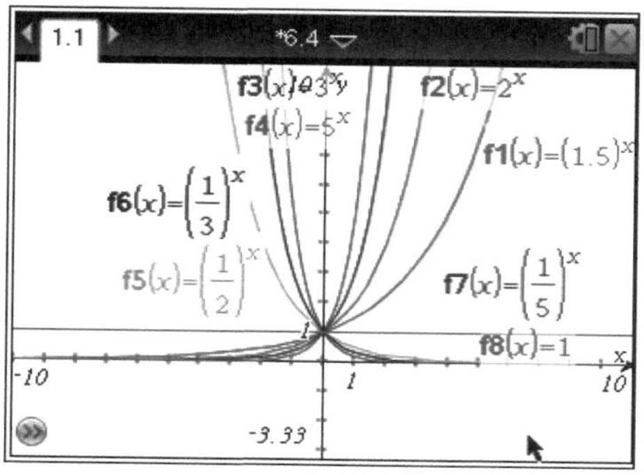

图 8－28

（9）添加图形页面，按 menu 1 A 键，在合适的位置新建游标，输入变量名 a，建立参数 a，如图 8－29 所示。

（10）输入解析式并作图。按 tab 键，输入“a^x”，作出图像，如图 8－30 所示。

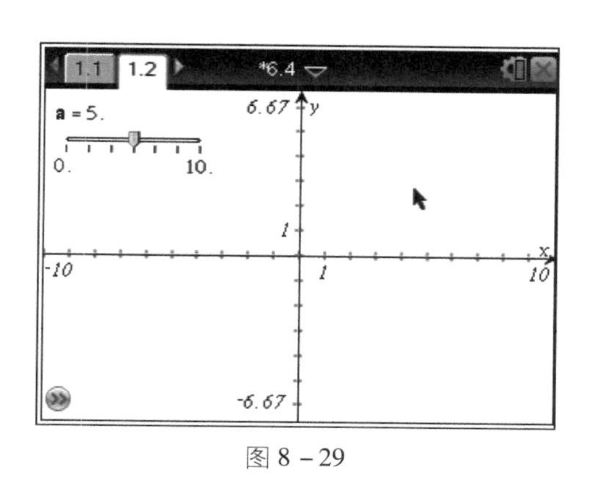

图 8－29

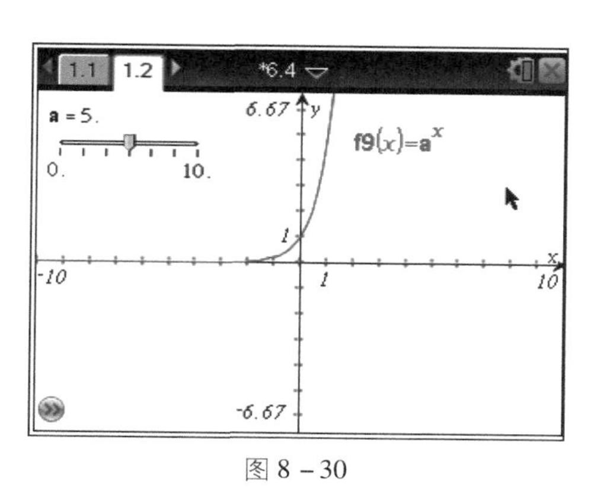

图 8－30

（11）设置游标参数。当游标处于被选中状态时，按 ctrl menu 1 键，按照图 8－31 所示进行设置。

（12）改变游标的值，观察图像变化。移动光标到游标滑块处，长按键，光标虎口闭合，轻轻在触摸板滑动鼠标，改变 a 值，图像发生连续变化，如图 8－32 ~ 图8－34 所示。

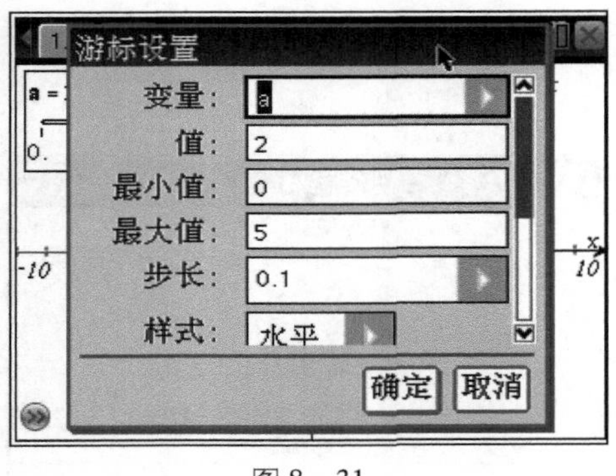

图 8－31

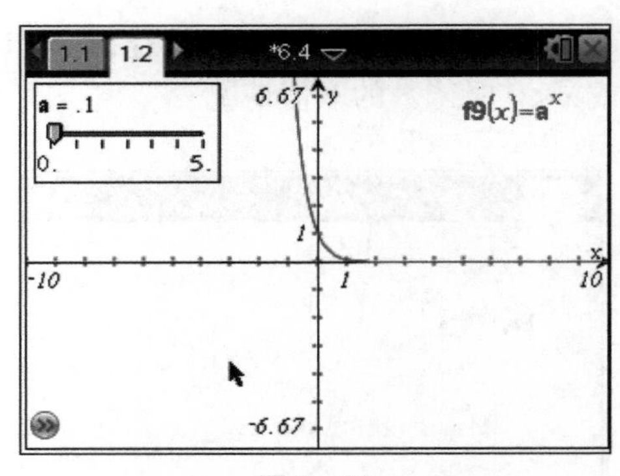

图 8－32

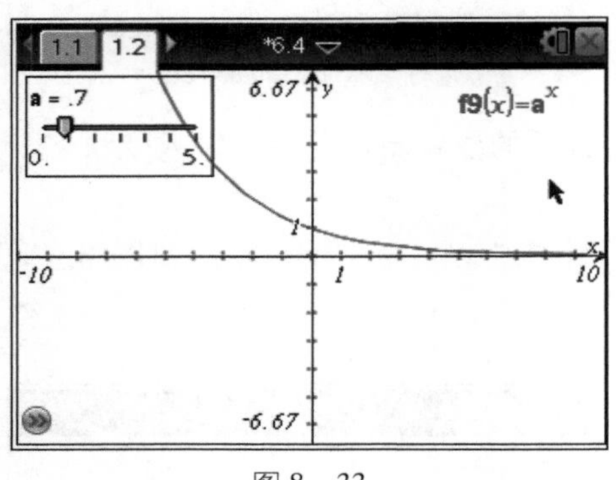

图 8－33

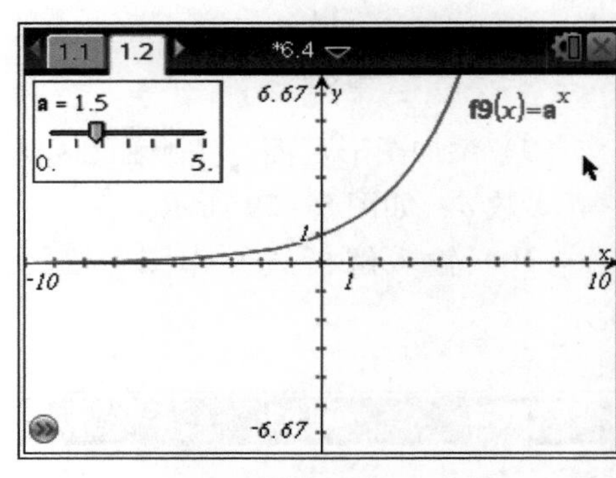

图 8－34

结论：

$y=a^x$ 的性质见表 8－1。

表 8－1

<table>
<tr><td>a</td><td>$a>1$</td><td>$0<a<1$</td></tr>
<tr><td rowspan="6">性质</td><td colspan="2">(1) 定义域：R</td></tr>
<tr><td colspan="2">(2) 值域：$(0,\ +\infty)$</td></tr>
<tr><td colspan="2">(3) 过定点：$(0,\ 1)$</td></tr>
<tr><td>(4) 单调性：增函数</td><td>减函数</td></tr>
<tr><td colspan="2">(5) 奇偶性：既不是奇函数，也不是偶函数</td></tr>
<tr><td>(6) 当 $x>0$ 时，$y>1$；当 $x<0$ 时，$0<y<1$</td><td>当 $x>0$ 时，$0<y<1$；当 $x<0$ 时，$y>1$</td></tr>
</table>

练习：

给出函数$f(x)=\left(\frac{1}{2}\right)^{x^2-1}-4$，完成以下任务。

（1）作出图像

（2）计算$f(-2)$的值，在图像中作出该点。

（3）写出函数的单调区间、值域。

（4）写出函数的渐近线。

第九课时　对数运算及对数函数性质探究

学习目标

利用 TI－nspire 图形计算器进行对数运算，作出对数函数图像，显示函数值表，探究对数函数的性质。

学习过程

实践 1： 计算 ln34 的值。

开机，添加计算页面，按 ctrl ln 3 4 键，得出精确值，按 ctrl ≈ 键可得到近似值，结果如图 9－1 所示。

实践 2： 计算 lg2001，lg0.0618，lg0.0045，lg396.5（精确到 0.000 1）。

在计算页面进行以下操作。

（1）按 ctrl log 键，在底数处输入“1 0”，在真数处输入“2 0 0 1”，按回车键。

（2）按 ctrl log 键，在底数处输入“1 0”，在真数处输入“0 . 0 6 1 8”，按回车键。

（3）按 ctrl log 键，在底数处输入“1 0”，在真数处输入“0 . 0 0 4 5”，按回车键。

（4）按 ctrl log 键，在底数处输入“1 0”，在真数处输入“3 9 6 . 5”，按回车键。

结果如图 9－2 所示。

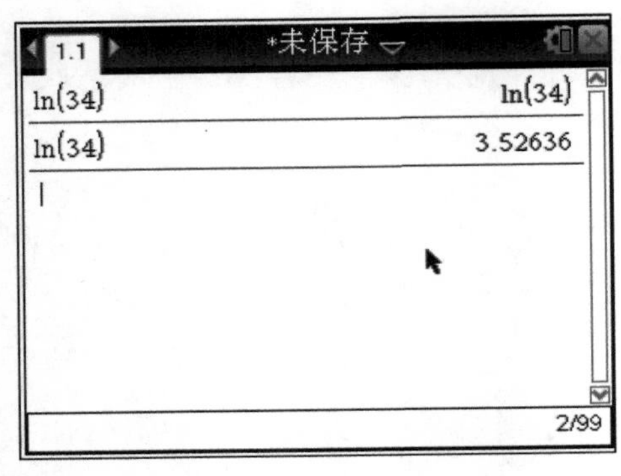

图 9－1

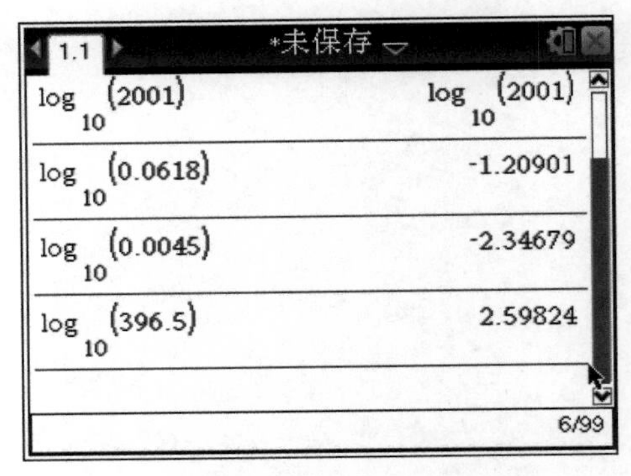

图 9－2

实践 3： 探索对数函数的性质。

取 $a=1.5$，2，3，5，$\frac{1}{2}$，$\frac{1}{3}$，$\frac{2}{3}$，$\frac{1}{5}$，作出 $y=\log_a x$ 的图像，观察并分析对数函数的性质。

步骤：

（1）开机，添加图形页面，输入函数表达式$\log_{1.5}x$，作出 $y=\log_{1.5}x$ 的图像，如图 9－3 所示。

（2）输入函数表达式$\log_2 x$，作出 $y=\log_2 x$ 的图像，如图 9－4 所示。

（3）作出 $y=\log_3 x$，$y=\log_5 x$ 的图像，如图 9－5 所示。

（4）作出 $y=\log_{\frac{1}{2}}x$ 的图像，如图 9－6 所示。

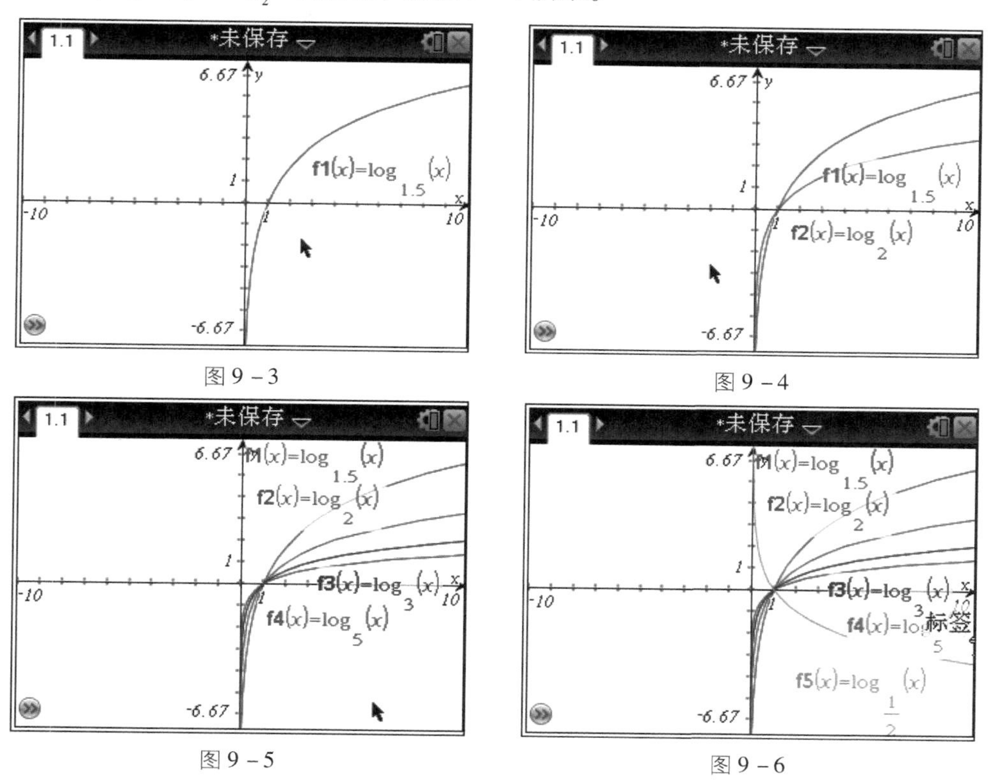

图 9－3　图 9－4　图 9－5　图 9－6

（5）作出 $y=\log_{\frac{1}{3}}x$，$y=\log_{\frac{2}{3}}x$，$y=\log_{\frac{1}{5}}x$ 的图像，隐藏底数大于 1 的图像，如图 9－7 所示。

（6）观察到一些函数是递增的，如图 9－5 所示，发现其底数都大于 1；一些函数是递减的，如图 9－7 所示，发现其底数都在区间(0，1)内，因此分两类情况总结性质。

（7）按menu A 1键，选择“垂线”命令，如图 9－8 所示，单击点(1，0)，再

单击 x 轴，作出 x 轴的垂线，如图 9－9 所示，观察到当 $x>1$ 或 $x<1$ 时函数的取值情况，如图 9－10 所示。

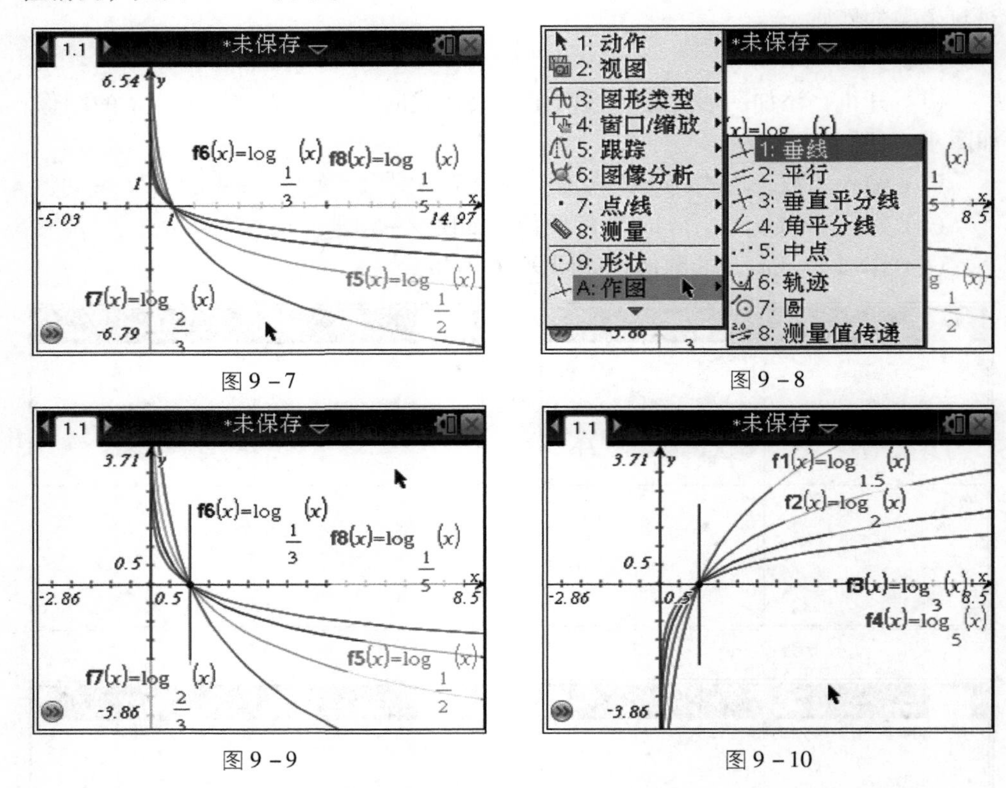

图 9－7　　图 9－8

图 9－9　　图 9－10

（8）添加图形页面，按menu 1 A键，在合适的位置新建游标，输入变量名 a，建立参数 a，如图 9－11 所示。

（9）输入解析式 $y=\log_a x$ 并作图，如图 9－12 所示。

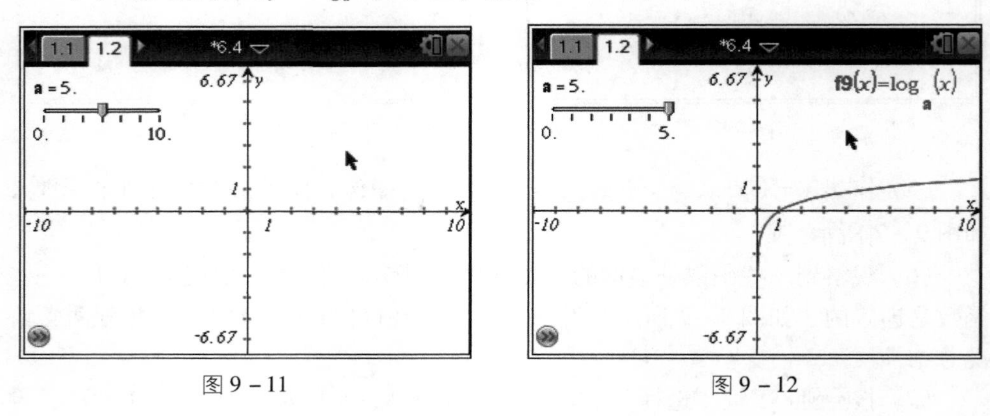

图 9－11　　图 9－12

（10）设置游标参数，最小值为0，最大值为5，步长为0.1，改变 a 值，图像发生连续变化，如图9－13、图9－14所示。

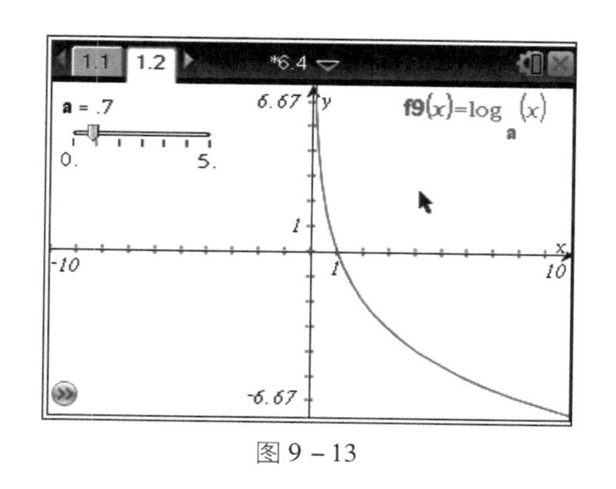

图9－13

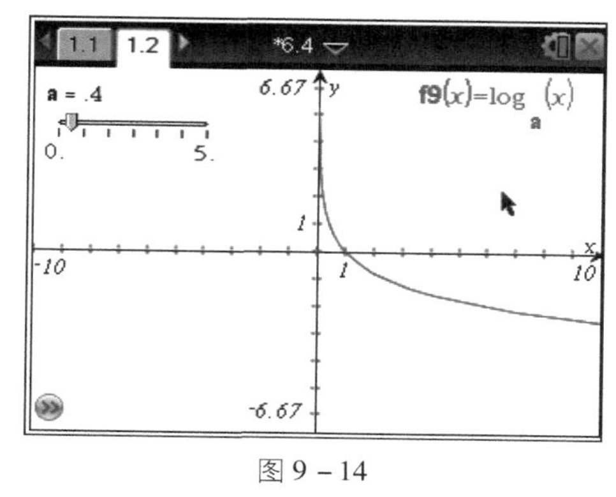

图9－14

结论：

$\log_a x$ 的性质见表9－1。将表9－1补充完整。

表9－1

a	$a>1$	$0<a<1$
性质	（1）定义域：	
	（2）值域：	
	（3）过定点：	
	（4）单调性：	
	（5）奇偶性：	
	（6）当 $x>1$ 时，y ________ 0；当 $0<x<0$ 时，y ________ 0	当 $x>1$ 时，y ________ 0；当 $0<x<1$ 时，y ________ 0

实践4：探索对数函数与指数函数的关系。

作出函数 $y=2^x$ 与 $y=\log_2 x$ 的图像，观察它们的关系。

步骤：

（1）开机，添加图形页面，作出函数 $y=2^x$ 与 $y=\log_2 x$ 的图像，如图9－15所示。

（2）按 ctrl T 键，显示函数值表，如图9－16、图9－17所示。从表中可以看到(1，2)，(2，4)，(3，8)在 $y=2^x$ 的图像上，(2，1)，(4，2)，(8，3)在 $y=\log_2 x$ 的图像上，这些点分别关于直线 $y=x$ 对称，故猜想函数 $y=2^x$ 与 $y=\log_2 x$ 互为反函数。

（3）可按上一课时的办法探讨对称性，用几何方法作出对称轴 $y=x$ 的图像，如图 9－18 所示。

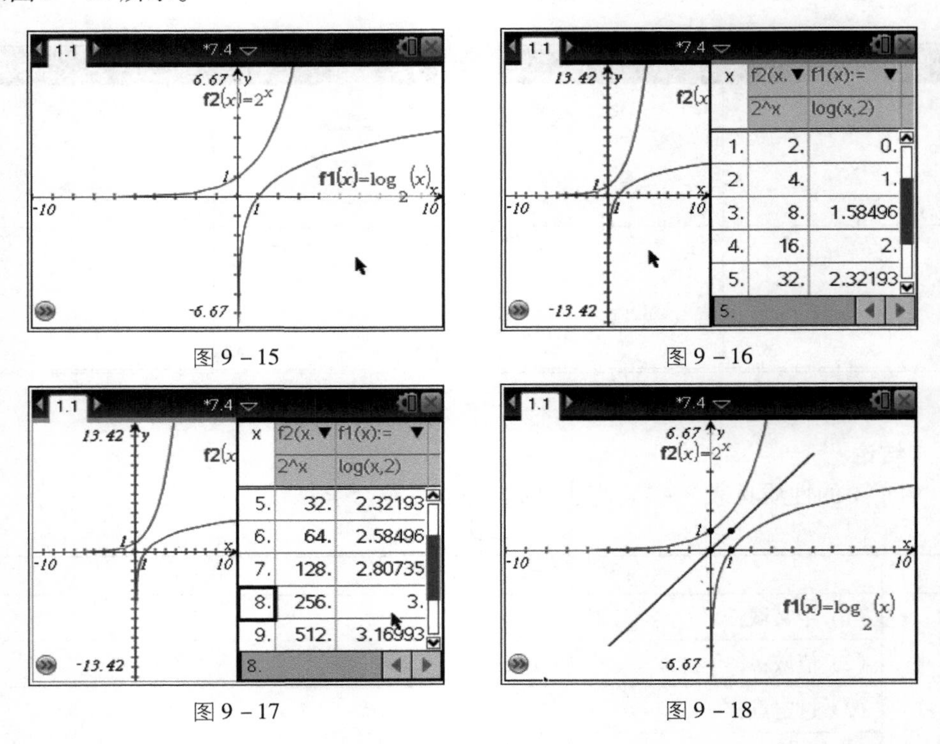

图 9－15　图 9－16

图 9－17　图 9－18

（4）按menu 7 1键，选择“点”命令，在函数 $y=2^x$ 图像的任意位置单击，作出一点，按menu B 2键，选择“轴对称”命令，作出该点关于直线 $y=x$ 的对称点，发现其在 $y=\log_2 x$ 的图像上，连接这两点，如图 9－19 所示。

（5）移动 $y=2^x$ 图像的点，观察到对称点始终在 $y=\log_2 x$ 的图像上，如图 9－20 所示。

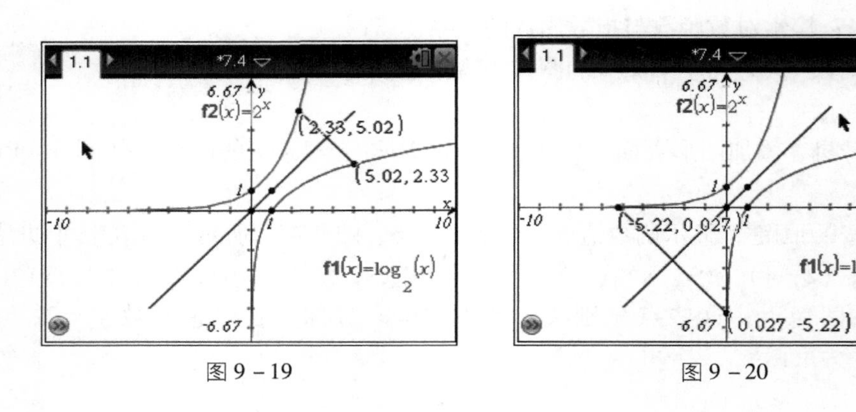

图 9－19　图 9－20

思考：

两个图像互为________，图像关于________对称。

练习：

（1）给出函数 $f(x)=\log_2(x^2-4x+m)$，完成如下任务。

①运用游标，作出含参数 m 的函数图像。

②探究当函数的定义域是 R 时，m 的取值范围。

③探究当函数的值域是 R 时，m 的取值范围。

④探究当函数在 $x\in(3,\ +\infty)$ 上递增时，m 的取值范围。

（2）方程 $a^x=\log a^x$，当 $0<a<1$　和 $a>1$ 时有几个解？

提示：可以用图像法，也可以直接使用“计算器”程序（CAS）的代数方法求解，如图 9－21～图 9－24 所示。

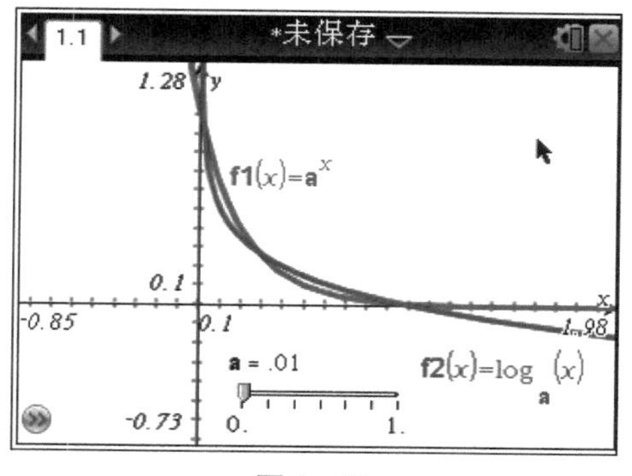

图 9－21

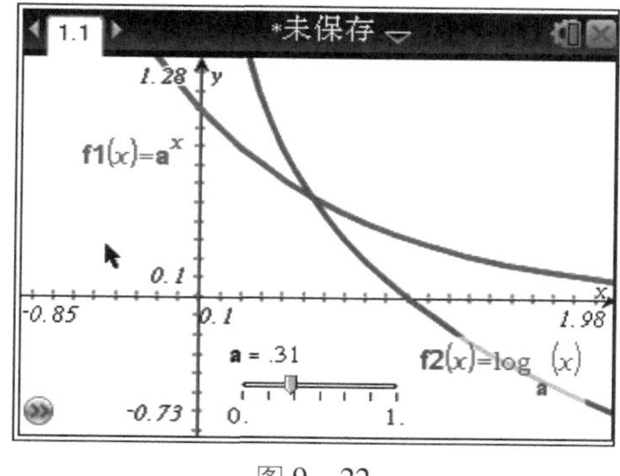

图 9－22

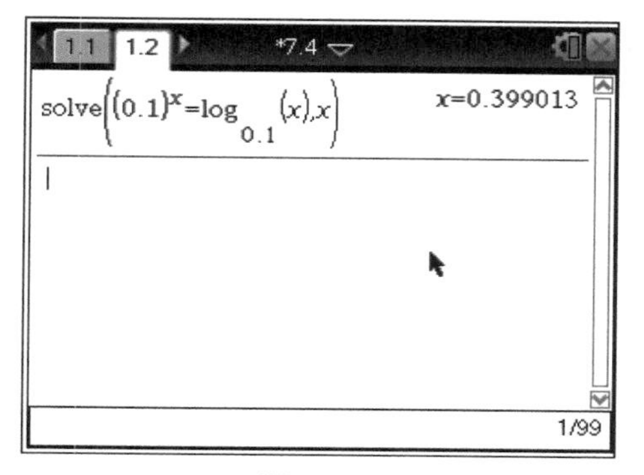

图 9－23

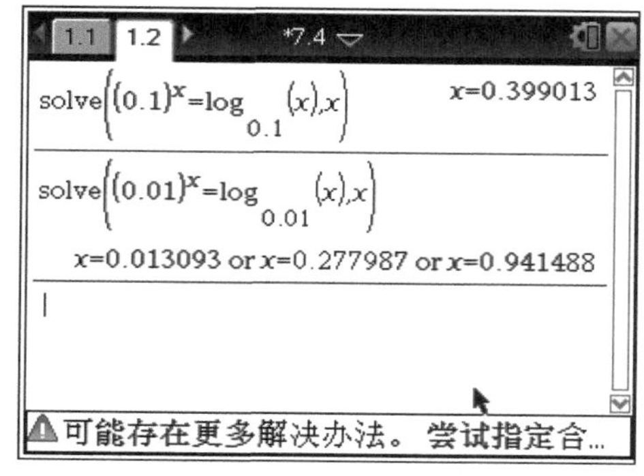

图 9－24

第十课时　三角函数的定义及其图像

学习目标

利用 TI－nspire 图形计算器计算三角函数值，探究三角函数的运算规律，作出单位圆，构造 $y = \sin x$ 的图像，通过计算函数值、显示函数值表等方法探究三角函数的性质。

学习过程

实践 1： 角度、弧度互化。

把下列角度化成弧度，弧度化成角度(精确到 0.000 1)

(1)67°；(2)168°；(3) －86°；(4)1.2rad；(5)5.2rad。

步骤：

(1) 开机，添加计算页面，按 doc▾ 7 2 1 键，选择“常规设置”命令，选择“角度”为“弧度”，如图 10－1 所示。

按 6 7 📖 4 键，选择单位度“°”，按回车键，得出精确值。

按 1 6 8 📖 4 键，选择单位度“°”，按回车键，得出精确值。

按 (−) 1 6 8 📖 4 键，选择单位度“°”，按回车键，得出精确值。

按 ctrl ≈ 键可得到近似值，结果如图 10－2 所示。

(2) 按 ⌂on 1 1 键，再按 doc▾ 7 2 1 键，选择“常规设置”命令，选择“角度”为“度数”，如图 10－3 所示。

按 1 . 2 📖 4 键，选择单位弧度“ʳ”，按回车键。

按 5 . 2 📖 4 键，选择单位弧度“ʳ”，按回车键，结果如图 10－4 所示。

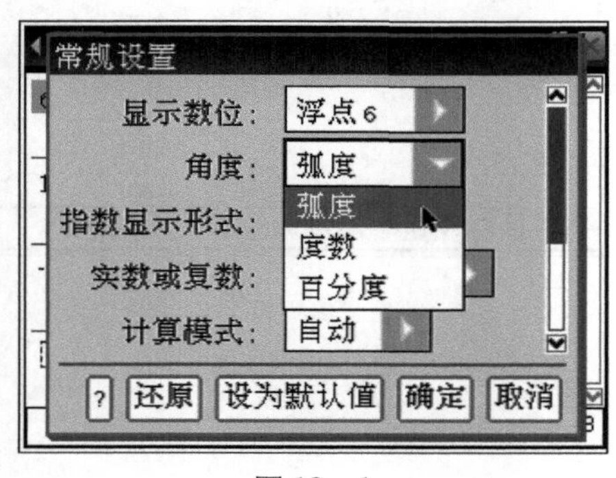

图 10－1

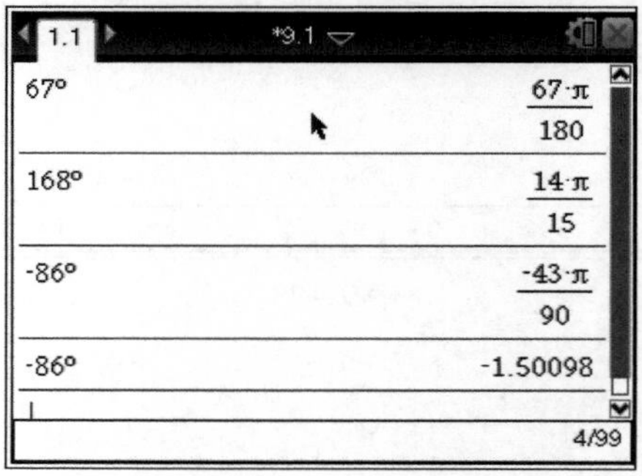

图 10－2

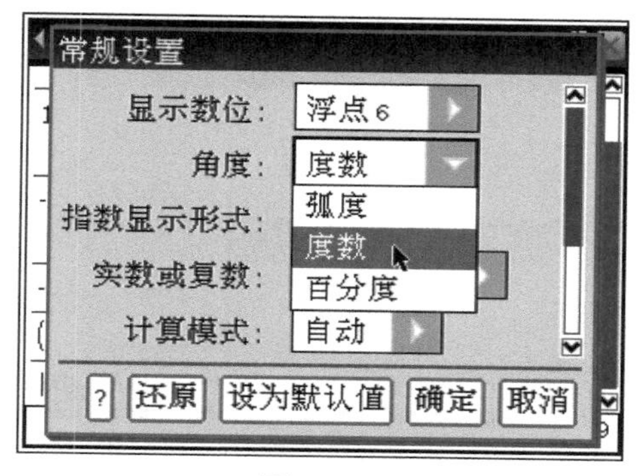

图 10－3

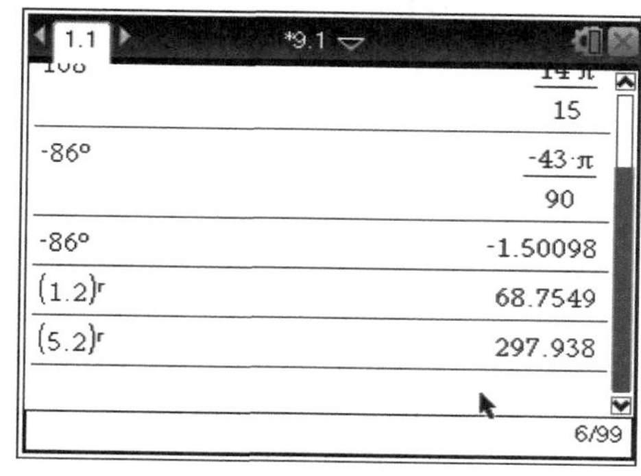

图 10－4

实践 2： 任意角三角函数定义探究。

探究任意角三角函数定义的合理性。

步骤：

（1）开机，添加图形页面，按menu 7 6键，选择“射线”命令，如图 10－5 所示。单击原点，移动光标，按回车键，任意作出一条以原点为起点的射线，如图 10－6 所示。

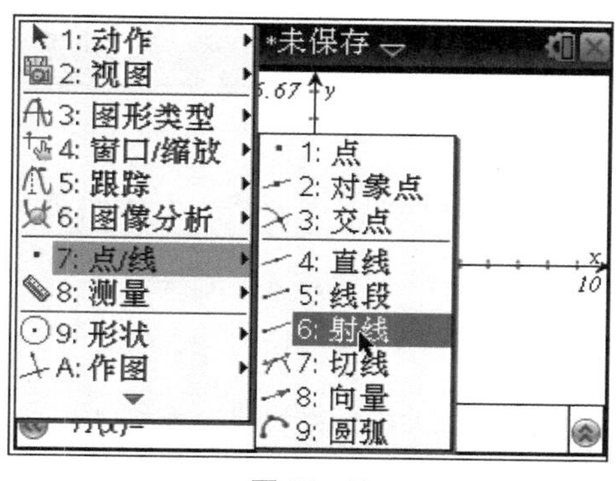

图 10－5

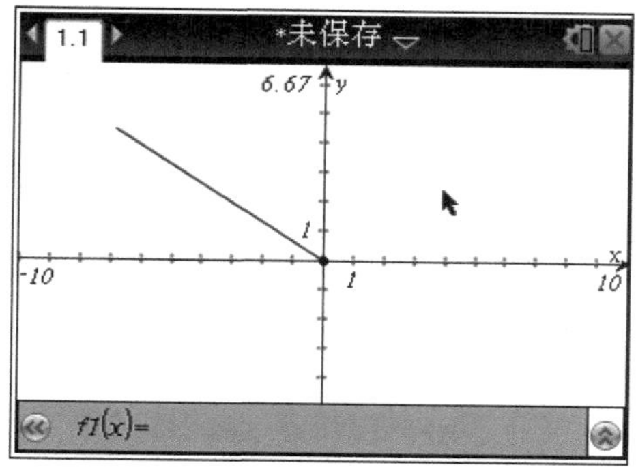

图 10－6

（2）按menu 7 1键，选择“点”命令，在射线上任意位置单击，作出一个点，如图 10－7 所示。

（3）选择该点，按ctrl 键，弹出菜单，如图 10－8 所示，选择“标签”命令，输入“P”，给点加上标签“P”，如图 10－9 所示，再按ctrl 键，选择“坐标与方程”命令，单击点 P，显示 P 的坐标，如图 10－10 所示。拖动点 P，发现坐标发生变化，如图 10－11 所示。

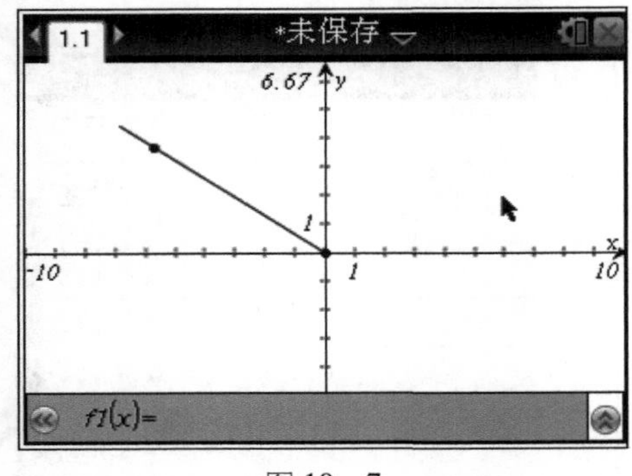

图 10－7

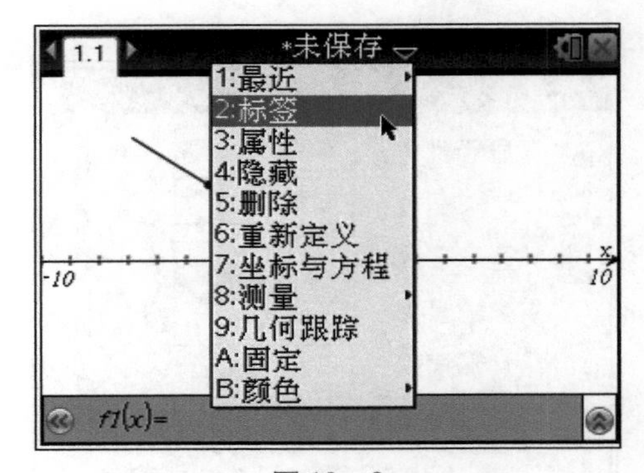

图 10－8

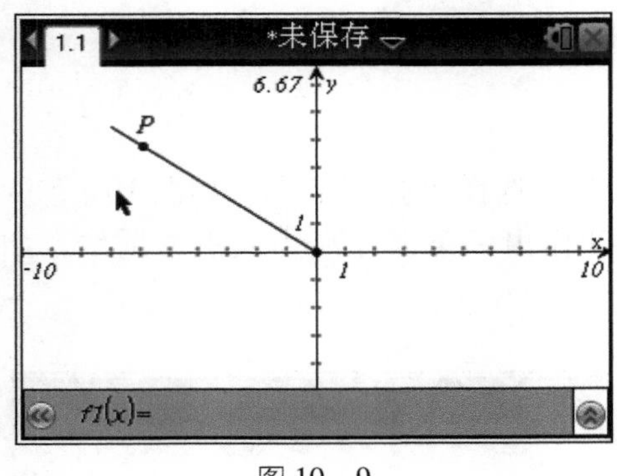

图 10－9

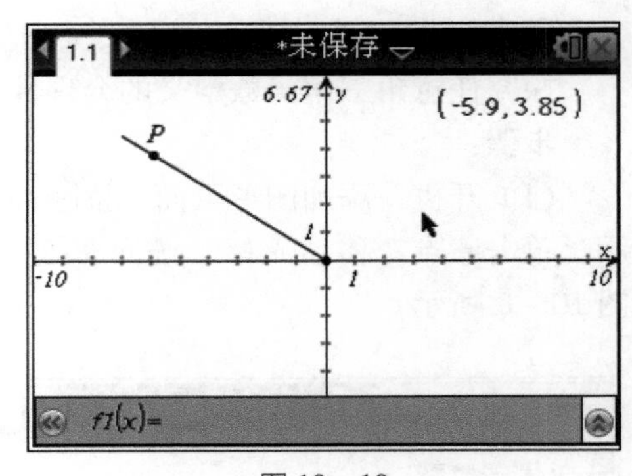

图 10－10

(4) 按 doc▾ 4 3 键，插入计算页面，按 (−) 1 ctrl sto→ X 1 键，将 -1 赋给变量 $x1$。类似地，将 2 赋给变量 $y1$，定义 $r(a, b)=\sqrt{a^2+b^2}$，$s(a, b)=\dfrac{b}{r(a, b)}$，如图10－12所示。

(5) 切换到图形页面，选择点 P 的横坐标，按 ctrl menu 6 2 1 键，如图 10－13 所示，将横坐标链接到 $x1$。同理，将纵坐标链接到 $y1$，如图 10－14 所示。

(6) 拖动点 P，观察坐标变化，如图 10－15 所示。切换到计算页面，计算 $x1$，$y1$，$r(x1, y1)$，$s(x1, y1)$的值，如图 10－16 所示。

(7) 切换到图形页面，拖动点 P，坐标发生变化，如图 10－17 所示。切换到计算页面，计算 $x1$，$y1$，$r(x1, y1)$，$s(x1, y1)$的值值，如图 10－18 所示，发现尽管点 P 位置不同，$x1$，$y1$，$r(x1, y1)$的值不一样，但是$s(x1, y1)$的值始终不变。

(8)重复步骤(7)，发现比值不变，说明比值与点在终边上的位置无关。

（9）返回图形页面，按[doc▾][5][2][3]键，如图 10－19 所示，选择上下布局，按回车键确认，如图 10－20 所示。移动光标到下半部分，单击弹出对话框，如图 10－21 所示，选择添加“列表与电子表格”命令，如图 10－22 所示。

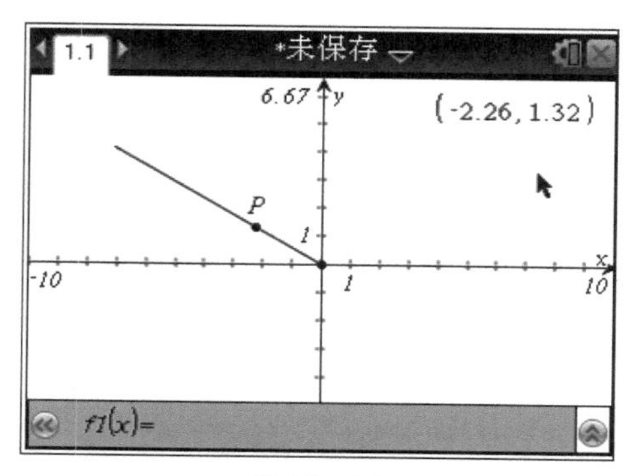

图 10－11

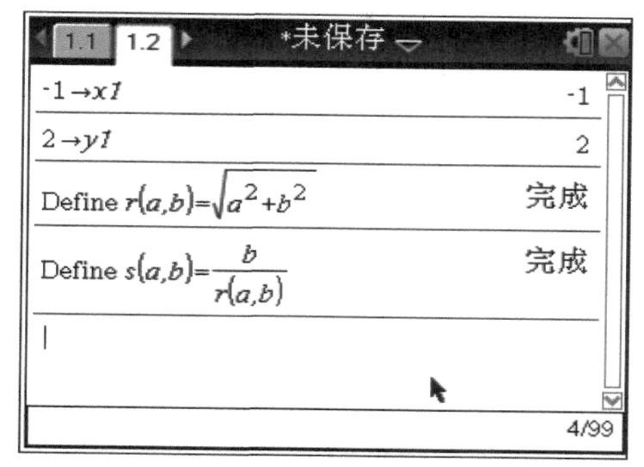

图 10－12

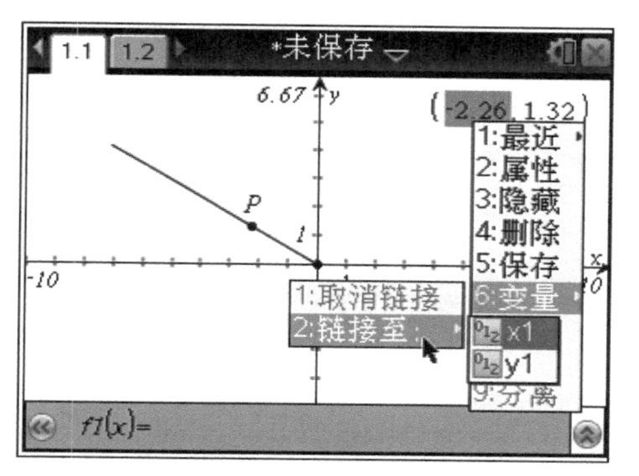

图 10－13

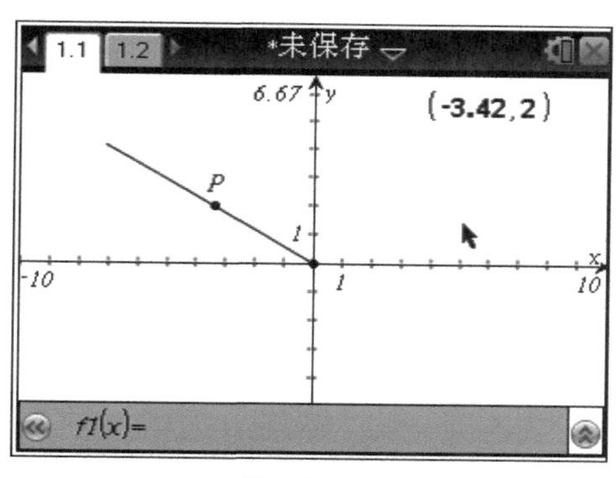

图 10－14

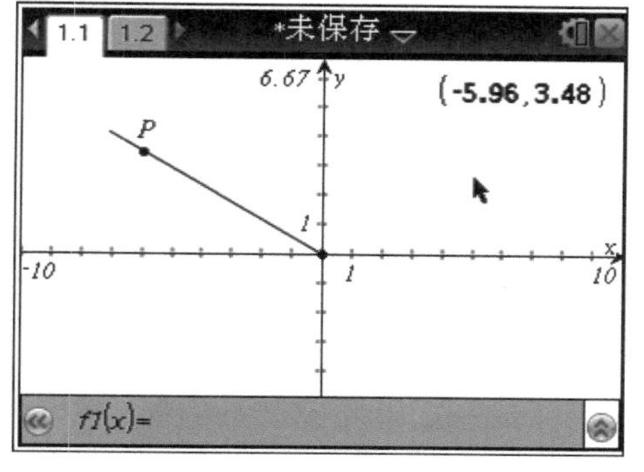

图 10－15

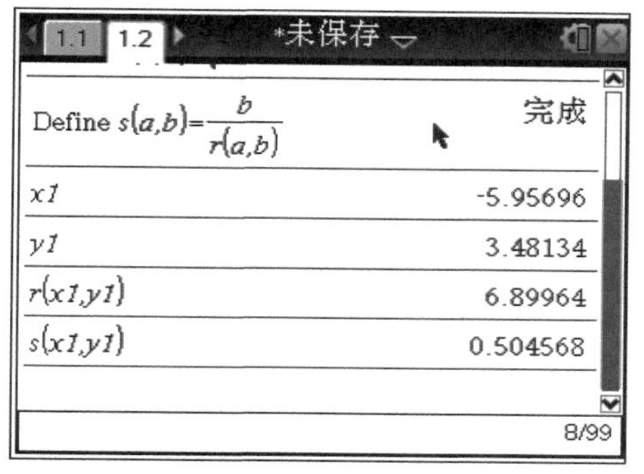

图 10－16

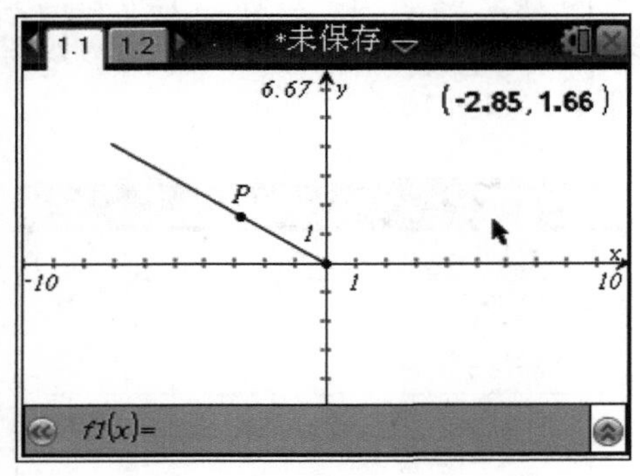

图 10－17

y1	3.48134
r(x1,y1)	6.89964
s(x1,y1)	0.504568
x1	-2.84575
y1	1.6631
r(x1,y1)	3.29609
s(x1,y1)	0.504568
	1/12

图 10－18

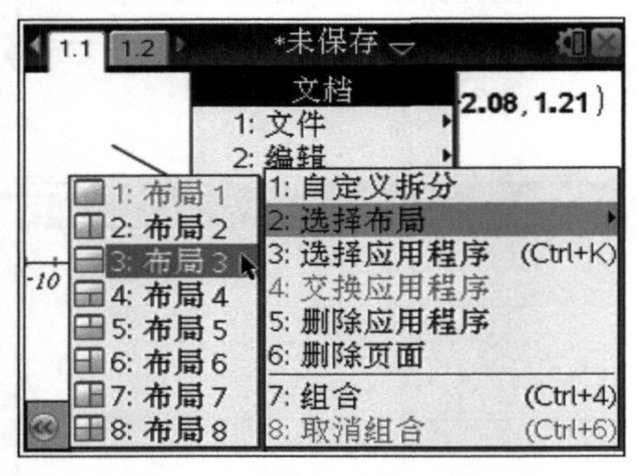

图 10－19

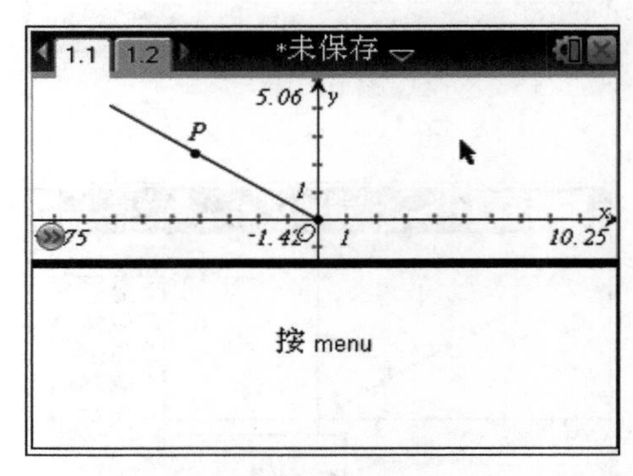

图 10－20

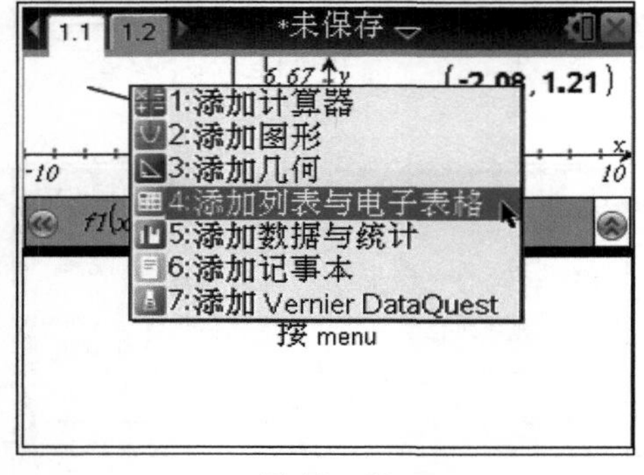

图 10－21

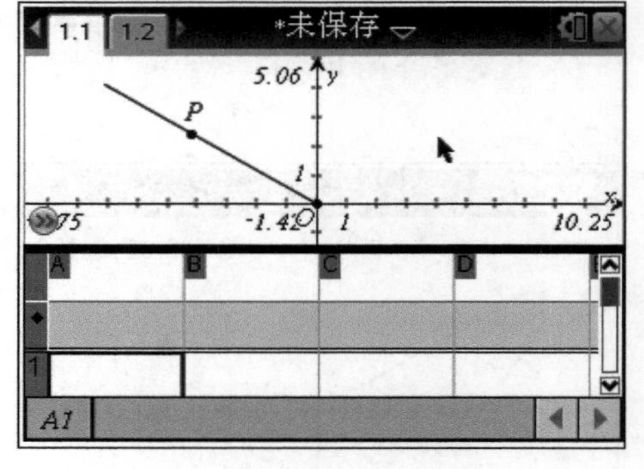

图 10－22

（10）在 A 列下面的钻石单元格中输入“$=x1$”，弹出对话框，选择“变量引用”选项，如图 10－23 所示，确认后结果如图 10－24 所示。同理，在 B 列中输入“$y1$”，在 C 列中输入“$r(x1, y1)$”，在 D 列中输入“$s(x1, y1)$”，如图 10－25

所示。拖动点 P，发现 $x1$，$y1$，$r(x1，y1)$ 的值不断变化，但是 $s(x1，y1)$ 的值始终不变，说明比值与点在终边上的位置无关，如图 10－26、图 10－27 所示。

（11）如图 10－28 所示，过点 P 作 x 轴的垂线，垂足为 P'，在终边上再任意取一点 Q，过点 Q 作 x 轴的垂线，垂足为 Q'。容易证明 $\triangle OPP'$ 与 $\triangle OQQ'$ 相似，因此无论点 P，点 Q 在何位置，比值都不变，说明比值与点在终边上的位置无关。

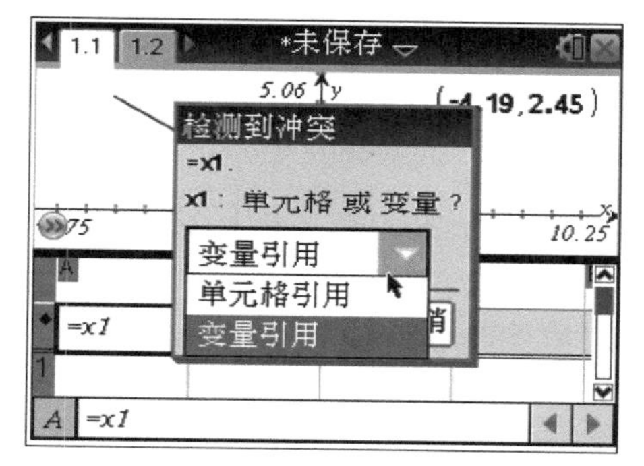

图 10－23

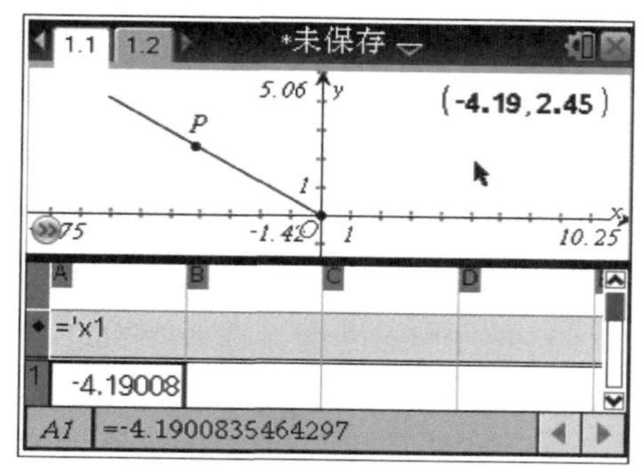

图 10－24

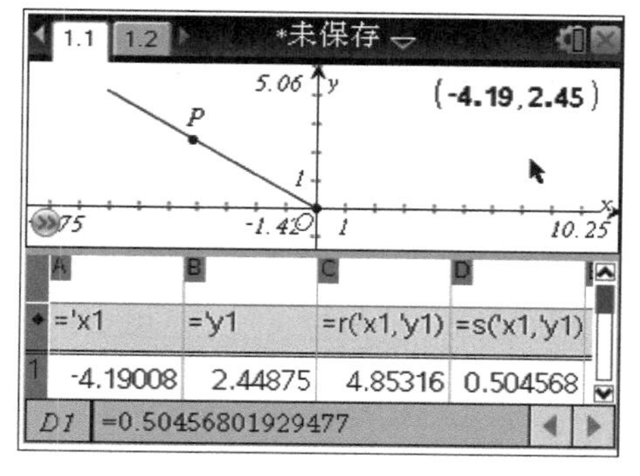

图 10－25

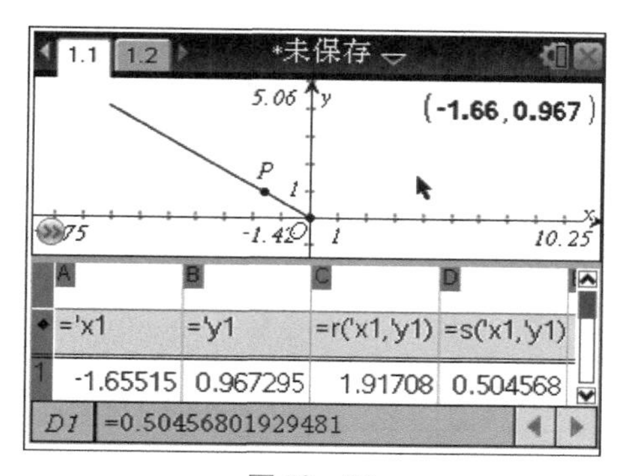

图 10－26

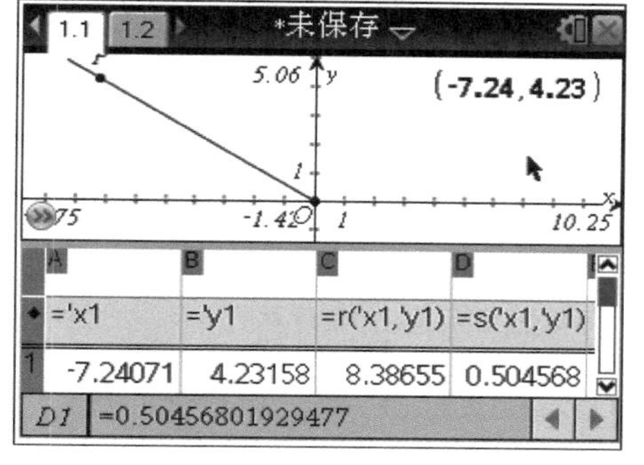

图 10－27

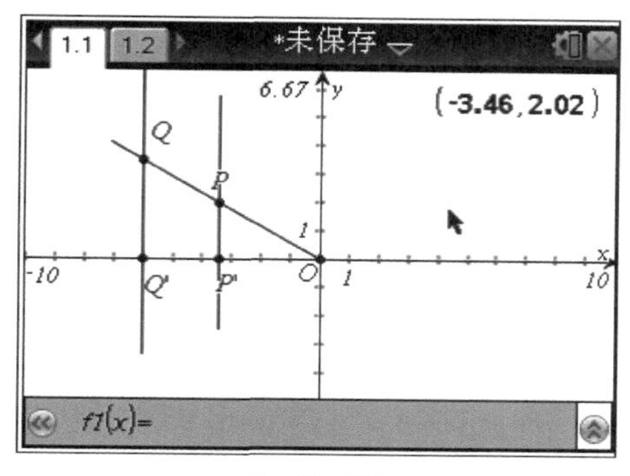

图 10－28

结论：

比值与点在终边上的位置无关，表明了三角函数定义的合理性。

正弦函数的定义如下。

设 α 是一个任意角，在 α 的终边上任取(异于原点的)一点 $P(x, y)$，点 P 与原点的距离是 r，那么比值 $\frac{y}{r}$ 叫作 α 的正弦，记作 $\sin\alpha$，$\sin\alpha=\frac{y}{r}$。

实践 3： 用单位圆作出函数 $y=\sin x$ 的图像，探究其性质。

步骤：

(1) 开机，添加图形页面，如图 10－29 所示，按menu 4 1键，设置窗口，如图 10－30 所示。

(2) 按menu 9 1键，选择“圆”命令，作单位圆，在射线上的任意位置单击，作出一个点，如图 10－31 所示。

(3) 按menu 4 B键，选择“缩放－同刻度”命令，如力 10－32 所示，确认后如图 10－33 所示。

(4) 作圆上动点，度量点 P 的坐标，按menu 7 1键，单击圆，作出圆上一点，按ctrl 键，弹出菜单，选择“标签”命令，输入“P”，按menu 1 7键，显示 P 点坐标，如图 10－34 所示。

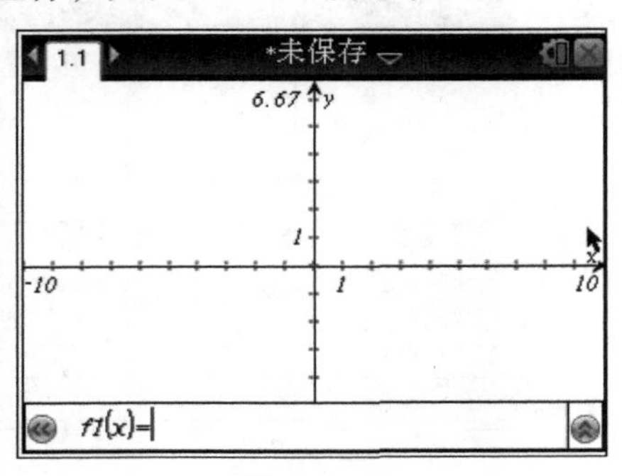

图 10－29

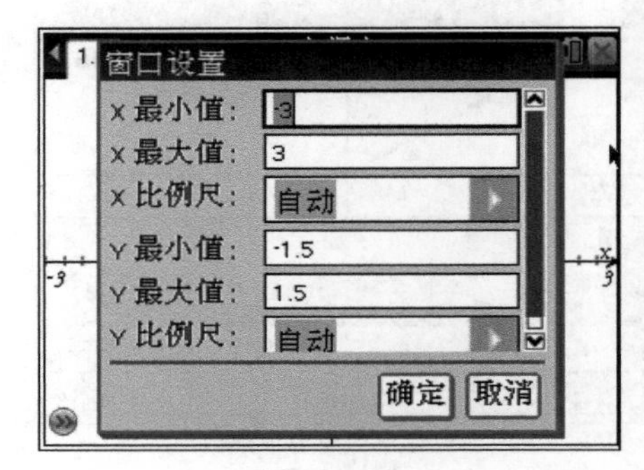

图 10－30

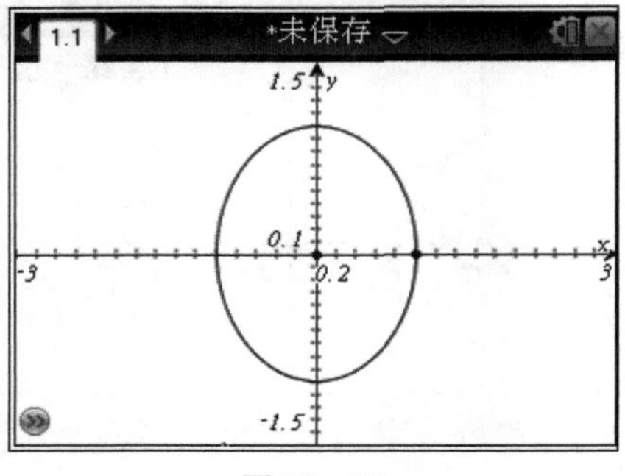

图 10－31

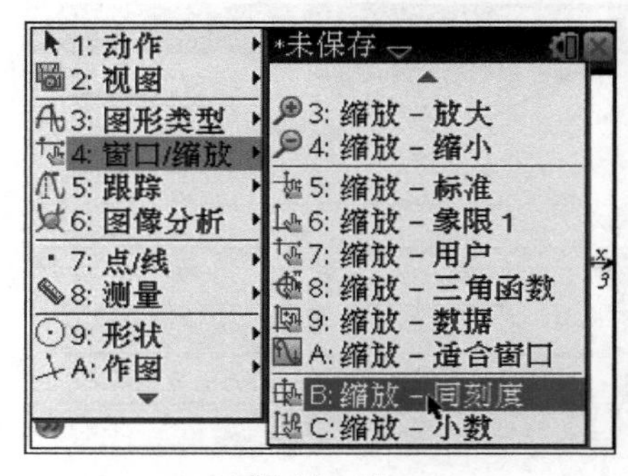

图 10－32

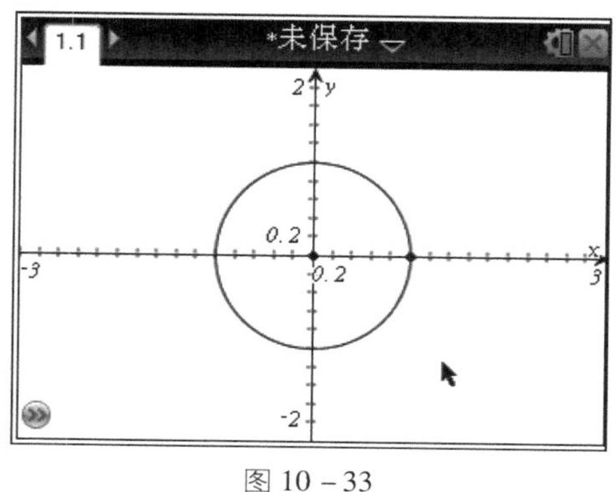

图 10－33

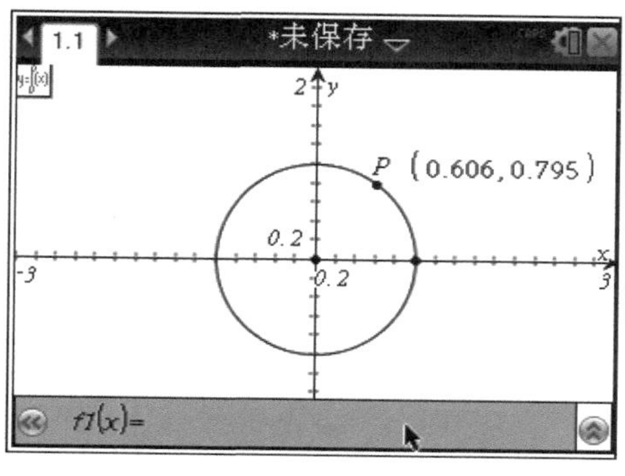

图 10－34

（5）将单位圆与 x 正半轴的交点 A 以原点为中心旋转 1 弧度，按[menu][B][4]键，依次单击原点和点 A，输入“1”，按回车键确认，得到点 A'，如图 10－35 所示。

（6）按[menu][7][9]键，依次单击点 A，点 A'，点 P，作出弧，按[menu][1][3]键，隐藏点 A'，单击文本“1”，改为“0. 01”并隐藏，该弧线为粗线，如图 10－36 所示。

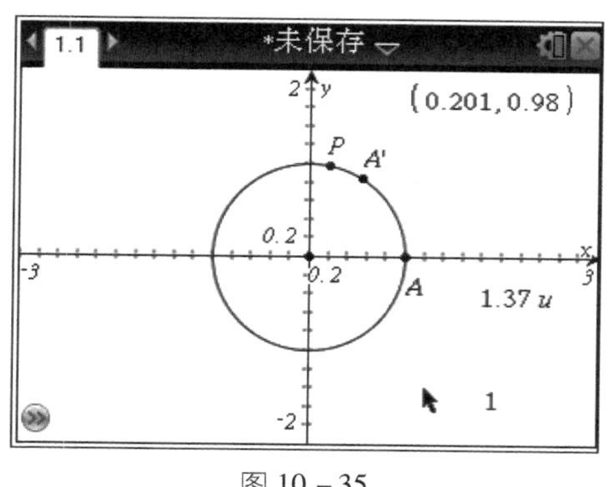

图 10－35

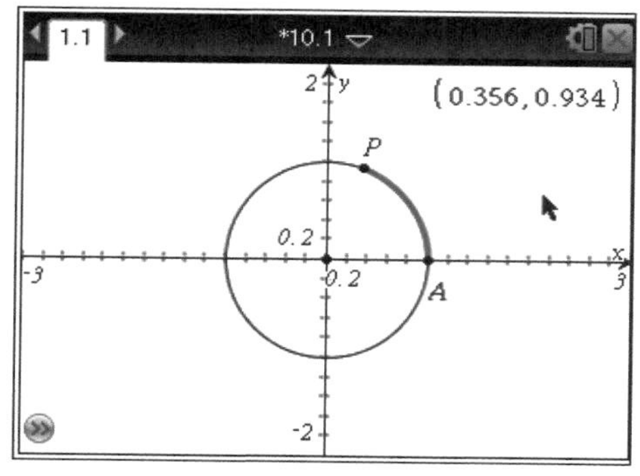

图 10－36

（7）按[menu][8][1]键，度量弧长，如图 10－37 所示。按[var]键，选择“存储变量”命令（图 10－38），输入“*hc*”，如图 10－39 所示，按回车键确认，将横坐标存储为 *hzb*，将纵坐标存储为 *zzb*，如图 10－40 所示。

（8）按[doc▾][4][6]键，添加列表与电子表格页面。按[menu][3][2][1]键，设置数据自动捕捉，如图 10－41 所示，输入变量“*hc*”，如图 10－42 所示，确认后如图 10－43 所示，再设置数据自动捕捉变量 *zzb*，*hzb*，并且给 A，B，C 列命名为“hx”“sx”“cx”，如图 10－44 所示。

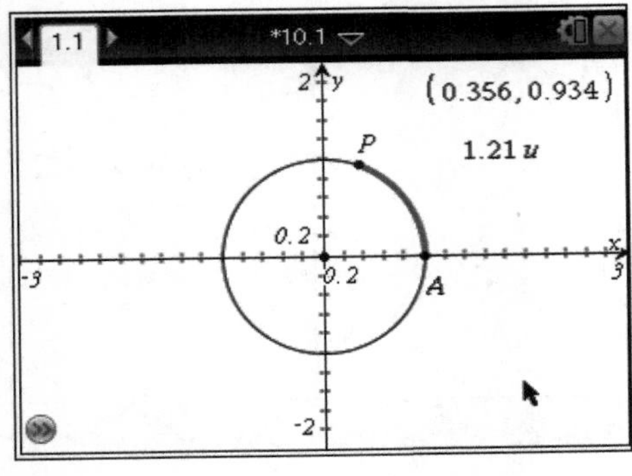

图 10－37

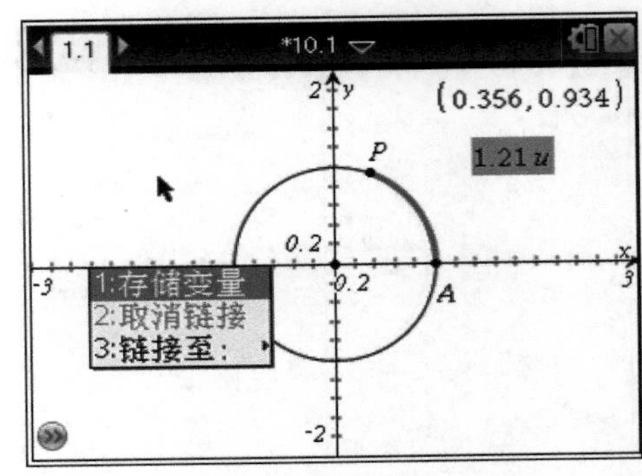

图 10－38

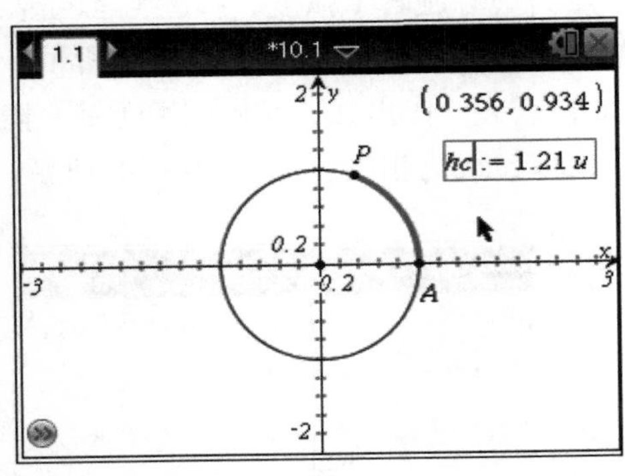

图 10－39

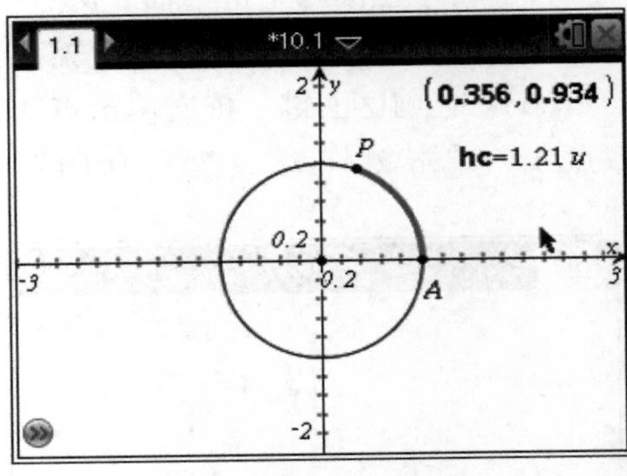

图 10－40

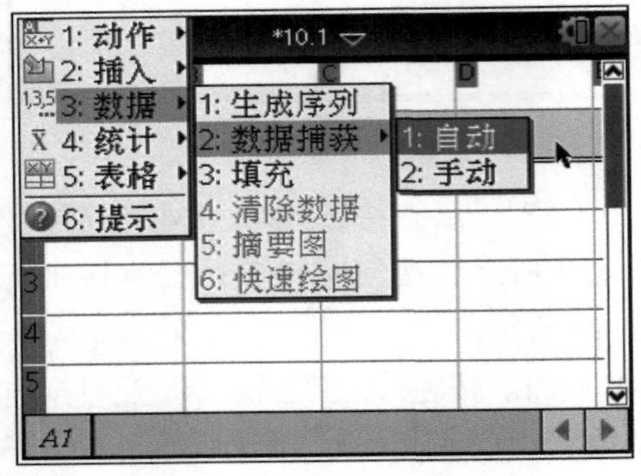

图 10－41

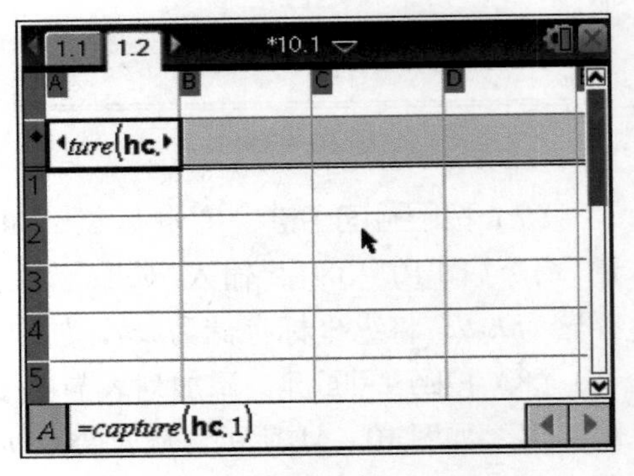

图 10－42

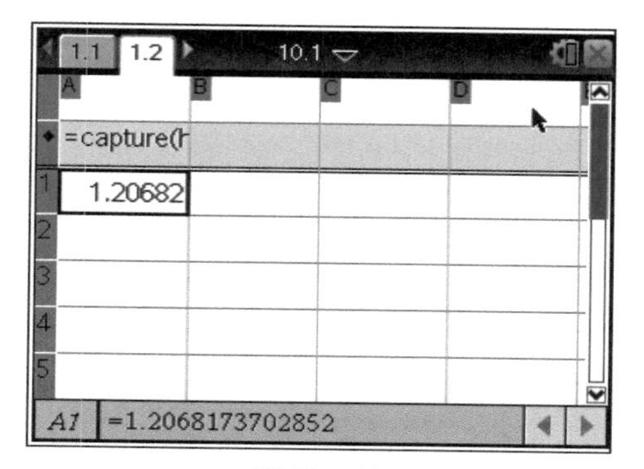

图 10－43

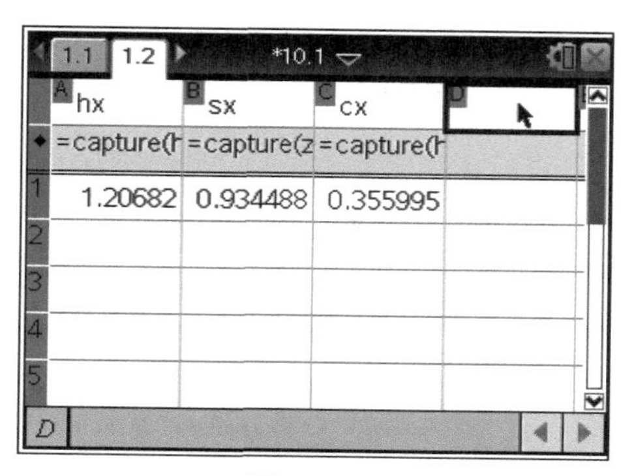

图 10－44

（9）切换到图形页面，慢慢拖动点 P 运动一周，如图 10－45 所示。切换到列表与电子表格页面，如图 10－46 所示，拖动滚动条，发现已经采集了近 500 条数据，如图 10－47 所示。

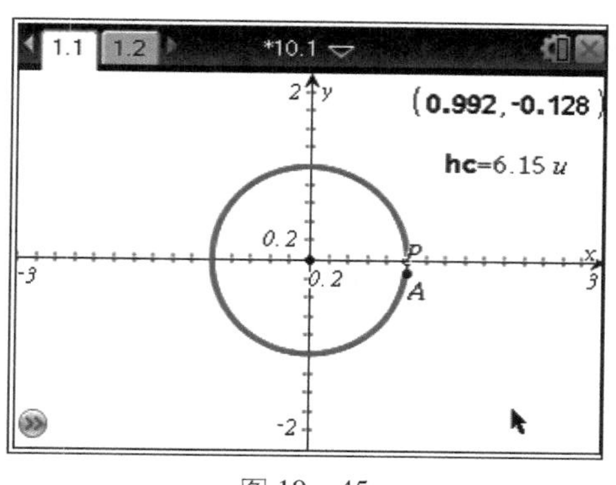

图 10－45

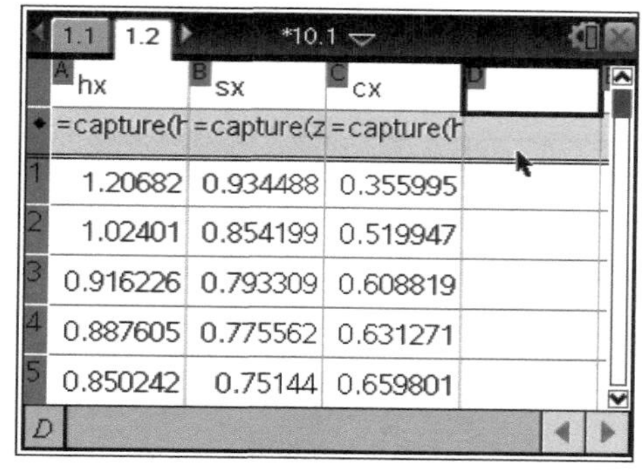

图 10－46

（10）切换到列表与电子表格页面，按 doc▾ 5 2 3 键，设置上下布局，如图 10－48 所示，在下面页面载入“图形”程序，按 menu 3 4 键，如图 10－49 所示，

	A hx	B sx	C cx
◆	=capture(hc,1)	=capture(zzb,1	=capture(hzb
1	0.149521	0.148964	0.988843
2	0.260035	0.257115	0.966381
3	0.278031	0.274463	0.961598
4	0.297703	0.293325	0.956013
5	0.328795	0.322902	0.946432

C cx:=capture(hzb,1)

图 10－47

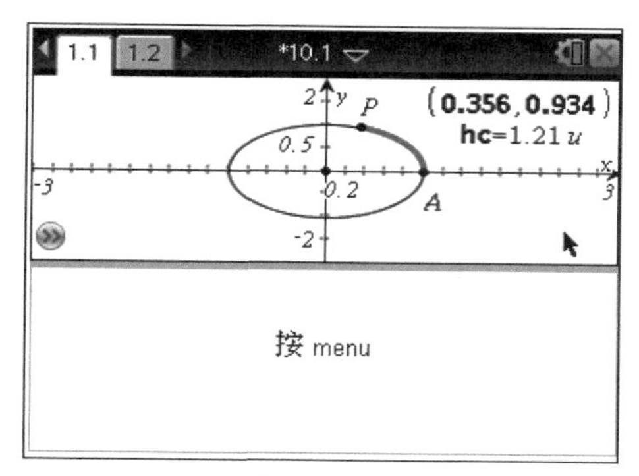

图 10－48

将“图形类型”修改为“散点图”，在 x 处输入“hx”，在 y 处输入“sx”，如图 10－50 所示。

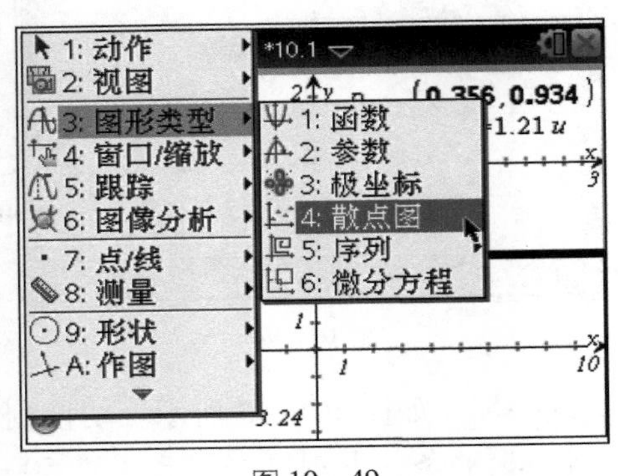

图 10－49

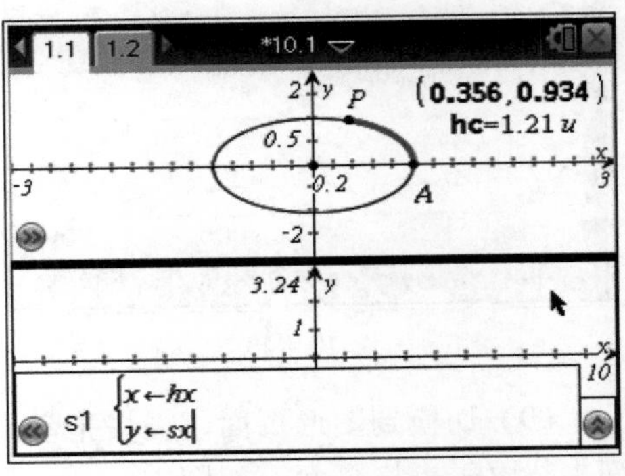

图 10－50

（11）慢慢拖动点 P 运动一周，在下面页面作出正弦函数的图像，如图 10－51所示。同样可以作出余弦函数的图像，如图 10－52 所示。

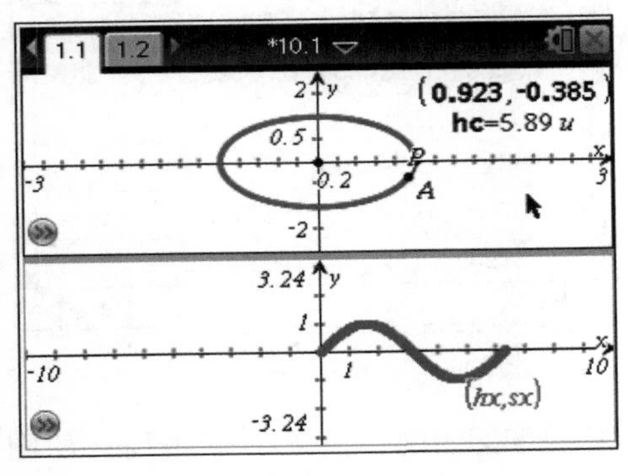

图 10－51

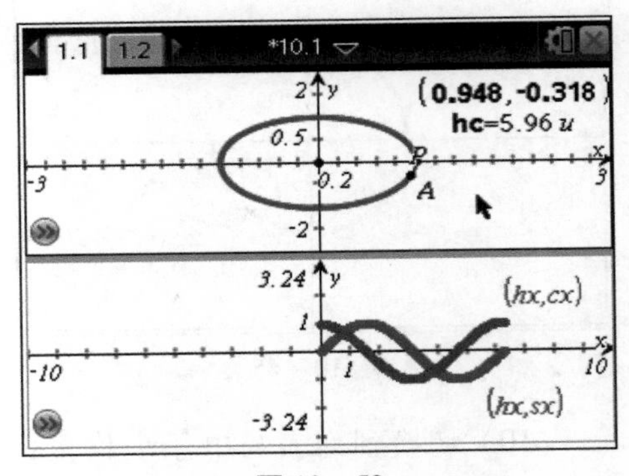

图 10－52

练习：

（1）用单位圆法作出 $y=\cos x$ 的图像，探究其性质。

（2）用单位圆法作出 $y=\tan x$ 的图像，探究其性质。

（3）用单位圆法作出 $y=\cot x$ 的图像，探究其性质。

（4）用单位圆法作出 $y=\sec x$ 的图像，探究其性质。

（5）用单位圆法作出 $y=\csc x$ 的图像，探究其性质。

第十一课时　探究函数 $y=A\sin(\omega x+\varphi)$ 中参数对函数图像的影响

学习目标

利用 TI－nspire 图形计算器作出 $y=\sin x$，$y=A\sin x$，$y=\sin\omega x$，$y=\sin\omega x$，$y=\sin(x+\varphi)$，$y=A\sin(\omega x+\varphi)$的图像，探究参数变化对图像的影响。

学习过程

实践 1： 探究 A 对函数 $y=A\sin x$ 的影响。

作出函数 $y=\sin x$，$y=2\sin x$，$y=\frac{1}{2}\sin x$ 的图像。

步骤：

（1）开机，添加图形页面，输入函数表达式，作出 3 个函数图像，如图 11－1 所示。

（2）按 menu 1 A 键，在合适的位置建立游标，输入变量名 a，建立参数 a，如图11－2所示。按 ctrl menu 1 键，参照图 11－3 设置游标参数。

（3）按 tab 键，展开函数输入行，输入“$a\cdot\sin(x)$”，如图 11－4 所示，按回车键画出图像，如图 11－5 所示。移动光标到游标滑块处，长按键，光标虎口闭合，轻轻在触摸板滑动鼠标，改变 a 值，图像发生连续变化，如图 11－6 所示。

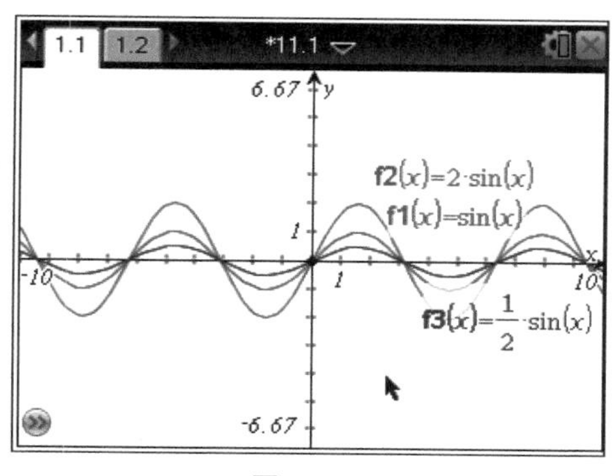

图 11－1

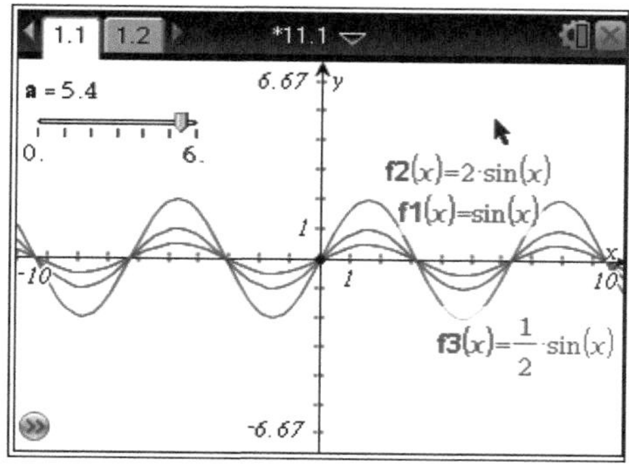

图 11－2

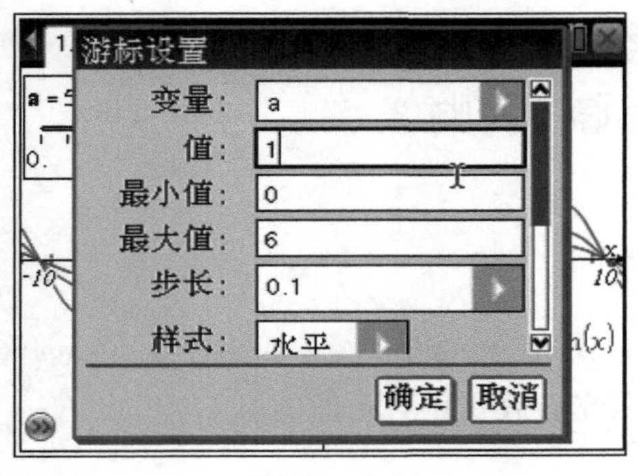

图 11 - 3

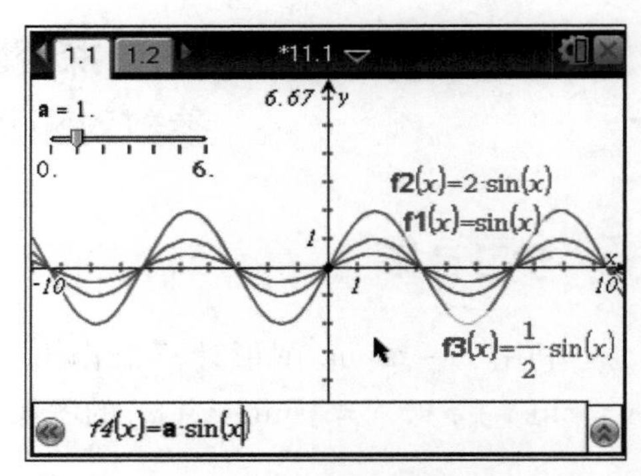

图 11 - 4

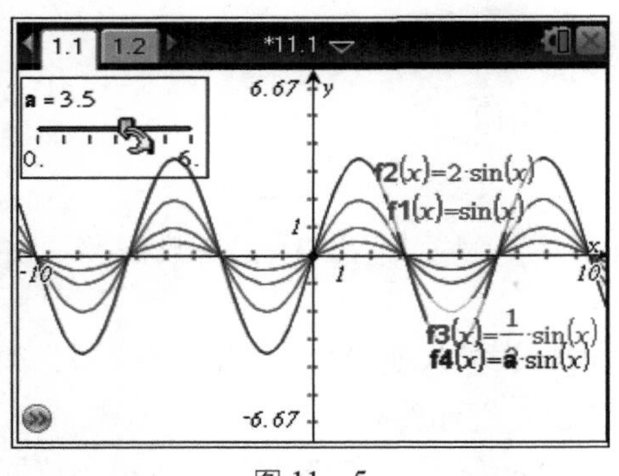

图 11 - 5

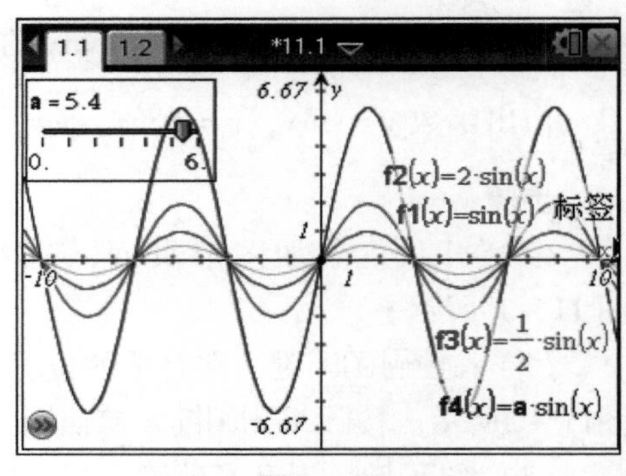

图 11 - 6

实践 2：探究 ω 对函数 $y=\sin\omega x$ 的影响。

作出函数 $y=\sin x$，$y=\sin 2x$，$y=\sin\frac{1}{2}x$ 的图像。

步骤：

（1）开机，添加图形页面，输入函数表达式，作出 3 个函数图像，如图 11 - 7所示，观察它们的关系。

（2）按 menu 1 A 键，建立游标，设置变量为 ω，设置游标参数，作出 $y=\sin\omega x$ 的图像，如图 11 - 8 所示。

（3）隐藏 $y=\sin 2x$，$y=\sin\frac{1}{2}x$ 的图像，拖动游标改变 ω 的值，观察图像的变化，如图 11 - 9、图 11 - 10 所示。

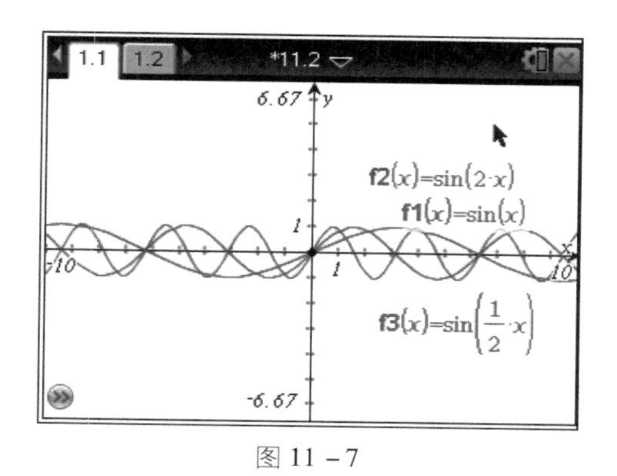

图 11－7

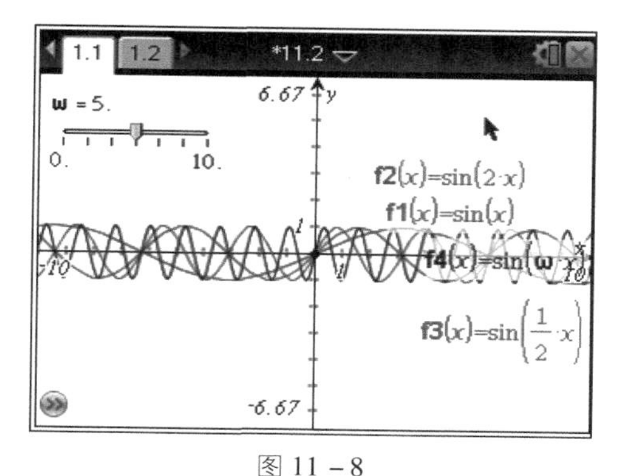

图 11－8

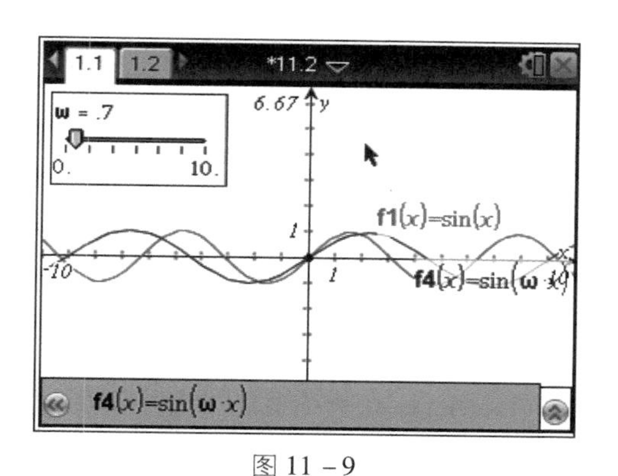

图 11－9

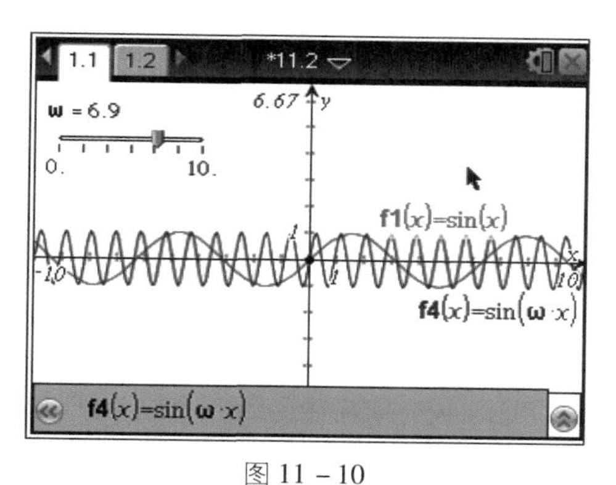

图 11－10

实践 3：探究 φ 对函数 $y=\sin(x+\varphi)$ 的影响。

作出函数 $y=\sin x$，$y=\sin\left(x-\dfrac{\pi}{3}\right)$，$y=\sin\left(x+\dfrac{\pi}{3}\right)$的图像。

步骤：

（1）开机，添加图形页面，输入函数表达式，作出 3 个函数图像，如图 11－11所示，观察它们的关系。

（2）按menu 1 A键，建立游标，设置变量为 φ，设置游标参数，作出 $y=\sin(x+\varphi)$的图像，如图 11－12 所示。

（3）隐藏 $y=\sin\left(x-\dfrac{\pi}{3}\right)$，$y=\sin\left(x+\dfrac{\pi}{3}\right)$的图像，拖动游标改变 φ 的值，观察图像的变化，如图 11－13、图 11－14 所示。

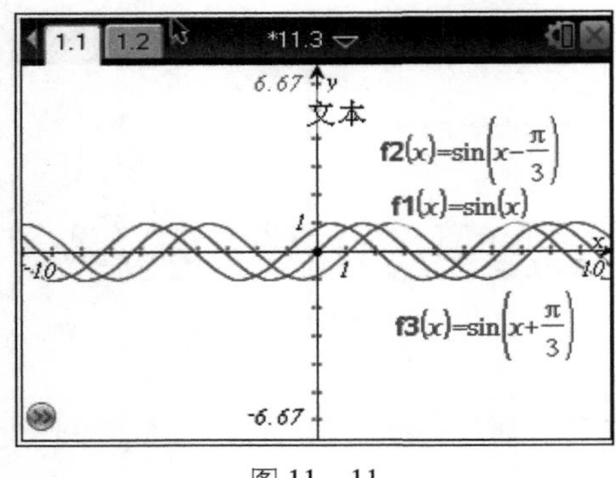

图 11－11

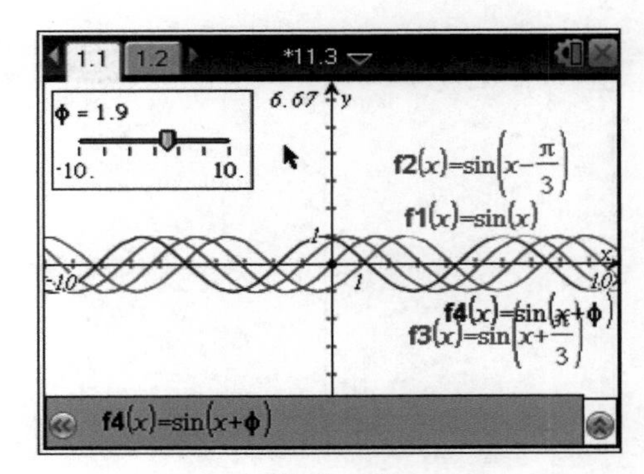

图 11－12

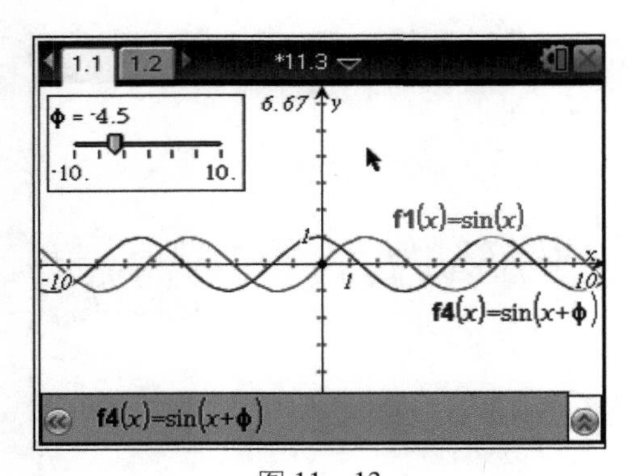

图 11－13

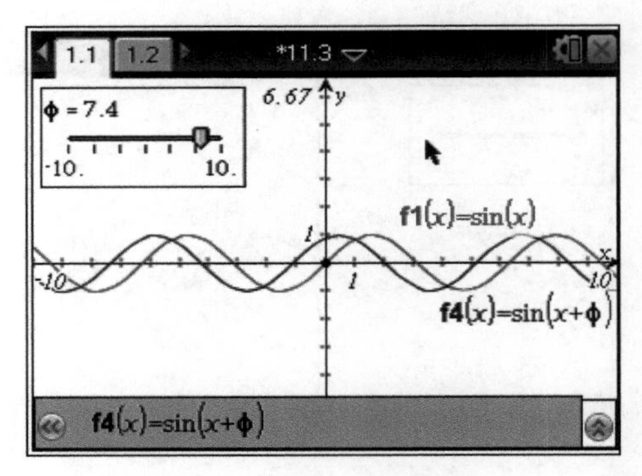

图 11－14

实践 4：探究 A，ω，φ 对函数 $y=A\sin(\omega x+\varphi)$ 的综合影响。

步骤(方法一)：

(1) 开机，添加图形页面，按 menu 1 A 键，建立 a，ω，φ 共 3 个游标，设置相应的游标参数，如图 11－15 所示。

(2) 作出 $y=\sin x$，$y=\sin(x+\varphi)$，$y=\sin(\omega x+\varphi)$，$y=A\sin(\omega x+\varphi)$ 的图像，如图 11－16 所示。

(3) 将 a，ω 的初始值设为 1，将 φ 的初始值设为 0，所有图像都重合在一起，如图 11－17 所示。

(4) 慢慢拖动 φ 的游标，使 φ 逐渐增大到 1，所有含 φ 的函数图像都向左慢慢移动 1 个单位，如图 11－18 所示。

(5) 慢慢拖动 ω 的游标，使 ω 逐渐增大到 2，所有含 ω 的函数图像都向 y 轴慢慢压缩为原来的一半，如图 11－19 所示。

（6）慢慢拖动 a 的游标，使 a 逐渐增大到 3，所有含 a 的函数图像都纵向慢慢拉伸为原来的 3 倍，如图 11－20 所示。这样就得到了 $y=3\sin(2x+1)$ 的图像。

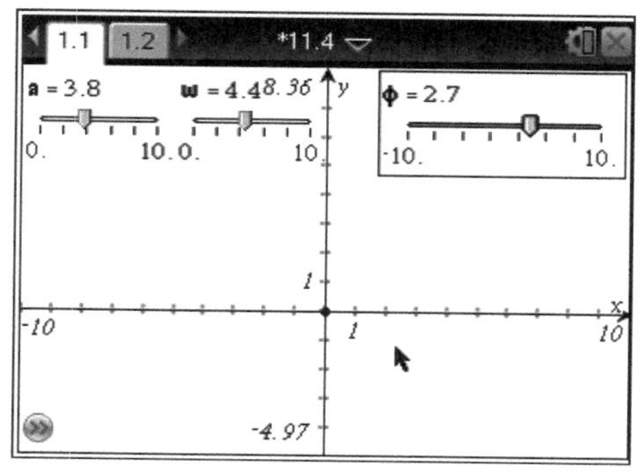

图 11－15

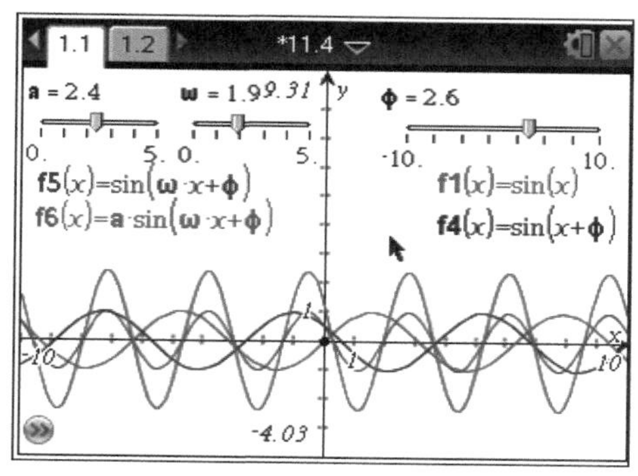

图 11－16

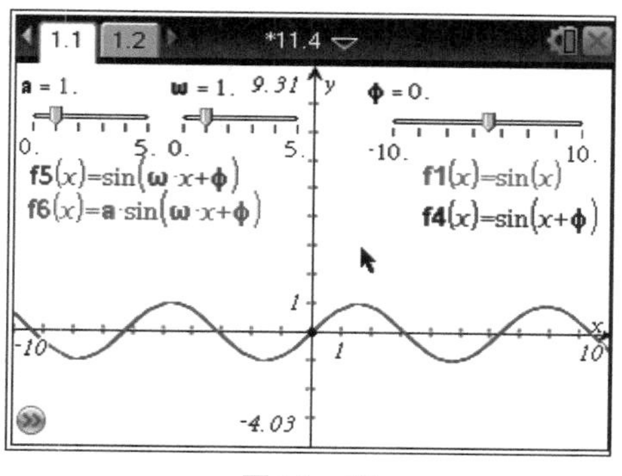

图 11－17

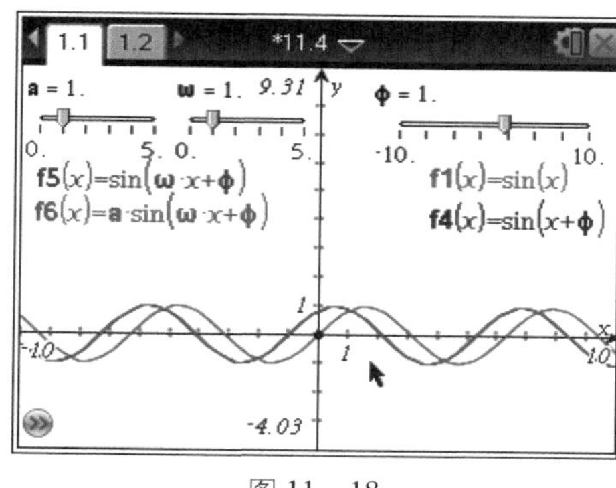

图 11－18

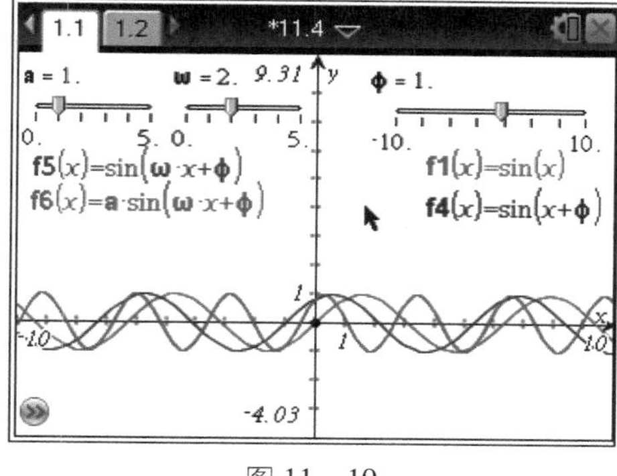

图 11－19

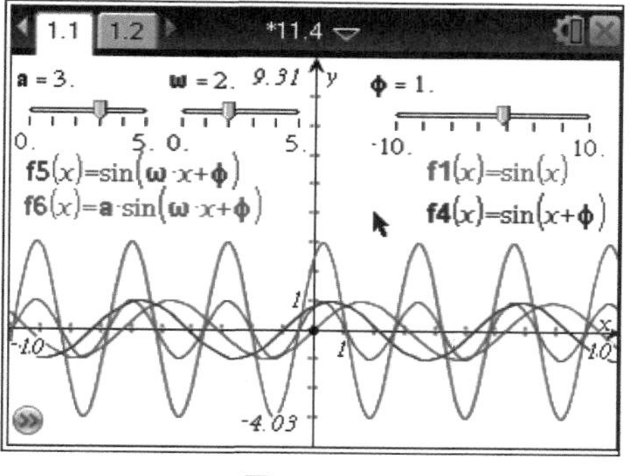

图 11－20

步骤(方法二):

(1) 作出 $y=\sin x$，$y=\sin\omega x$，$y=\sin(\omega x+\varphi)$，$y=A\sin(\omega x+\varphi)$的图像，如图 11－21 所示。

(2)所有图像都重合在一起，如图 11－22 所示。

(3) 慢慢拖动 ω 的游标，使 ω 逐渐增大到2，所有含 ω 的函数图像都向 y 轴慢慢压缩为原来的一半，如图 11－23 所示。

(4) 慢慢拖动 φ 的游标，使 φ 逐渐增大到1，所有含 φ 的函数图像都向左移动了 0.5 个单位，得到了 $y=\sin(\omega x+\varphi)$的图像，如图 11－24 所示。

(5) 慢慢拖动 a 的游标，使 a 逐渐增大到3，所有含 a 的函数图像都纵向慢慢拉伸为原来的 3 倍，如图 11－25 所示。这样就得到了 $y=3\sin(2x+1)$的图像。

(6) 将 a 的初始值设为1，将 ω 的初始值设为2，将 φ 的初始值设为0，慢慢拖动 φ 的游标，使 φ 逐渐增大到3，所有含 φ 的函数图像都向右移动了 1 个单位，得到了 $y=\sin(\omega x+\varphi)$的图像，如图 11－26 所示。

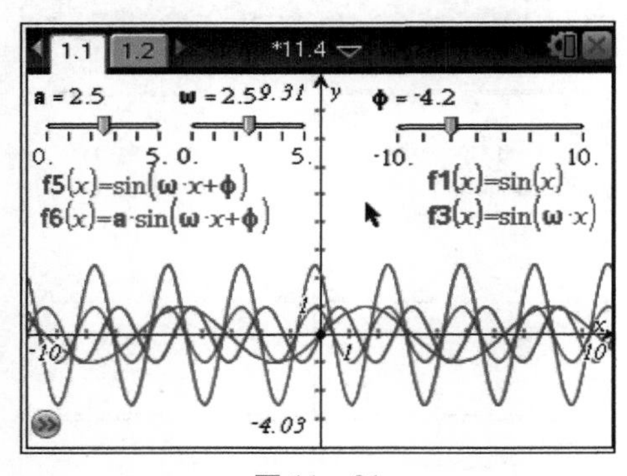

图 11－21

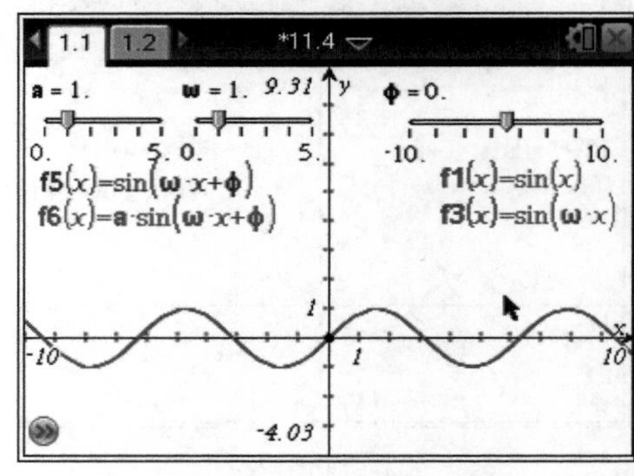

图 11－22

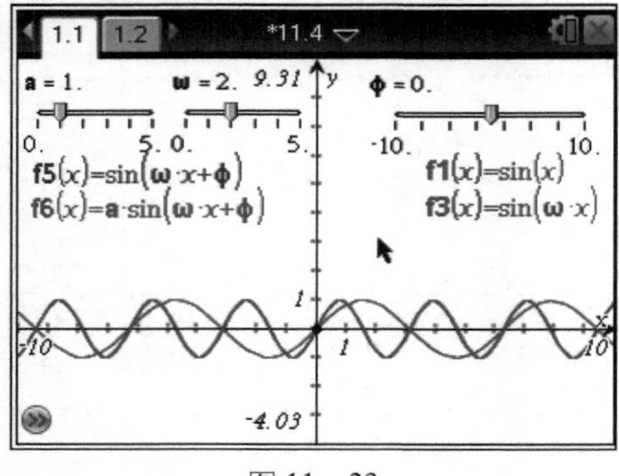

图 11－23

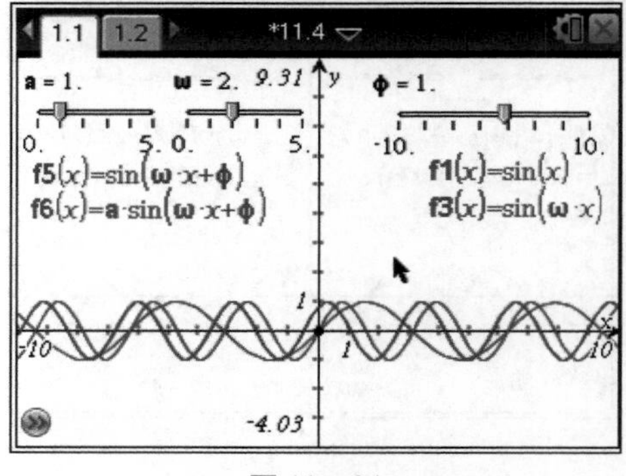

图 11－24

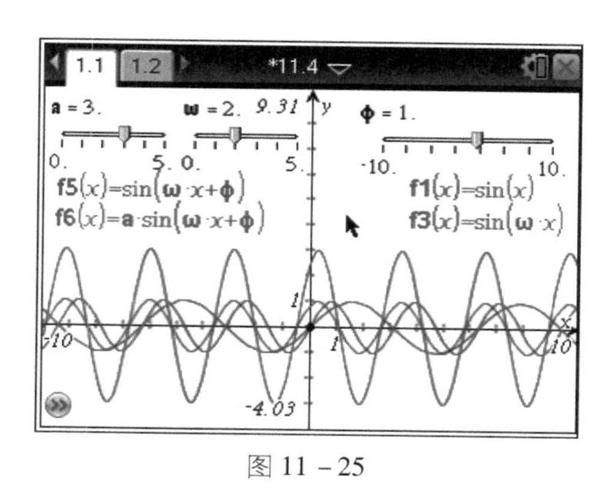

图 11－25

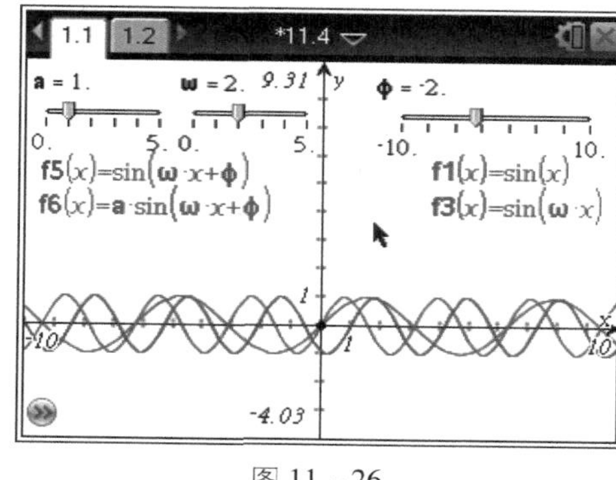

图 11－26

练习：

作出下列函数图像，并说明它们如何从正弦函数、余弦函数变换得到。

（1）$y=3\cos\left(\frac{\pi}{2}x-\pi\right)+1$；

（2）$y=\frac{1}{2}\sin(2\pi x+4)-2$。

第十二课时　数列问题探究

学习目标

利用 TI - nspire 图形计算器作出数列的图像、前 n 项和的图像，显示函数值表，探究数列的性质。

学习过程

实践 1：由数列通项作出图像，计算数列的项。

作出数列 $a_n = n + 3$（$n < 8$）和 $a_n = \frac{1}{n}$的图像，求其中的前 5 项。

步骤：

（1）开机，添加图形页面，按menu 3 5 1键，选择“序列”命令，如图 12 - 1 所示，输入公式 $n + 3$，把 n 的范围改为 $1 \leqslant n \leqslant 7$，如图 12 - 2 所示，确认后作出图像，如图 12 - 3 所示。

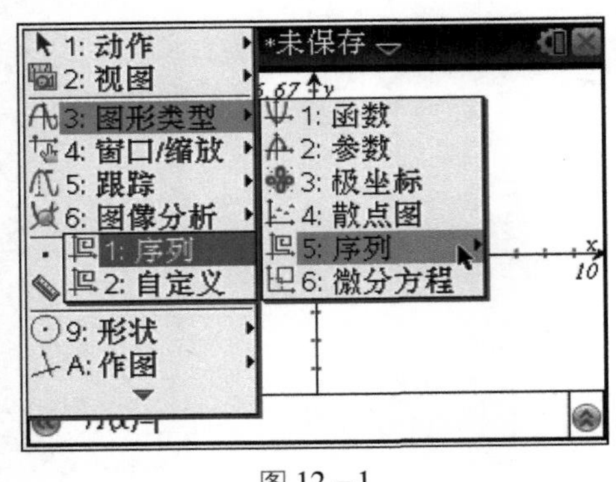

图 12 - 1

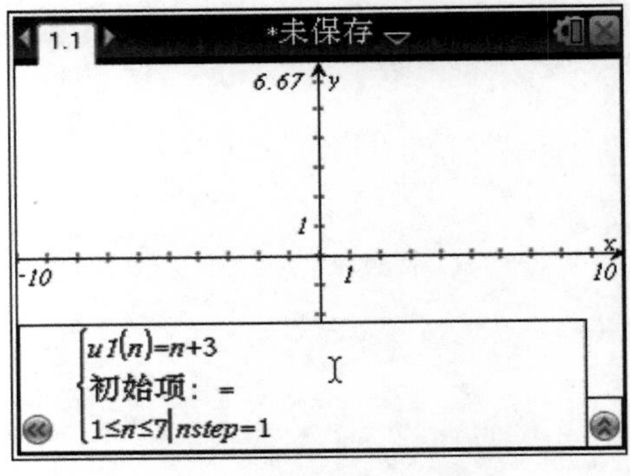

图 12 - 2

（2）拖动图像到合适的位置，并且修改表达式为 $n + 3 \mid 1 \leqslant n \leqslant 7$，如图 12 - 4 所示，结果如图 12 - 5 所示。

（3）按ctrl T键显示函数值表，如图 12 - 6 所示，上下移动光标，发现当$n < 1$ 或 $n > 7$ 时无定义，如图 12 - 7、图 12 - 8 所示。

（4）关闭 $a_n = n + 3$ 的图像，按tab键，输入 $a_n = \frac{1}{n}$，按回车键作出图像，并调整好窗口，如图 12 - 9 所示。按ctrl T键显示函数值表，如图 12 - 10 所示，可以观察数列图像的变化规律。

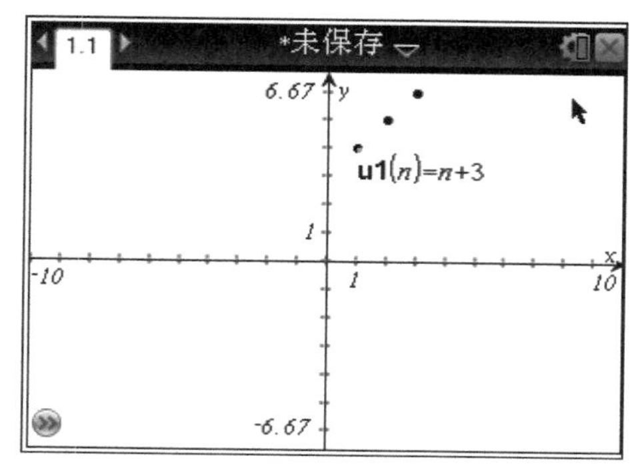

图 12－3

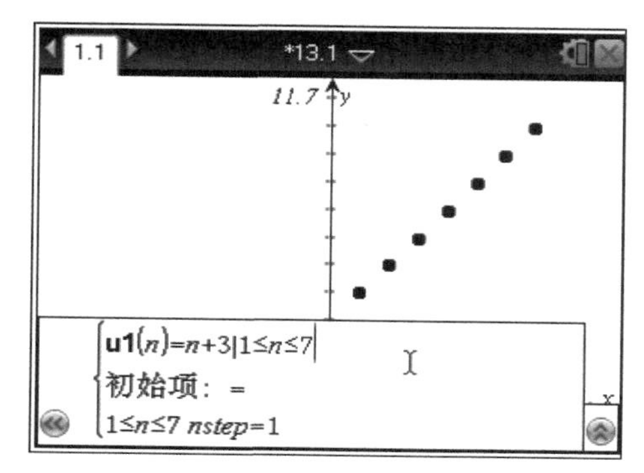

图 12－4

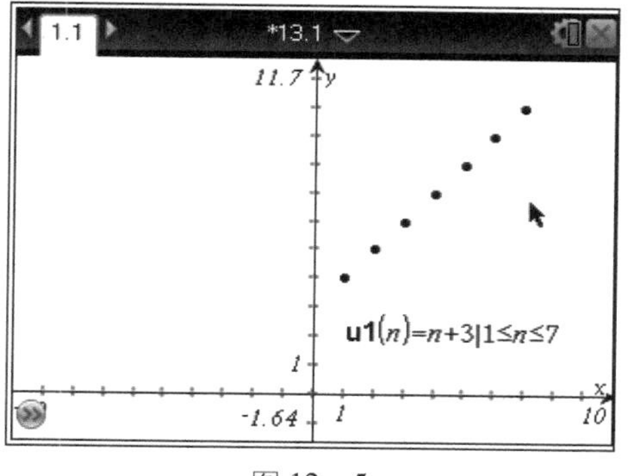

图 12－5

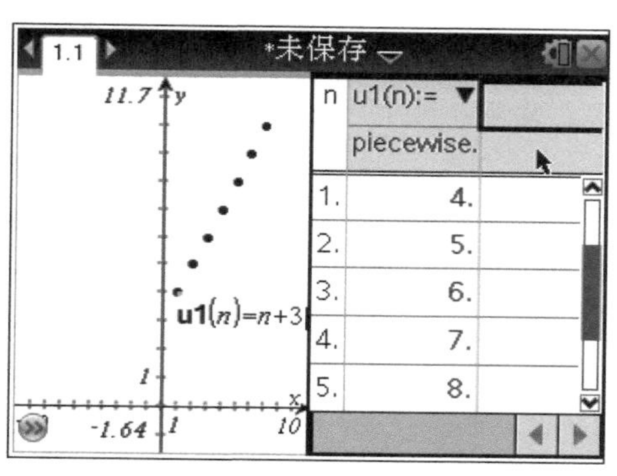

图 12－6

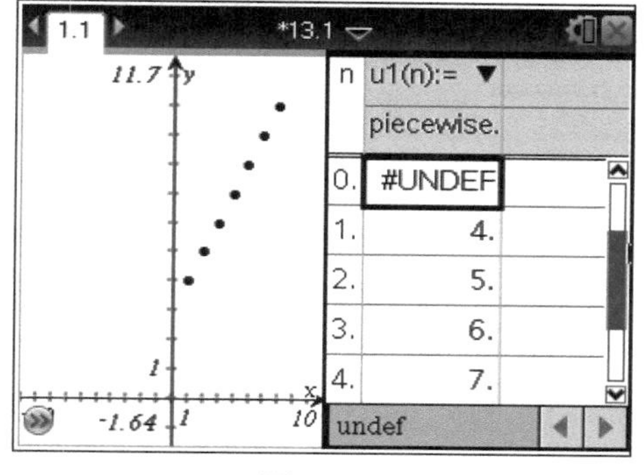

图 12－7

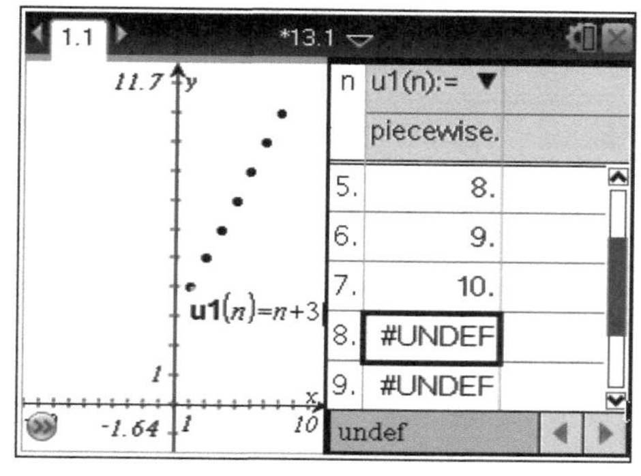

图 12－8

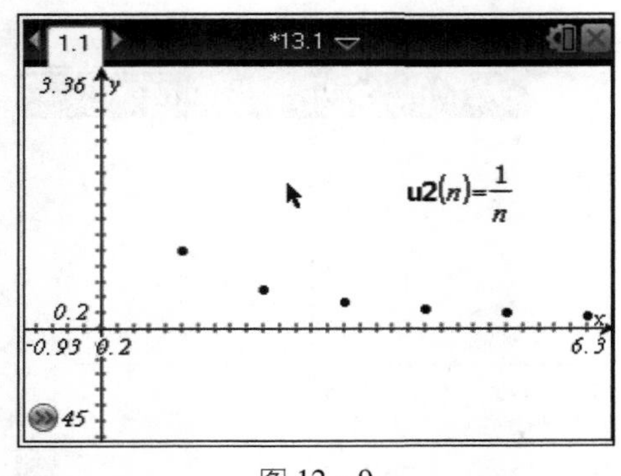

图 12－9

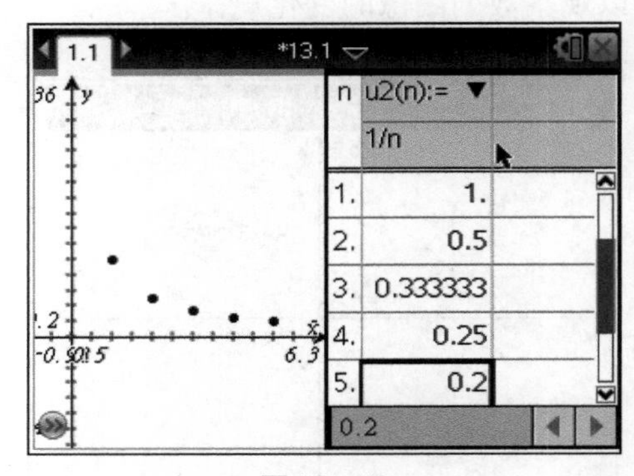

图 12－10

实践 2：由数列递推公式作图和求项。

求数列 $a_n=\frac{a_{n-1}}{1-a_{n-1}}(a_1=2)$ 的各项。

步骤：

（1）插入图形页面，输入公式 $a_n=\frac{a_{n-1}}{1-a_{n-1}}$，如图 12－11 所示，确认后作出图像，拖动图像到合适的位置，如图 12－12 所示。

（2）插入计算页面，逐步输入求解通项的过程，得出结果，如图12－13所示。

（3）插入图形页面，按 doc▾ 4 4 键，选择“序列”命令，输入公式 $a_n=\frac{2}{3-2n}$，确认后作出图像，拖动图像到合适的位置，如图 12－14 所示。经过对比其与图 12－12 所示结果一致。

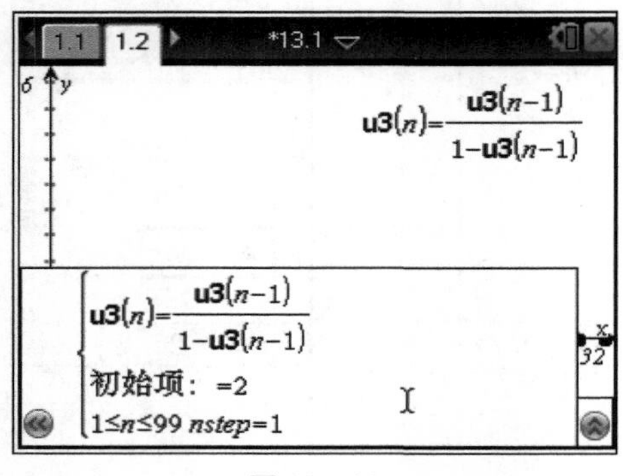

图 12－11

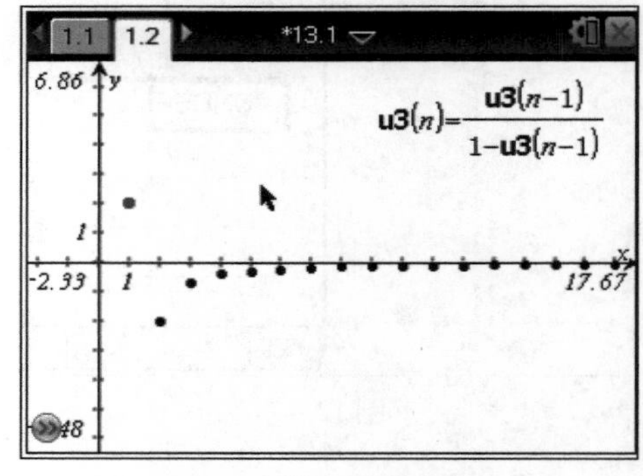

图 12－12

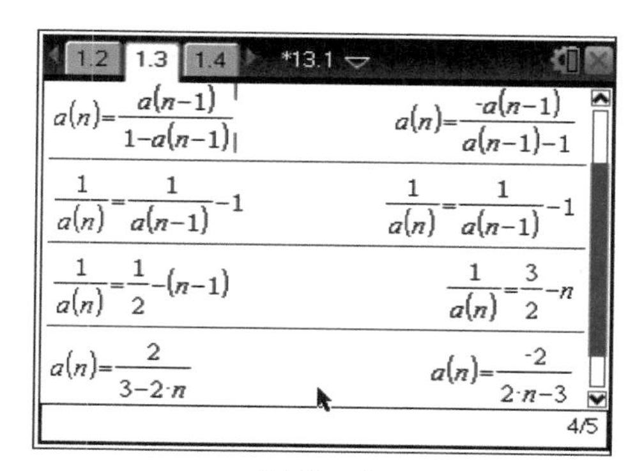

图 12－13

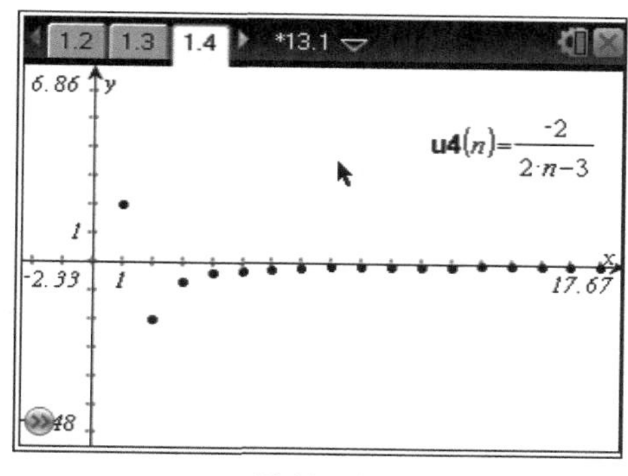

图 12－14

实践 3：由数列递推公式探究数列的性质。

求数列 $a_n=0.8a_{n-1}+3.6(a_1=4)$ 的各项，分析变化趋势。

步骤：

（1）开机，添加图形页面，按 menu 3 5 1 键，选择“序列”命令，作出图像，如图 12－15 所示。按 menu 4 1 键，设置窗口，如图 12－16 所示。

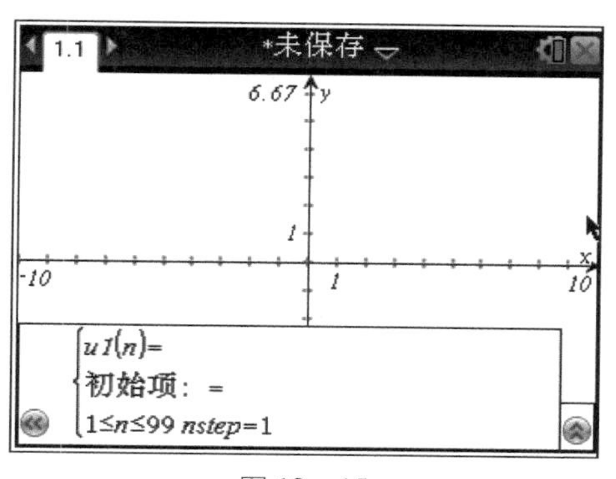

图 12－15

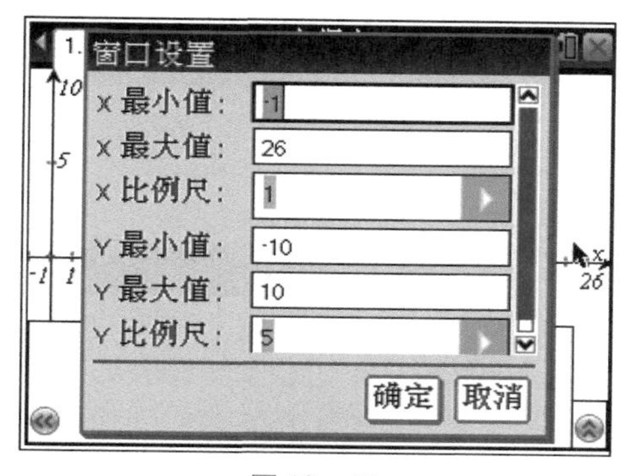

图 12－16

（2）输入表达式，如图 12－17 所示，按回车键确认，结果如图 12－18 所示。

（3）按 ctrl T 键显示函数值表，如图 12－19 所示，上下移动光标，观察数据变化，再回到图形页面，按 menu 5 1 键跟踪图像，探究收敛性，如图 12－20 所示。

（4）将数列图像改成珠网图（web）。选中数列图像，按 ctrl menu 3 键显示属性，按 ▼▼ 键移动到最下面的选项，按 ▸ 键选择“珠网图”选项，如图 12－21 所示。按 menu 4 A 键调整窗口，结果如图 12－22 所示。可以看出数列开始振荡幅度比较大，后来越来越小，逐步收敛于一个确定的值 2。

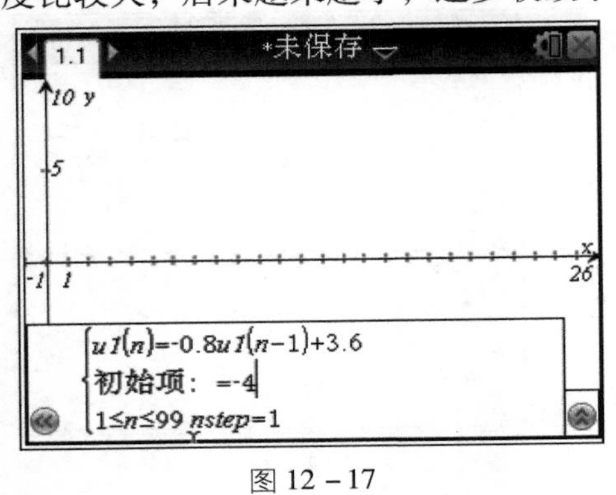

图 12－17

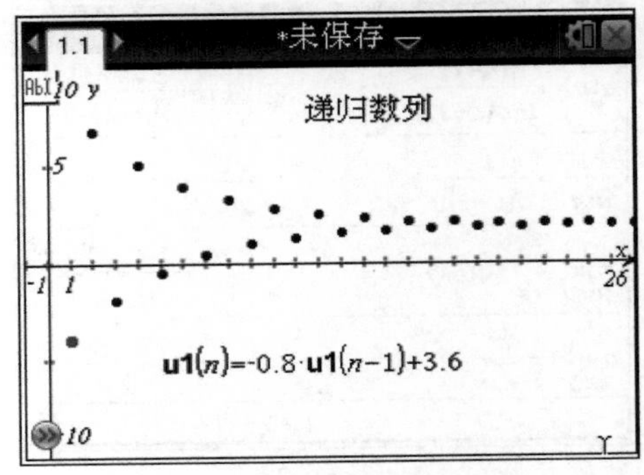

图 12－18

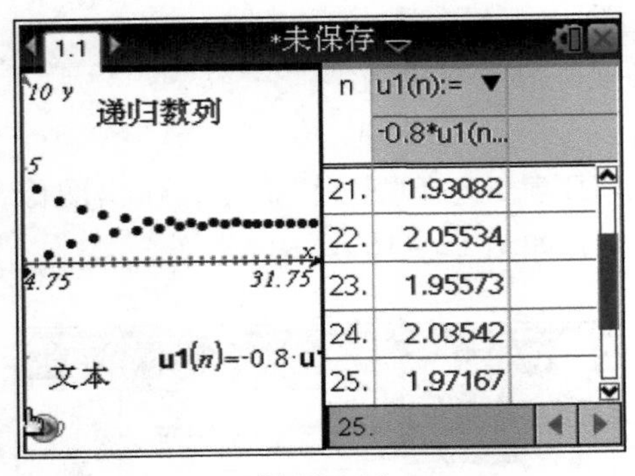

图 12－19

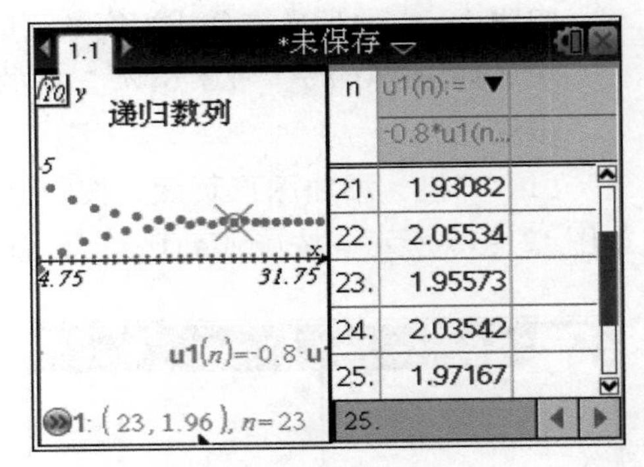

图 12－20

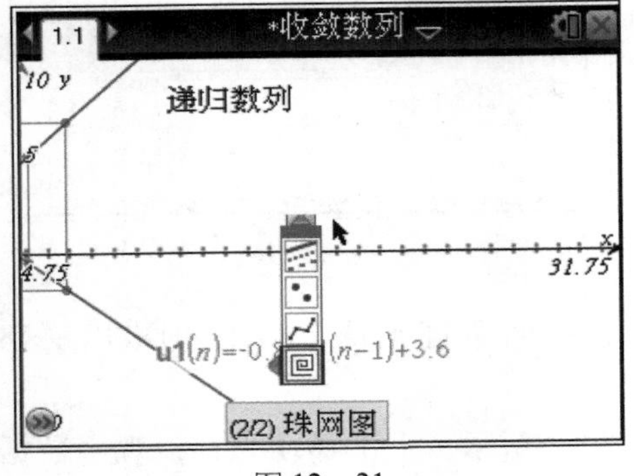

图 12－21

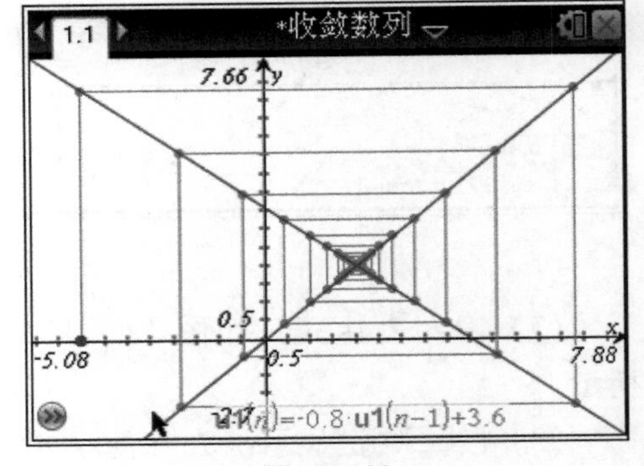

图 12－22

实践 4： 已知等差数列$\{a_n\}$，$a_n=4n-37$，求数列$\{a_n\}$的前 n 项和 S_n 的最小值。

步骤：

（1）开机，添加列表与电子表格页面，分别在 A，B，C 标签栏输入列名 xn，an，sn，如图 12－23 所示。

（2）在 xn 的操作栏上按menu 3 1键，选择“生成序列”命令，如图 12－24 所示，弹出“序列”对话框，按图 12－25 所示设置选项，按回车键产生数列$\{n\}$，结果如图 12－26 所示。

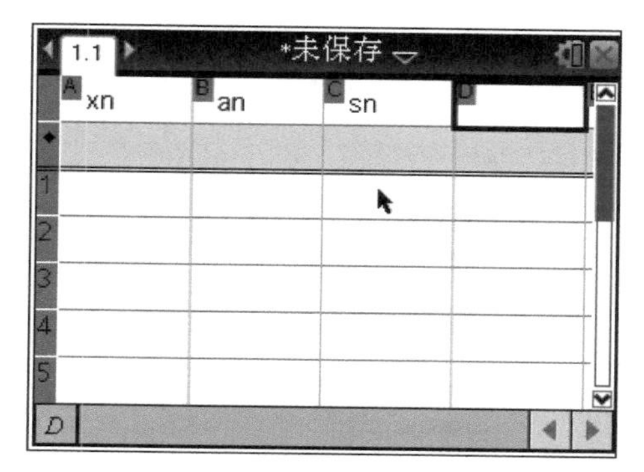

图 12－23

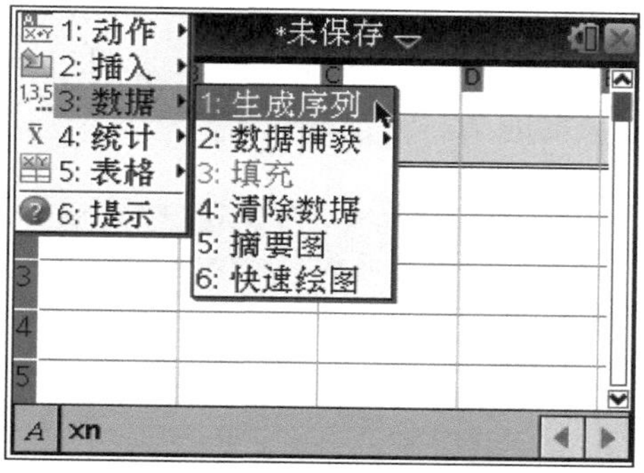

图 12－24

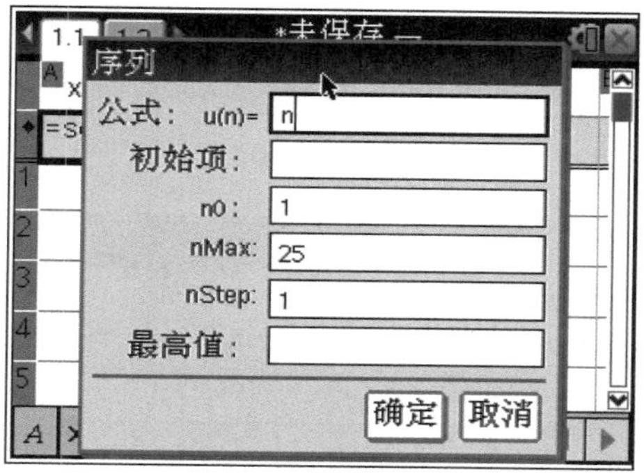

图 12－25

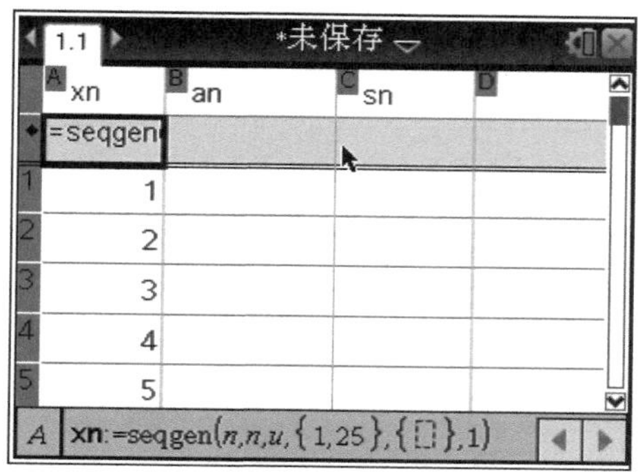

图 12－26

（3）在 an 的操作栏上输入“an：＝4・xn－37”，如图 12－27 所示，按回车键确认，结果如图 12－28 所示。

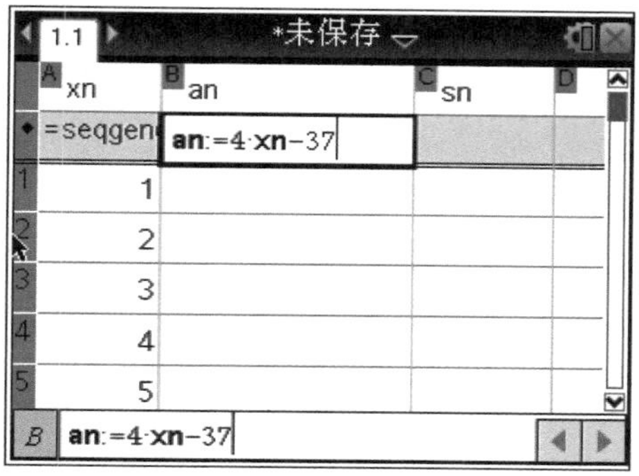

图 12－27

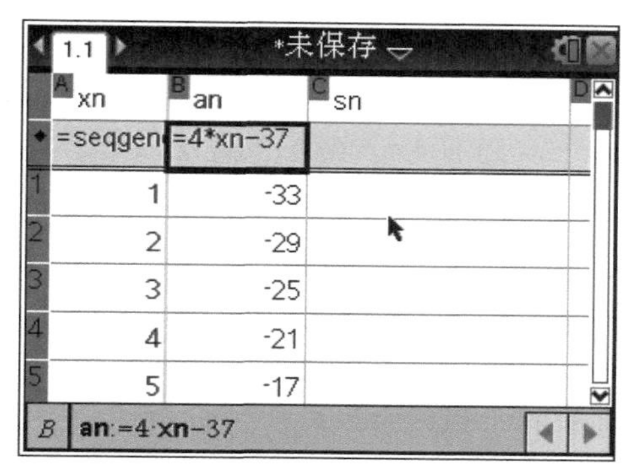

图 12－28

（4）在 sn 的操作栏上按[▭][2]键，选择“数组”→“运算”→“累积和数组”命令，如图 12－29 所示，按回车键输入“an”，如图 12－30 所示，再按回车键求出 sn，如图 12－31 所示。

（5）移动光标可以找出 sn 的最小值，如图 12－32 所示。仔细观察发现，当把 an 的全部负项加完时，sn 取得最小值，即 an 开始变号前的时刻是 sn 取得最小值的时刻。

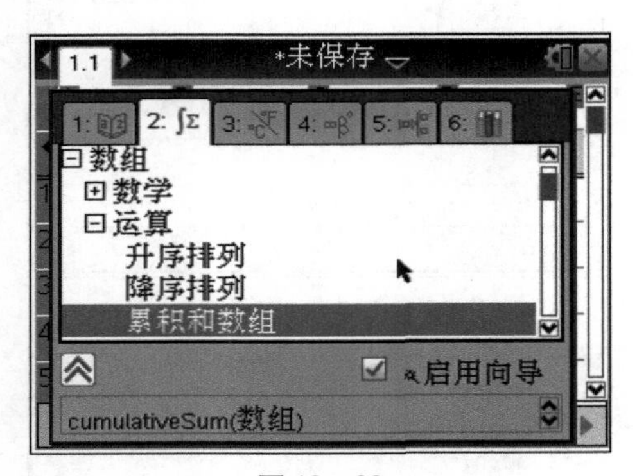

图 12－29

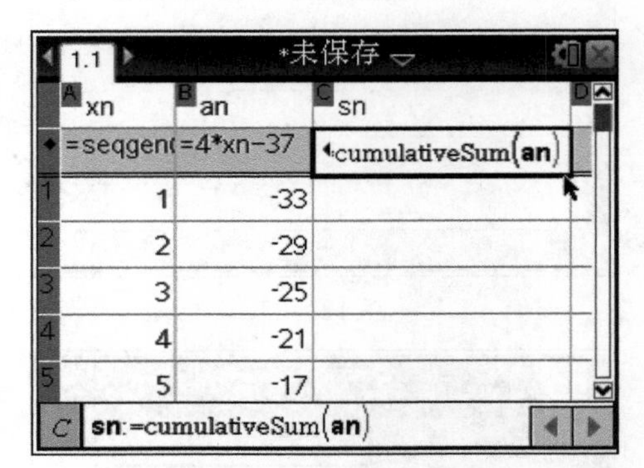

图 12－30

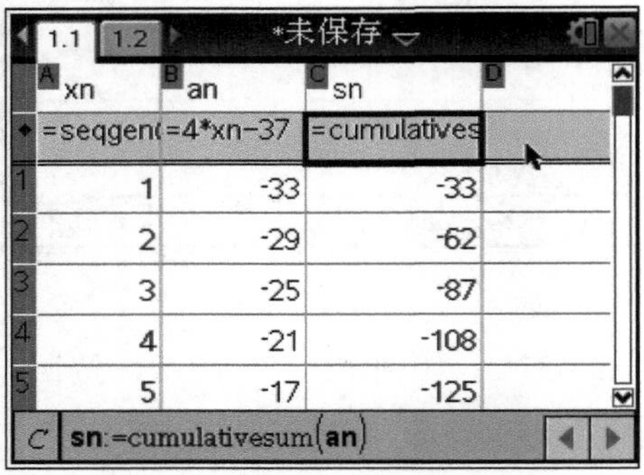

图 12－31

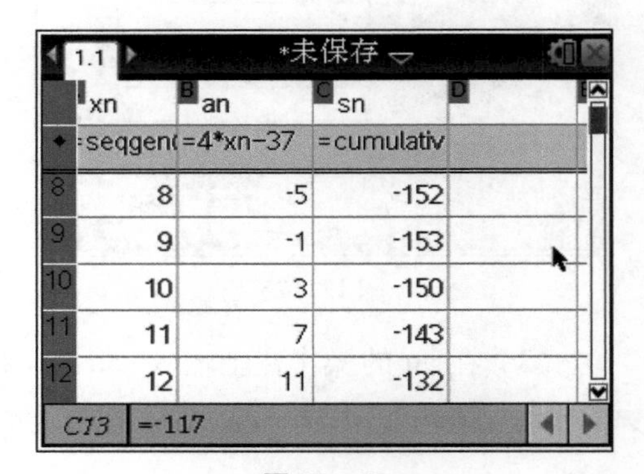

图 12－32

（6）按[doc▾][4][4]键，插入图形页面，按[menu][3][4]键，选择“散点图”命令，如图 12－33 所示。在 x 处输入“xn”，在 y 处输入“sn”，如图 12－34 所示，按回车键确认。按[menu][4][9]键，选择“缩放－数据”命令，得到结果，如图 12－35 所示。

（7）同样作出 an 的图像，如图 12－36 所示。按[menu][5][1]键，选择“跟踪图像”命令，sn 取得最小时，an 图像将穿过 x 轴，如图 12－37、图 12－38 所示，于是体验到求等差数列前 n 和最值的第一种方法，就是看 an 何时开始变号，变号前的时刻是取得最值的时刻。

（8）切换到列表页面，按[menu][4][1][6]键，选择“二次回归”命令，如图 12－39

所示，弹出“二次回归”对话框，按图 12－40 所示设置选项，按回车键确认，得到结果，如图 12－41 所示。按menu 3 1键，进行函数作图，作出函数图像，发现函数图像经过数列图像上的每个点，如图 12－42 所示，表明可以用二次函数求最值的办法来解决等差数列的最值问题。

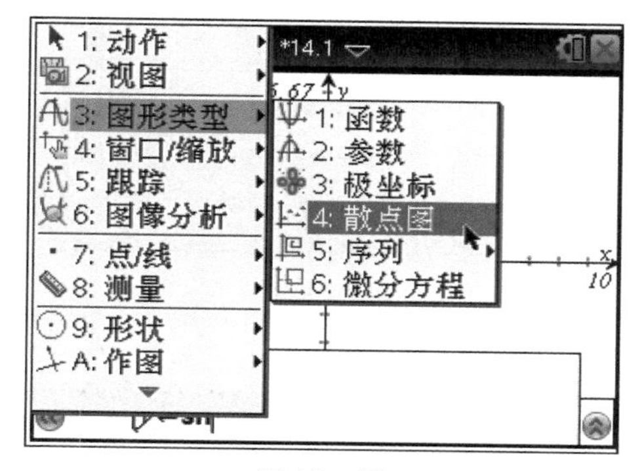

图 12－33

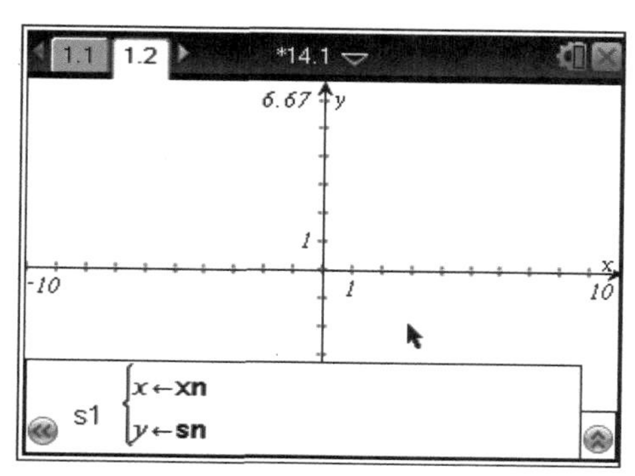

图 12－34

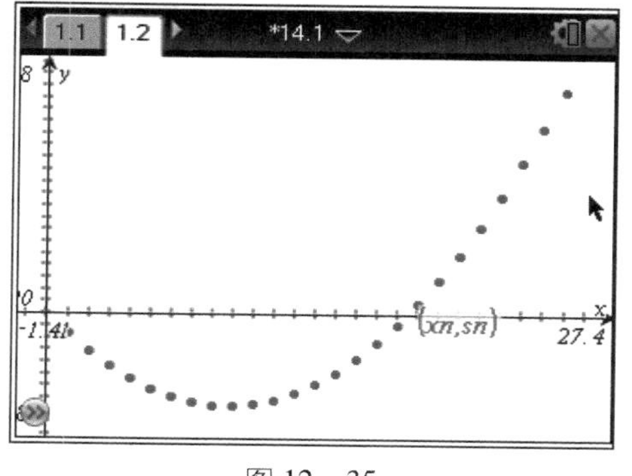

图 12－35

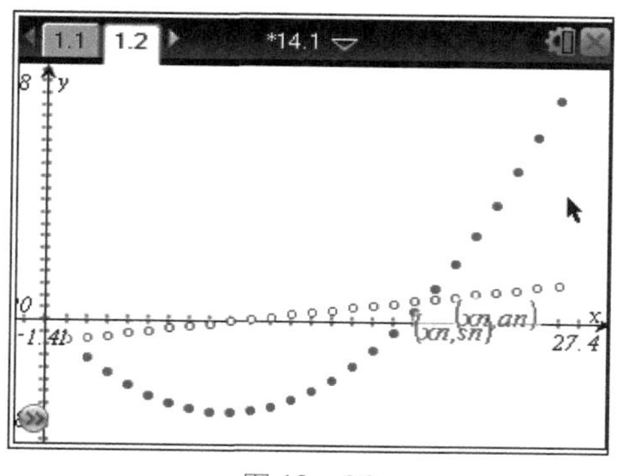

图 12－36

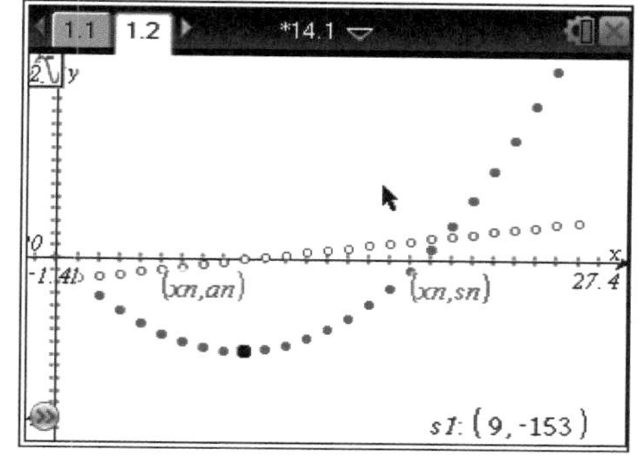

图 12－37

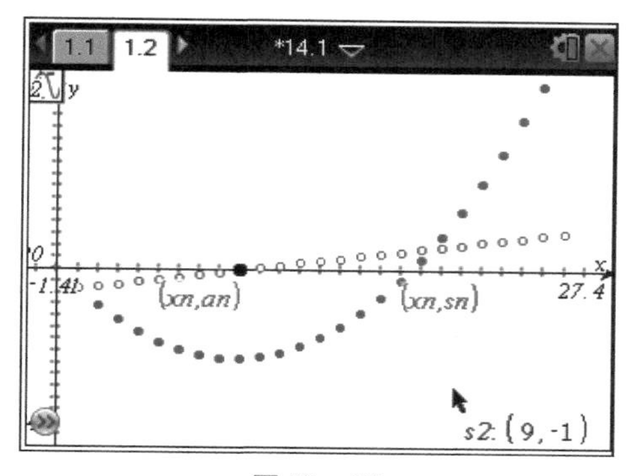

图 12－38

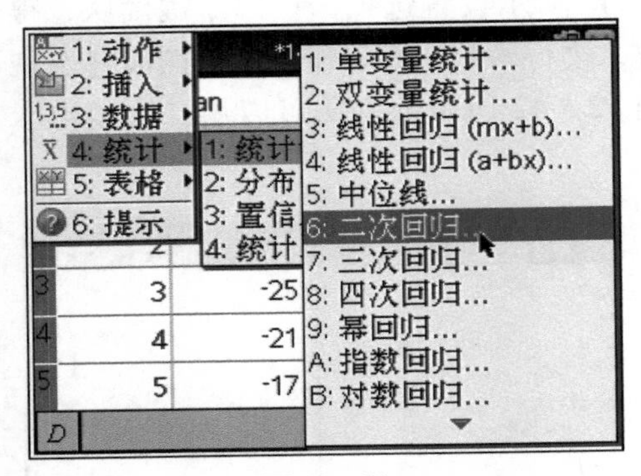

图 12－39

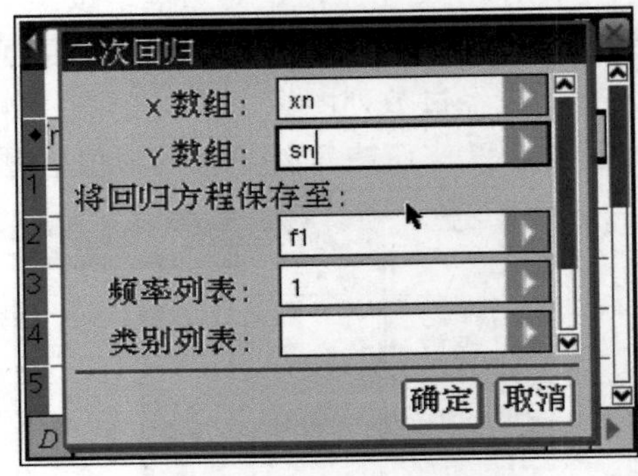

图 12－40

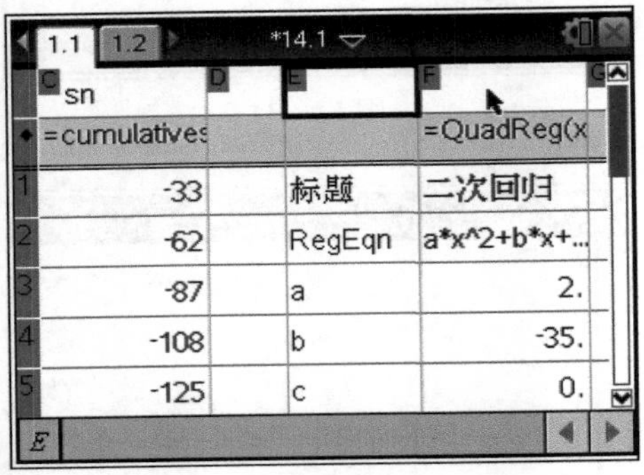

	C sn	D	E	F
◆	=cumulatives			=QuadReg(x
1	-33		标题	二次回归
2	-62		RegEqn	a*x^2+b*x+...
3	-87		a	2.
4	-108		b	-35.
5	-125		c	0.

图 12－41

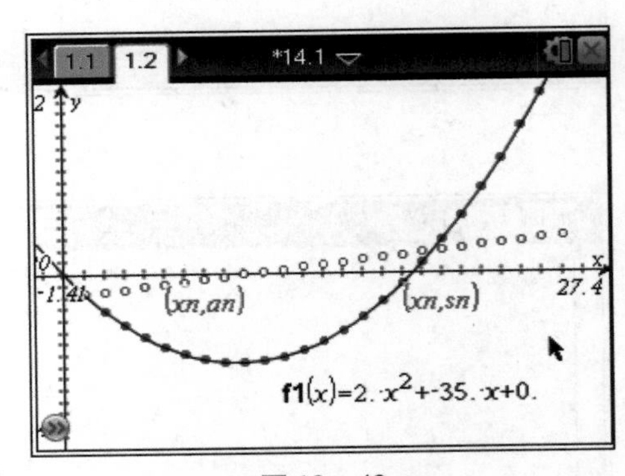

图 12－42

根据上述探究过程体验到两种解法，写出其步骤。

方法一：____________________

方法二：____________________

练习：

已知等差数列$\{a_n\}$的前n项和为S_n，数列$\{b_n\}$的通项公式为$b_n=|a_n|$，其前n项和为S_n'，探究下列条件下S_n'与S_n的关系。

（1）$a_n=4n-37$；（2）$a_n=37-4n$。

第十三课时　线性规划与轨迹探究

学习目标

利用 TI－nspire 图形计算器作出线性区域，求出最优解，探究简单的轨迹问题。

学习过程

实践 1：利用图形解决线性规划问题。

已知点 $P(x, y)$ 满足 $\begin{cases} 2x-y-5\leqslant 0 \\ x+y-2\leqslant 0 \\ 2x+y+1\geqslant 0 \end{cases}$，求 $z=x-2y$ 的最大值、最小值。

步骤：

（1）按 [home on] [1] [2] 键，添加图形页面，在函数输入行中删除等号，会弹出不等号，如图 13－1 所示，按 [5] 键选择"≥"，再输入"$2x-5$"，如图 13－2 所示，按回车键确认后作出不等式的区域，如图 13－3 所示。

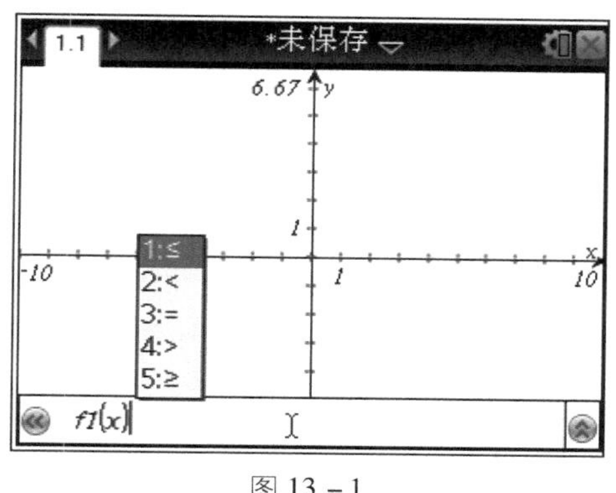

图 13－1

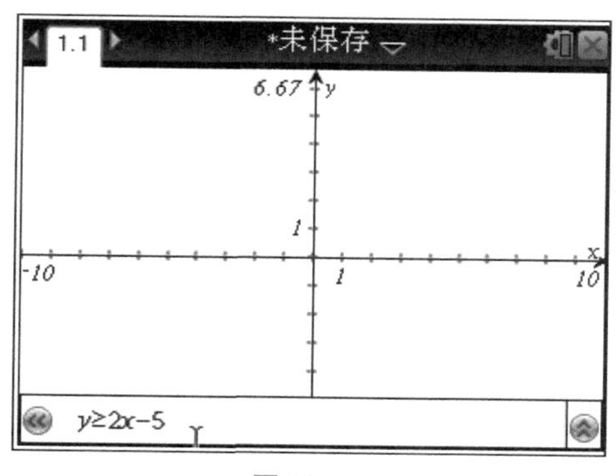

图 13－2

（2）同样作出另外两个不等式的区域，如图 13－4、图 13－5 所示。

（3）按 [menu] [7] [3] 键，选择"交点"命令，单击两条直线，作出交点，一共作出 3 个交点，如图 13－6 所示，确认不等式组的区域就是以 3 个点为顶点的三角形及其内部。

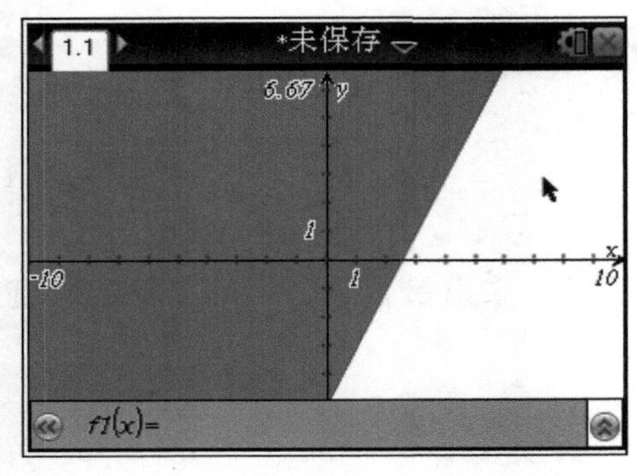

图 13－3

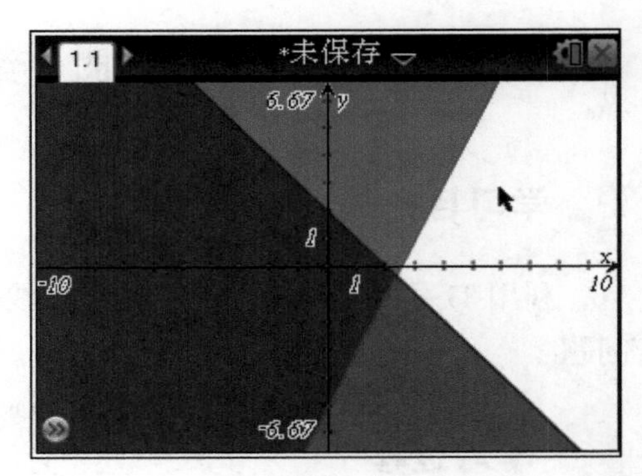

图 13－4

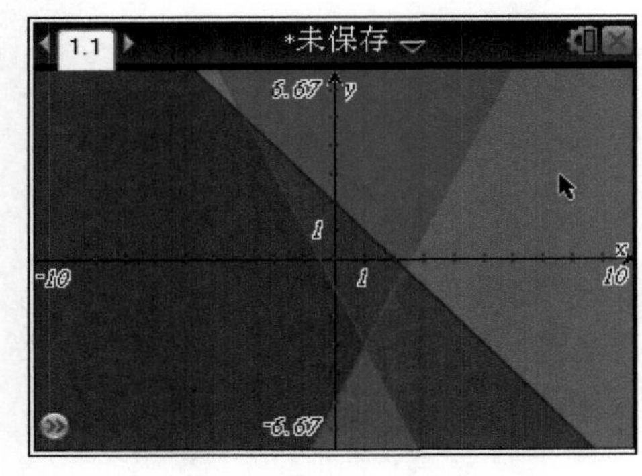

图 13－5

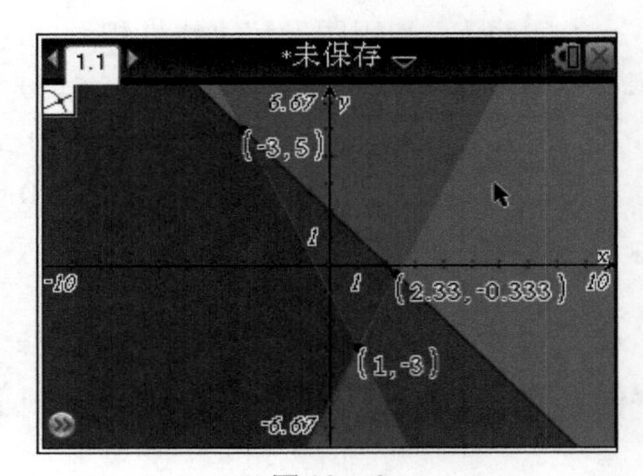

图 13－6

（4）按menu 1 3键，选择“隐藏显示”命令，单击每条直线，隐藏区域，然后给每个点添加标签。按menu 9 2键，选择“三角形”命令，依次单击 A，B，C 三个点，作出三角形，并且填充三角形颜色为粉色，如图 13－7 所示。

（5）按menu 7 1键，选择“点”命令，按 (键，输入横坐标 1，按回车键确认，再输入纵坐标 -0.5，按回车键确认，作出点 $M(1,\ -0.5)$。按menu 7 4键，选择“直线”命令作由该点和原点确定的直线，如图 13－8 所示。

（6）按menu 7 1键，选择“点”命令，单击三角形，在三角形上作出一点，并添加标签 P。按menu A 2键，选择“平行线”命令，单击点 P 和直线 OM，作出平行线。按menu 1 7键，选择“坐标与方程”命令，单击点 P，显示出点 P 的坐标，并把坐标移到合适的位置，如图 13－9 所示。

（7）选择横坐标，按var键，弹出菜单，如图 13－10 所示，选择“存储变量”命令，在变量名处输入“zx”，如图 13－11 所示，按回车键存入变量。同样将纵坐标存入 zy 变量，如图 13－12 所示，此时坐标的值变为粗体。

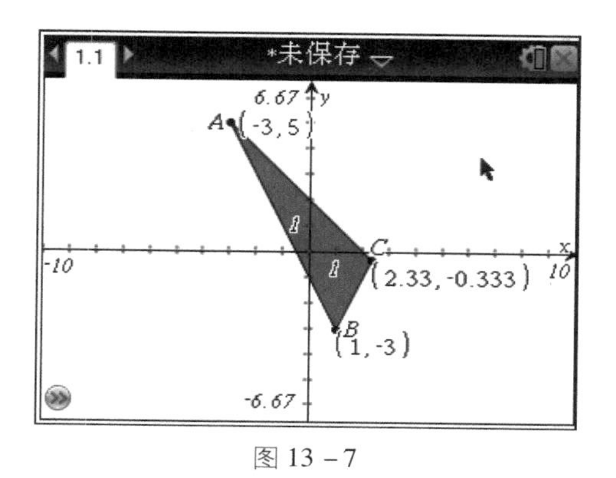

图 13－7

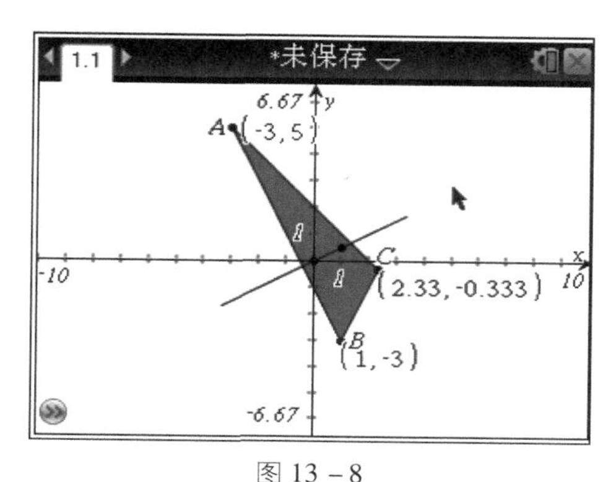

图 13－8

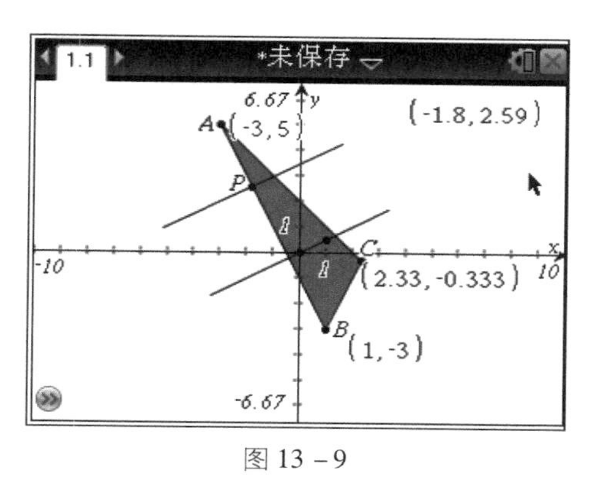

图 13－9

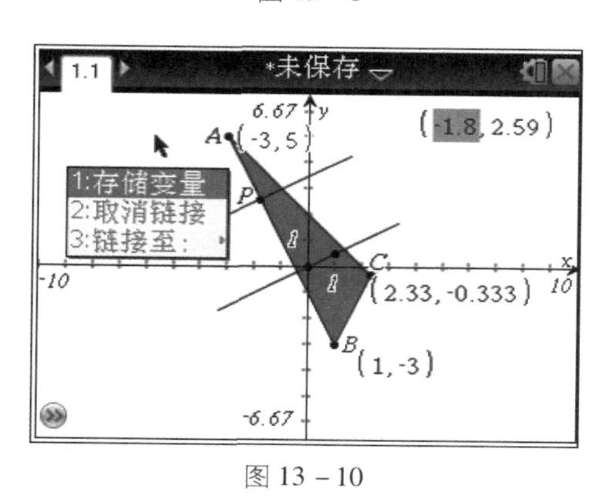

图 13－10

（8）按menu 1 6键，选择“文本”命令，输入“$x-2y$”，如图 13－13 所示，按menu 1 8键，选择“计算”命令，依次选择变量 zx 和 zy，计算出结果，并将结果保存到变量 z 中，如图 13－14 所示。

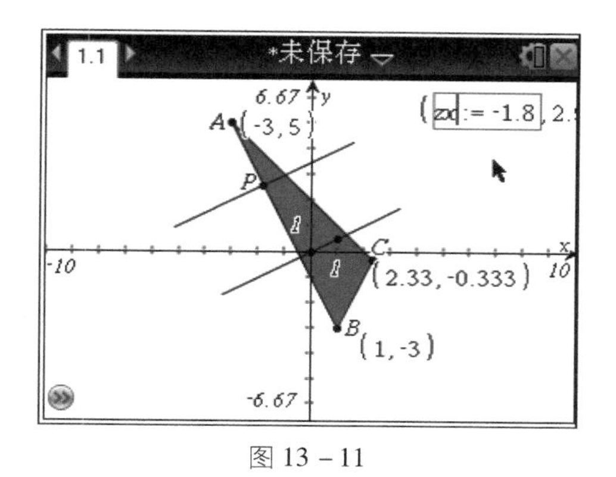

图 13－11

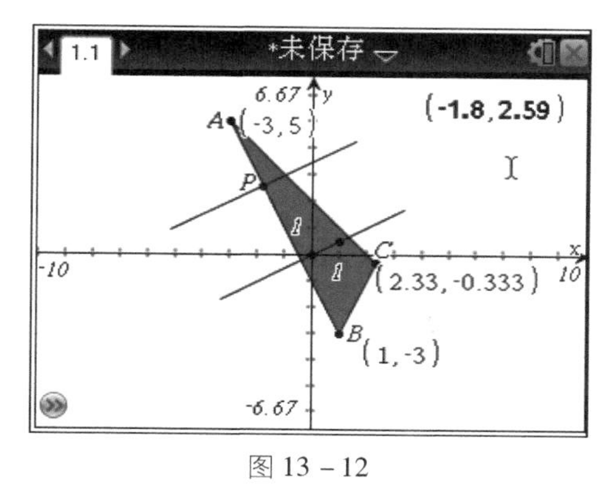

图 13－12

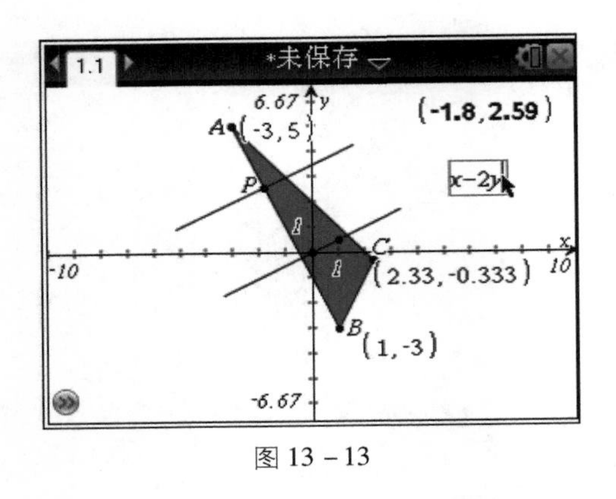

图 13－13

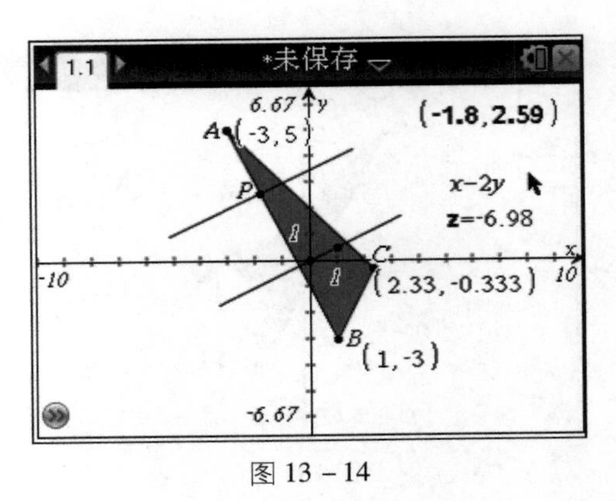

图 13－14

(9) 移动点 P，观察图像的变化和 z 的变化，找出直线的临界位置。当点 P 移到点 $B(1,\ -3)$ 时 z 取得最大值 7，当点 P 移到点 $A(-3,\ 5)$ 时 z 取得最小值 -13，如图 13－15、图 13－16 所示。

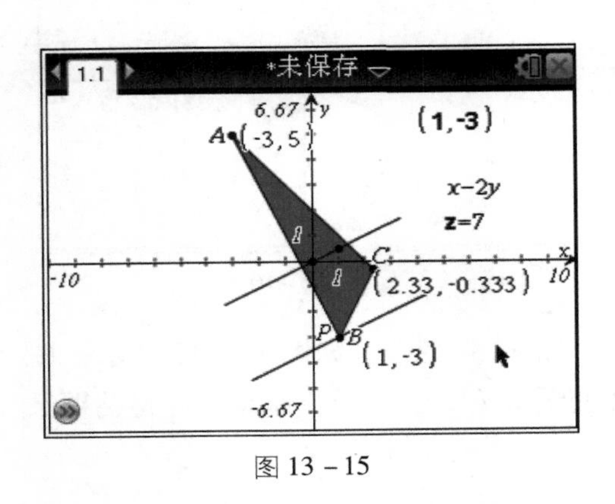

图 13－15

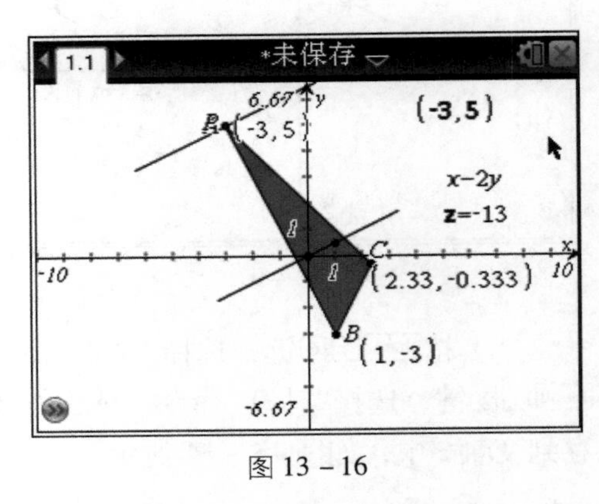

图 13－16

(10) 可以引入游标变量 a，构造目标函数 $z=x+ay$，可以看到，当 a 取不同的值时，最优解可能不一样，如图 13－17、图 13－18 所示。当 $a=0.2$，当点 P 移到点 $C\left(\frac{7}{3},\ -\frac{1}{3}\right)$ 时 z 取得最大值 2.27；当 $a=0.2$，点 P 移到点 $A(-3,\ 5)$ 时 z 取得最小值 -2。

实践 2：中点的轨迹探究。

若线段 AB 的端点 A 在定圆 O 上运动，则线段 AB 的中点 C 的轨迹是什么？

步骤：

(1) 开机，按 on 1 3 键，添加几何页面，按 menu 9 1 键，选择“圆”命令，出现笔形后，移动光标到合适的位置，按回车键确定圆心，移到另一点再按回车键确定圆上一点，作出圆 O，如图 13－19 所示。

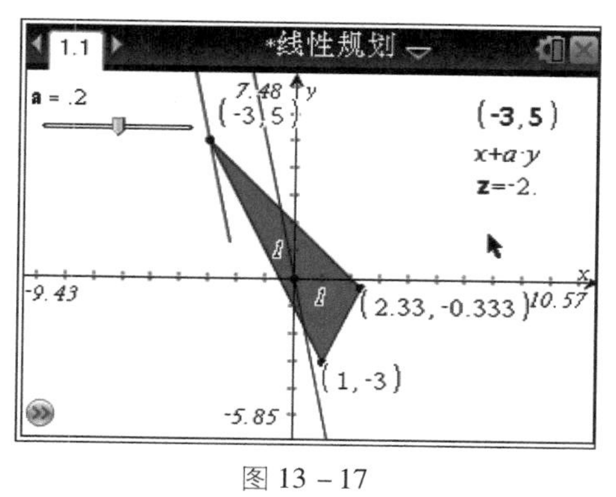

图 13－17

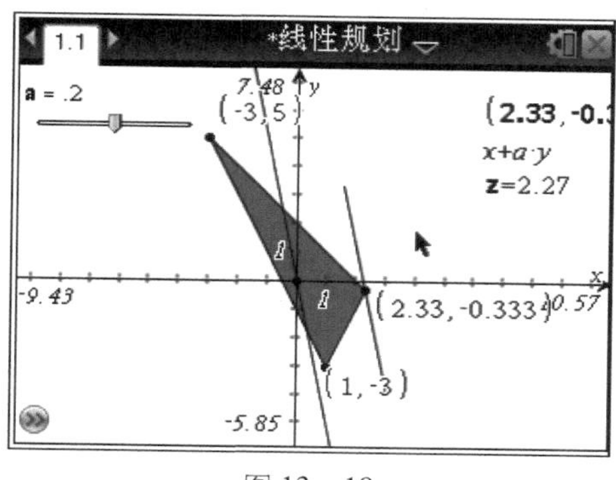

图 13－18

（2）按 menu 7 5 键，选择“线段”命令，移动光标到圆上，出现“对象点”提示，按回车键，移开光标，再按回车键确定另一端点，作出线段 AB，如图 13－20 所示。按 menu A 5 键，选择“中点”命令，移动光标指向线段 AB，按回车键，作出 AB 中点 C，如图 13－21 所示。

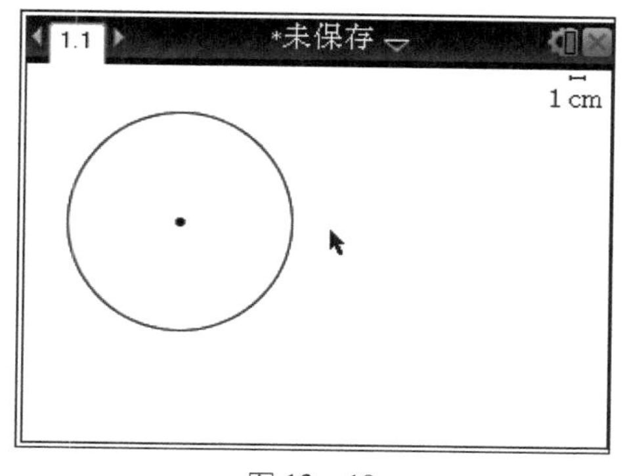

图 13－19

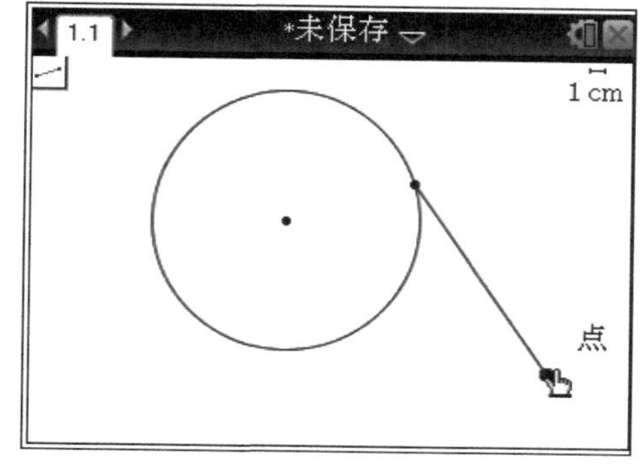

图 13－20

（3）按 ctrl ⇧shift 键，锁定字母大写状态（屏幕右上角会出现 CAPS），移动光标到各点对象处，光标呈“☜”，按 ctrl menu 2 键（相当于单击鼠标右键）进行标签标识，如图 13－22 所示，如果标签显示在对象上，则可以使用抓移工具进行微调。

（4）移动光标指向点 C（注意：屏幕提示当前对象为点 C，如果不是点 C 可以按 tab 键切换，进行对象选择），光标呈“☜”，按 ctrl menu B 1 键，使用光标选择颜色后按回车键，如图 13－23 所示。

（5）移动光标指向点 C，光标呈“☜”，按 ctrl menu 9 键，此时光标呈“☝”，表示此点处于跟踪状态，如图 13－24 所示。

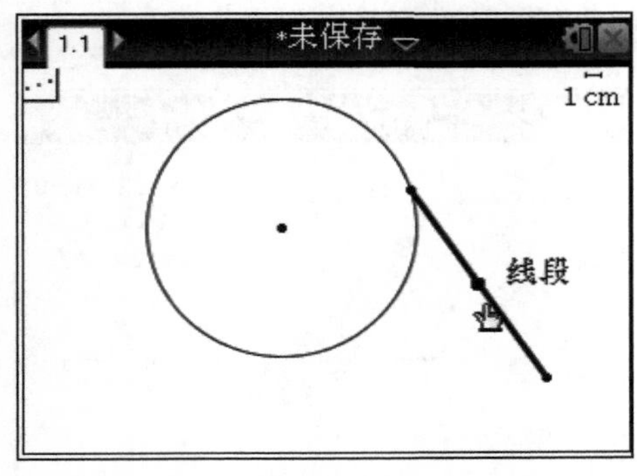

图 13－21

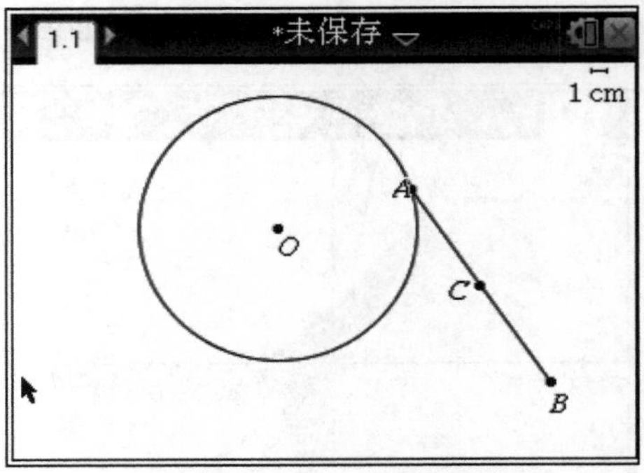

图 13－22

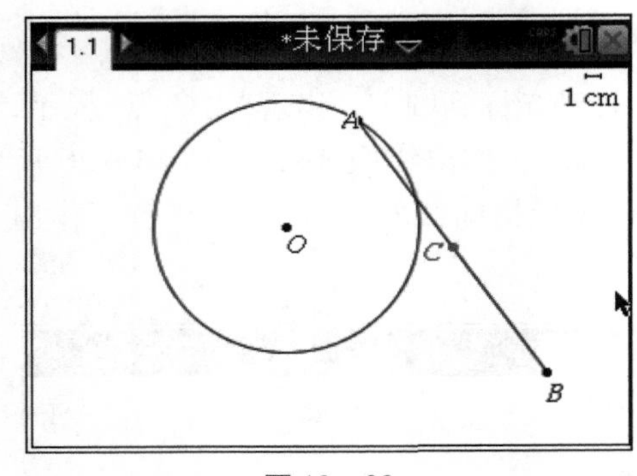

图 13－23

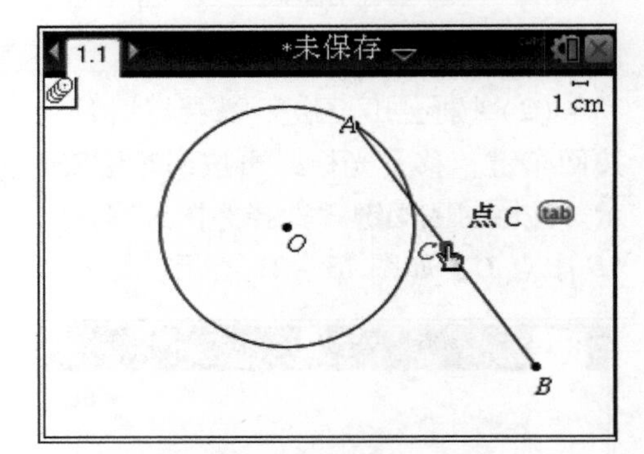

图 13－24

（6）移动光标到点 A 处，长按🖱键，直到光标呈“✊”，在触摸板上轻轻滑动鼠标，拖动点 A，观察轨迹，如图 13－25 所示。

（7）按 menu 1 6 键，选择“文本”命令，光标呈“I”，移动光标到合适的位置，按回车键，按 ⊡ 键打开中文输入法，输入“轨迹问题”，按回车键，如图 13－26 所示。

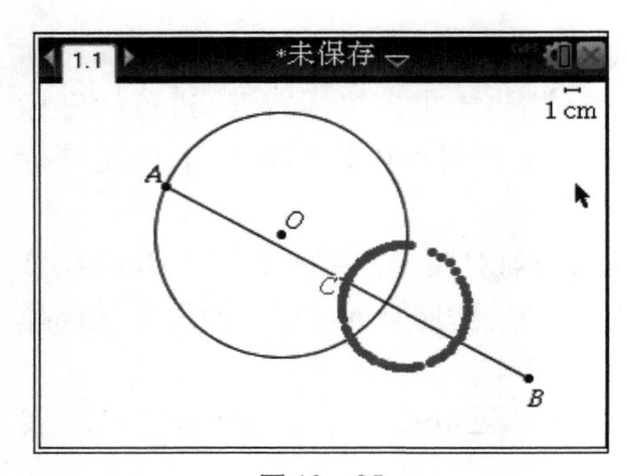

图 13－25

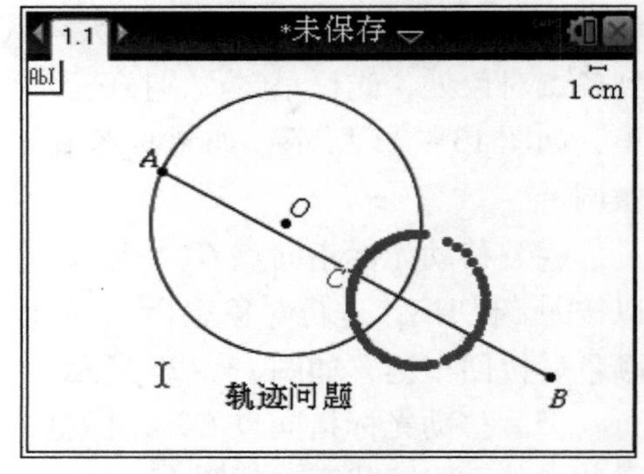

图 13－26

（8）按 menu A 6 键，选择“轨迹”命令，移动光标指向点 C，光标呈“☝”，按回车键，再移动光标指向点 A，按回车键，作出轨迹，如图 13－27～图 13－29 所示。

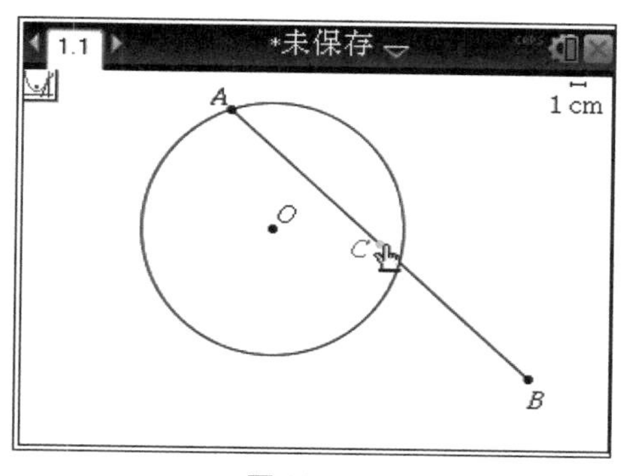

图 13－27

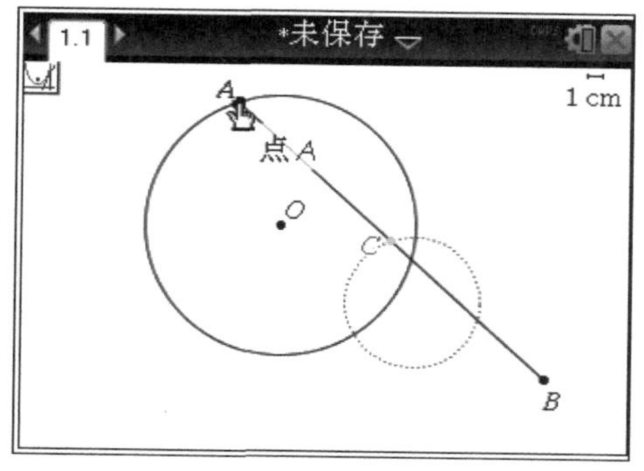

图 13－28

（9）移动点 B 到圆上、圆内，观察轨迹仍然是圆，如图 13－30、图 13－31 所示。

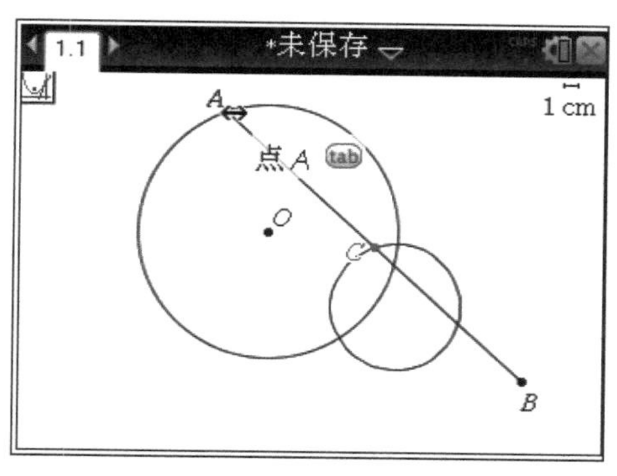

图 13－29

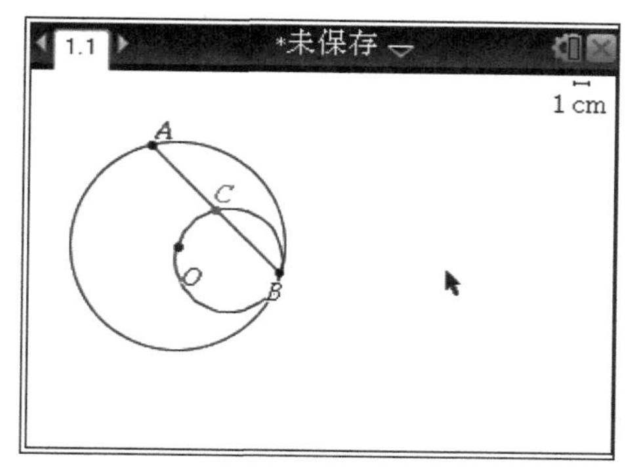

图 13－30

（10）连接 AO，BO，取 BO 中点 M，连接 CM，则 CM 是 $\triangle AOB$ 的中位线，$CM=\frac{1}{2}AO=\frac{1}{2}R$，因此点 C 的轨迹是以点 M 为圆心，半径为 $\frac{1}{2}R$ 的圆，如图 13－32 所示。

实践 3：椭圆定义的探究。

平面内与两个定点 F_1，F_2 的距离和等于常数（大于 $|F_1F_2|$）的点的轨迹是椭圆。对此定义进行探究。

步骤：

（1）开机，按 on 1 3 键，添加几何页面，按 menu 7 1 键，选择“点”命令，如图 13－33 所示，出现笔形后，移动光标到合适的位置，按回车键作出一个点，再移动光标按回车键作出第二个点，如此作出第三个点，如图 13－34 所示。

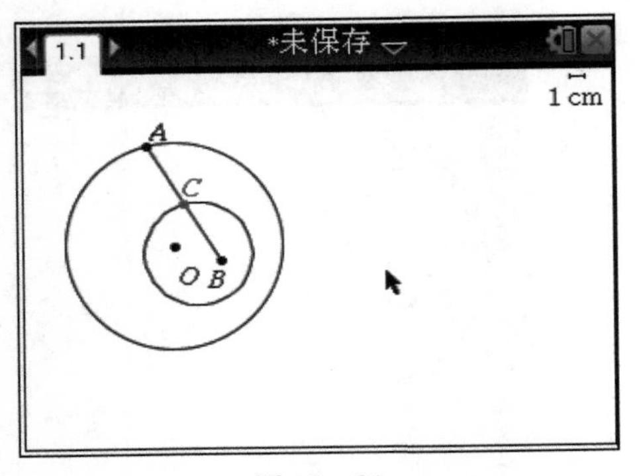

图 13－31

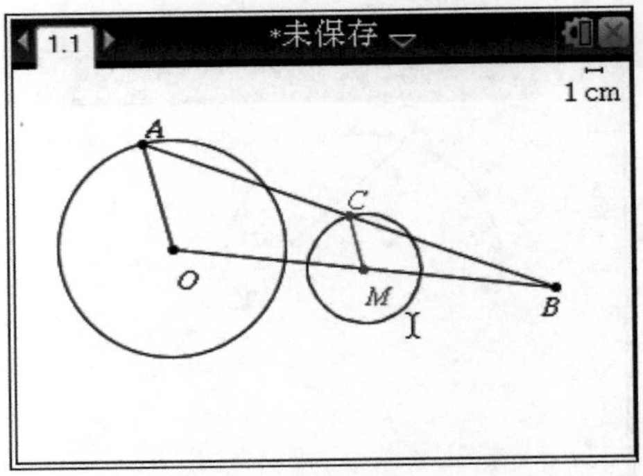

图 13－32

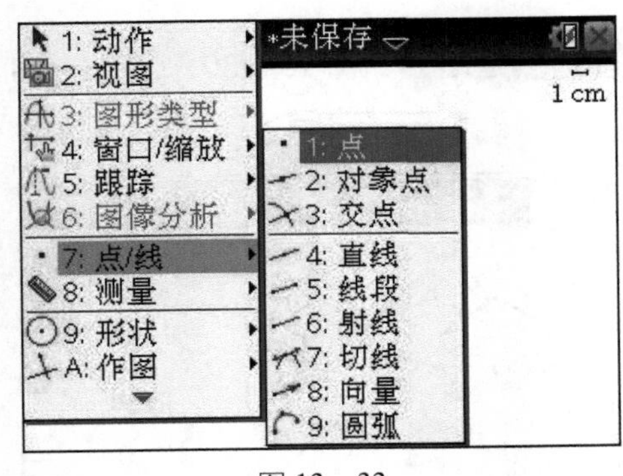

图 13－33

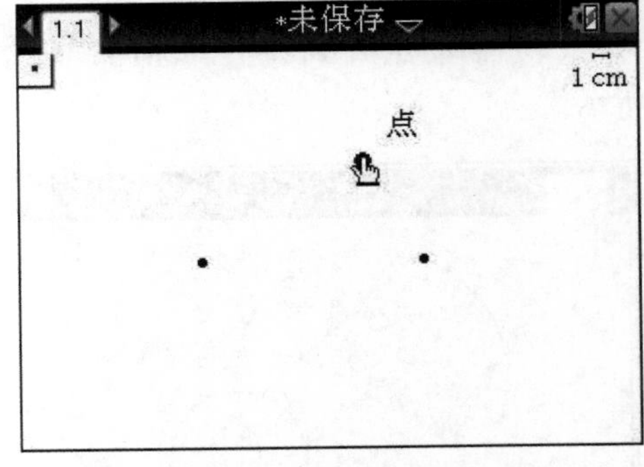

图 13－34

（2）用键选择点，按 ctrl menu 2 键，为每个点添加标签，如图 13－35 所示。按 menu 7 5 键，选择“线段”命令，作出线段 $MF1$，$MF2$，如图 13－36 所示。

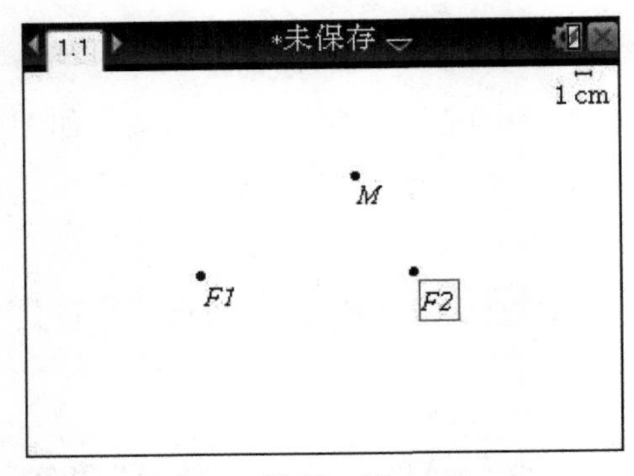

图 13－35

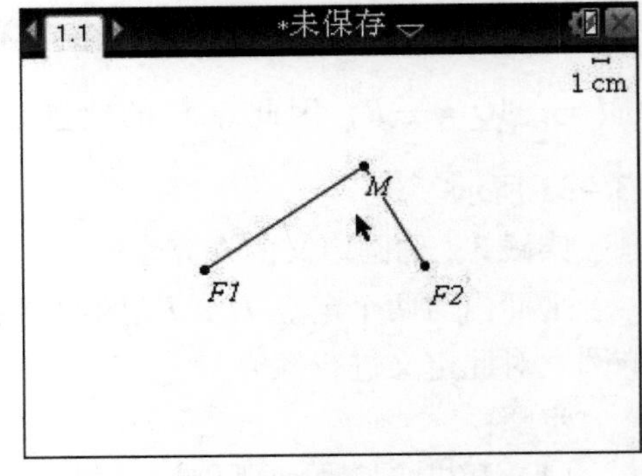

图 13－36

（3）按menu 8 1键，选择“长度”命令，度量线段 $MF1$，$MF2$ 的长度，如图 13－37 所示。

（4）按 menu 1 6 键，选择“文本”命令，输入文本“$MF1+MF2$”，如图 13－38、图 13－39 所示。

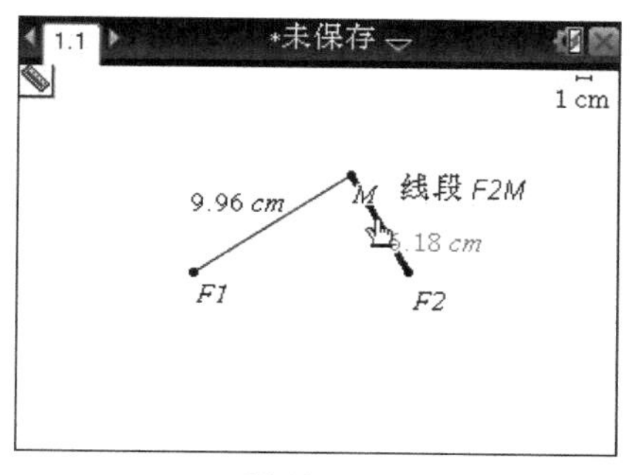

图 13－37

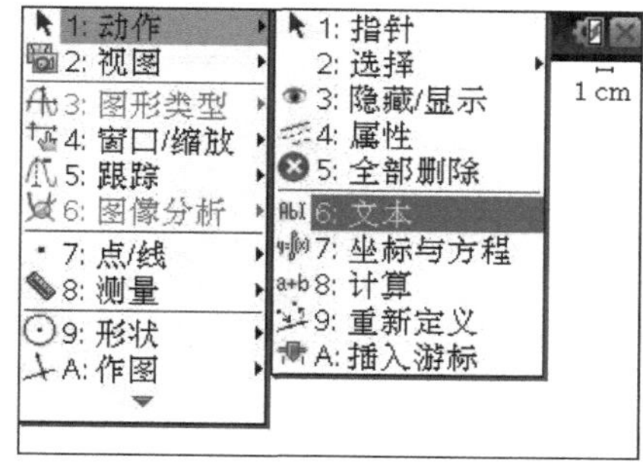

图 13－38

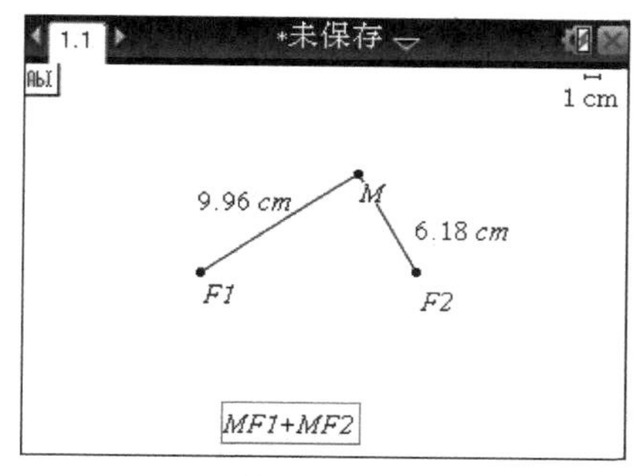

图 13－39

（5）按menu 1 8键，选择“计算”命令，根据提示分别选择 $MF1$，$MF2$ 的长度值，计算出 $MF1+MF2$ 的值，如图 13－40、图 13－41 所示。

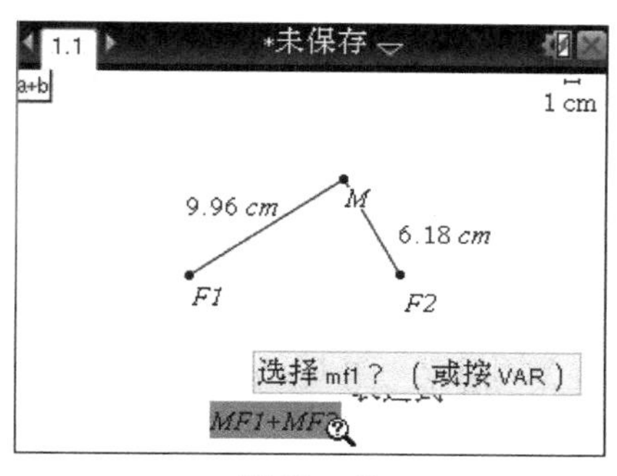

图 13－40

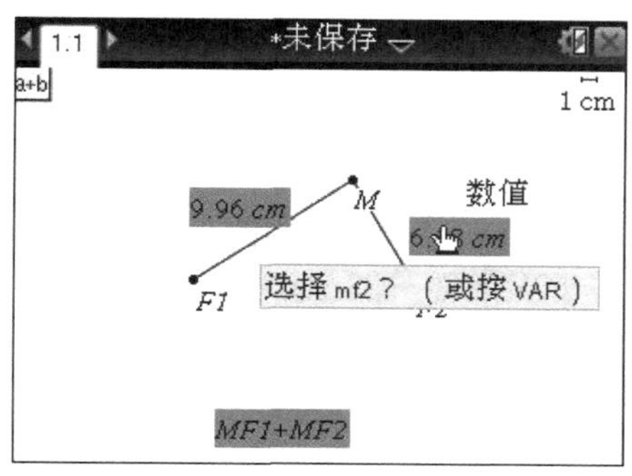

图 13－41

(6) 用键选择文本计算值，按ctrl menu 2键，选择“属性”命令，按▼▶enter键锁定文本，如图 13－42、图 13－43 所示。

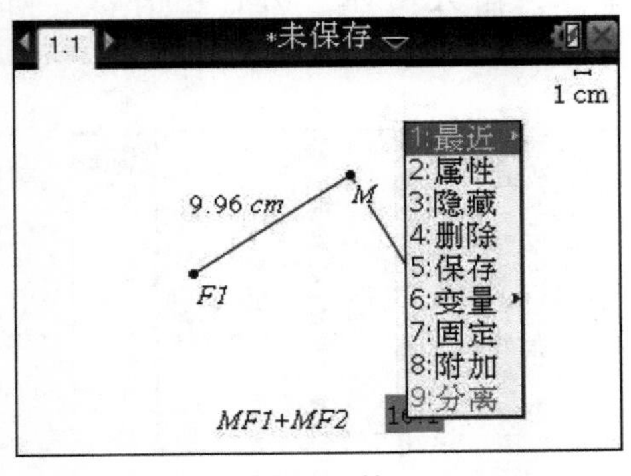

图 13－42

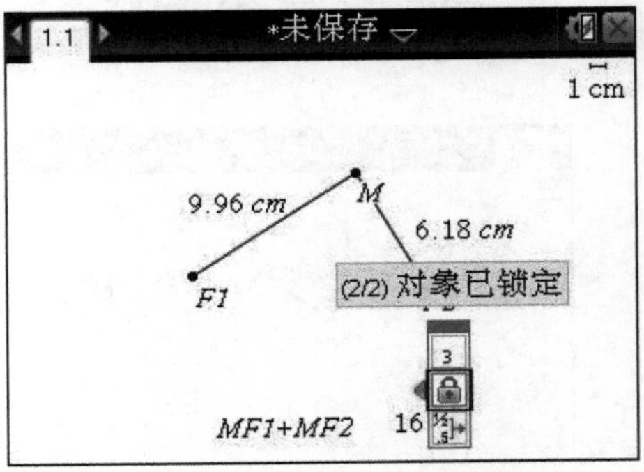

图 13－43

(7) 按menu 5 4键，用键选择点 M，确认后进行移动，跟踪点 M 的轨迹，如图 13－44 所示。

问题：你还能找出作椭圆轨迹的其他办法吗？

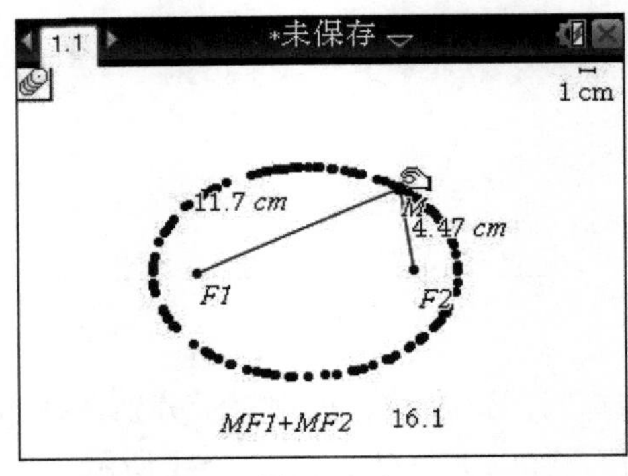

图 13－44

实践 4：圆锥曲线性质的探究。

在坐标平面内任意作圆锥曲线，探索其性质。

步骤：

(1) 开机，添加图形页面，按menu 3 2 6键，选择“圆锥曲线”命令，如图 13－45 所示。任意输入系数，这里输入方程 $x^2-2xy-\frac{y^2}{2}+3x+2y+1=0$，按回车键得到方程的图像，如图 13－46、图 13－47 所示。

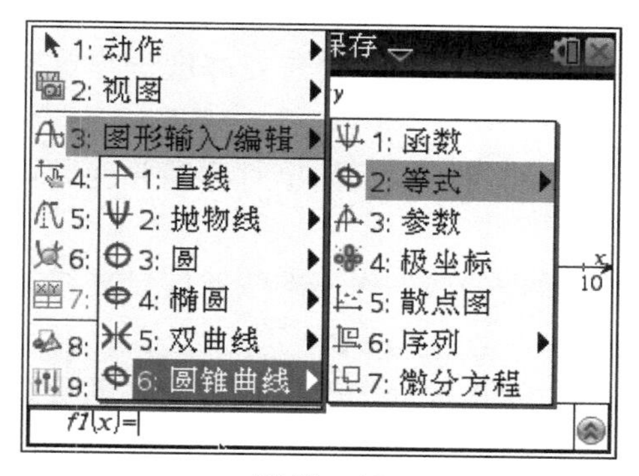

图 13－45

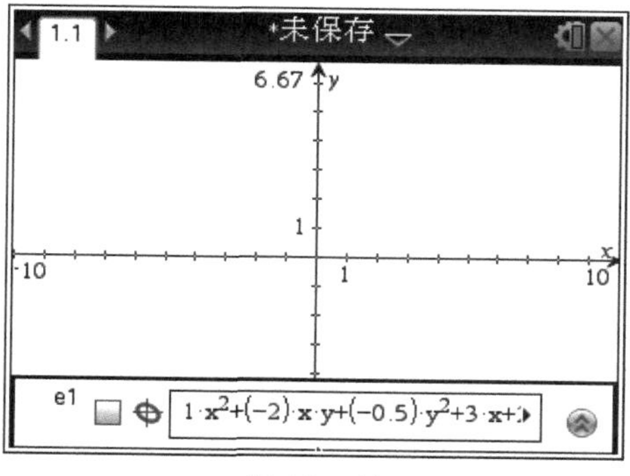

图 13－46

（2）按menu 6 8 1键，选择“中心”→“分析圆锥曲线”命令，如图 13－48，单击曲线，作出中心点并度量出中心坐标，如图 13－49 所示。

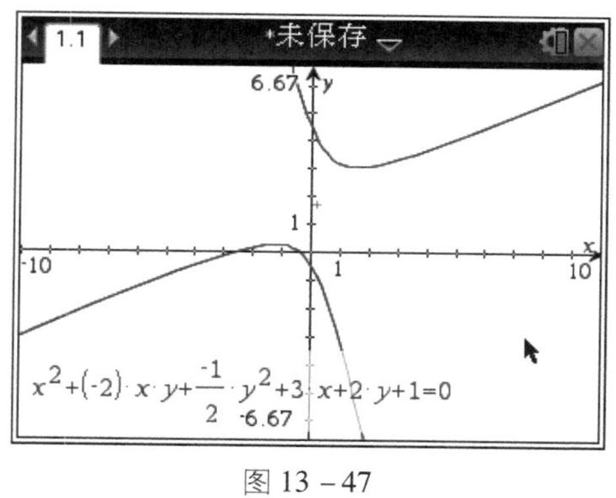

图 13－47

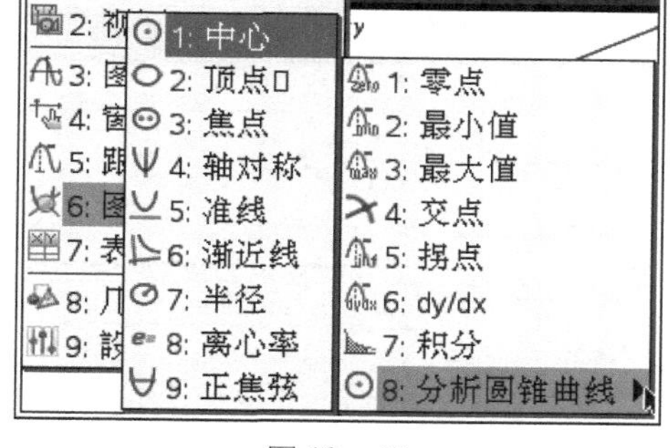

图 13－48

（3）按menu 6 8 2键，选择“顶点”命令，单击曲线，作出顶点并度量出顶点坐标，如图 13－50 所示。

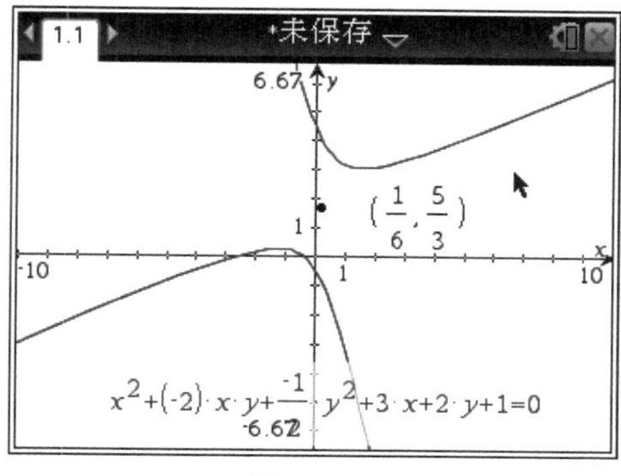

图 13－49

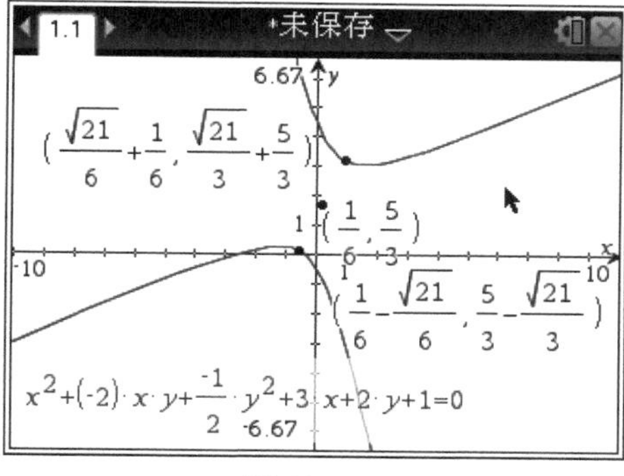

图 13－50

(4) 按menu 6 8 3键，选择“焦点”命令，单击曲线，作出焦点并度量焦点坐标，如图 13－51 所示。

(5) 按menu 6 8 4键，选择“轴对称”命令，单击曲线，作出对称轴并度量对称轴的方程，如图 13－52 所示。

(6) 按menu 6 8 5键，选择“准线”命令，单击曲线，作出准线并度量准线的方程，如图 13－53 所示。

(7) 按menu 6 8 6键，选择“渐近线”命令，单击曲线，作出渐近线并度量渐近线的方程，如图 13－54 所示。

(8) 按menu 6 8 8键，选择“离心率”命令，单击曲线，度量离心率，如图 13－55 所示。

(9) 按menu 6 8 9键，选择“正焦弦”命令，单击曲线，作出正焦弦并度量正焦弦的长度，如图 13－56 所示。

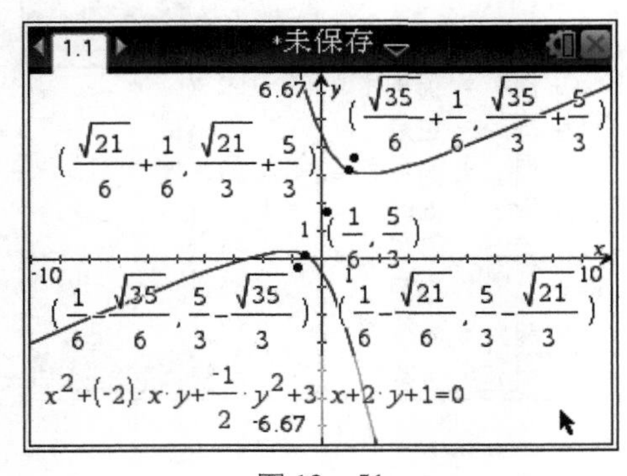

图 13－51

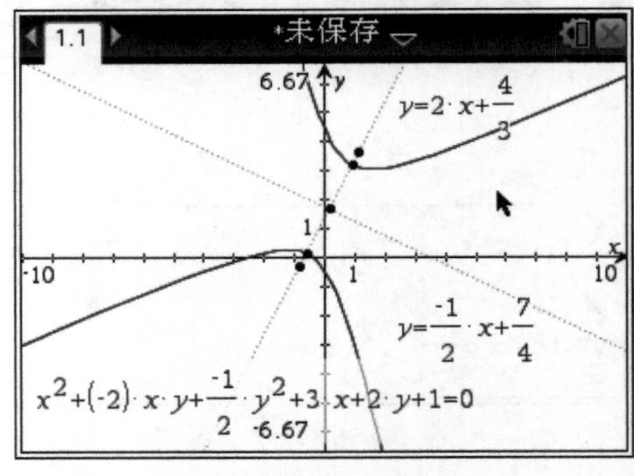

图 13－52

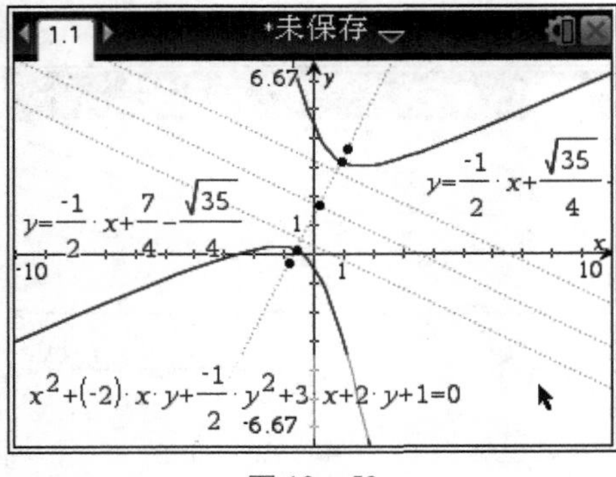

图 13－53

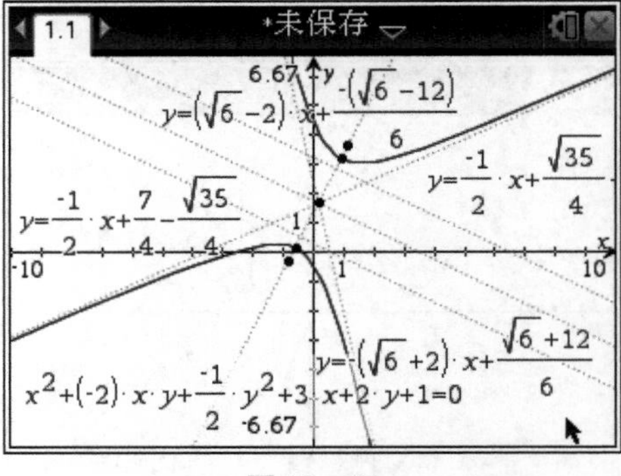

图 13－54

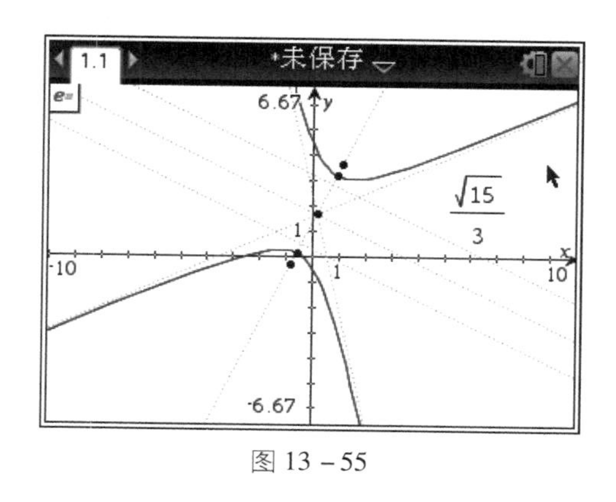

图 13－55

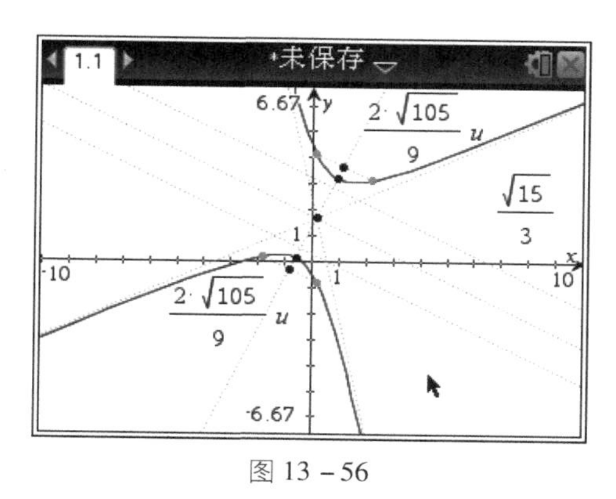

图 13－56

实践 5： 作参数方程的曲线。

作参数方程$\begin{cases}x=t^4-4t^2\\y=t\end{cases}$的曲线。

步骤：

（1）开机，添加图形页面，按 menu 3 3 键，选择“参数”命令，如图 13－57 所示。输入表达式$\begin{cases}x=t^4-4t^2\\y=t\end{cases}$，并修改参数 t 的范围，如图 13－58 所示，按回车键确认后作出参数曲线，如图 13－59 所示。

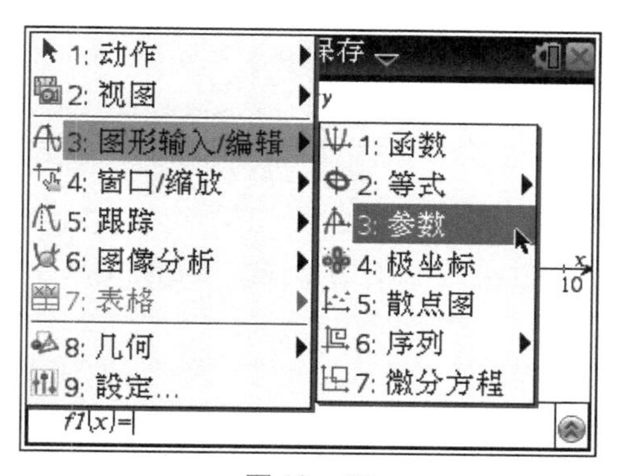

图 13－57

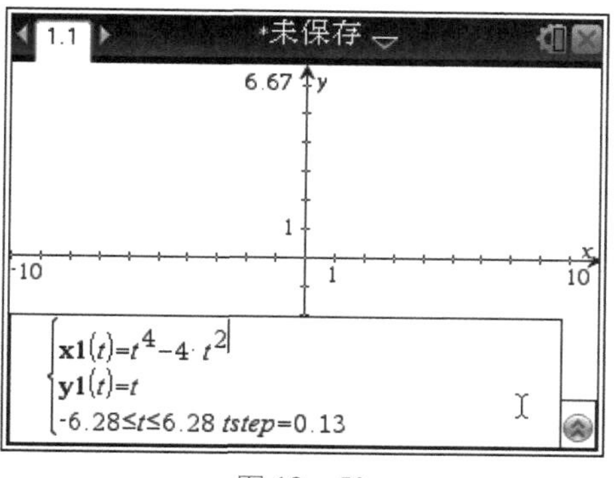

图 13－58

（2）按 menu 5 1 键，选择“图像跟踪”命令，移动光标，可以跟踪曲线，并显示点的坐标和相应的 t 值，如图 13－60 所示。

（3）修改表达式为$\begin{cases}x=5\cos(t)\\y=5\sin(t)\end{cases}$，按回车键确认后作出曲线，它是一个圆，如图 13－61 所示。

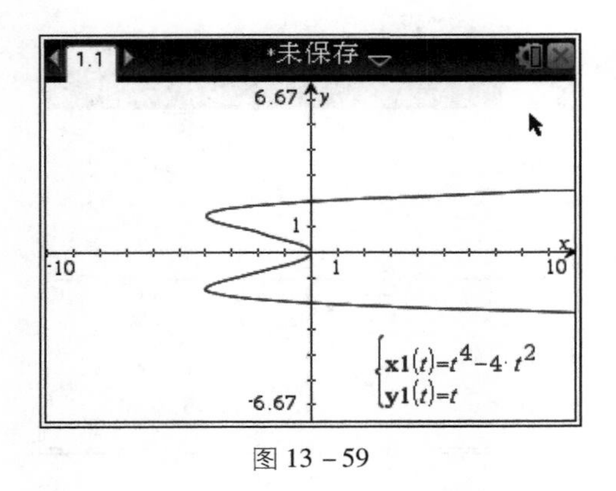

图 13－59

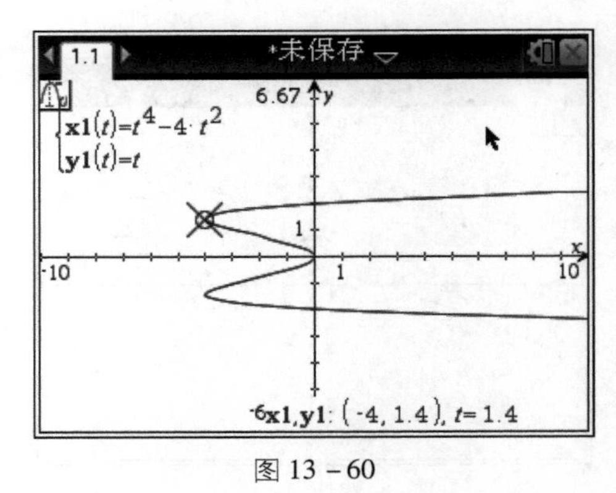

图 13－60

（4）修改表达式为$\begin{cases}x=5\cos(t)\\y=5\sin(2t)\end{cases}$，按回车键确认后作出曲线，如图 13－62 所示。

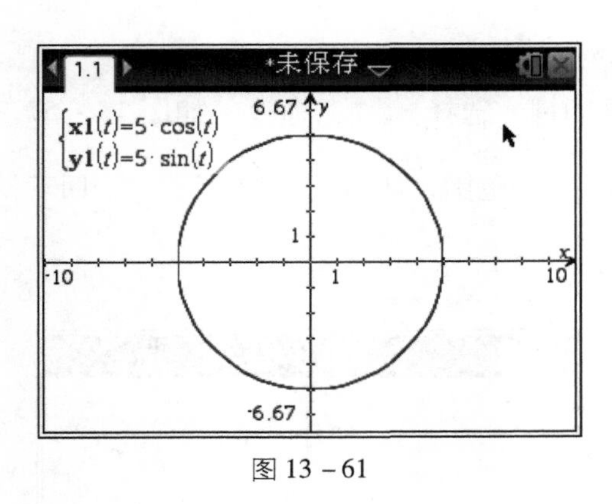

图 13－61

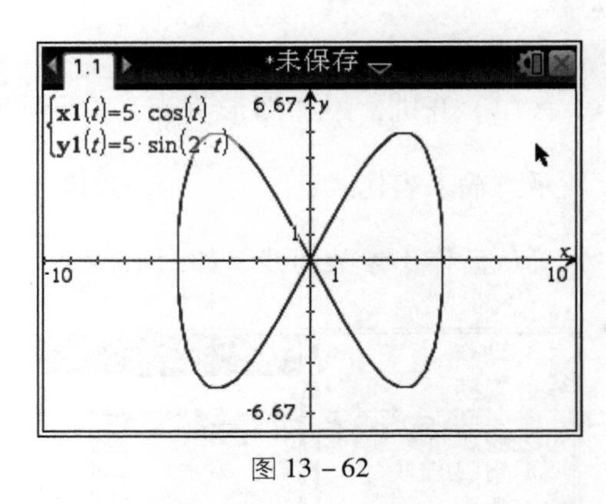

图 13－62

（5）修改表达式为$\begin{cases}x=5\cos(t)\\y=5\sin(3t)\end{cases}$，按回车键确认后作出曲线，如图 13－63 所示。

（6）修改表达式为$\begin{cases}x=5\cos(t)\\y=5\sin(4t)\end{cases}$，按回车键确认后作出曲线，如图 13－64 所示。

（7）修改表达式为$\begin{cases}x=5\cos(t)\\y=5\sin(5t)\end{cases}$，按回车键确认后作出曲线，如图 13－65 所示。

（8）修改表达式为$\begin{cases}x=5\cos(t)\\y=5\sin(10t)\end{cases}$，按回车键确认后作出曲线，如图 13－66

所示。

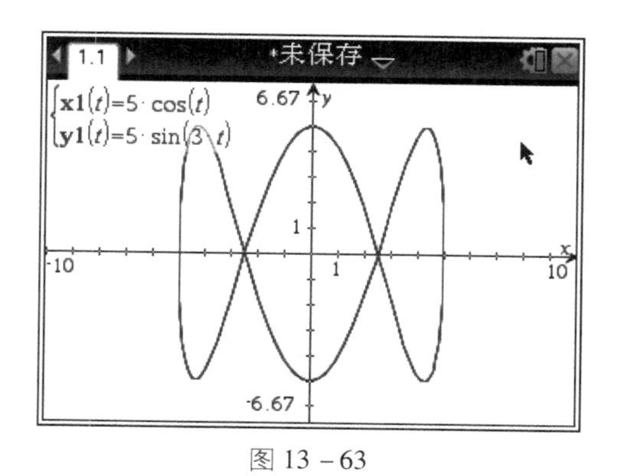

图 13－63

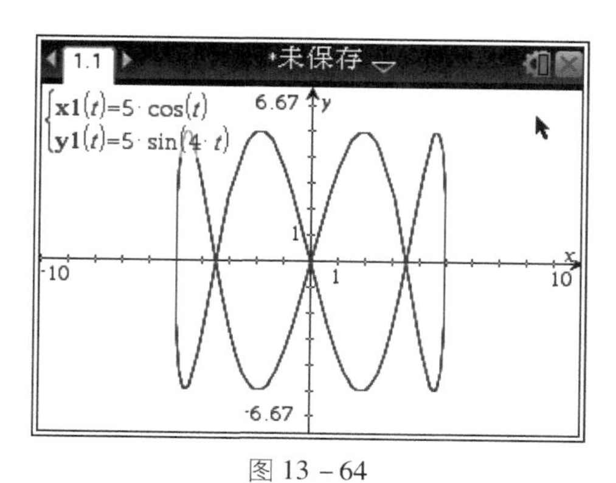

图 13－64

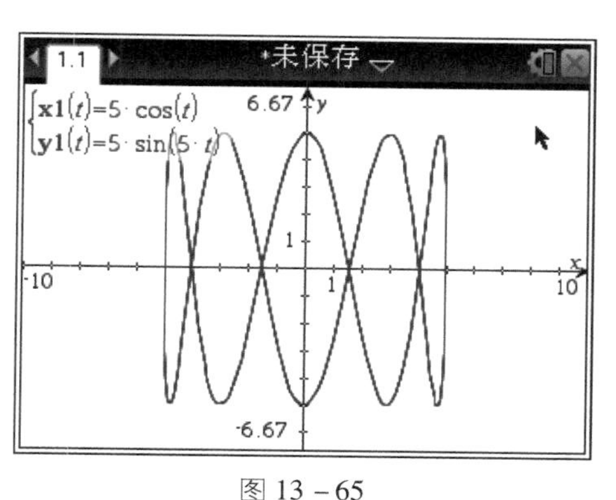

图 13－65

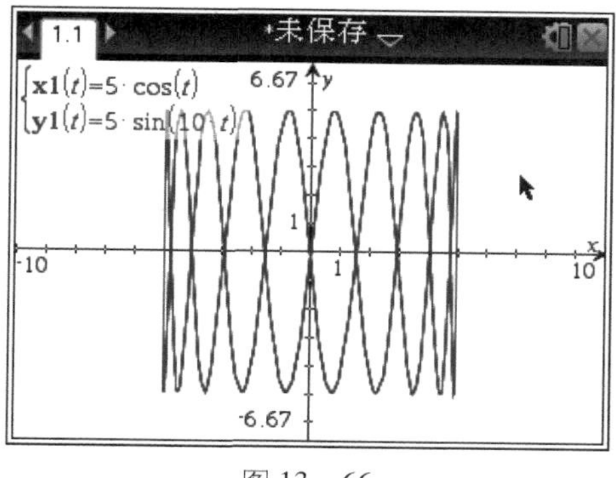

图 13－66

问题：

在$\begin{cases}x=5\cos(t)\\y=5\sin(mt)\end{cases}$（$t$ 为参数）中若 m 为整数，则零点个数有何规律？在什么情况下 0 是零点？

练习：

将下列图像（图 13－67～图 13－70）和方程正确匹配。

（1）$\begin{cases}x=t\cos(t)\\y=t\sin(t)\end{cases}$；　　（2）$\begin{cases}x=t+2\cos(2t)\\y=t+2\sin(t)\end{cases}$；

（3）$\begin{cases}x=5\cos t-\cos(10t)\\y=5\sin t-\sin(10t)\end{cases}$；　　（4）$\begin{cases}x=\sin(2t)\\y=5\sin(t+\sin(2t))\end{cases}$。

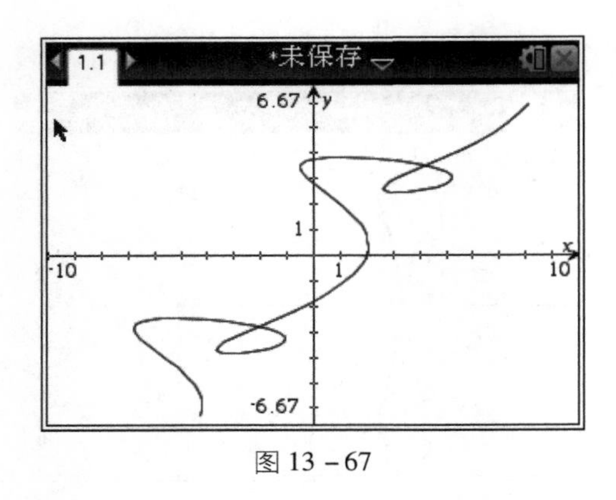

图 13－67

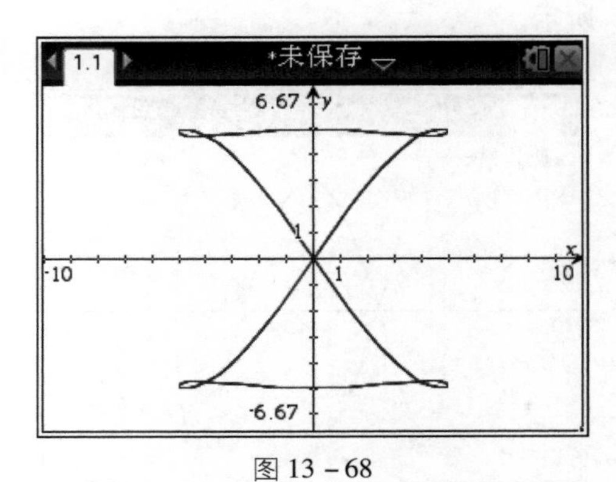

图 13－68

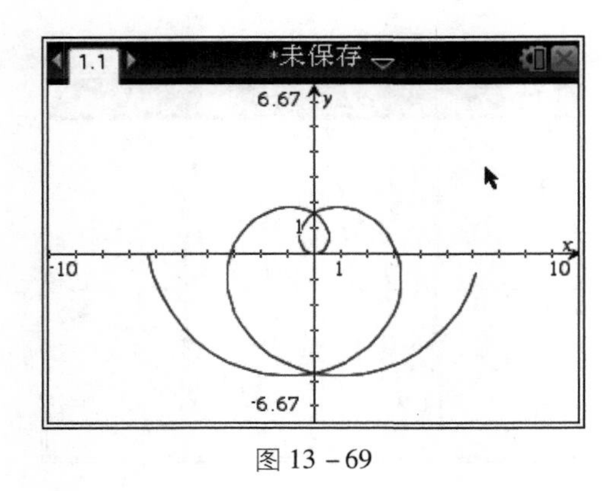

图 13－69

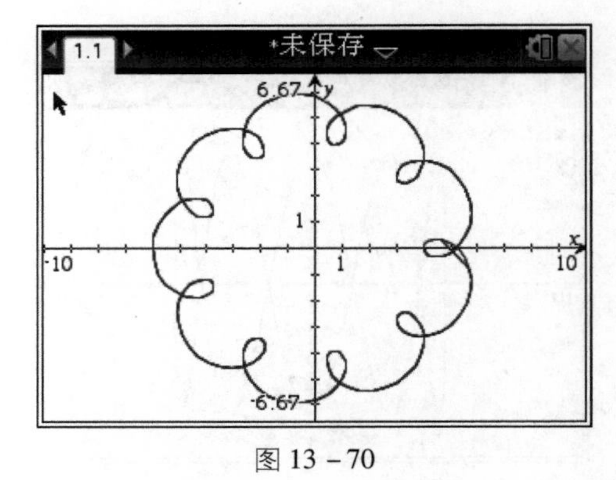

图 13－70

实践 6：作极坐标曲线。

作方程 $r=6\sin(a\theta)$ 的曲线。

步骤：

（1）开机，添加图形页面，设置极坐标作图模式。按[menu][3][4]键，选择“极坐标”命令，如图 13－71 所示。在等号后面按[6][trig][enter][π▸]▸▸▸[enter]键(这里要注意 θ 的输入)，输入表达式 $r=6\sin(\theta)$，如图 13－72 所示，按回车键确认后作出参数曲线，如图 13－73 所示。

（2）同样分别输入表达式 $r=6\sin(2\theta)$，$r=6\sin(3\theta)$，$r=6\sin(4\theta)$，作出图像，如图 13－74 ~ 图 13－76 所示，可以观察花瓣的片数与参数 a 的关系。

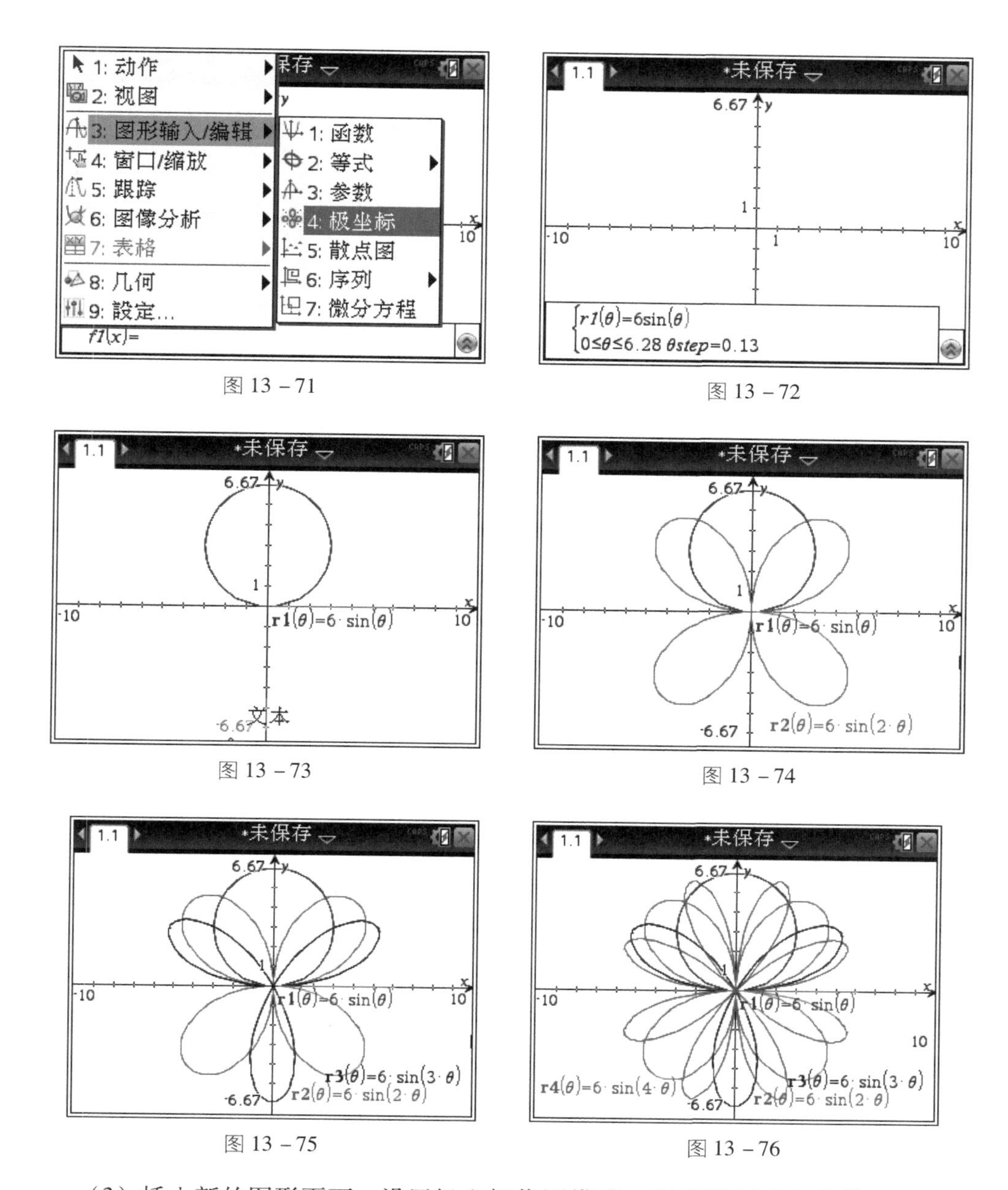

图 13－71

图 13－72

图 13－73

图 13－74

图 13－75

图 13－76

（3）插入新的图形页面，设置极坐标作图模式，利用游标建立参数 a，设置参数的间隔是 1，再输入表达式 $r=6\sin(a\theta)$，拖动游标改变参数 a 的大小，可以观察花瓣的片数与参数 a 的关系，如图 13－77 ~ 图 13－80 所示，发现当花瓣数为奇数时，花瓣数等于参数 a，当花瓣数为偶数时，花瓣数等于 $2a$。

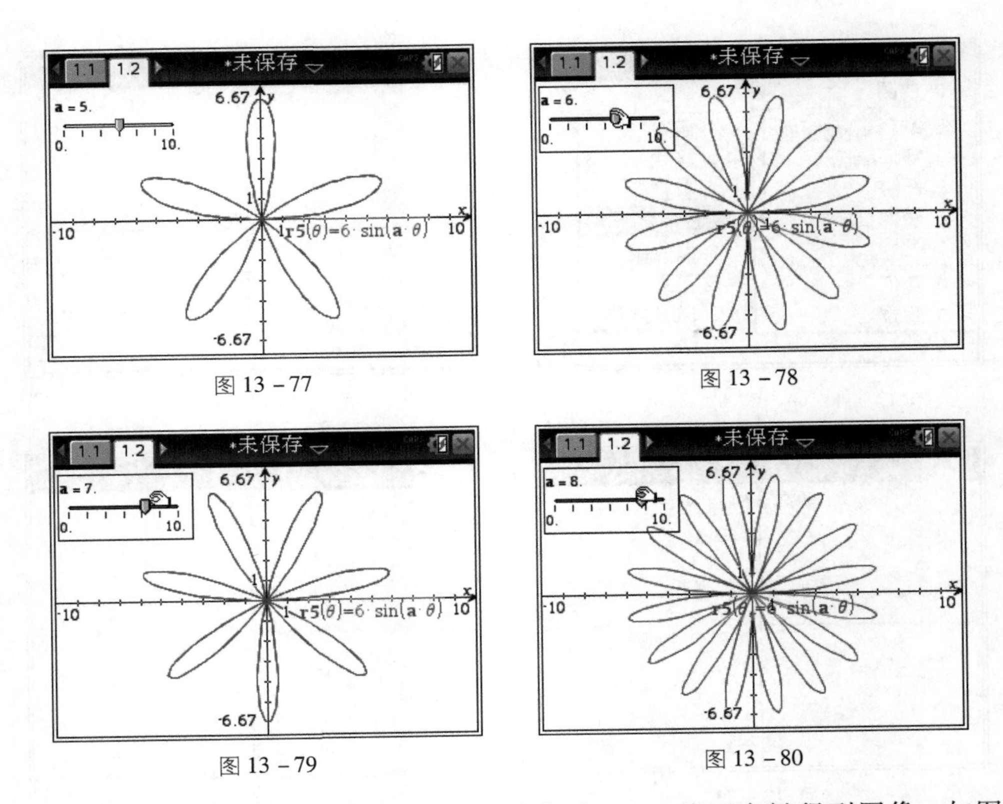

图 13 – 77

图 13 – 78

图 13 – 79

图 13 – 80

(4) 设置参数 a 的初始值为 0.5，步长为 0.1，按回车键得到图像，如图 13 – 81所示。

(5) 按[tab]键两次，进入函数表达式编辑框，将参数 θ 的最大值乘以 2，如图 13 – 82 所示，按回车键作出整个极坐标图像，如图 13 – 83 所示。拖动游标改变参数 a 的大小，观察图像的变化，如图 13 – 84 所示。

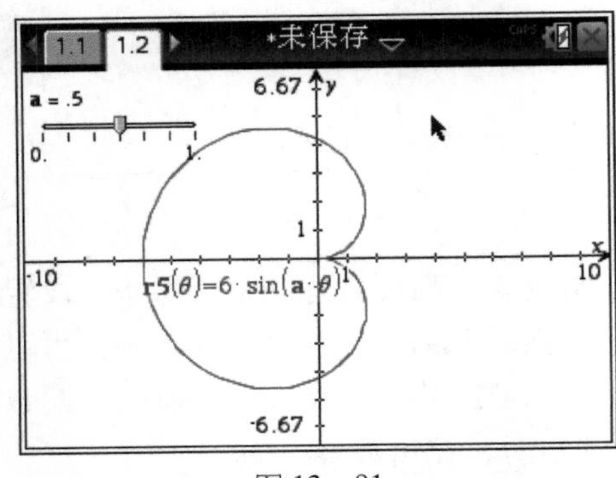

图 13 – 81

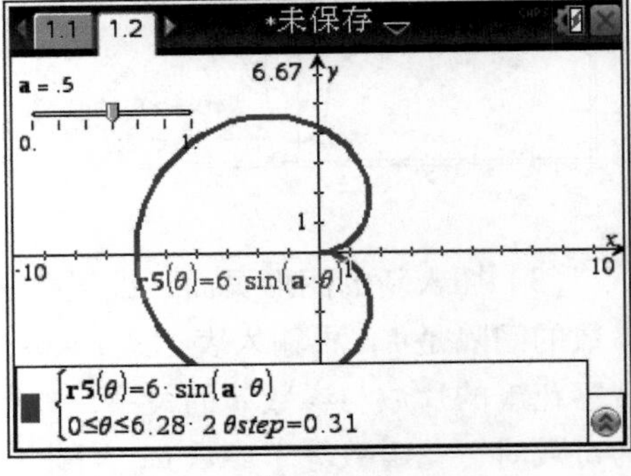

图 13 – 82

（6）按tab键两次，进入函数表达式编辑框，将参数 θ 的最大值乘以 10，按回车键作出整个极坐标图像，拖动游标改变参数 a 的大小，观察图像的变化，如图 13－85～图 13－92 所示。

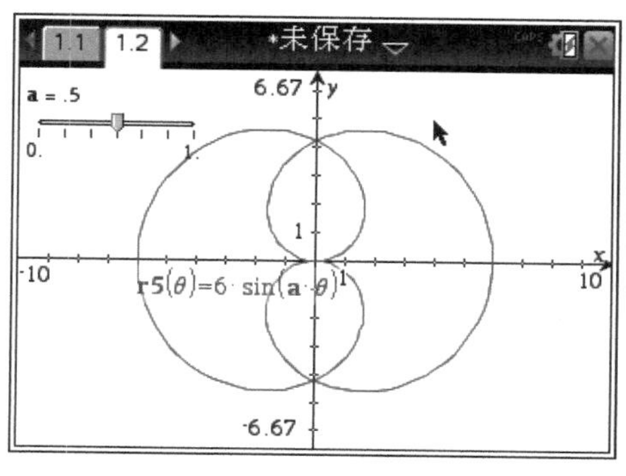

图 13－83

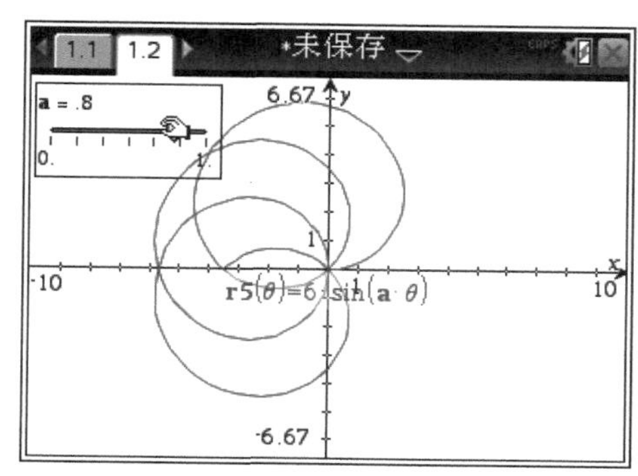

图 13－84

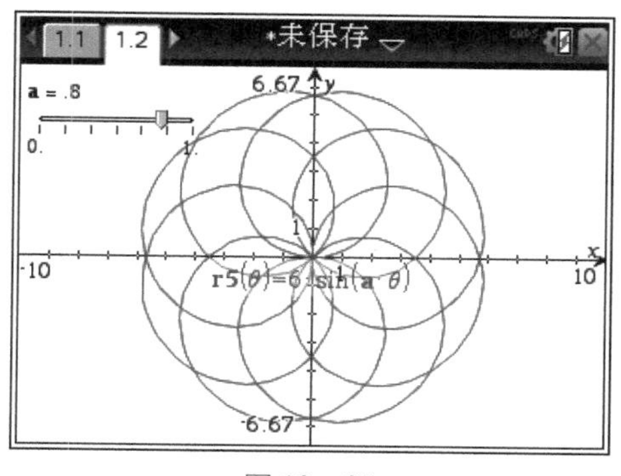

图 13－85

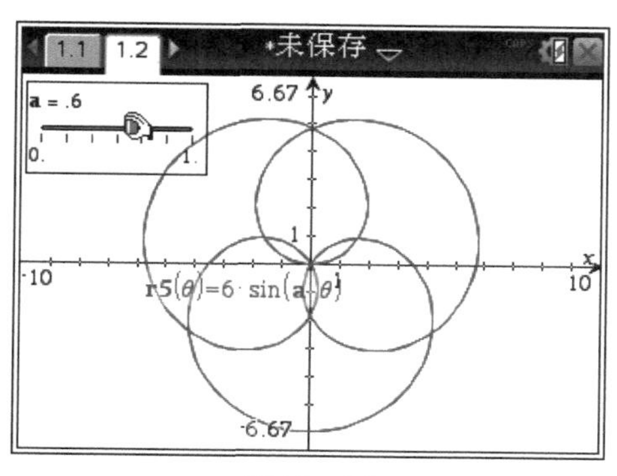

图 13－86

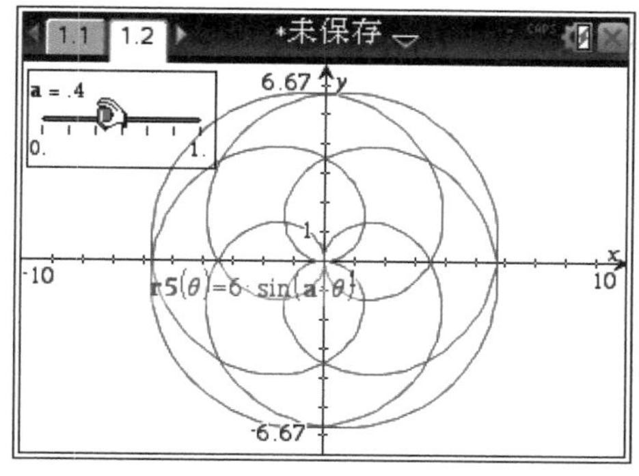

图 13－87

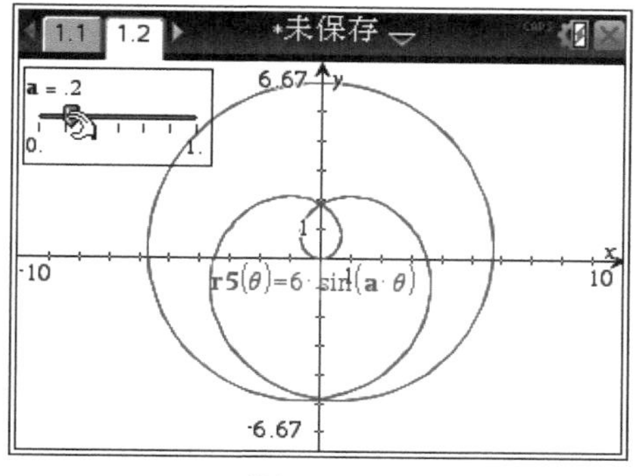

图 13－88

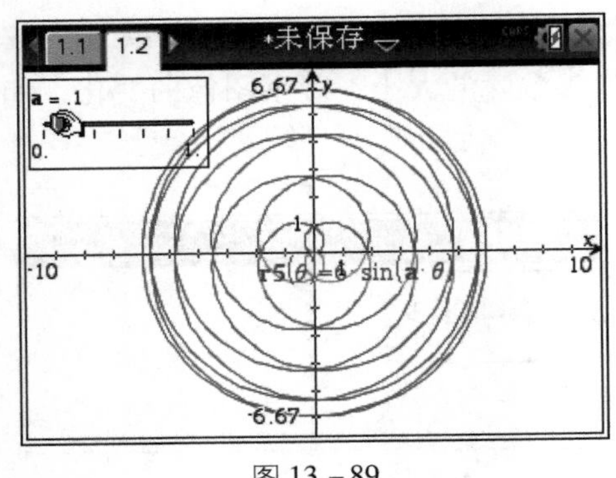

图 13－89

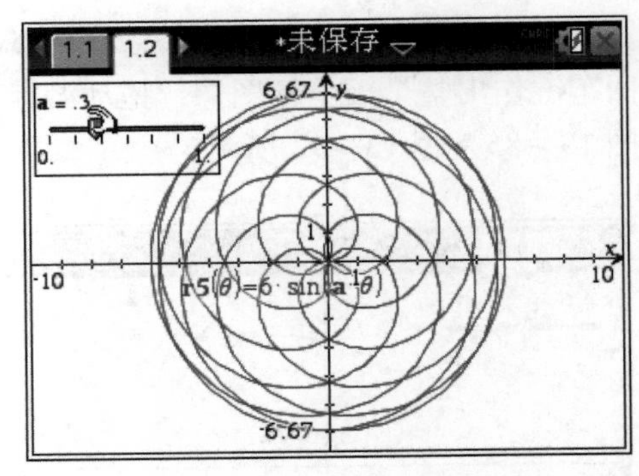

图 13－90

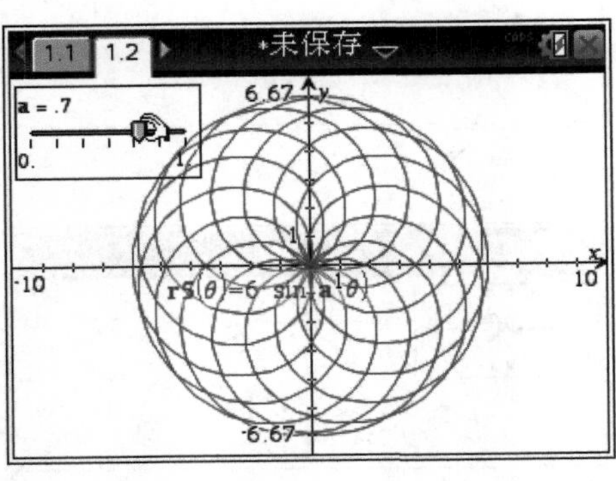

图 13－91

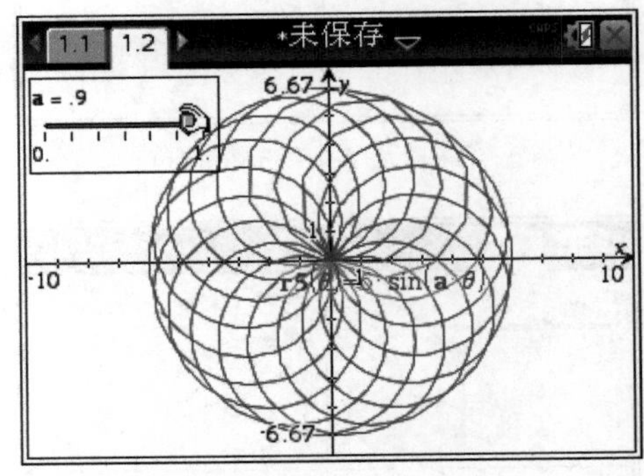

图 13－92

第十四课时　向量、矩阵基本运算及应用

学习目标

利用 TI－nspire 图形计算器作出几何图形并变化图形，观察图形变化中的不变性，探究规律，从而能够进行向量和矩阵的基本运算。

学习过程

实践 1：探索平面向量基本定理。

步骤：

（1）开机，按 on 1 2 键，添加几何页面，如图 14－1 所示。按 menu 7 8 键，选择“向量”命令，如图 14－2。移动光标到合适的位置，按回车键确定向量起点，移动光标到终点位置，按回车键确定终点位置，作出向量。重复作 3 个向量，并且添加标签，如图 14－3 所示。

图 14－1

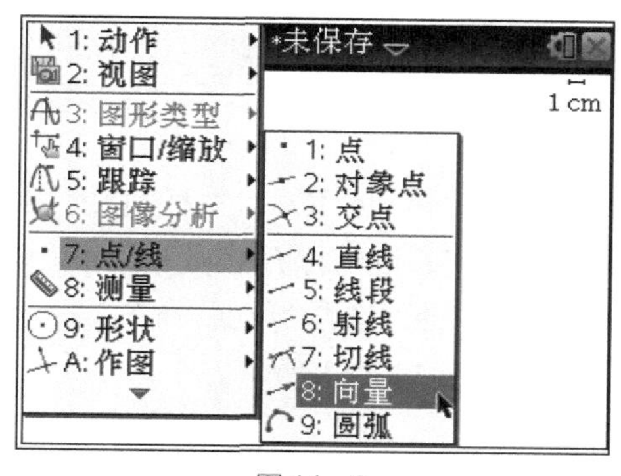

图 14－2

（2）按 menu 7 4 键，选择“直线”命令，作出向量$\overrightarrow{e_1}$，$\overrightarrow{e_2}$的基线，按 ctrl 键选择“属性”命令，将直线改成虚线，如图 14－4 所示。

（3）按 menu A 2 键，选择“平行”命令，如图 14－5 所示，选择向量$\overrightarrow{a}$的终点，分别作基线的平行线，拖拽直线，把直线延长，使它们和基线相交，如图 14－6 所示。按 menu 7 3 键，选择“交点”命令，作出交点，按 menu 7 8 键，选择“向量”命令，作出向量$\overrightarrow{a_1}$，$\overrightarrow{a_2}$，如图 14－7 所示。可以移动向量$\overrightarrow{a}$的起点和终点，从而改变向量$\overrightarrow{a_1}$，$\overrightarrow{a_2}$的位置，以便于观察。

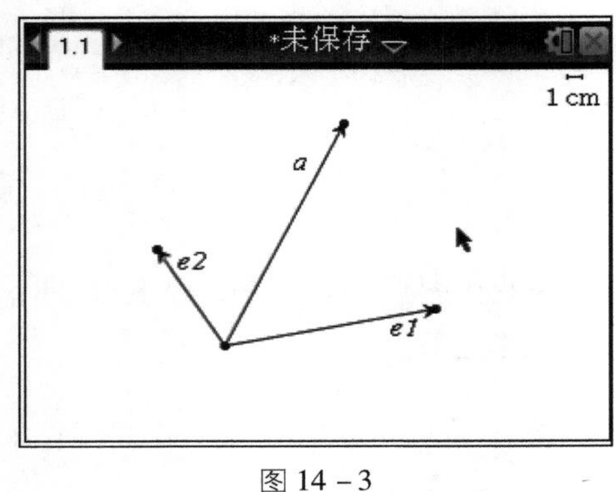

图 14－3

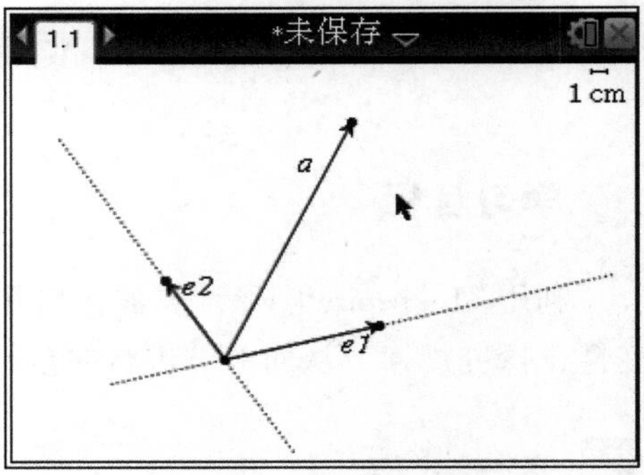

图 14－4

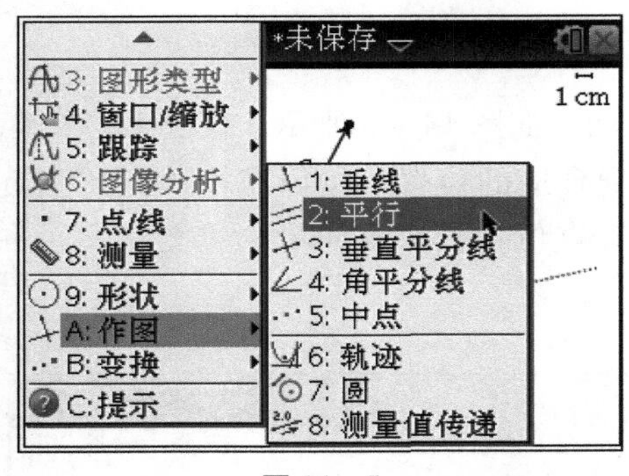

图 14－5

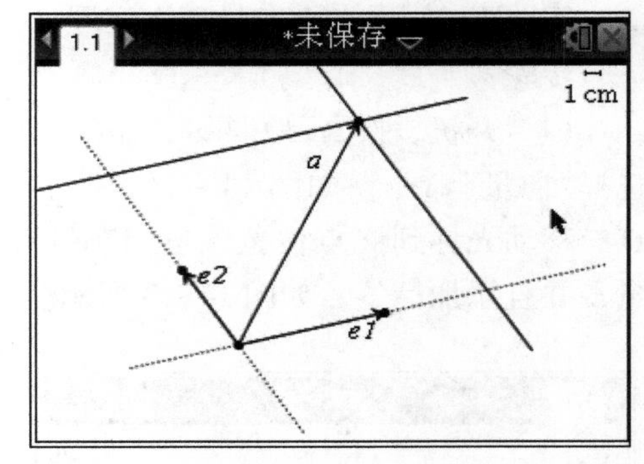

图 14－6

（4）按 menu 8 1 键，选择“长度”命令，如图 14－8 所示，度量 4 个向量的长度，分别将长度值保存到 $la1$，$le1$，$la2$，$le2$ 中，如图 14－9、图 14－10 所示。按 menu 8 4 键，选择“角度”命令，分别度量$\overrightarrow{a_1}$，$\overrightarrow{e_1}$，$\overrightarrow{a_2}$，$\overrightarrow{e_2}$的夹角，并保存到 θ_1，θ_2 中，如图 14－11 所示。

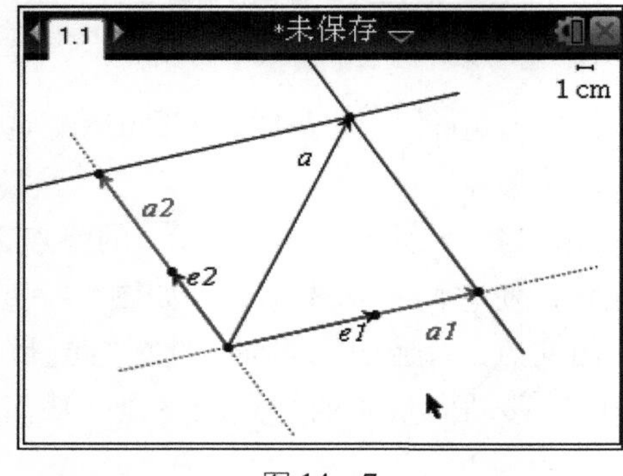

图 14－7

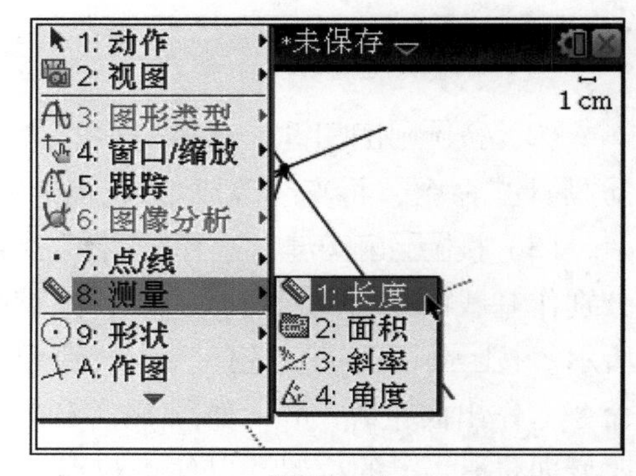

图 14－8

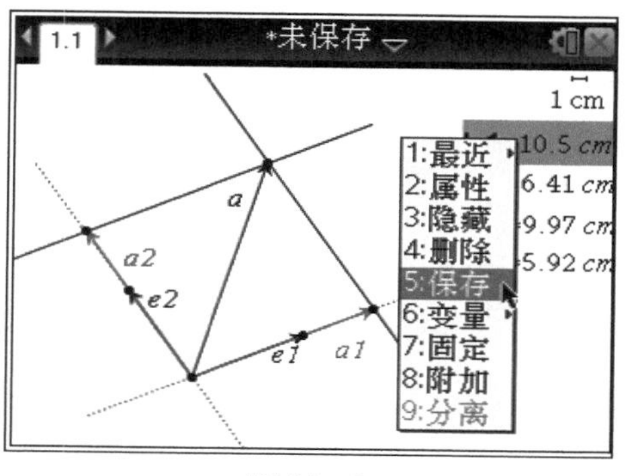

图 14－9

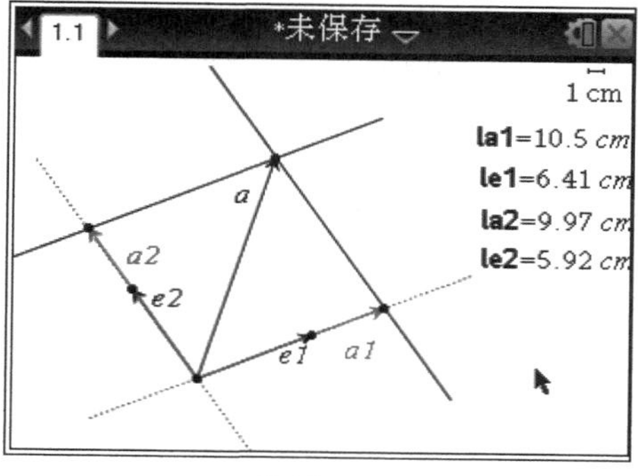

图 14－10

（5）按menu 1 6键，选择“文本”命令，输入“$\frac{la}{le}\cos\theta$”，如图 14－12 所示。按menu 1 8键，选择“计算”命令，依次单击 $la1$，$le1$，$\theta1$，计算出 $\lambda1$，同理计算出 $\lambda2$，将 $\lambda1$，$\lambda2$ 合并到 $a=\lambda1 \cdot e1+\lambda2 \cdot e2$ 文本中，如图 14－13、图 14－14 所示。拖动向量 $\vec{a}$，观察变化，如图 14－15、图 14－16 所示。

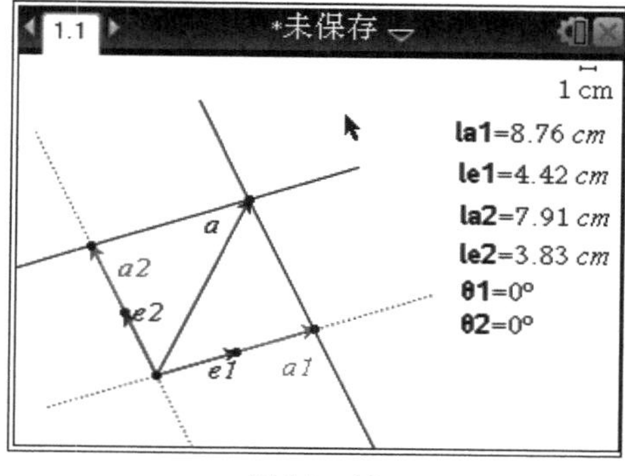

图 14－11

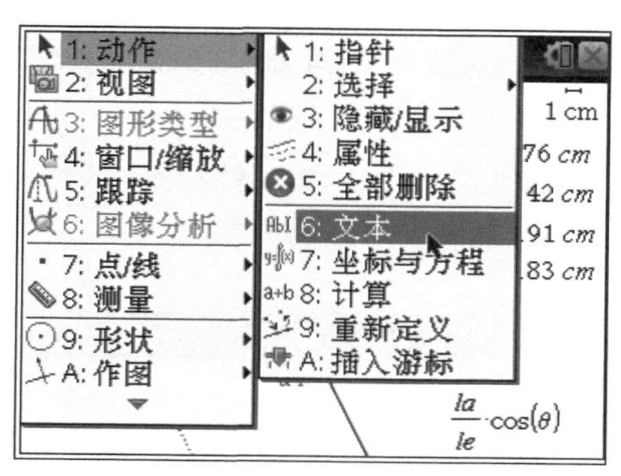

图 14－12

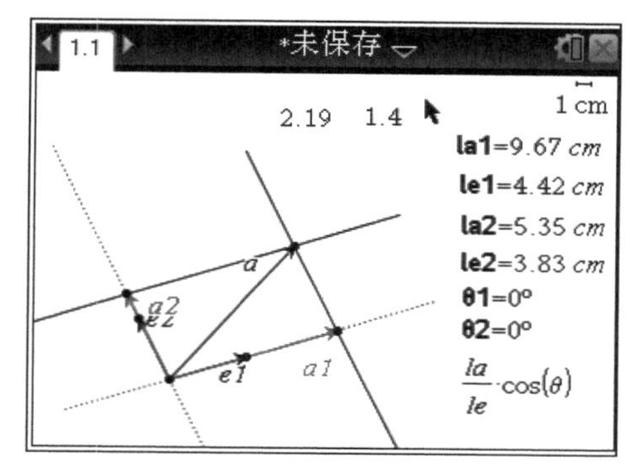

图 14－13

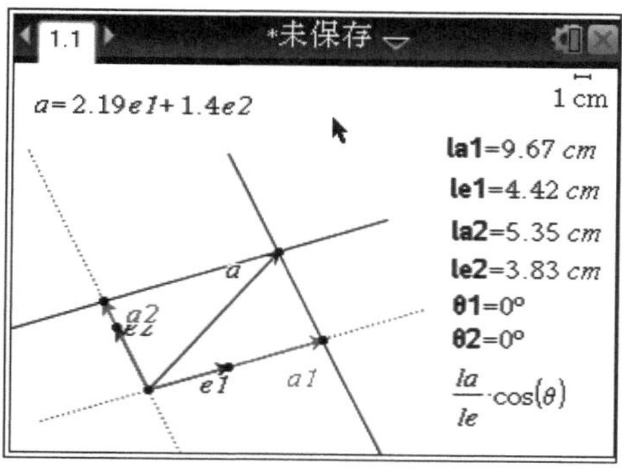

图 14－14

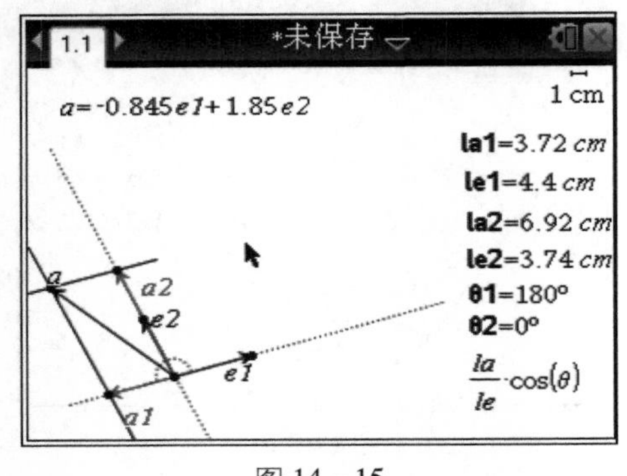

图 14－15

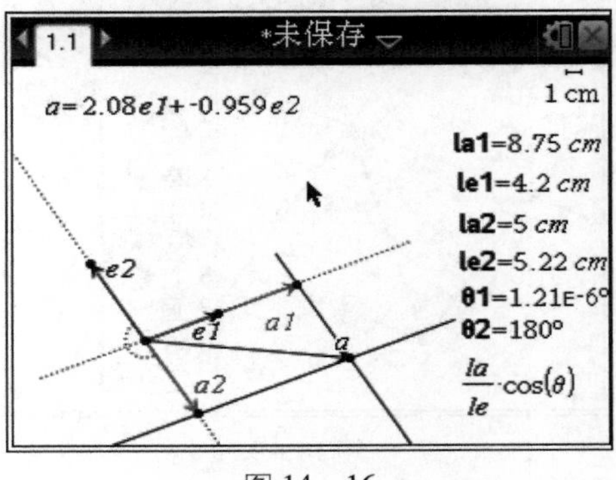

图 14－16

实践 2：向量问题探究。

已知向量$\overrightarrow{OA}+2\overrightarrow{OB}+3\overrightarrow{OC}=\overrightarrow{0}$，探究△*ABC* 与△*AOC* 面积的关系。

步骤：

（1）开机，按[⌂on][1][2]键，添加几何页面。按[menu][7][8]键，选择“向量”命令，移动光标到合适的位置，作出向量$\overrightarrow{OA}$，$\overrightarrow{OC}$，并且添加标签，如图 14－17 所示。

（2）按[menu][1][6]键，选择“文本”命令，输入“3”，如图 14－18 所示。按[menu][B][5]键，选择“缩放”命令，如图 14－19 所示。依次单击点 *O*，*C* 和文本“3”，作出缩放点 *C*′，按[menu][B][3]键，选择“平移”命令，依次单击点 *O*，*C*′，*A*，得到点 *A*′，如图 14－20 所示。

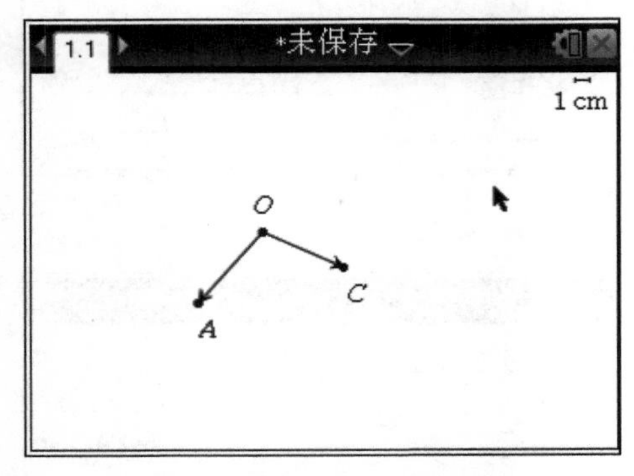

图 14－17

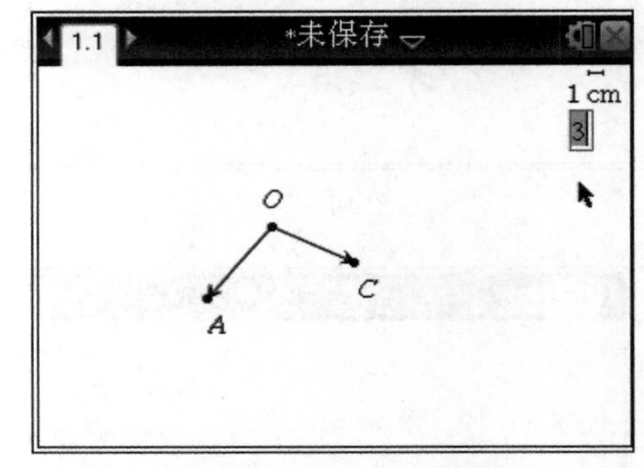

图 14－18

（3）添加文本“$\frac{1}{2}$”，将点 *A*′以点 *O* 为中心缩放$\frac{1}{2}$，再以点 *O* 为中心，作出对称点就是点 *B*，如图 14－21 所示。按[menu][9][2]键，选择“三角形”命令，如图 14－22 所示，作出△*ABC* 和△*AOC*，如图 14－23 所示。

（4）按 menu 8 2 键，选择“面积”命令，度量△*ABC* 和△*AOC* 的面积，如图 14－24 所示，并保存到变量 *S*1，*S*2 中。添加文本$\frac{\text{“}S1\text{”}}{S2}$，然后计算文本$\frac{S1}{\text{“}S2\text{”}}$，得到结果为 3，如图 14－25 所示。改变点 *A*、点 *C* 的位置，观察面积的变化，发现其比值不变，如图 14－26 所示。

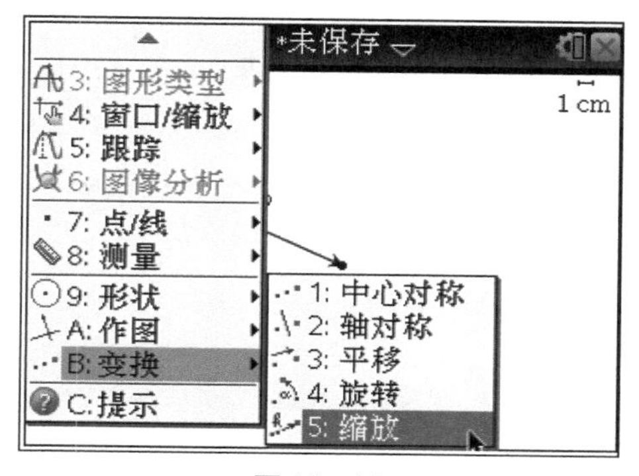

图 14－19

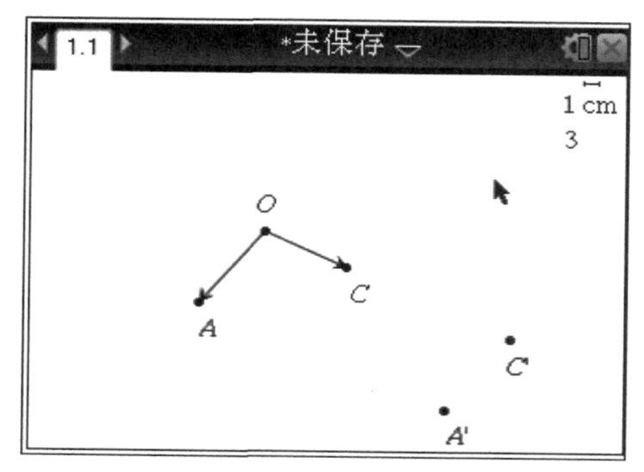

图 14－20

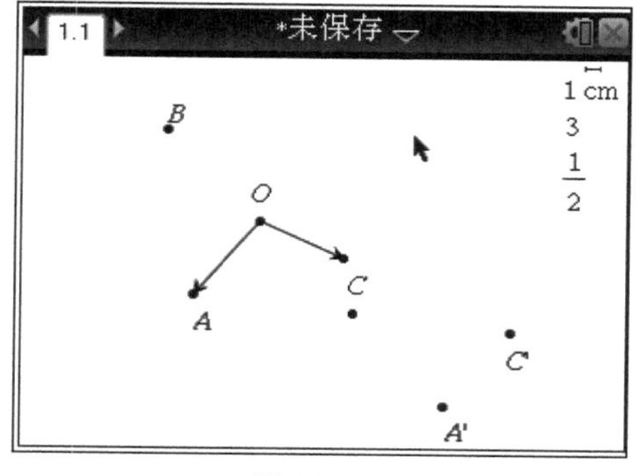

图 14－21

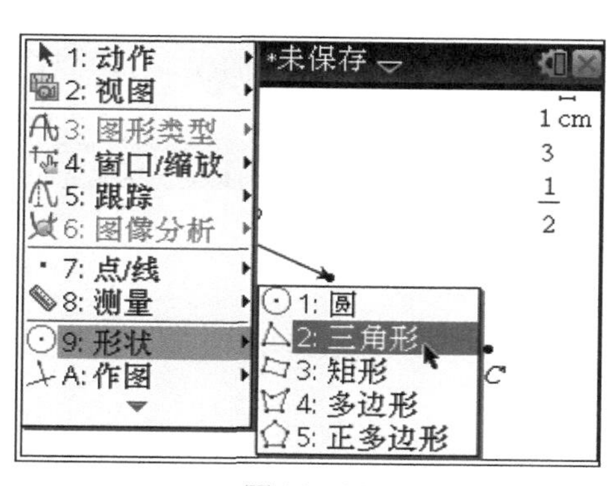

图 14－22

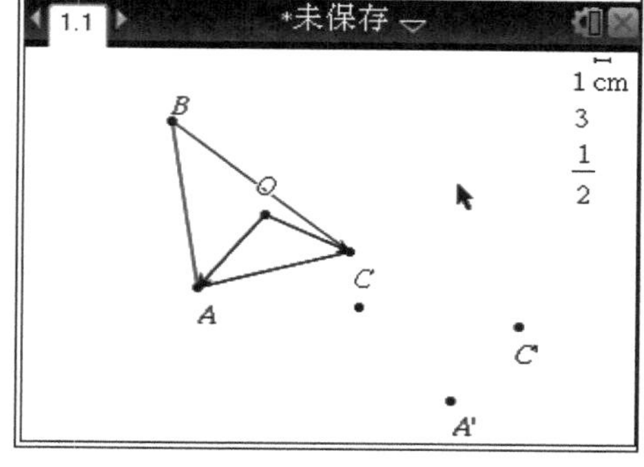

图 14－23

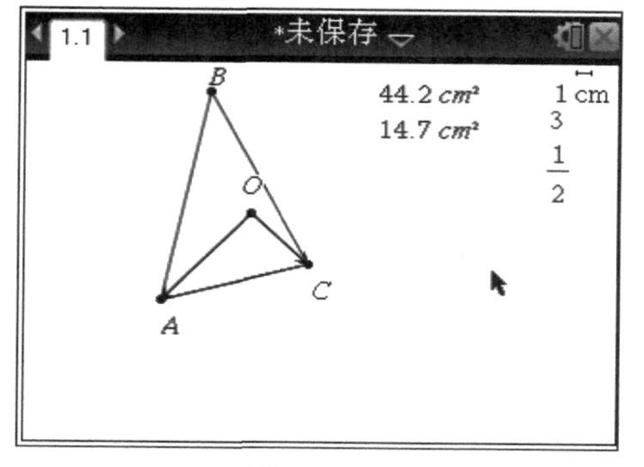

图 14－24

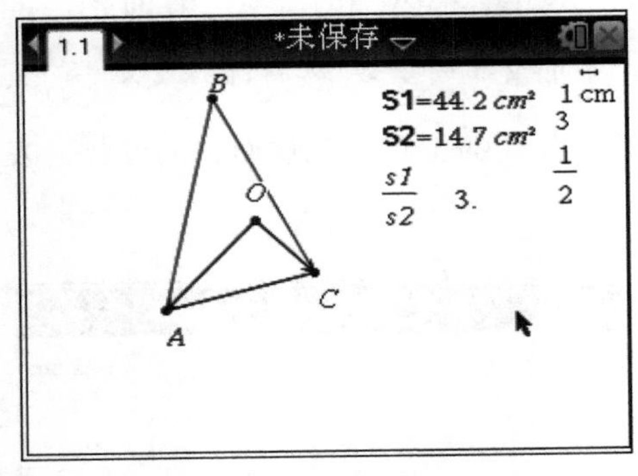

图 14 – 25

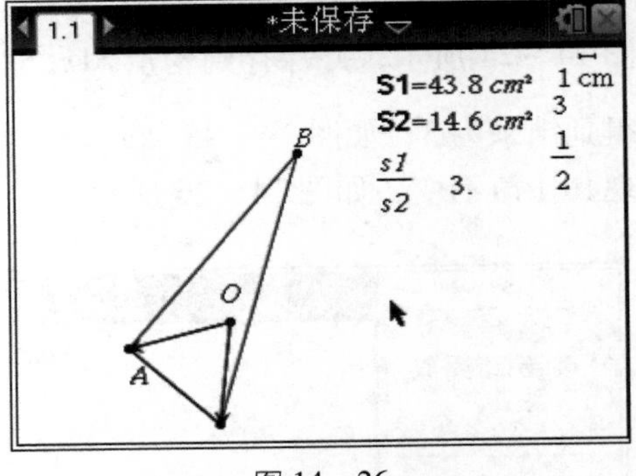

图 14 – 26

实践 3：向量的坐标运算。

步骤：

（1）开机，按 doc▾ 1 1 键，添加计算页面，输入“a：=[1 –3]”，将向量[1，–3]赋给变量 a，如图 14 – 27 所示。

（2）按 menu 7 7 1 键，选择“范数”命令，如图 14 – 28 所示，输入“a”，按回车键确认，计算出向量的模，如图 14 – 29 所示。

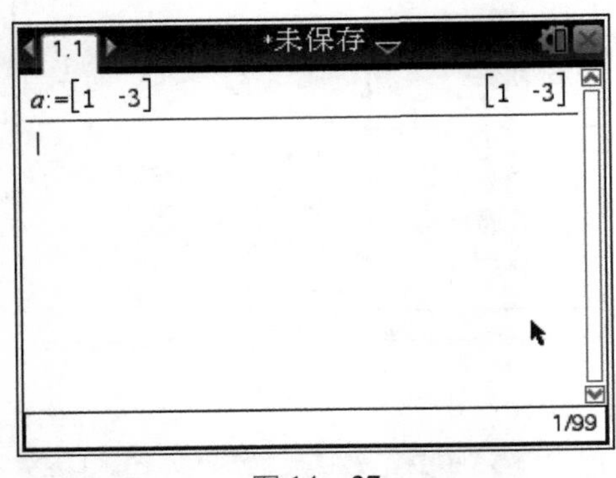

图 14 – 27

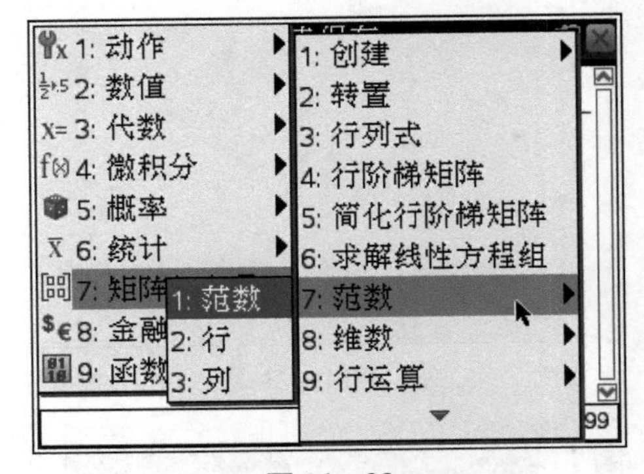

图 14 – 28

（3）按 menu 7 C 1 键，选择“单位向量”命令，如图 14 – 30 所示。输入“a”，按回车键确认，计算出与向量 $\vec{a}$ 方向相同的单位向量，如图 14 – 31 所示。

（4）输入“b：=[–2 1]”，按回车键确认，再输入“2 · a – 3 · b”，按回车键确认后计算出结果，如图 14 – 32 所示。

（5）按 menu 7 C 3 键，选择“点积”命令，输入“a，b”，按回车键确认，计算出两个向量的点积，如图 14 – 33 所示。

（6）按照夹角余弦公式，输入表达式可以求出两个向量的夹角，如图14 – 34

所示。

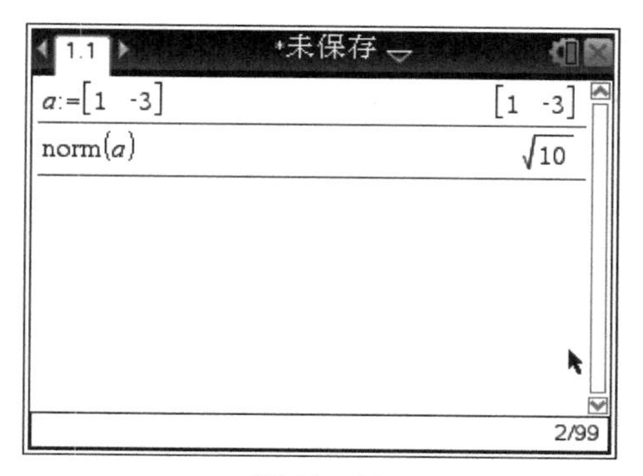

图 14－29

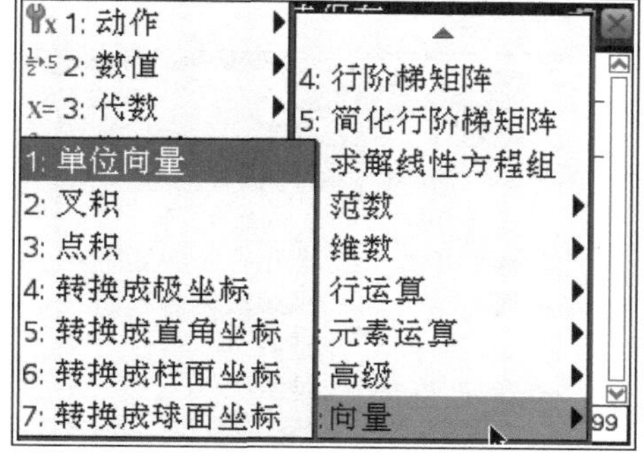

图 14－30

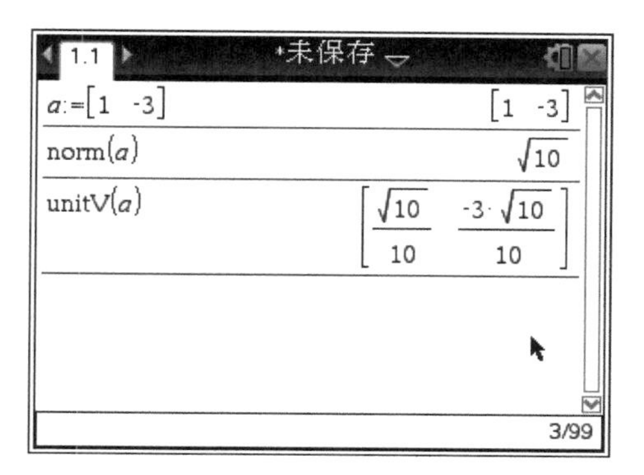

图 14－31

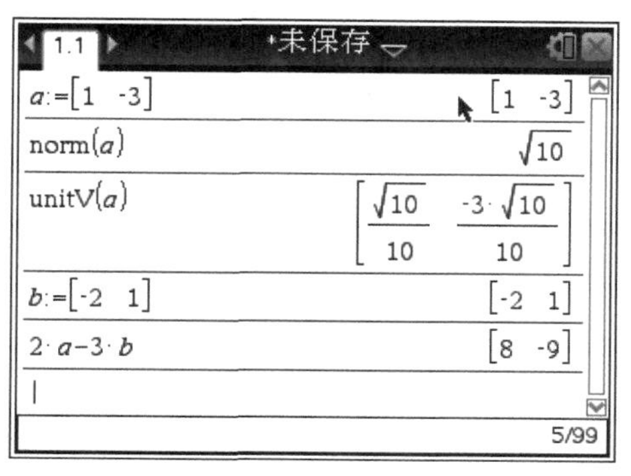

图 14－32

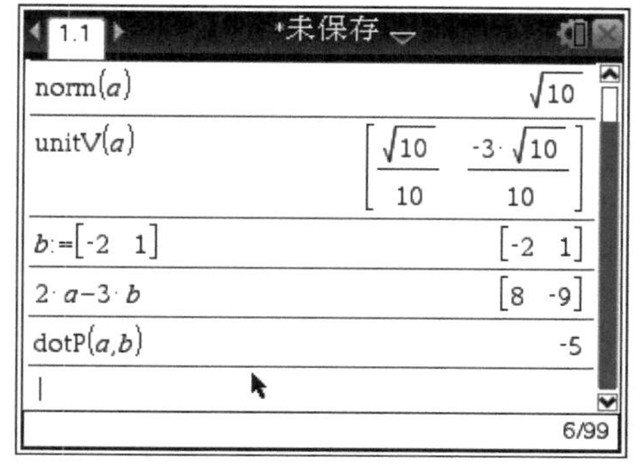

图 14－33

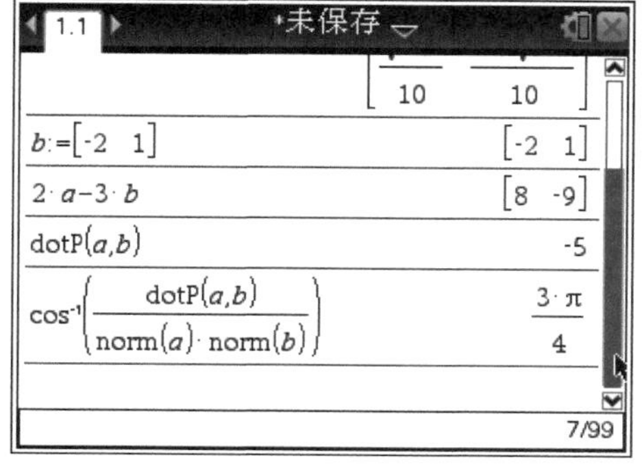

图 14－34

实践 4：矩阵的基本操作和运算。

步骤：

（1）开机，按 doc▾ 1 1 键，添加计算页面。按 menu 7 1 1 键，选择“创建”→

“矩阵”命令，如图 14－35 所示，在弹出的“创建矩阵”对话框中输入行数 2、列数 3，如图 14－36 所示，按回车键后建立 2×3 的空白矩阵，如图 14－37 所示。

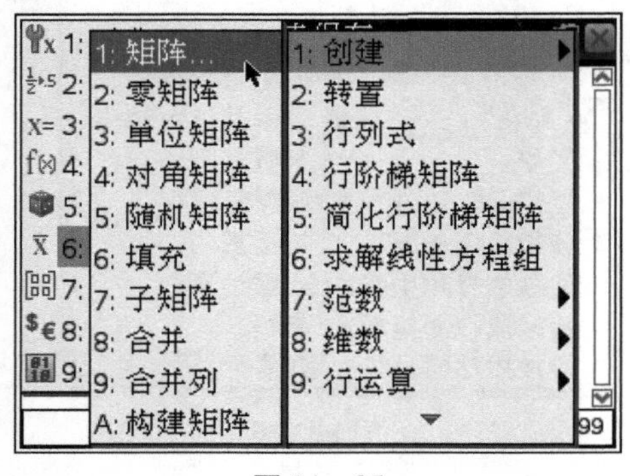

图 14－35

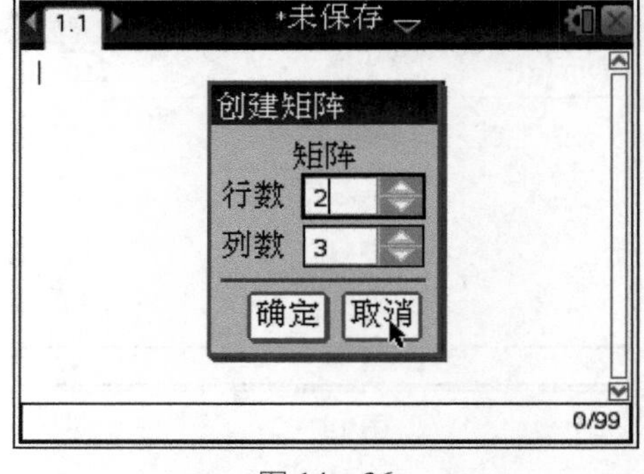

图 14－36

（2）在矩阵中任意输入数字，按 ctrl sto→ 键，输入变量名 a，将矩阵保存到变量 a 中，按回车键确认，如图 14－38 所示。

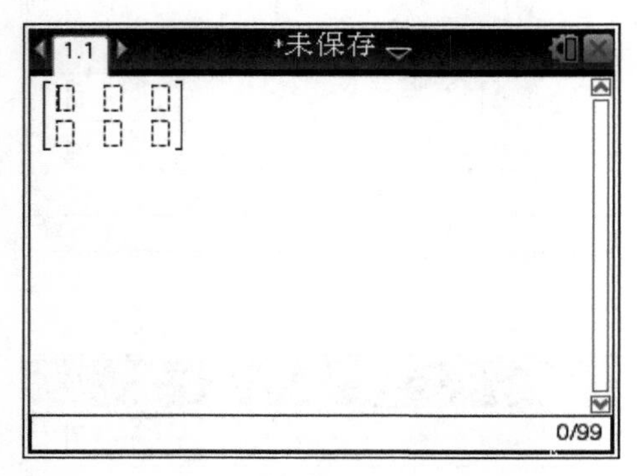

图 14－37

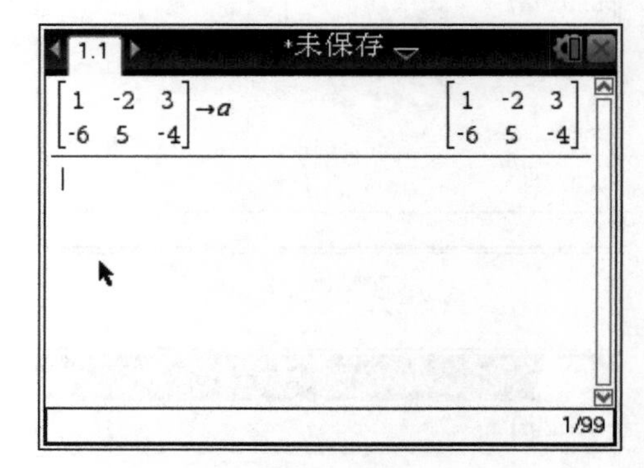

图 14－38

（3）按 menu 7 1 5 键，选择“创建”→“随机矩阵”命令，在对话框中输入行数 2、列数 3，按 ctrl sto→ 键，输入变量名 b，按回车键确认后将随机产生一个矩阵，并保存到变量 b 中，如图14－39所示。

（4）对矩阵进行线性运算，输入“$3 \cdot a-2 \cdot b$”，按回车键得到计算结果，如图 14－40 所示。

（5）随机产生一个 3×4 的矩阵，并保存到变量 c 中，输入“$a \cdot c$”，按回车键得到计算出结果，如图 14－41 所示。

（6）随机产生一个 3×3 的矩阵，并保存到变量 d 中，如图 14－42 所示。输入“$c \cdot d$”，按回车键后弹出对话框，报告维数错误，说明这两个矩阵的维数不满足矩阵运算的要求，不能进行运算，如图 14－43 所示。

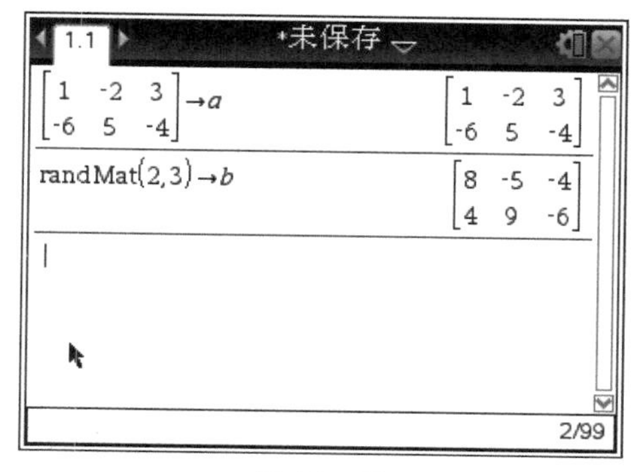

图 14－39

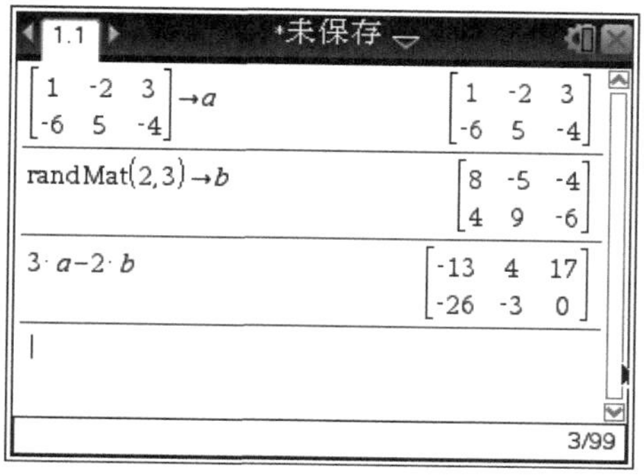

图 14－40

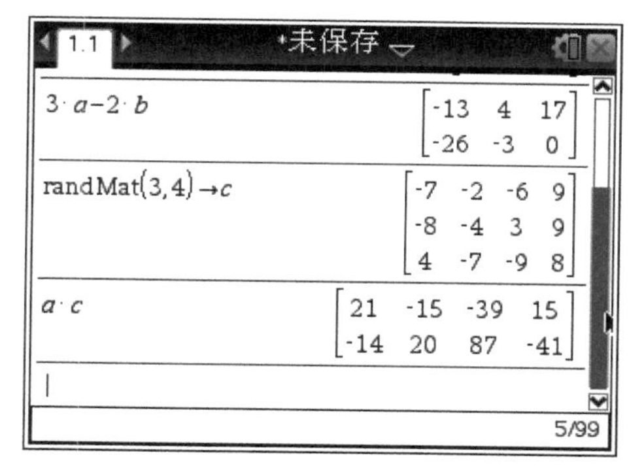

图 14－41

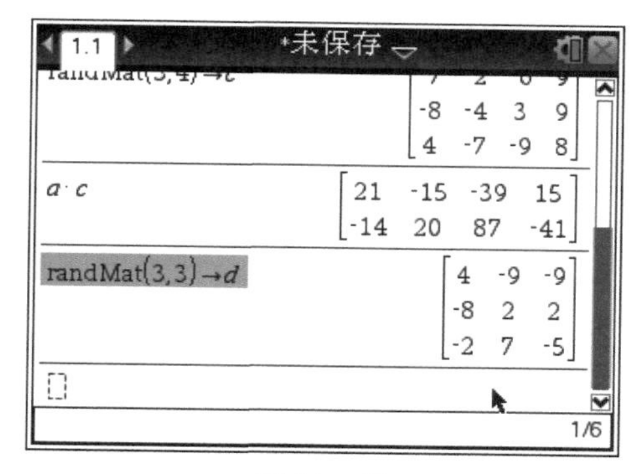

图 14－42

（7）输入"d^3"，按回车键后计算出 d^3 的结果，如图 14－44 所示；再输入"d^{-1}"，按回车键后计算出的是变量 d 中矩阵的逆矩阵，如图 14－45 所示。

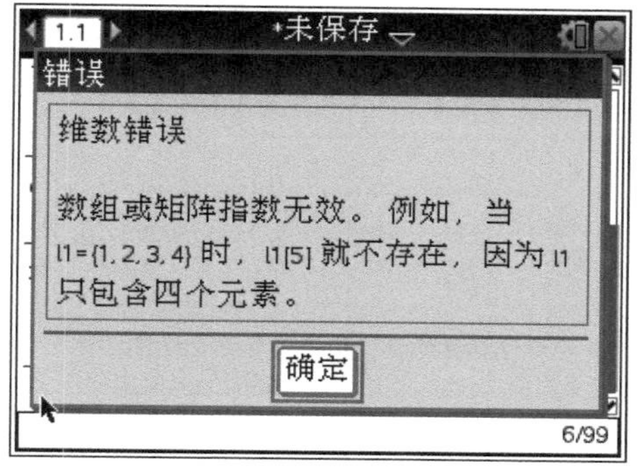

图 14－43

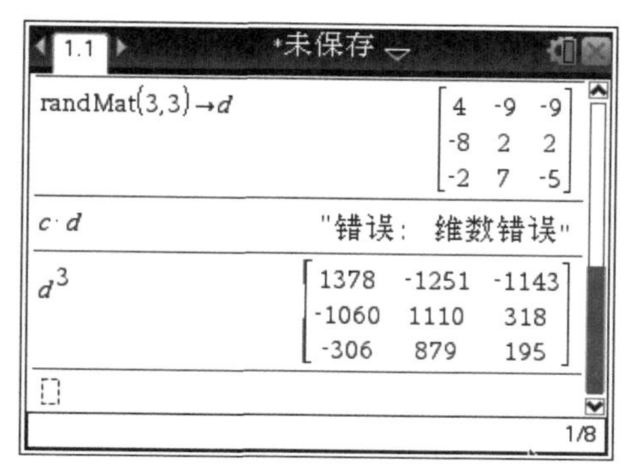

图 14－44

（8）按menu 7 5键，选择“行阶梯矩阵”命令，在括号中输入变量 d，按回车键计算出上阶梯矩阵，如图 14－46 所示。

（9）随机产生一个 3×3 的矩阵，并保存到变量 e 中，输入“$d \cdot e$”，按回车键后得出结果，如图 14－47 所示；再输入“$e \cdot d$”，按回车键后得出结果，如图 14－48 所示。可以发现两次计算结果不同，说明矩阵的乘法不满足交换律。

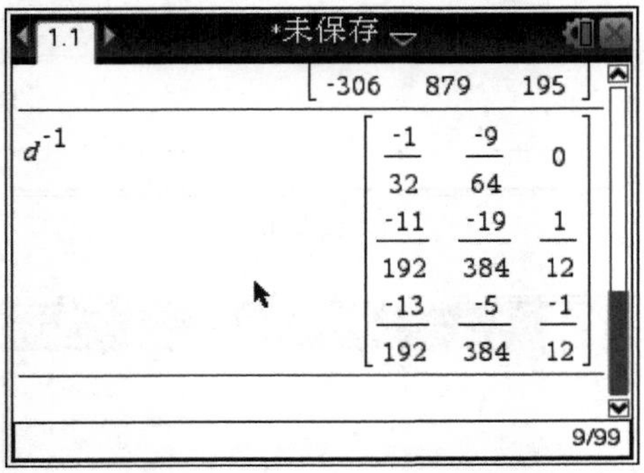

*未保存
d^{-1}
$$\begin{bmatrix} \frac{-1}{32} & \frac{-9}{64} & 0 \\ \frac{-11}{192} & \frac{-19}{384} & \frac{1}{12} \\ \frac{-13}{192} & \frac{-5}{384} & \frac{-1}{12} \end{bmatrix}$$
9/99

图 14－45

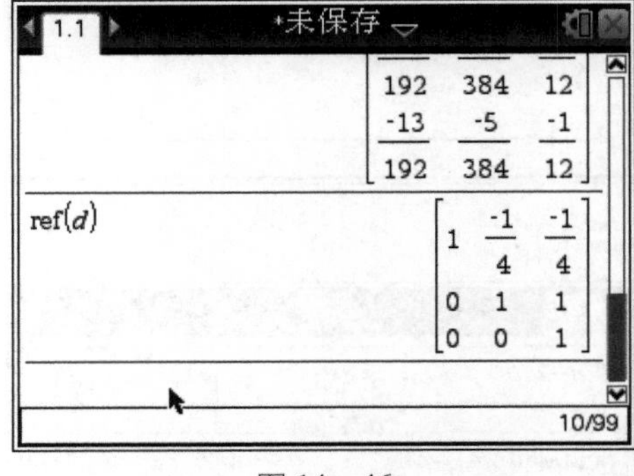

图 14－46

（10）输入“a”，按menu 7 2键，选择“转置”命令，按回车键后计算出变量 a 中矩阵的转置矩阵，如图 14－49 所示。按menu 7 3键，选择“行列式”命令，在括号中输入“d”，按回车键后计算出的是变量 d 中矩阵对应的行列式的值，如果矩阵不是方阵，则将报告错误，如图 14－50 所示。

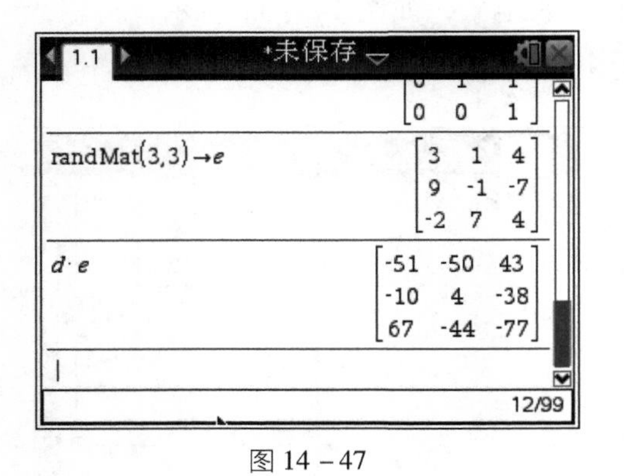

图 14－47

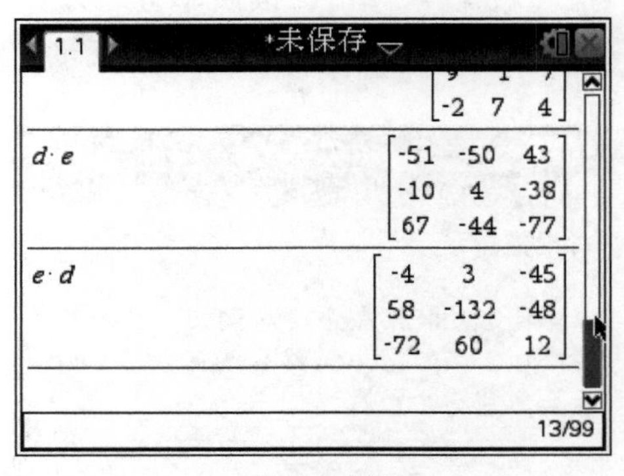

图 14－48

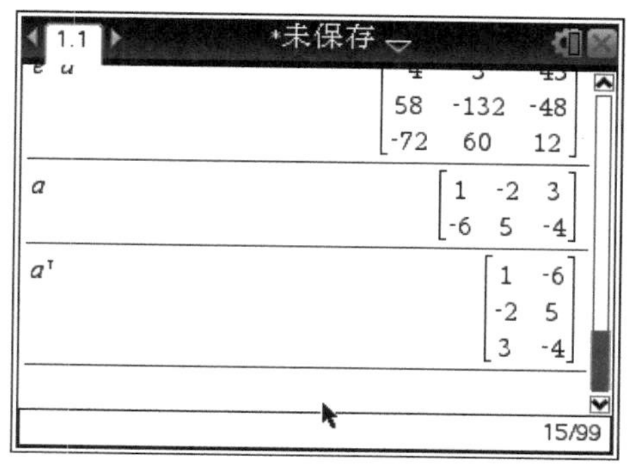

图 14－49

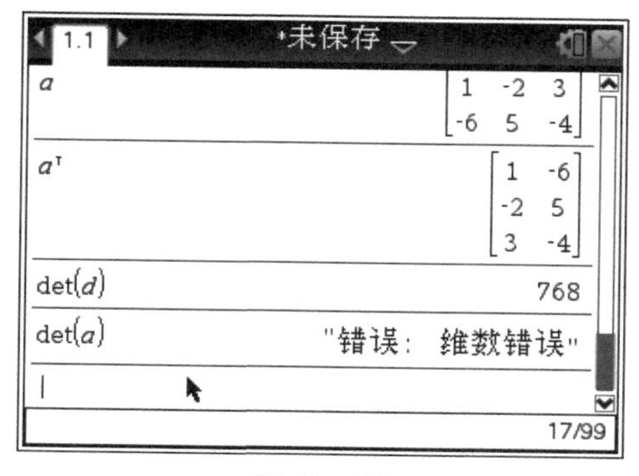

图 14－50

练习：

（1）判断下列矩阵是否存在逆矩阵，若存在则求出，若不存在则说明理由。

① $\begin{bmatrix} 15 & 3 \\ 10 & 2 \end{bmatrix}$；　　② $\begin{bmatrix} -3 & 1 & -1 \\ 1 & -4 & -7 \\ 1 & 2 & 5 \end{bmatrix}$。

（2）计算 $\boldsymbol{AB}$ 和 $\boldsymbol{BA}$。

$\boldsymbol{A}=\begin{bmatrix} 1 & -1 \\ -3 & 2 \\ 0 & 5 \end{bmatrix}$，　　$\boldsymbol{B}=\begin{bmatrix} 2 & 8 & -1 \\ 3 & 6 & 0 \end{bmatrix}$。

第十五课时 算法程序实践

学习目标

利用 TI－nspire 图形计算器编制程序，运行程序查看结果，体验算法的思想。

学习过程

实践 1：用循环结构实现累加求和。

求和：$1+\frac{1}{2}+\frac{1}{3}+\cdots+\frac{1}{n}$。

步骤：

（1）开机，按 doc▾ 4 1 键，插入计算页面，按 menu 9 1 1 键，选择“新建”命令，如图 15－1 所示，在弹出的“新建”对话框中输入程序名称，如图 15－2 所示，按回车键确认，结果如图 15－3 所示。

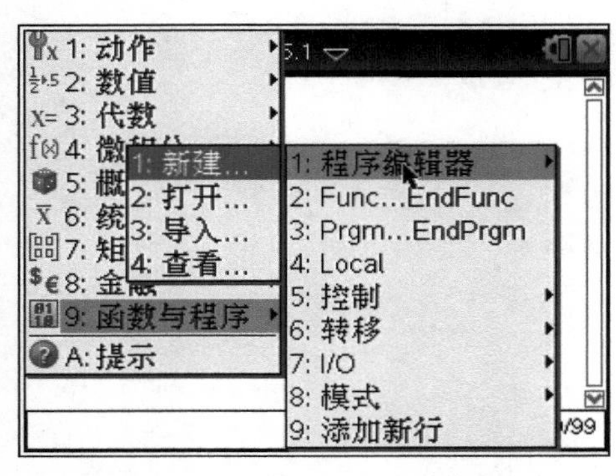

图 15－1

图 15－2

（2）在程序编辑器中，给变量 s 赋初值 0，给变量 i 赋初值 1，按回车键增加一行，如图 15－4 所示。

（3）按 menu 6 2 键，选择“Request”命令，如图 15－5 所示，输入“"n＝"，n”，如图 15－6 所示。

（4）按 menu 4 5 键，选择“for... EndFor”命令，如图 15－7 所示，输入“i，1，n”，如图 15－8 所示。

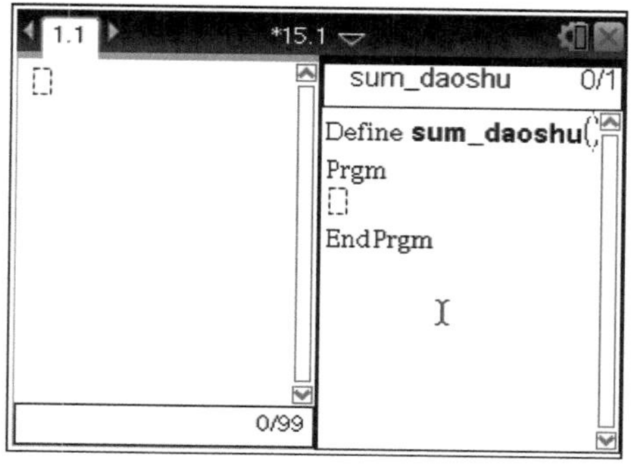

图 15－3

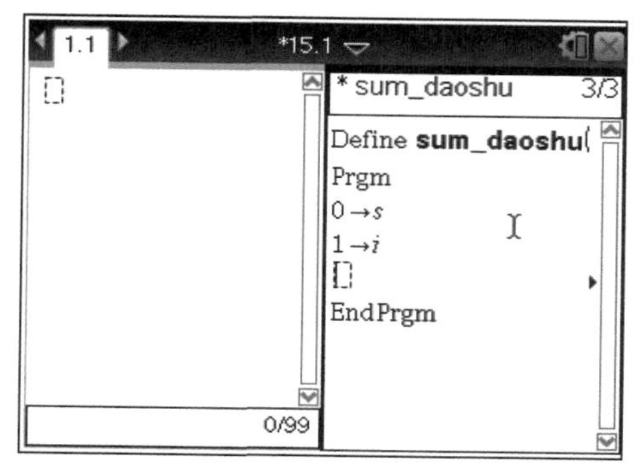

图 15－4

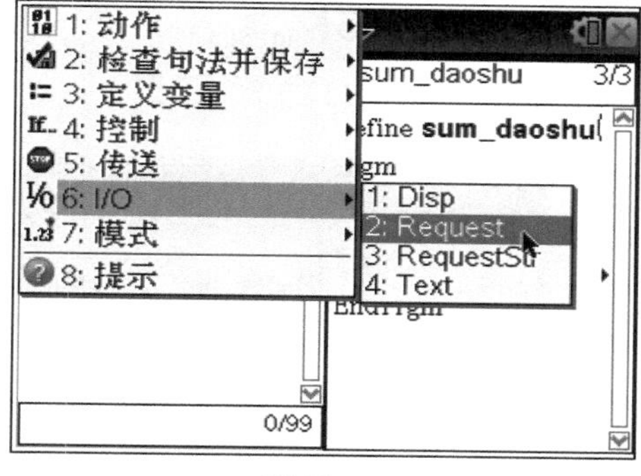

图 15－5

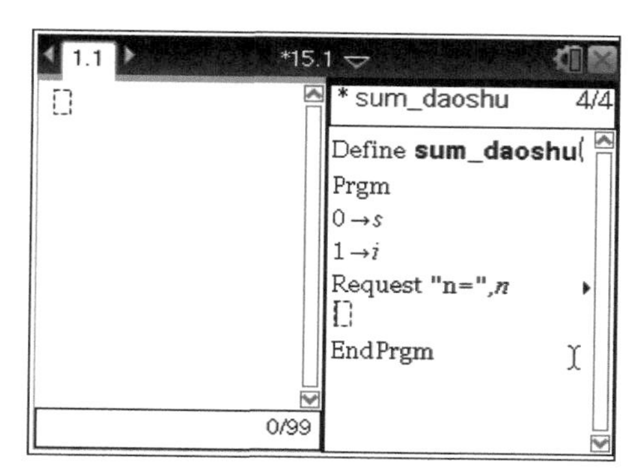

图 15－6

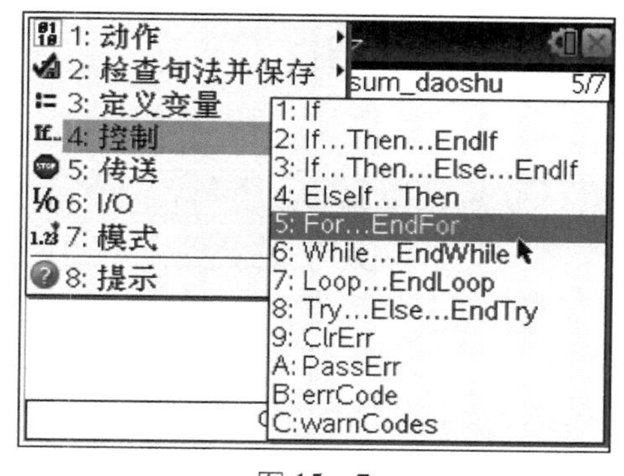

图 15－7

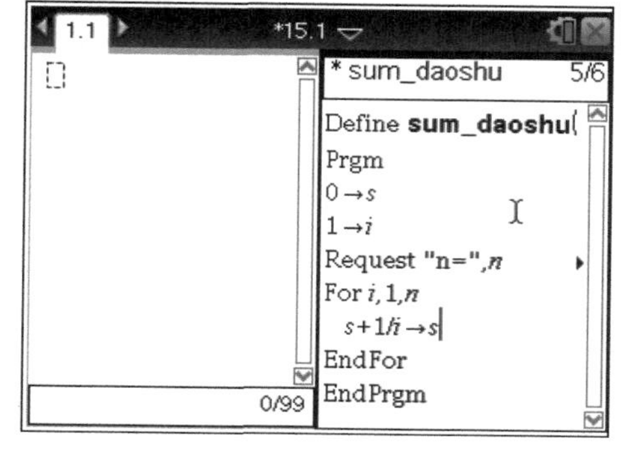

图 15－8

（5）在 EndFor 后面添加一行，按 menu 6 1 键，选择“Disp”命令，输入“"s＝"，s”，如图 15－9、图 15－10 所示。

（6）按 menu 2 1 键，选择“检查句法并保存”命令，如图 15－11 所示。切换到运行窗口，输入“sum_daoshu( )”，结果如图 15－12 所示。

（7）切换到运行窗口，在输出行前面增加一行，按 menu 7 5 2 键，选择“近似”命令，设置显示结果为近似，如图 15－13 所示，保存后再运行，结果如图 15－14 所示，显示的是近似计算的结果。

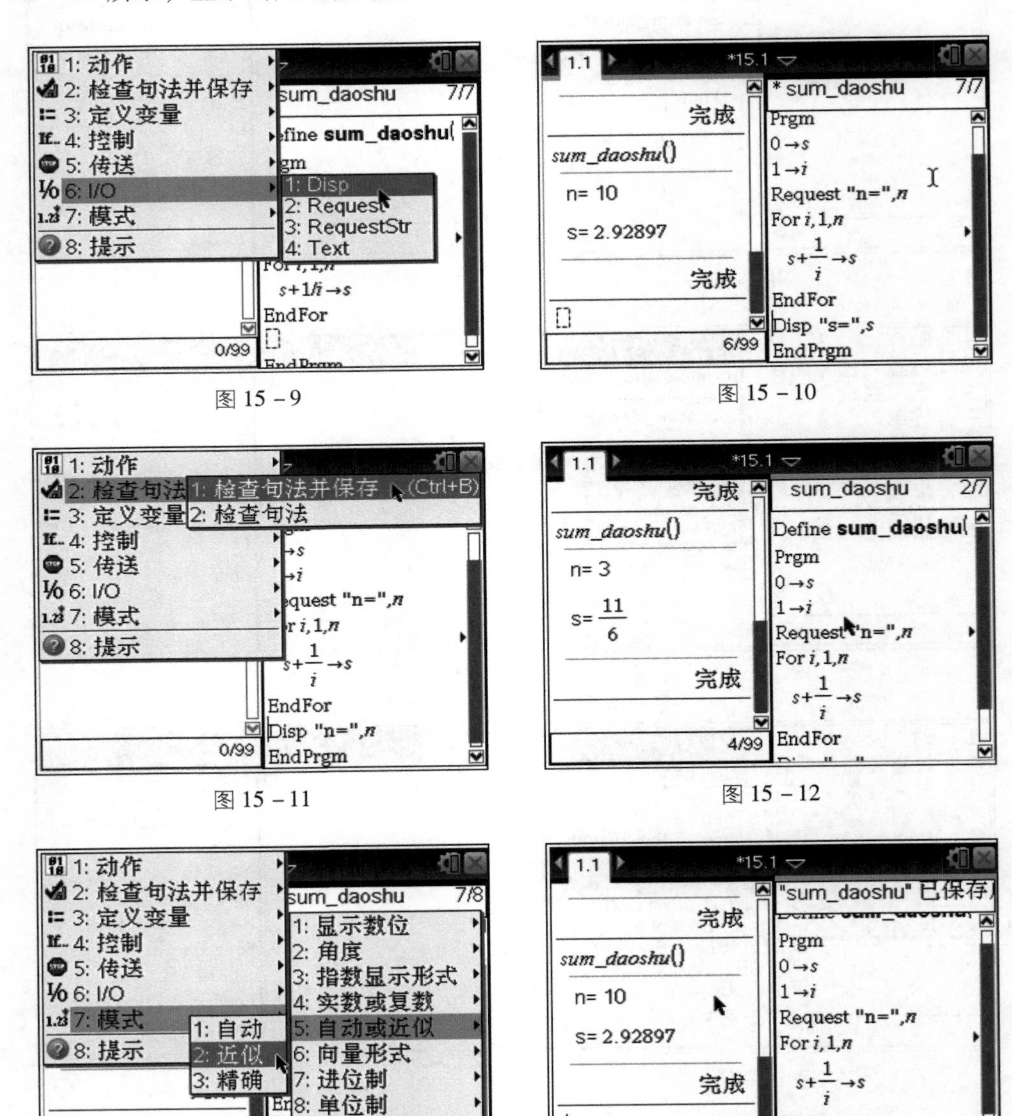

图 15－9　　图 15－10

图 15－11　　图 15－12

图 15－13　　图 15－14

（8）程序允许传递变量，如图 15－5 所示，在程序名的括号中引入变量 n，将程序中要求 n 的输入行去掉，其他不变，运行时再添上参数值，就可以得到结果，如图 15－16 所示。

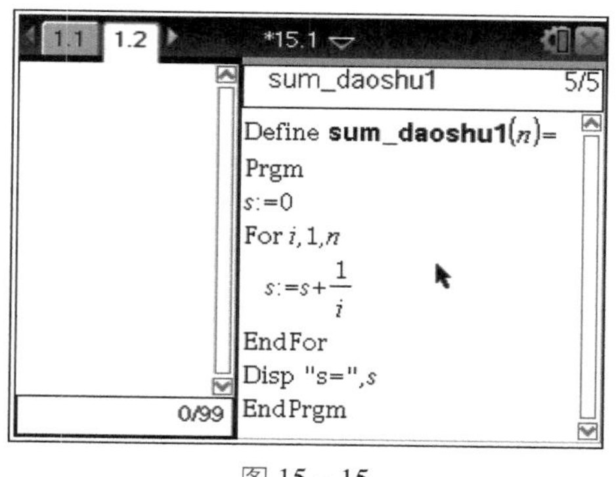

图 15－15

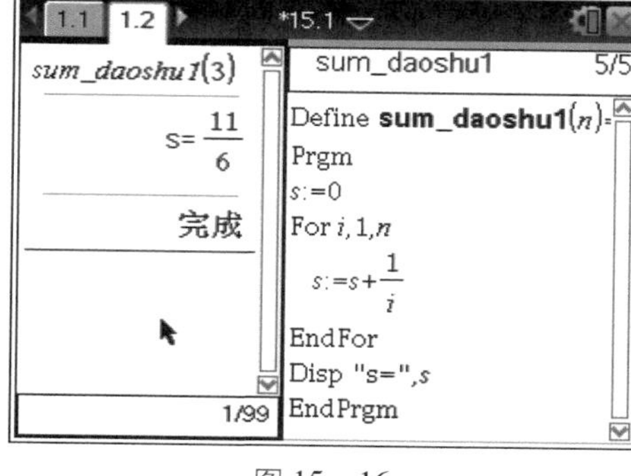

图 15－16

实践 2：循环结构算法实现。

求平方值小于 1 000 的最大整数。

步骤：

（1）建立新的程序 zdzsh，进入程序编辑器，如图 15－17 所示，输入程序，如图 15－18 所示。

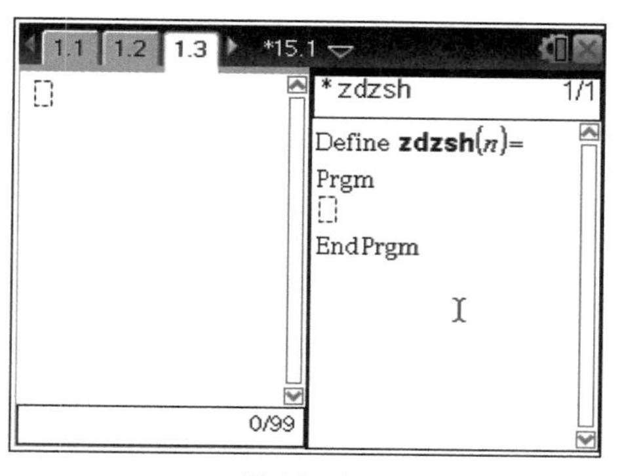

图 15－17

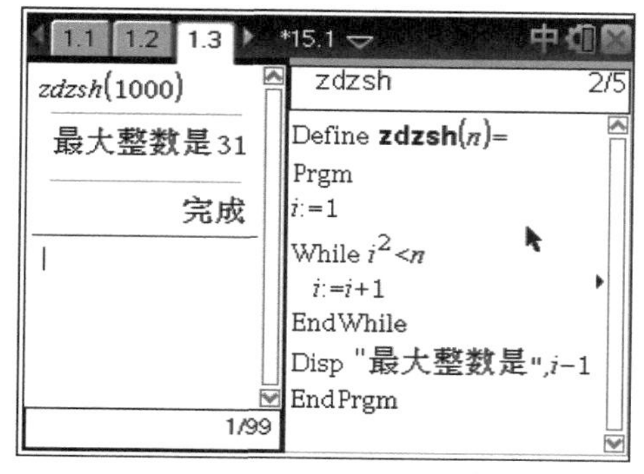

图 15－18

（2）切换到运行窗口，输入“zdzsh（1000）”，结果如图 15－18 所示。实践 1 的循环适合使用 For 循环，本实践适合当型循环或者直到型循环，直到型循环的程序和结果如图 15－19、图 15－20 所示。

实践 3：求最大公约数算法实现。

求 24，96 的最大公约数。

步骤：

（1）建立新的程序 gys，进入程序编辑器，输入程序，如图 15－21 所示。

(2) 切换到运行窗口，输入“gys(24，96)”，结果如图 15－22 所示。该程序在当型循环中嵌套了条件判断语句。

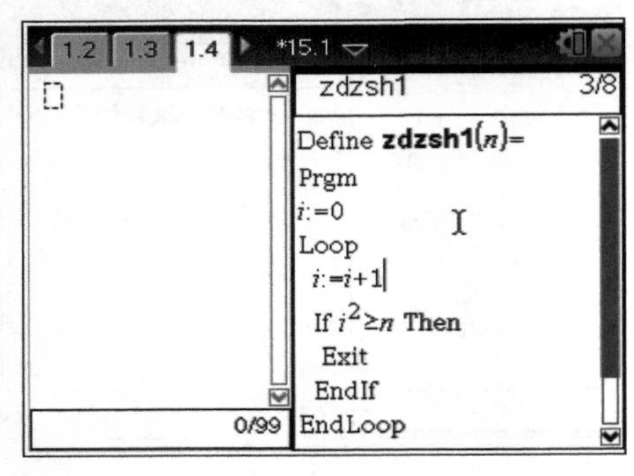

图 15－19

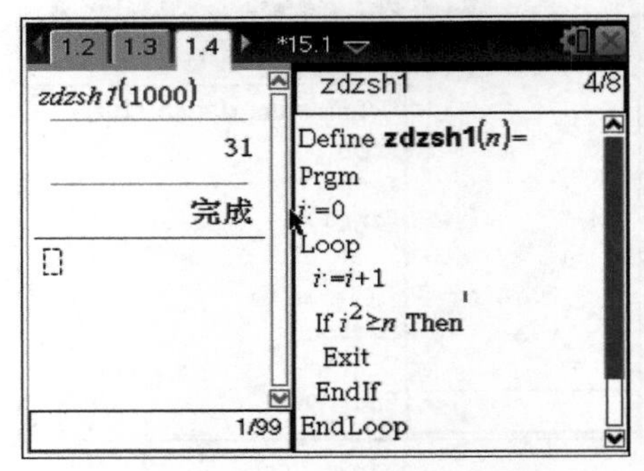

图 15－20

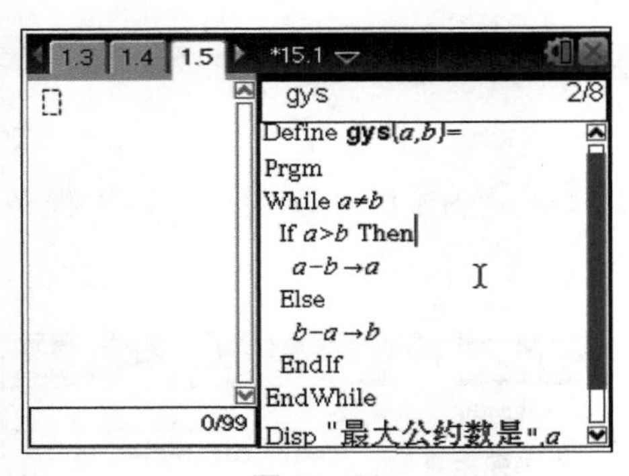

图 15－21

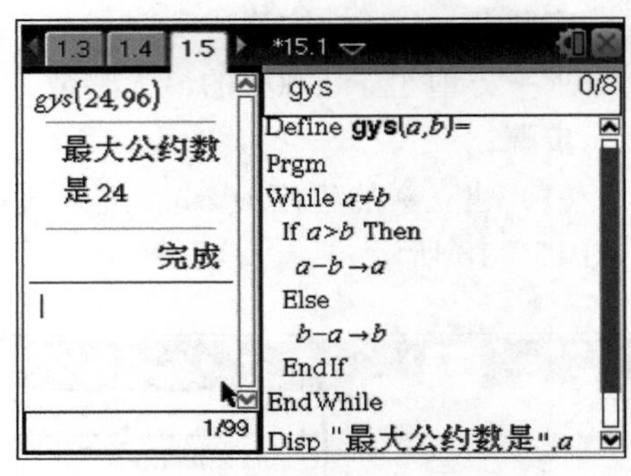

图 15－22

实践 4：两个循环结构的嵌套使用。

已知 m，n 是两个正整数，求满足 $m+n<10$ 的所有正整数对 m，n。

步骤：新建程序并运行，如图 15－23、图 15－24 所示。这是两个 For 循环的嵌套使用。还可以使用其他的循环进行嵌套，如图 15－25 ~ 图 15－28 所示。

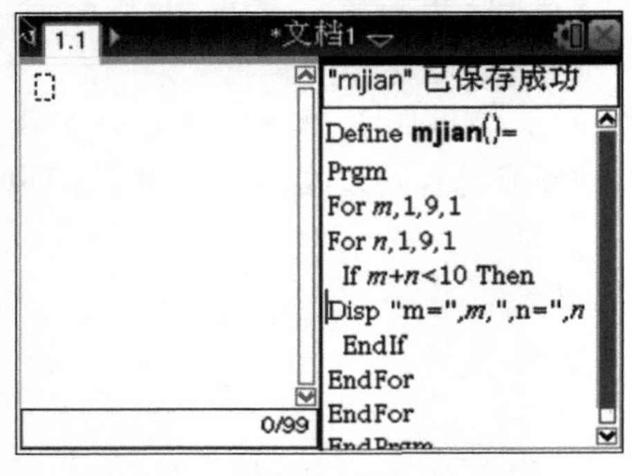

图 15－23

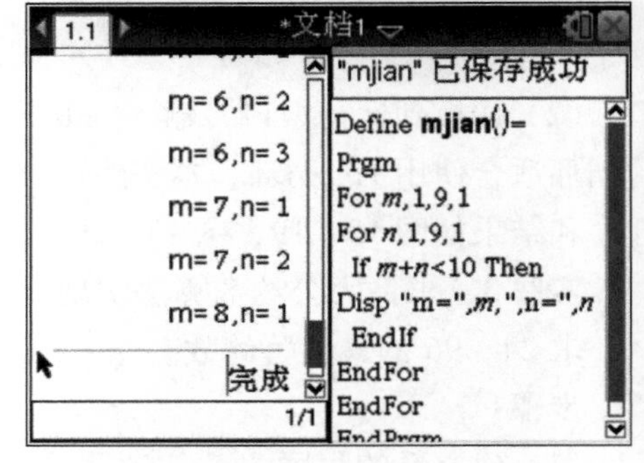

图 15－24

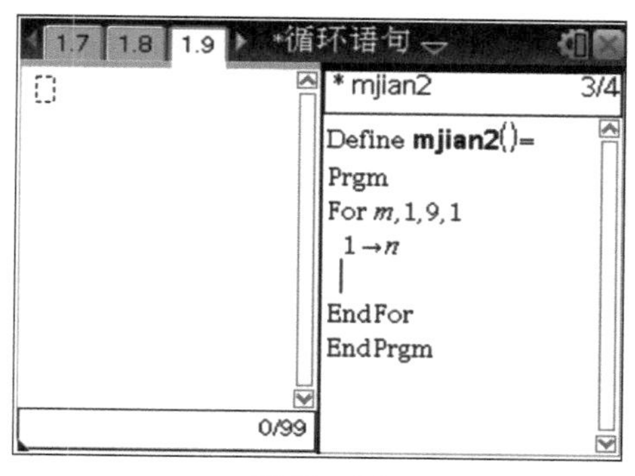

图 15－25

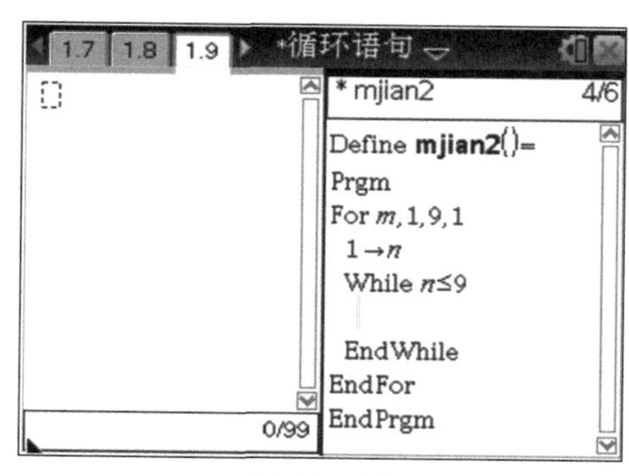

图 15－26

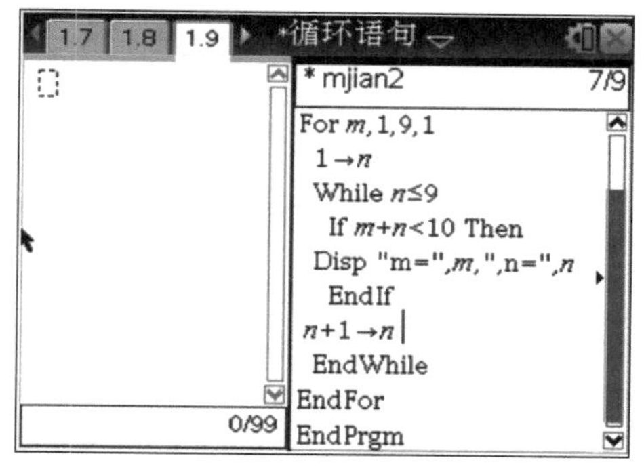

图 15－27

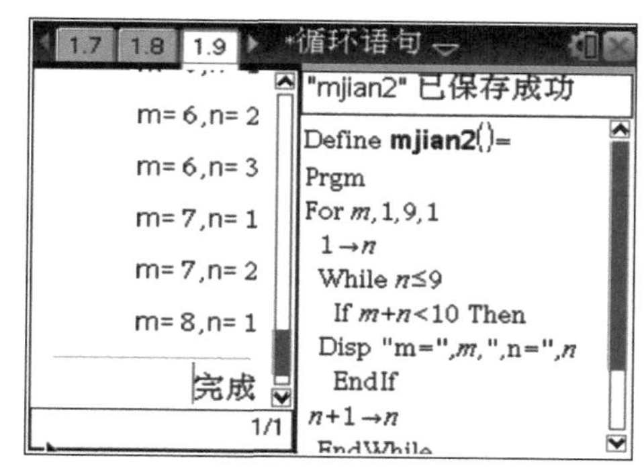

图 15－28

练习：

编写判断一年是否闰年的算法并编程，运行程序，查看结果。

第十六课时　极限、导数及其应用

学习目标

利用 TI－nspire 图形计算器探究极限、导数的定义，利用 TI－nspire 图形计算器进行相关的计算。

学习过程

实践 1：体验极限的概念。

函数 $f(x)=\dfrac{3x-3}{x^2-1}$，求当 $x\to1$ 时函数的极限。

分析：

当 $x=1$ 时，函数没有意义，但是当 $x\to1$ 时函数的极限存在，本实践体验极限形成过程，即无限逼近过程。

步骤：

（1）开机，按 doc▾ 4 1 键，插入图形页面，输入"$f1(x)=\dfrac{3x-3}{x^2-1}$"，按回车键后得到图像，然后跟踪图像，输入自变量值 1，可以看到未定义，如图 16－1 所示。

（2）按 ctrl +page 键，插入计算页面，依次输入图 16－2、图 16－3 中自变量的值，发现当 $x\to1$ 时函数值越来越接近 1.5，但是点(1，1.5)不在图像上，应该去掉，如图 16－4 所示。

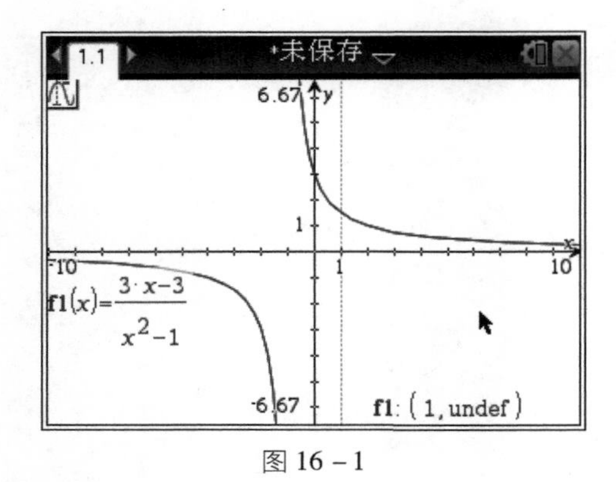

1.1
*未保存
6.67
y
1
x
-10
1
10
f1(x)= 3·x−3 / x²−1
-6.67
f1: (1, undef)
图 16－1

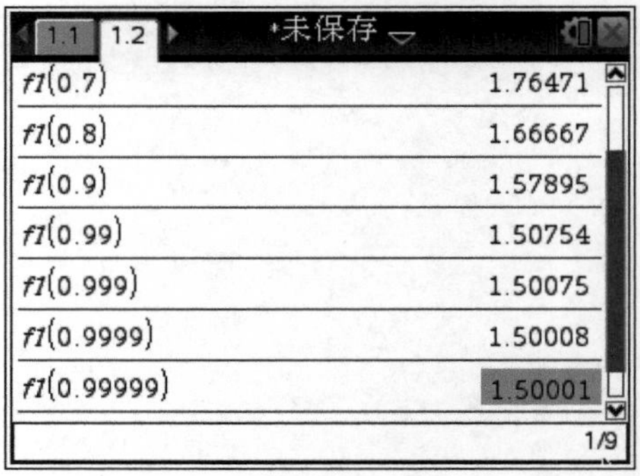

1.1
1.2
*未保存
f1(0.7) 1.76471
f1(0.8) 1.66667
f1(0.9) 1.57895
f1(0.99) 1.50754
f1(0.999) 1.50075
f1(0.9999) 1.50008
f1(0.99999) 1.50001
1/9
图 16－2

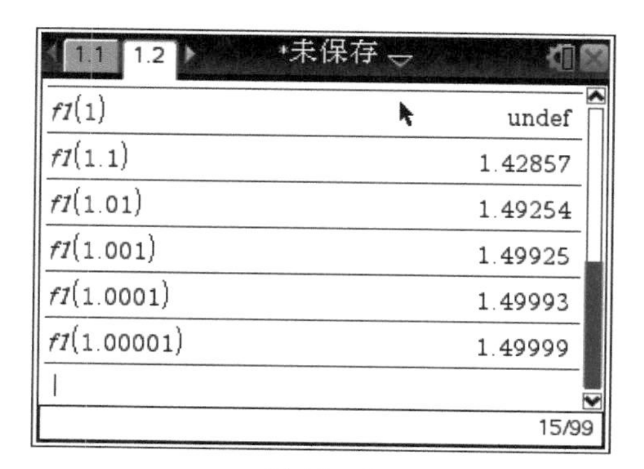

图 16－3

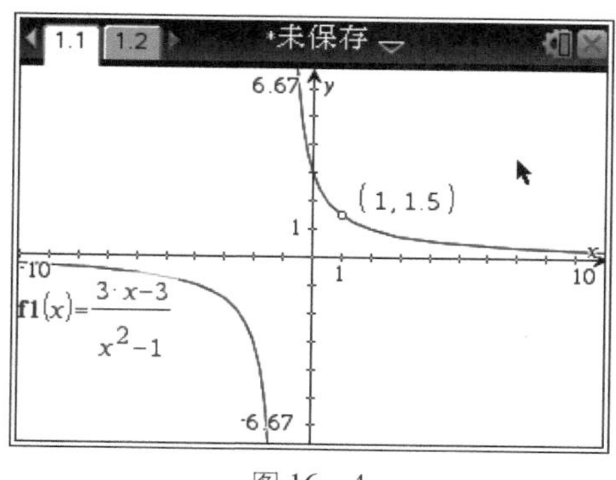

图 16－4

（3）另一种方法是使用函数值表探究极限过程。按menu⑦①键，选择拆分显示表格，并且调整好图像的显示窗口，如图 16－5 所示。

（4）在表格中按menu②⑤键，选择“表格设置”命令，弹出“表格”对话框，将“自变量”改为“询问”，如图 16－6 所示，按回车键后如图 16－7 所示。

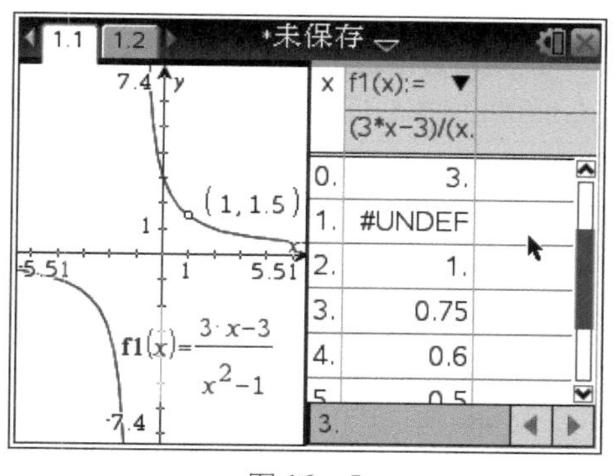

图 16－5

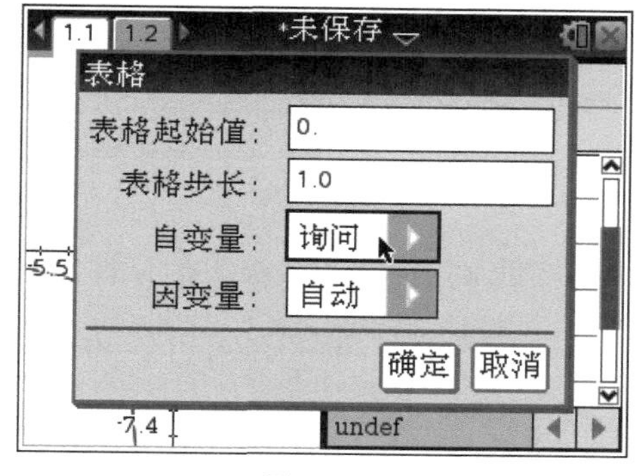

图 16－6

（5）在 x 列依次输入 0.9，0.99，0.999，0.9999，0.99999，相应的函数值将计算并显示出来，如图 16－8 所示。依次输入 1.1，1.01，1.001，1.0001，1.00001，也显示出相应的函数值，如图 16－9 所示。

（6）在探究极限过程之后，可以计算函数的极限。在计算页面中，按模板键，选择极限模板，输入表达式，按回车键后得到结果，如图 16－10 所示。

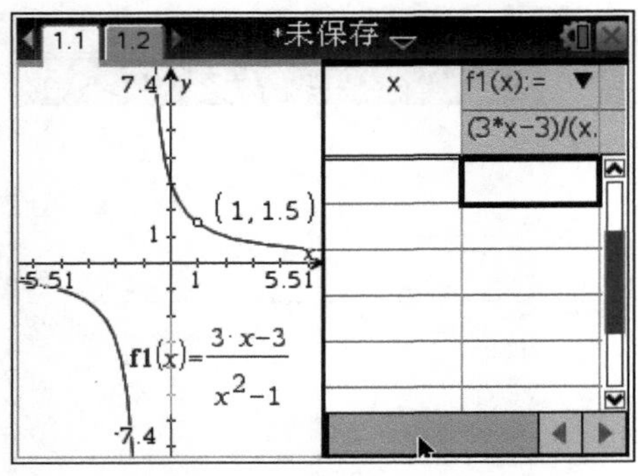

图 16-7

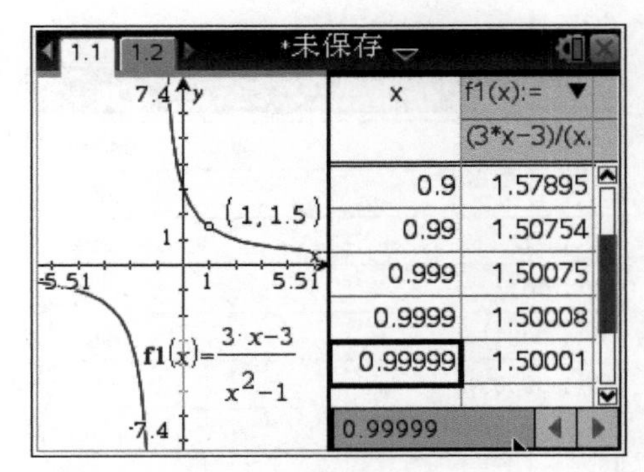

图 16-8

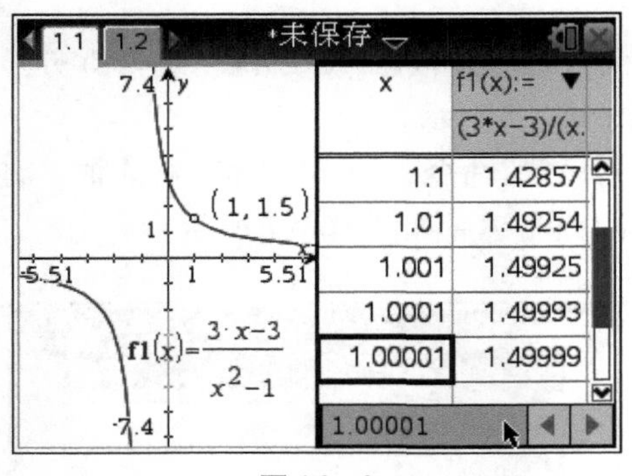

图 16-9

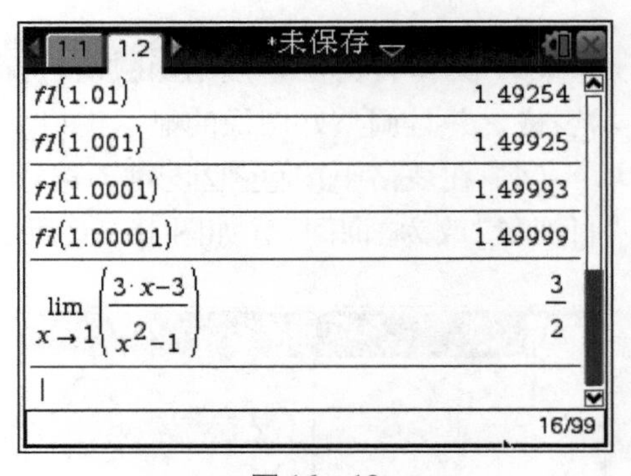

图 16-10

实践 2：探究函数极限的存在性。

函数 $f(x)=\sin\frac{\pi}{x}$，求当 $x\to 0$ 时函数的极限。

分析：如图 16-11、图 16-12 所示，当 $n=1$，$\frac{1}{2}$，$\frac{1}{3}$，$\frac{1}{4}$，…时，$f(x)=0$，于是猜想当 $x\to 0$ 时函数的极限是 0。下面验证猜想是否正确。

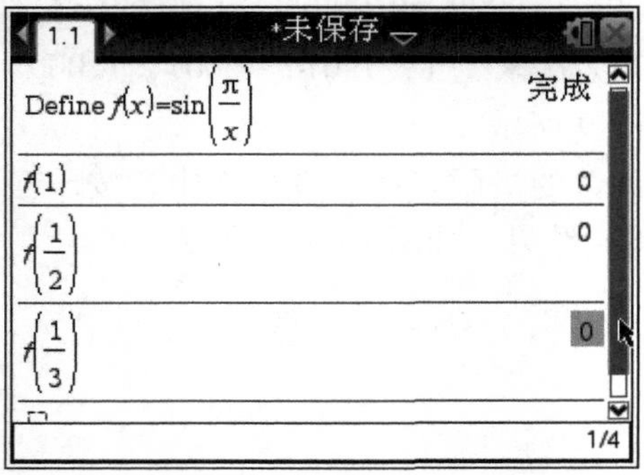

图 16-11

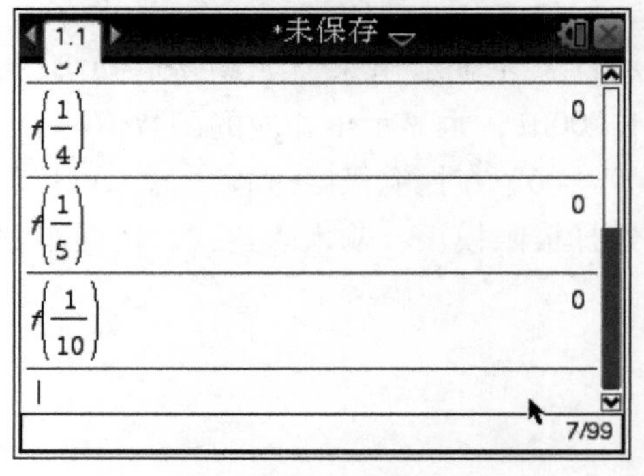

图 16-12

步骤：

（1）开机，按[doc▾][4][1]键，插入图形页面，输入表达式，按回车键后得到图像。拖动 x 轴上的刻度缩放图像，然后跟踪图像，发现在 $x\to0$ 的过程中有很多个最大值为 1，如图 16－13、图 16－14 所示。

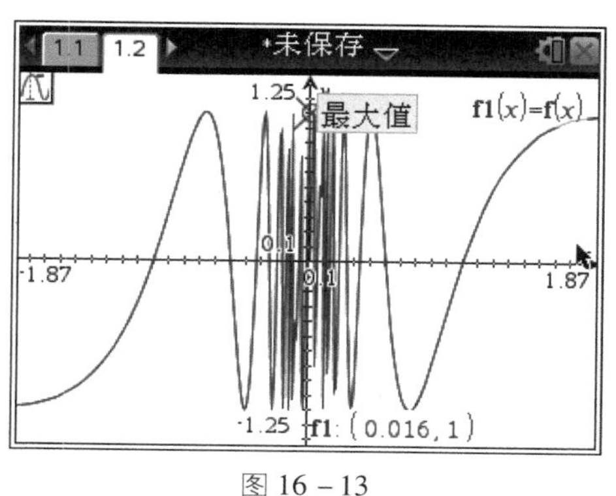

图 16－13

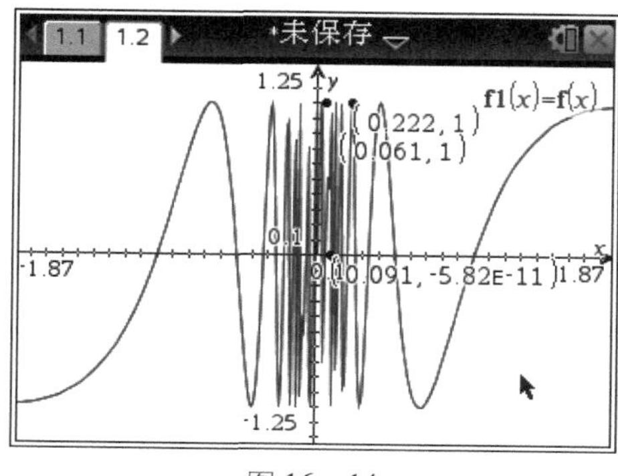

图 16－14

（2）按[ctrl][+page]键，插入列表与电子表格页面，在 A 列中输入自然数数列，在 B 列中输入 $2/(2a+1)$，在 C 列中输入 $f(b)$，按回车键确认后，函数值为 ±1 交替出现，如图 16－15、图 16－16 所示，故当 $x\to0$ 时函数值并不会越来越接近某个常数，因此当 $x\to0$ 时函数的极限不存在。

1.1　1.2　1.3　*未保存

	A	B	C	D	E
◆	=seqger	=2/(2*a[]+	=f(b[])		
1	1	2/3	-1		
2	2	2/5	1		
3	3	2/7	-1		
4	4	2/9	1		
5	5	2/11	-1		

C1　=-1

图 16－15

1.1　1.2　1.3　*未保存

	A	B	C	D	E
◆	=seqger	=2/(2*a[]+	=f(b[])		
46	46	2/93	1		
47	47	2/95	-1		
48	48	2/97	1		
49	49	2/99	-1		
50	50	2/101	1		

C50　=1

图 16－16

实践 3：导数的几何意义探究。

函数 $f(x)=\dfrac{1}{15}(x^3-27x)$，探究 $f(x)$ 在 $x=4$ 处附近的割线与切线的关系。

步骤：

（1）开机，按doc▾ 4 1键，插入图形页面，输入表达式，按回车键后得到图像，如图 16－17 所示。按menu 8 1 2键，选择“对象点”命令，单击图像任意作出一点，单击横坐标，输入“4”，并且选择该点，按ctrl ▤键，设置该点的属性为“固定”，标记为 A，如图 16－18 所示。

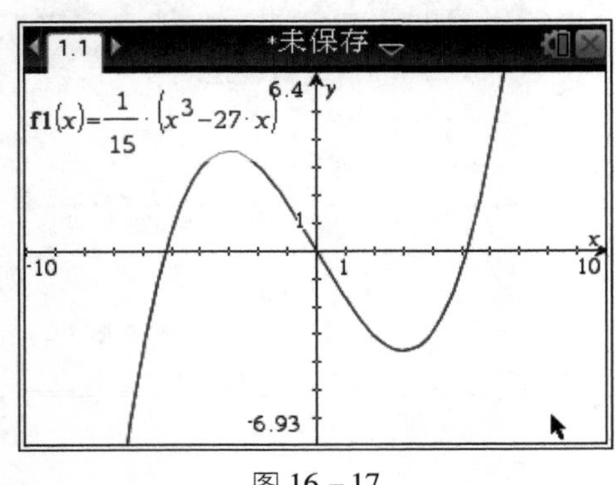

图 16－17

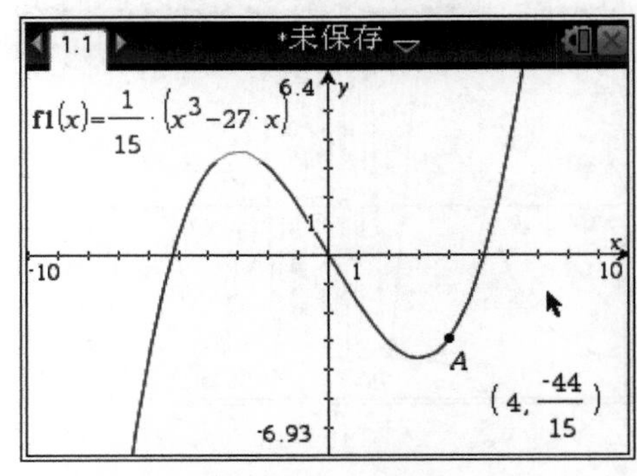

图 16－18

（2）按menu 8 1 7键，选择“切线”命令，单击图像后再单击点 A，作出以点 A 为切点的切线，并拖动切线两端的箭头，适当延长切线。按menu 8 1 7键，选择“斜率”命令，单击切线度量切线斜率，如图 16－19 所示。

（3）按menu 8 1 4键，选择“直线”命令，单击点 A，再单击图像任意作出一点 B，从而作出割线 AB，改颜色为红色，并度量割线斜率，如图 16－20 所示。

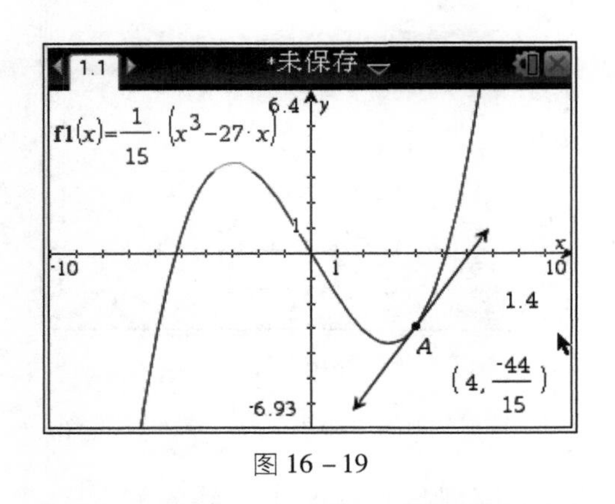

图 16－19

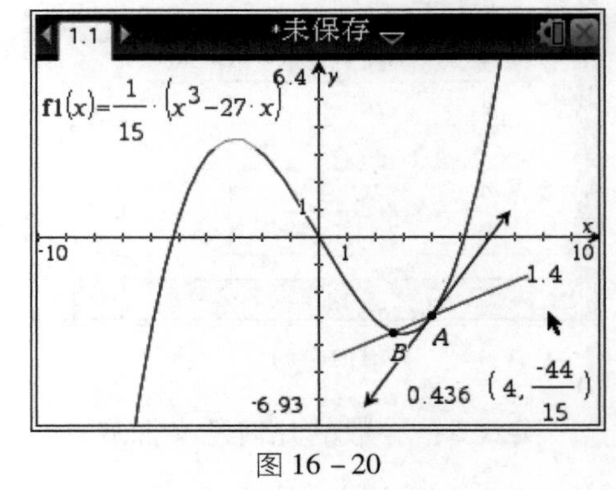

图 16－20

（4）拖动点 B 改变割线的位置，观察割线与切线的位置关系，再观察割线的斜率与切线的斜率的关系，如图 16－21～图 16－26 所示。

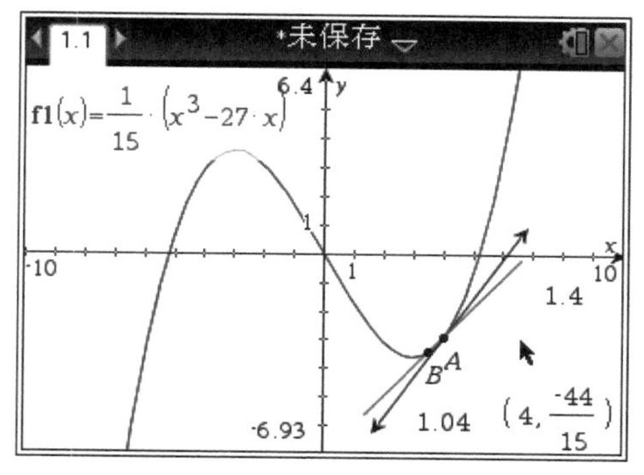

图 16－21

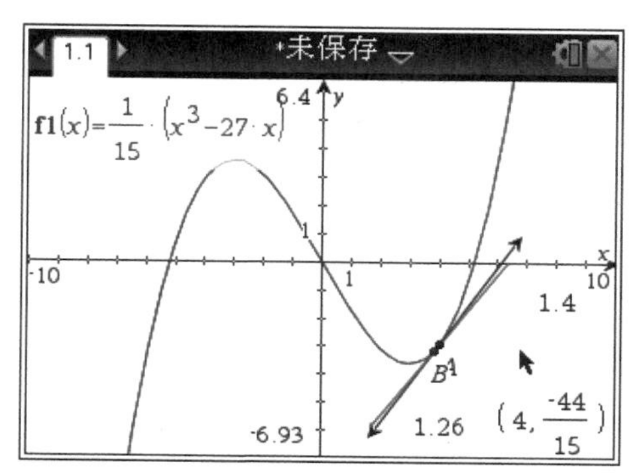

图 16－22

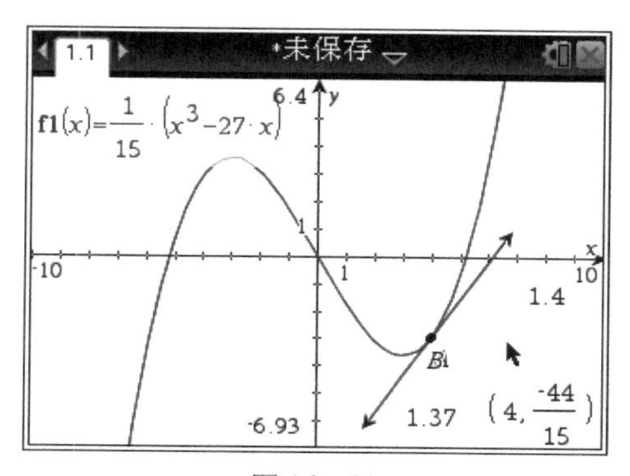

图 16－23

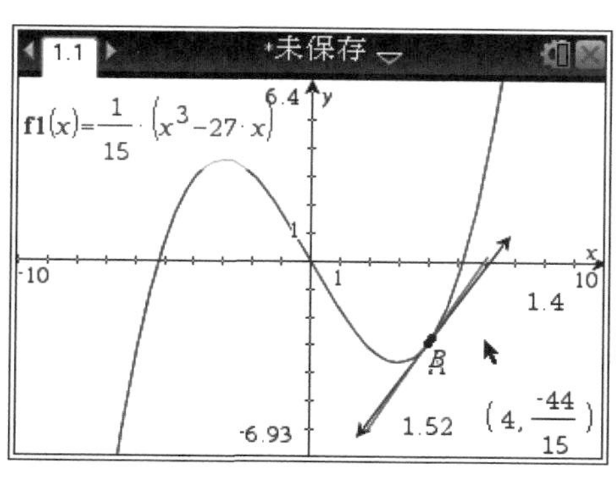

图 16－24

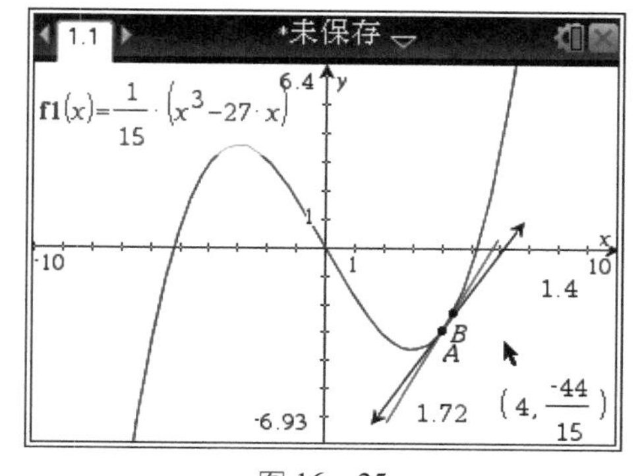

图 16－25

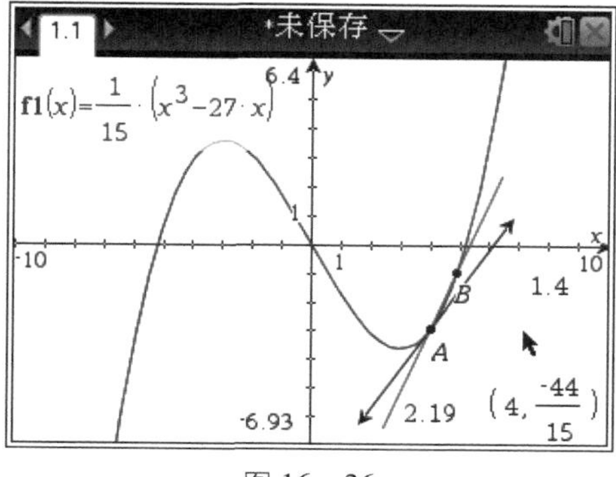

图 16－26

结论：

割线的极限位置是________________。

函数变化率的极限是导数，导数的几何意义是________________。

实践 4：用导数探究函数的单调性和极值。

函数$f(x)=\frac{1}{15}(x^3-27x)$，探究$f(x)$的单调区间和极值。

步骤：

（1）作出图像，在图像上任意作一点A，并作出以A为切点的切线，度量斜率，如图16－27所示。

（2）移动点A，由切点在增减区间的位置，观察切线的倾斜方向和切线的斜率，如图16－28～图16－30所示。

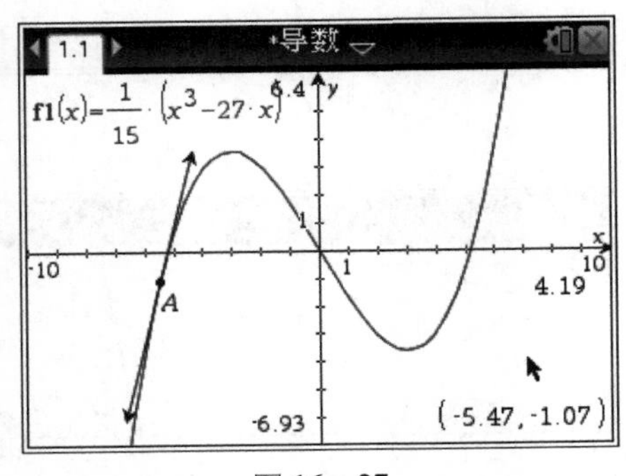

图16－27

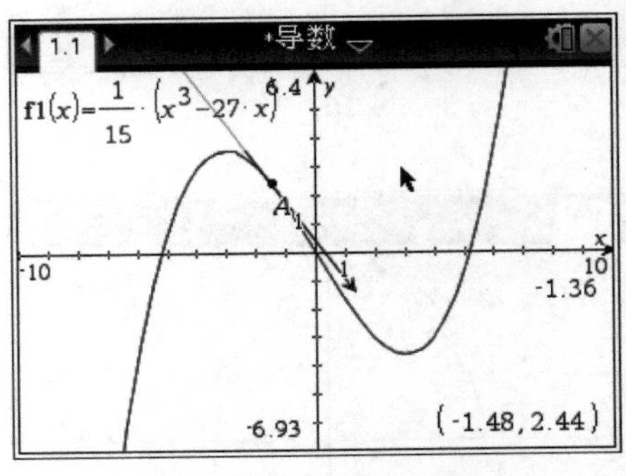

图16－28

（3）按menu 6 2键，选择"最小值"命令，求出最小值点A，同样求出最大值点，如图16－31所示。

（4）移动切点A到极大值点、极小值点的位置，发现切线平行于x轴，斜率为0，如图16－32、图16－33所示。

（5）插入计算页面，求出导函数为$f'(x)=\frac{1}{5}(x^2-9)$，在图形页面中作出其图像，如图16－34、图16－35所示。作出导数函数图像的两个零点，过两个零点分别作出x轴的垂线，发现垂线分别过原函数图像的极大值点、极小值点，如图16－36所示。

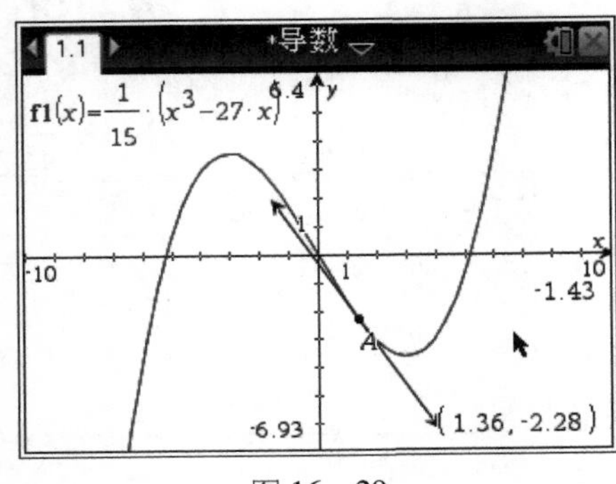

图16－29

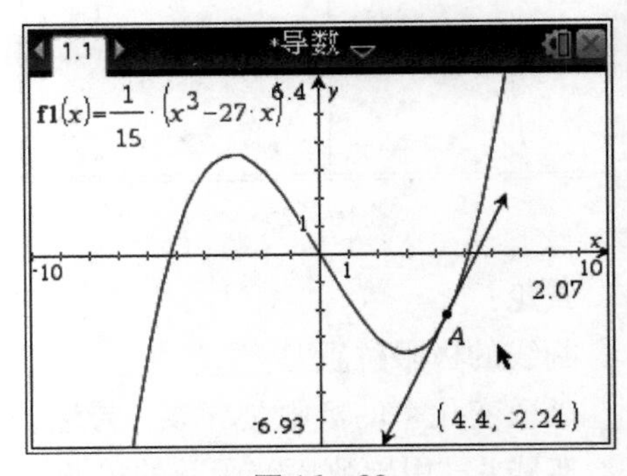

图16－30

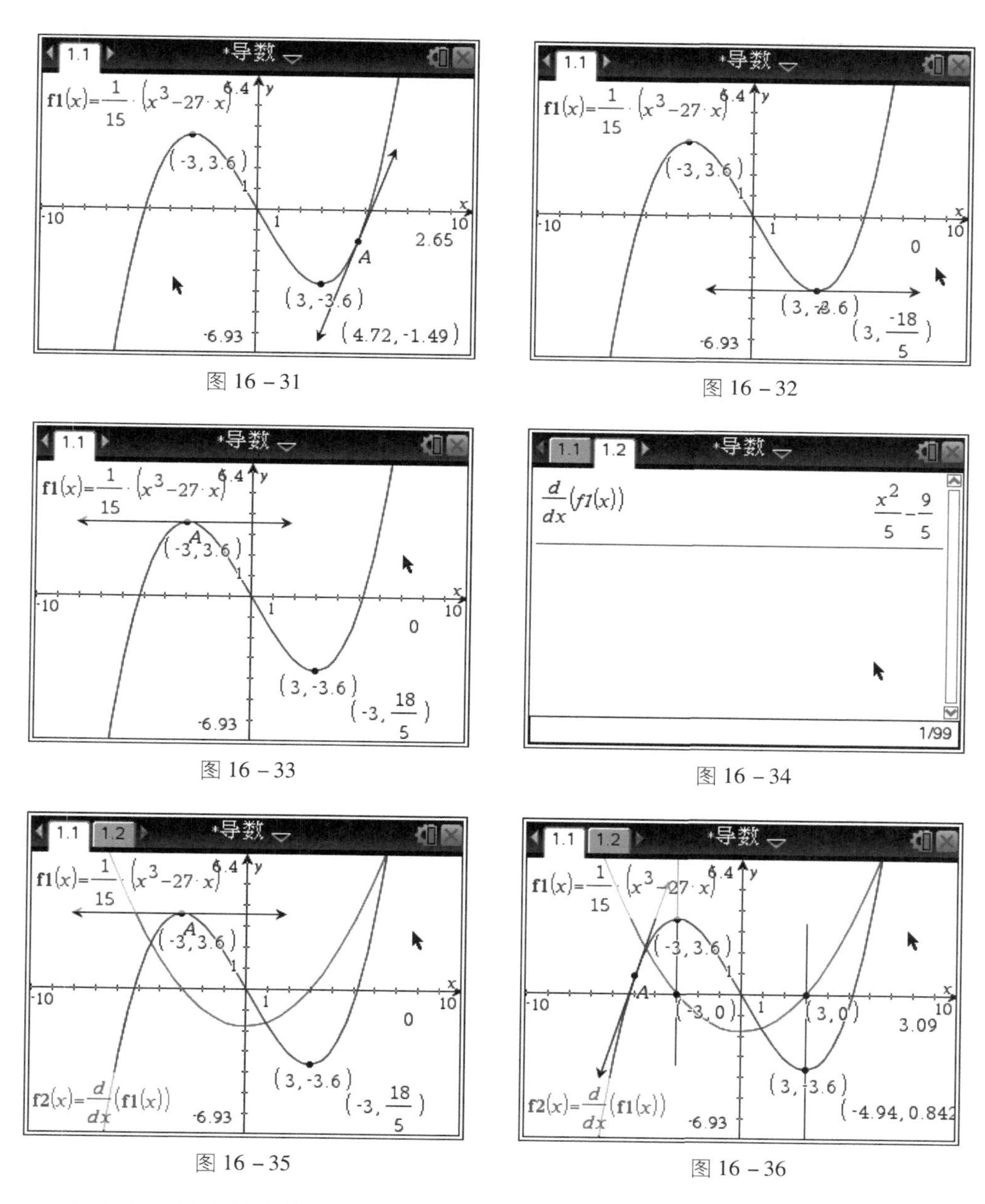

图 16－31

图 16－32

图 16－33

图 16－34

图 16－35

图 16－36

（6）在 x 轴上任意作一点，并且过该点作出 x 轴的垂线，分别作出它与函数图像、导函数图像的交点，作出线段，移动垂线，再次体验当 $x\in(-3,3)$ 时，$f'(x)<0$，$f(x)$ 递减，如图 16－37、图 16－38 所示。

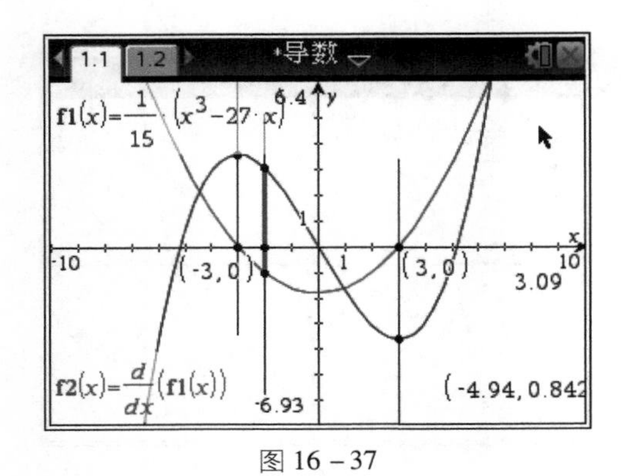

图 16－37

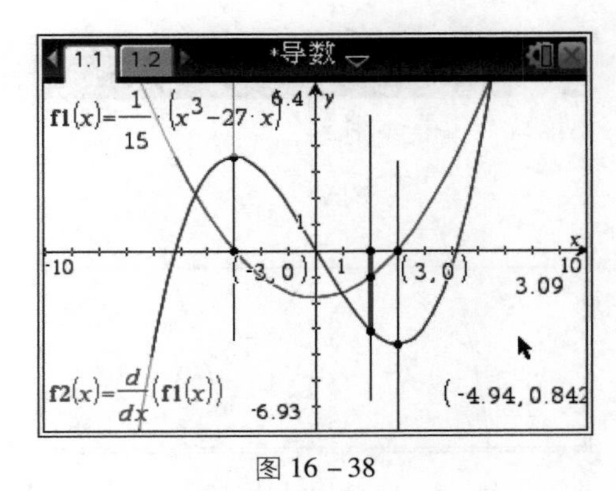

图 16－38

结论：

当$f(x)$在点x_0处取得极值时，$f'(x)$________。

当$f(x)$在$(m，n)$上递增时$f'(x)$________；当$f(x)$在$(m，n)$上递减时$f'(x)$________。

实践 5：求隐函数的导数。

已知方程$x^3+y^3=6xy$，求y'。

步骤：

（1）开机，按doc▾ 4 1键，插入记事本页面。由于方程是隐函数，所以将y书写成$y(x)$的形式，表示y是x的函数。输入方程$x^3+y(x)^3-6x\times y(x)=0$，然后方程两边求导数，按回车键后得到结果，如图 16－39 所示。

（2）按照手工求解方程的办法，解出$\frac{\mathrm{d}}{\mathrm{d}x}(y(x))$，如图 16－40、图 16－41 所示，结果为$y'=\frac{2y-x^2}{y^2-2x}$。

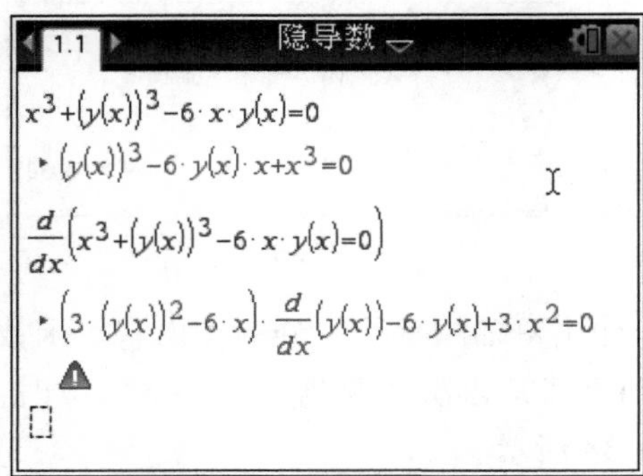

图 16－39

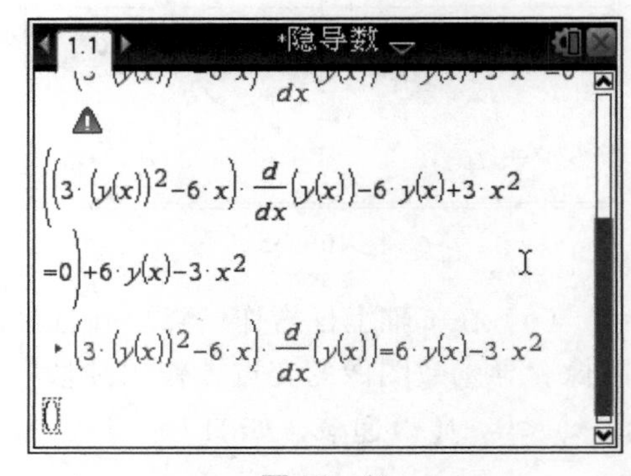

图 16－40

（3）第二种办法，按menu 4 E键，选择“隐函数微分”命令，按照 impDif($x^3+y^3=6\cdot x\cdot y$，x，y)的格式输入，按回车键后得到结果，如图 16－42 所示。

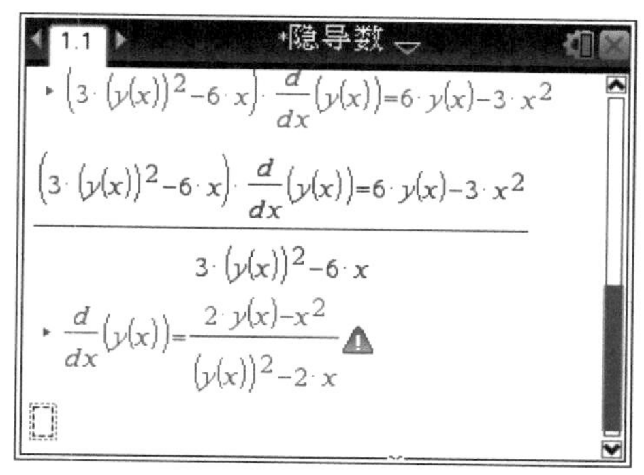

图 16－41

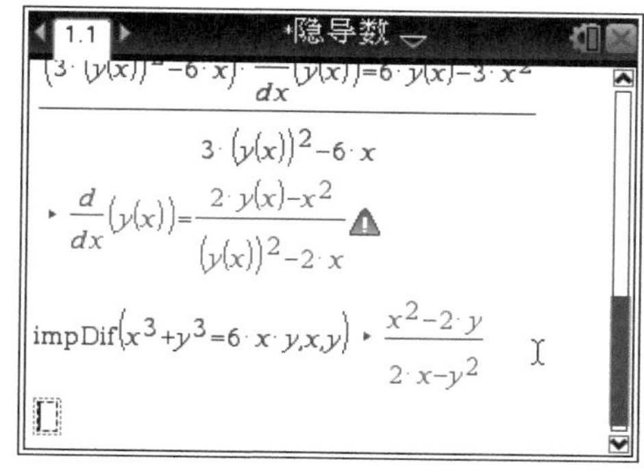

图 16－42

练习：

（1）求隐函数 $2x^2+x+xy=1$ 的导数，并求出它在点$(1,\ -2)$处的切线。

（2）求隐函数 $y\sin 2x=x\cos 2y$ 的导数，并求出它在点$\left(\dfrac{\pi}{2},\ \dfrac{\pi}{4}\right)$处的切线。

第十七课时　积分、微分方程及其应用

学习目标

利用 TI - nspire 图形计算器探究积分的定义，利用 TI - nspire 图形计算器计算积分、微分方程。

学习过程

实践 1：体验定积分的概念。

函数 $f(x)=x^2$，求函数图像、x 轴、直线 $x=1$ 围成的图形的面积。

分析：定积分的基本思想是分割、求和、求极限，以下探究定积分形成过程，体验无限逼近过程(注：图 17 - 1 ~ 图 17 - 4 来自 TI 官网的课件 Riemann_ sums)。

步骤：

(1) 打开课件 Riemann_ sums，按拖动 n 改变分割数目，观察图形的变化，分析面积的不足近似值、过剩近似值与真实面积的误差，如图 17 - 1 ~ 图 17 - 4 所示。可以发现随着 n 的增大，误差越来越小，从而体会到不足近似值和过剩近似值的极限就是真实面积。

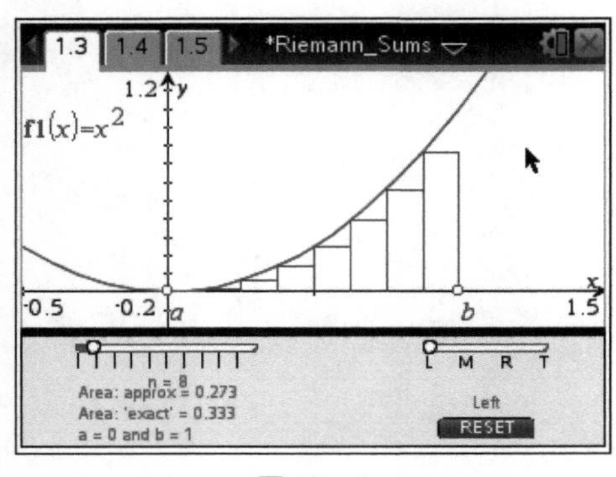

图 17 - 1

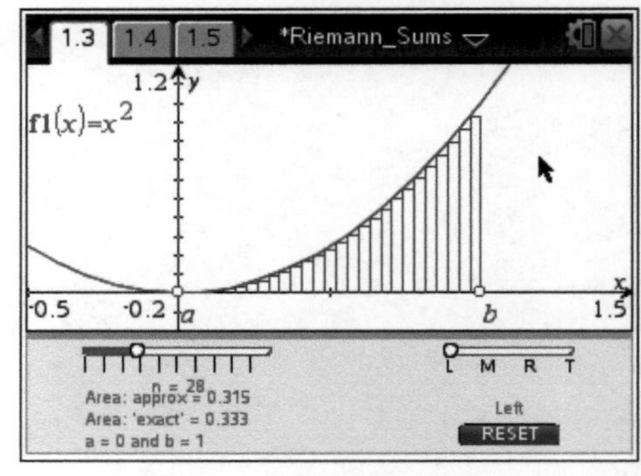

图 17 - 2

(2) 按 ctrl +page 键，插入记事本页面，插入数学模板，进行如下计算。

先计算面积的过剩近似值：

$$S1=\frac{1}{n}\left(\left(\frac{1}{n}\right)^2+\left(\frac{2}{n}\right)^2+\left(\frac{3}{n}\right)^2+\cdots\left(\frac{n}{n}\right)^2\right)=\frac{1}{n^3}(1^2+2^2+3^2+\cdots n^2),$$

$$S1=\frac{1}{n^3}\sum_{n=1}^{n}i^2=\frac{(n+1)(2n+1)}{6n^2},$$

$$\lim_{n\to\infty}S1=\lim_{n\to\infty}\frac{(n+1)(2n+1)}{6n^2}=\frac{1}{3}。$$

然后，计算面积的不足近似值，结果如图 17－5～图 17－8 所示。

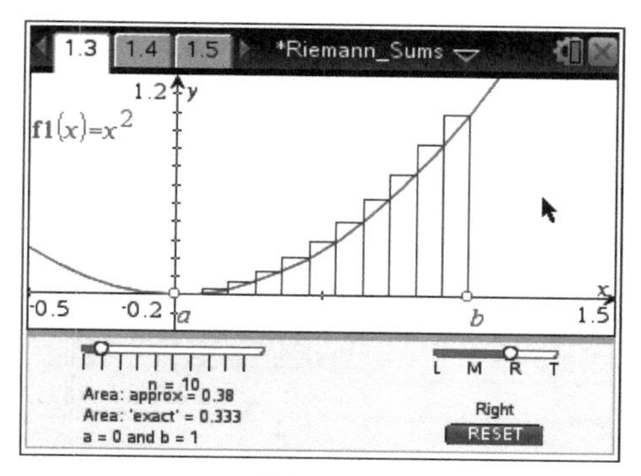

图 17－3

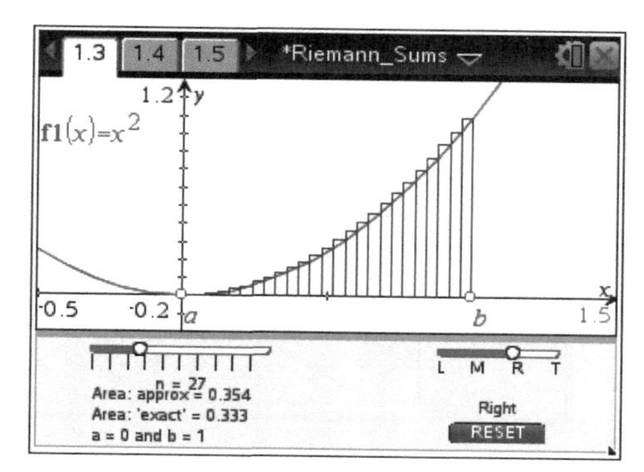

图 17－4

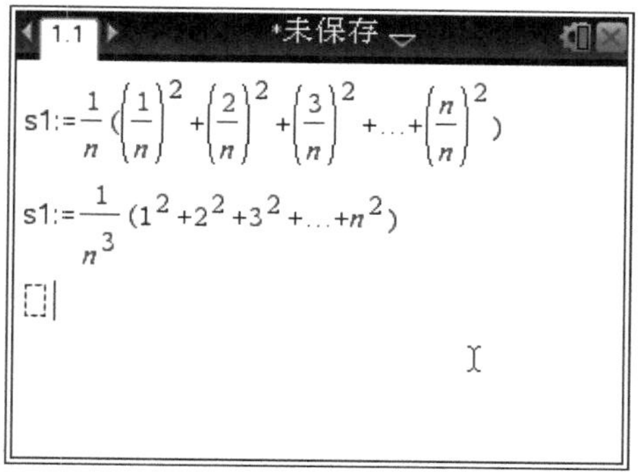

图 17－5

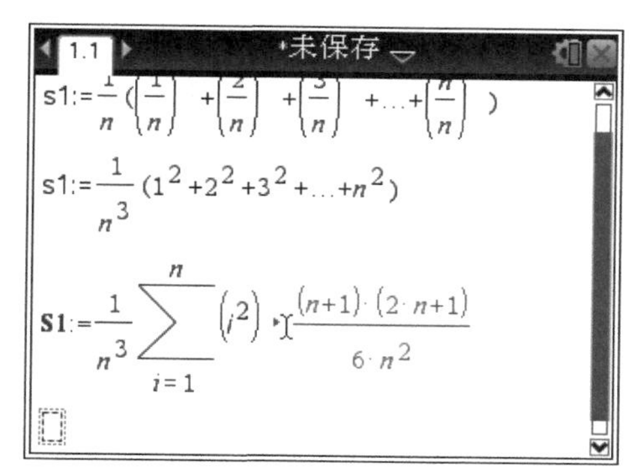

图 17－6

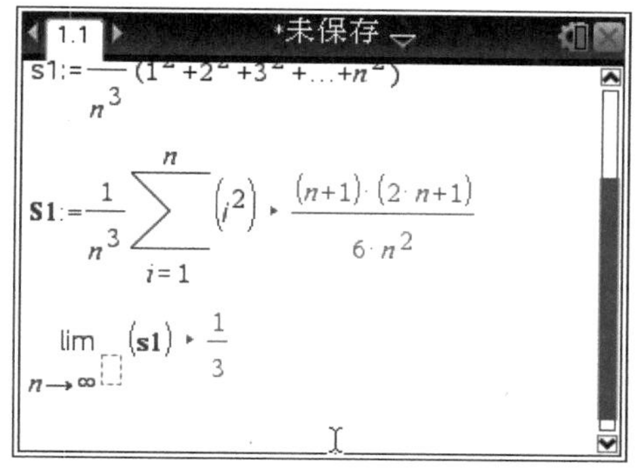

图 17－7

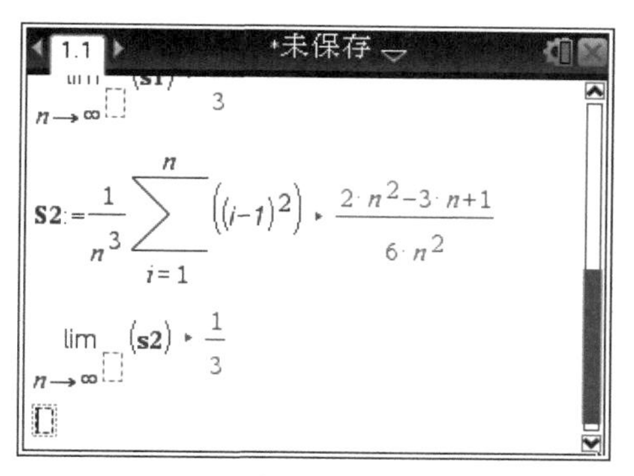

图 17－8

（3）按ctrl +page键，插入图形页面，输入函数，作出图像，调整好显示窗口，如图 17－9 所示。按menu 6 7键，选择“积分”命令，如图 17－10 所示，再输入左端点 0、右端点 1，确认后作出阴影，并测出积分值，如图 17－11 所示。

（4）在记事本页面，按模板键选择积分模板，直接求定积分，结果如图 17－12 所示。

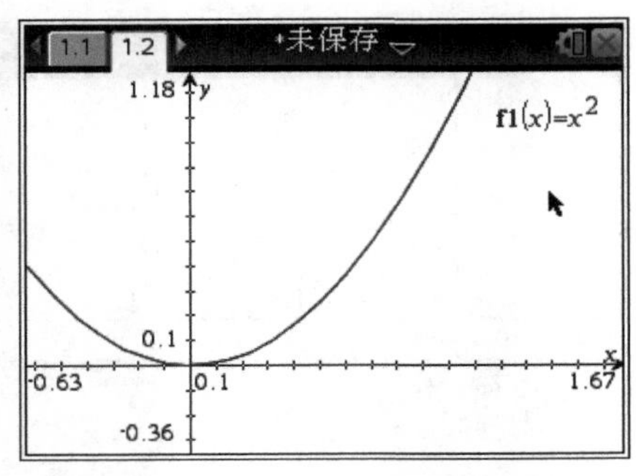

图 17－9

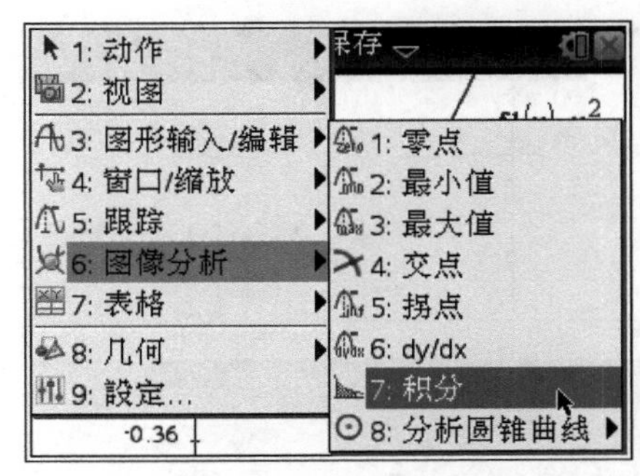

图 17－10

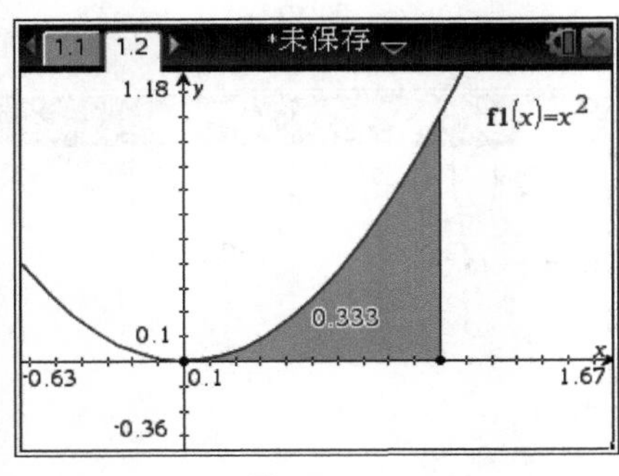

图 17－11

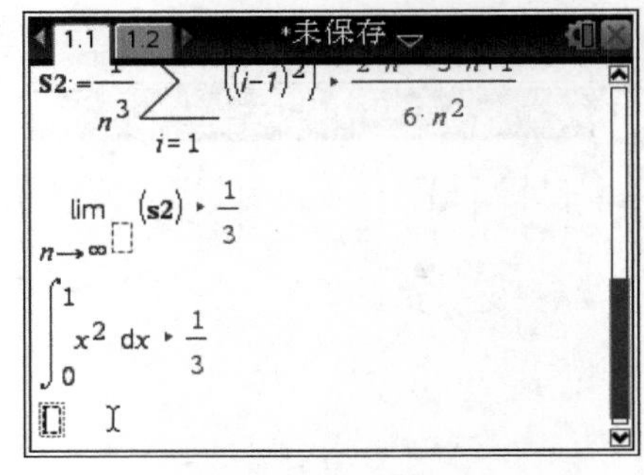

图 17－12

实践 2：解微分方程和作斜率场。

解微分方程 $y'=ky(26-y)$，$y(1)=1$，$y(5)=13$，并作出斜率场。

步骤：

（1）开机，按doc▾ 4 1键，插入计算页面，按menu 4 D键，选择“微分方程求解器”命令，按回车键确认，如图 17－13、图 17－14 所示。按照 deSolve$(y'=k\cdot y\cdot(26-y)$ and $y(1)=1,\ x,\ y)$的格式输入方程，按回车键确认，如图 17－15 所示。

（2）将上述结果附加条件 $y(5)=13$，求解方程，解出 $k=\dfrac{\ln 5}{52}$，如图 17－16 所示。将结果$\dfrac{\ln 5}{52}$赋给变量 k，重新计算函数表达式为 $y=\dfrac{26\cdot 5^{\frac{x}{2}}}{5^{\frac{x}{2}}+25\sqrt{5}}$，如图 17－17 所示。

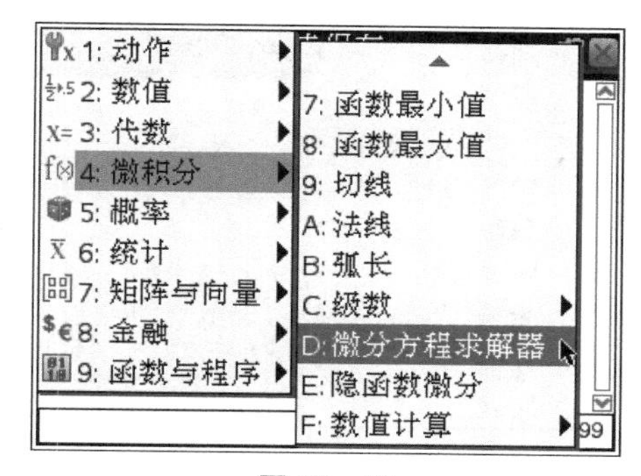

图 17－13

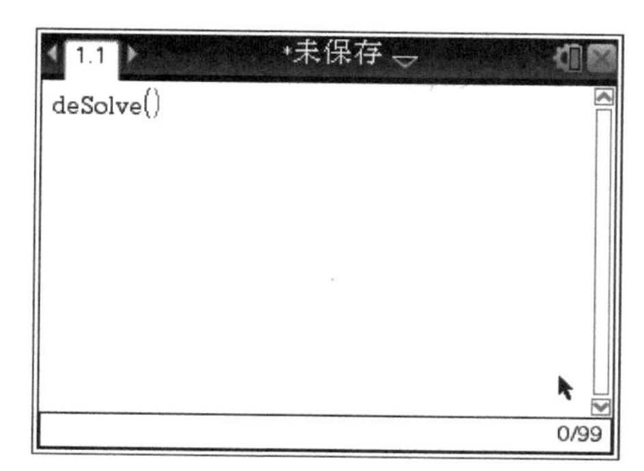

图 17－14

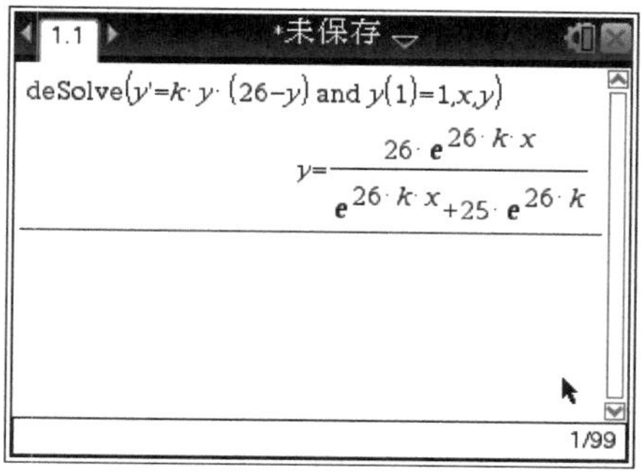

图 17－15

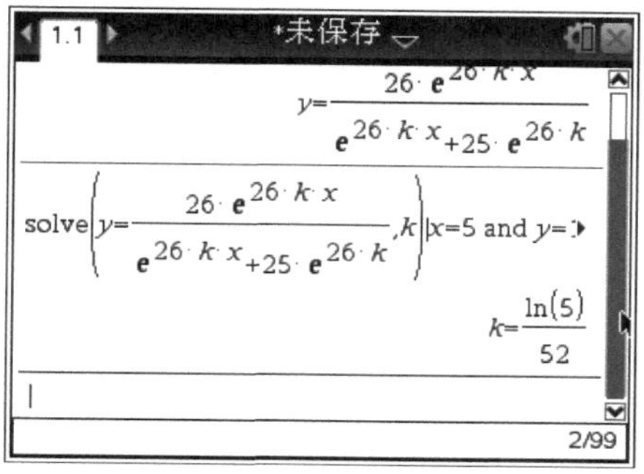

图 17－16

（3）定义函数 $f1(x)=\dfrac{26\cdot 5^{\frac{x}{2}}}{5^{\frac{x}{2}}+25\sqrt{5}}$，如图 17－18 所示。按 ctrl +page 键，插入图形页面，输入函数，作出图像，调整好显示窗口，如图 17－19 所示。

（4）按 menu 3 7 键，选择“微分方程”命令，如图 17－20 所示，在微分方程中输入“$k\cdot y1\cdot(26-y1)$”，如图 17－21 所示，按回车键确认后得到斜率场的结果，如图 17－22 所示。

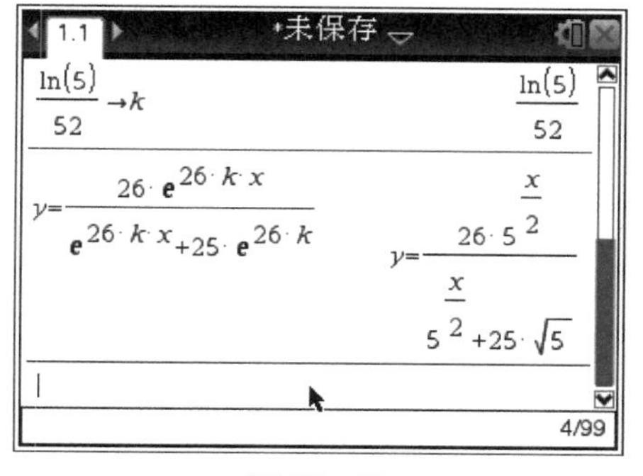

图 17－17

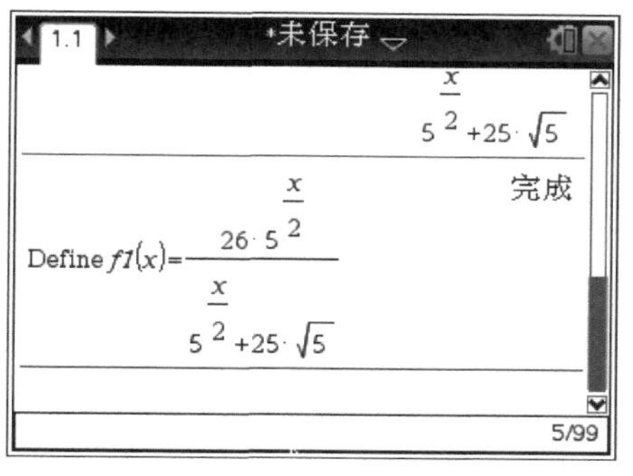

图 17－18

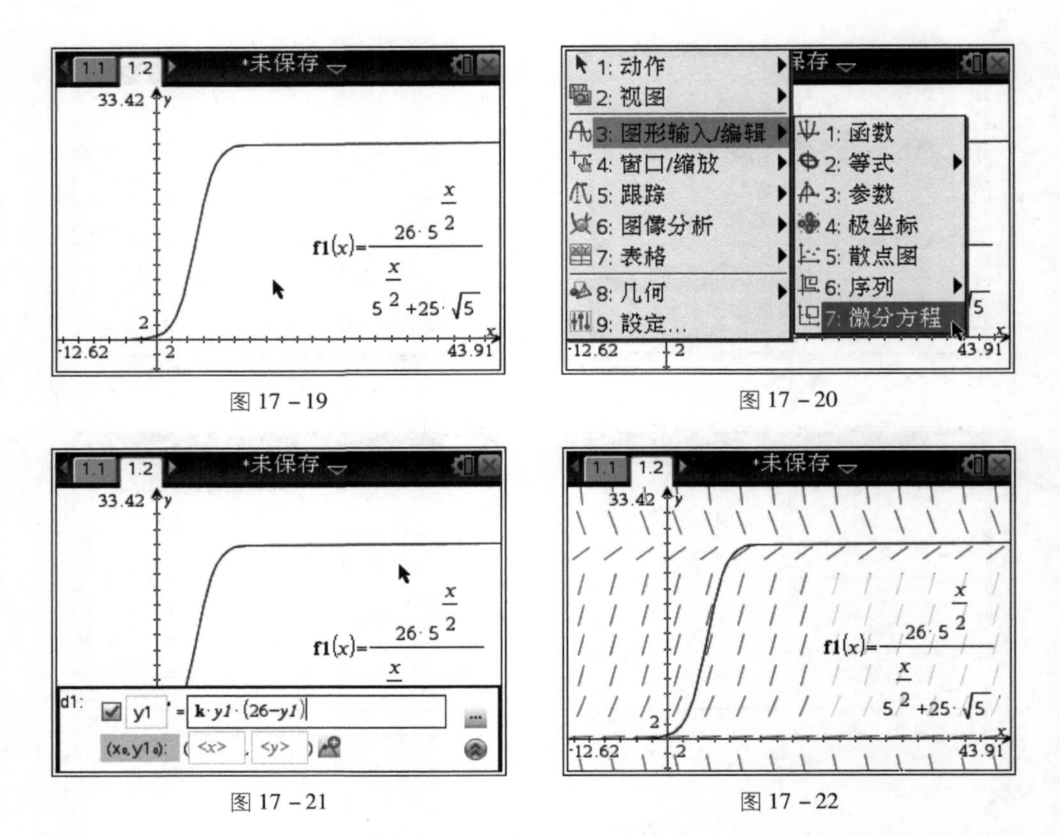

$$f1(x)=\frac{26\cdot 5^{\frac{x}{2}}}{5^{\frac{x}{2}}+25\cdot\sqrt{5}}$$

图 17－19　　图 17－20

图 17－21　　图 17－22

（5）按 tab ▲键，在初始条件的点的坐标中分别输入“1”，如图 17－23 所示，按回车键后作出过点(1，1)的原函数图像，可以发现它与刚才求得的函数 $f1(x)$ 的图像重合，如图 17－24 所示。

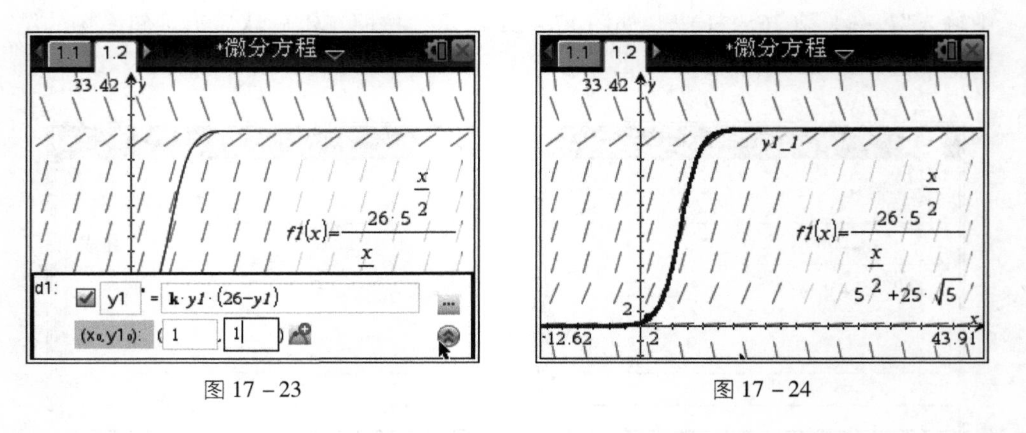

图 17－23　　图 17－24

（6）按tab▲键，单击添加初始条件图标，弹出“编辑初始状况”对话框，输入4组不同点的坐标，如图17－25所示，按回车键后作出4个原函数图像，如图17－26所示。

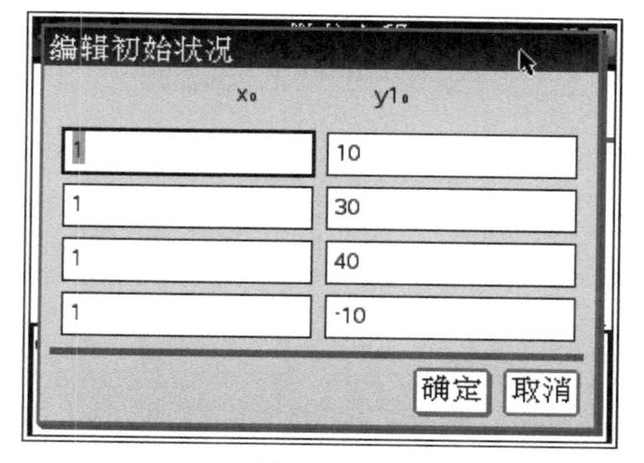

图17－25

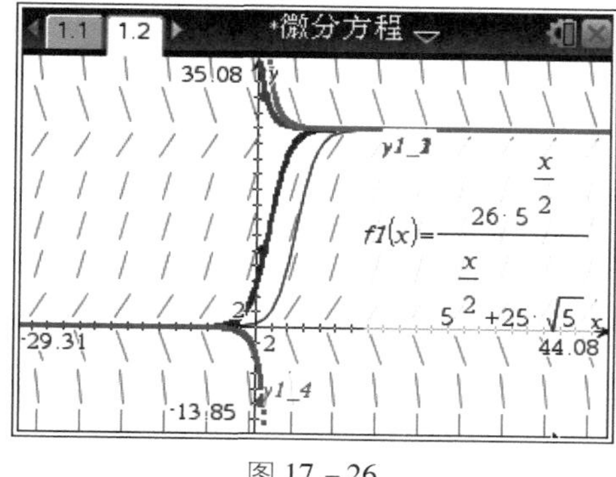

图17－26

实践3： 求参数曲线的弧长。

求星形线的弧长$\begin{cases}x=\cos^3 t\\ y=\sin^3 t\end{cases}$ $(0\leqslant t<2\pi)$，并作出方向场。

分析： 曲线C为$\begin{cases}x=f(t)\\ y=g(t)\end{cases}$ $(t_1\leqslant t\leqslant t_2)$，$f'(t)$，$g'(t)$在$[t_1,\ t_2]$上连续且不同时为0，当$t$从$t_1$增加到$t_2$时，曲线$C$上每一点恰好被经过一次，则曲线的弧长为

$$L=\int_{t_1}^{t_2}\sqrt{\left(\frac{\mathrm{d}x}{\mathrm{d}t}\right)^2+\left(\frac{\mathrm{d}y}{\mathrm{d}t}\right)^2}\mathrm{d}t$$

步骤：

（1）开机，按doc▾ 4 1键，插入图形页面，输入参数方程，作出图像，调整合适的显示窗口，如图17－27、图17－28所示，在这种条件下菜单中的求面积、求长度的命令都不能使用。

（2）按ctrl +page键，插入记事本页面，定义变量x，y，并计算出$\frac{\mathrm{d}x}{\mathrm{d}t}$，$\frac{\mathrm{d}y}{\mathrm{d}t}$，如图17－29所示。

（3）计算$\sqrt{\left(\frac{\mathrm{d}x}{\mathrm{d}t}\right)^2+\left(\frac{\mathrm{d}y}{\mathrm{d}t}\right)^2}$得$3|\sin t\cdot\cos t|$，计算$L=4\int_0^{\pi/2}3|\sin t\cdot\cos t|\mathrm{d}t=6$，如图17－30所示，因此弧长为6。

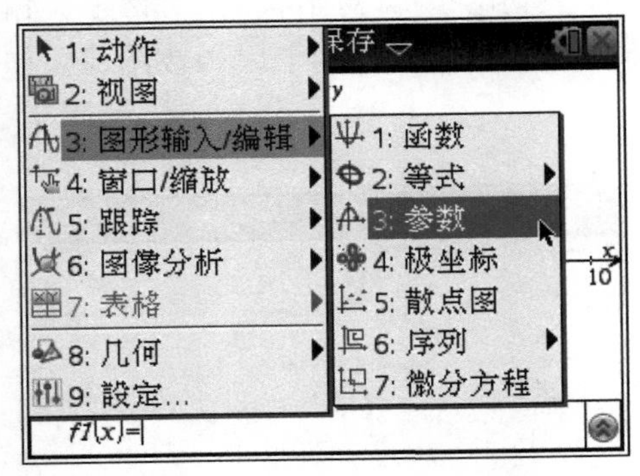

图 17－27

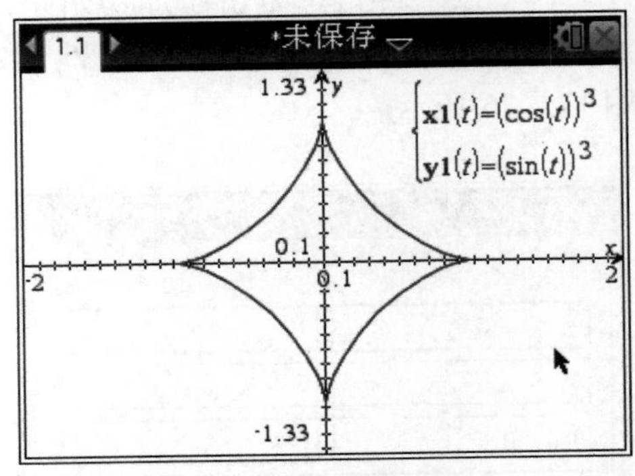

图 17－28

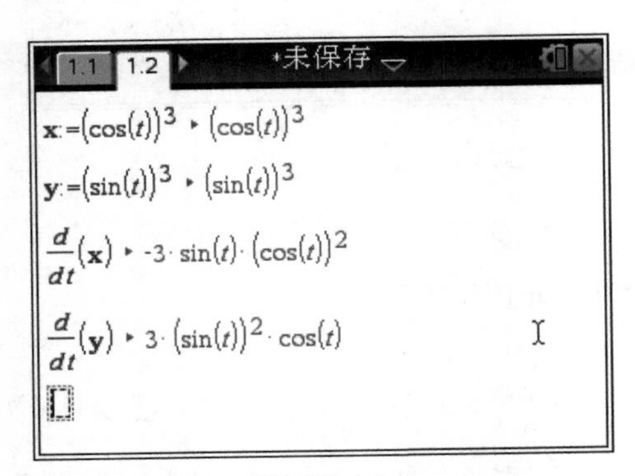

图 17－29

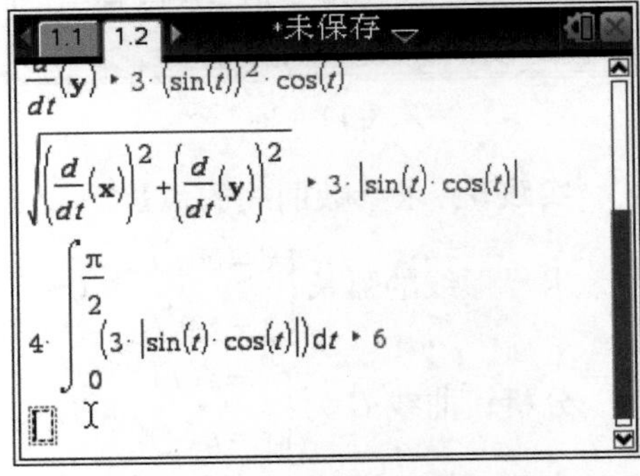

图 17－30

练习：

（1）计算积分 $\int_2^6 x^{\frac{1}{3}}\left(2x^4 - \frac{1}{\sqrt{x}}\right)\mathrm{d}x$ 。

（2）作出 $y = \ln x, y = \int_1^x \left(\frac{1}{x}\right)\mathrm{d}x$ 的图像，说明两个函数的关系。

第十八课时　无穷级数

学习目标

利用 TI－nspire 图形计算器探究无穷级数的敛散性，求泰勒展开式，并进行相关的计算。

学习过程

实践 1：探究级数的敛散性。

探究无穷级数 $\sum_{k=1}^{\infty}\frac{2^k}{k!}$ 的敛散性，如果收敛，则估计它的值。

步骤：

（1）开机，按 doc▾ 4 6 键，插入记事本页面。按 menu 3 1 键，选择“数学框”命令，插入数学框，定义 $a_n=\frac{2^n}{n!}$，然后计算 $\frac{a_{n+1}}{a_n}$ 得 $\frac{2}{n+1}$，当 $n>1$ 时 $\frac{2}{n+1}<1$，$\lim\limits_{n\to\infty}\frac{2}{n+1}=0$，如图 18－1 所示，因此该无穷级数是收敛的。

（2）按 ctrl +page 键，插入图形页面。按 menu 3 6 1 键，选择“序列”命令，如图 18－2 所示，输入表达式，作出图像，调整显示窗口，如图 18－3 所示。

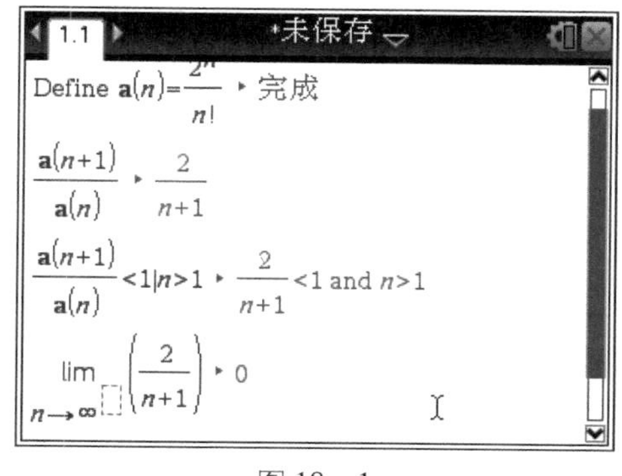

图 18－1

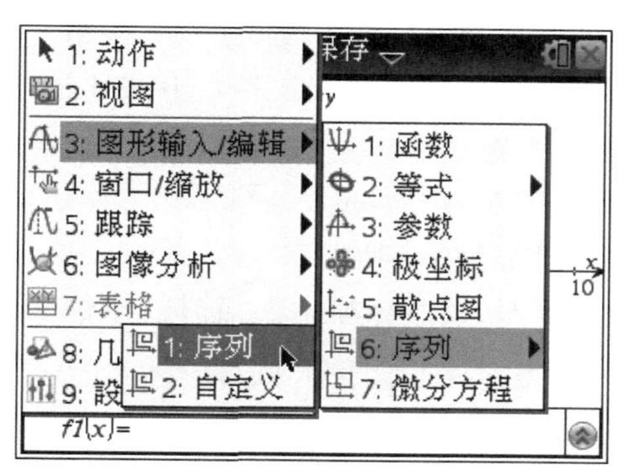

图 18－2

（3）按 menu 7 键，拆分显示表格，显示函数值表并移动，可以观察到级数近似值为 6.389 06，如图 18－4、图 18－5 所示，在记事本页面可以计算一些部分和，如图 18－6 所示。

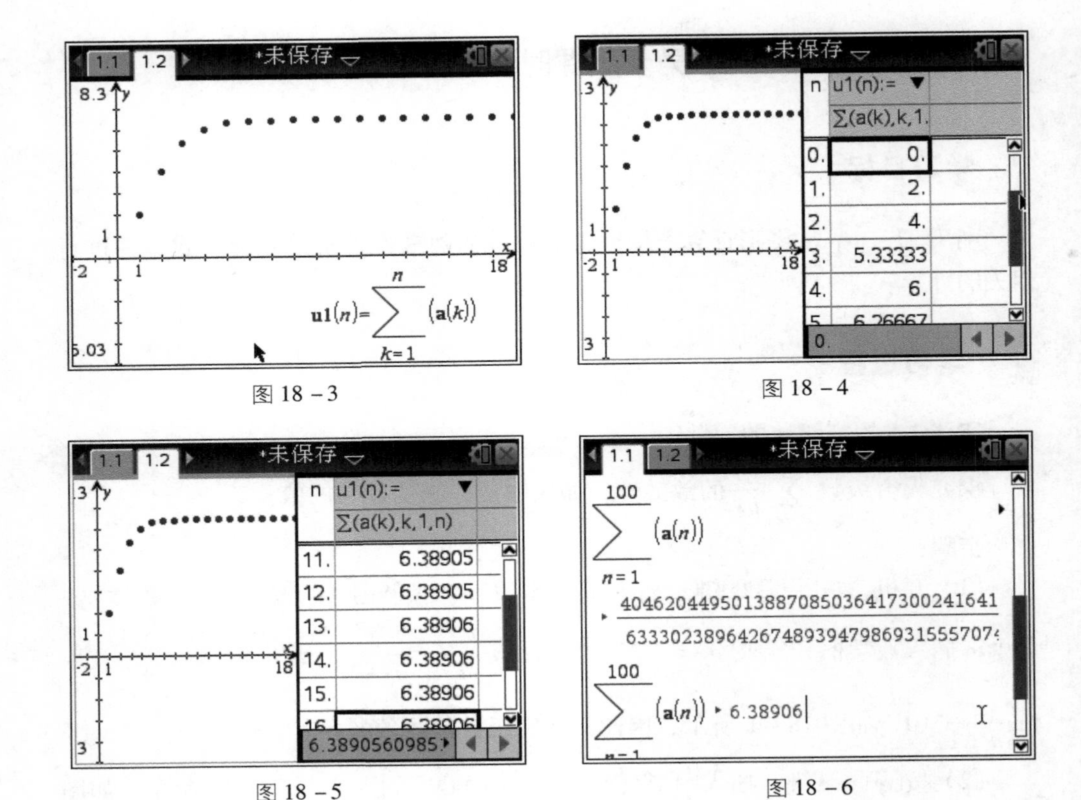

图 18－3

图 18－4

图 18－5

图 18－6

实践 2：探究函数的泰勒展开式。

函数 $f(x)=\mathrm{e}^x$，$g(x)=ax^2+bx+c$，若 $f(x)$，$g(x)$ 在 $x=0$ 处相切，求 a，b，c 的值，并与 $f(x)$ 的二阶展开式比较。

步骤：

(1) 开机，按 doc▾ 4 1 键，插入计算页面，定义 $f(x)=\mathrm{e}^x$，$g(x)=ax^2+bx+c$，如图 18－7 所示。

(2) 按 menu 3 1 键，选择“求解”命令，按格式 solve$(f(x)=g(x),\ c)\mid x=0$ 输入表达式，计算出 $c=1$，输入“solve$\left(\dfrac{\mathrm{d}}{\mathrm{d}x}f(x)=\dfrac{\mathrm{d}}{\mathrm{d}x}g(x),\ b\right)\mid x=0$”，计算出 $b=1$，输入“solve$\left(\dfrac{\mathrm{d}^2}{\mathrm{d}x^2}f(x)=\dfrac{\mathrm{d}^2}{\mathrm{d}x^2}g(x),\ a\right)\mid x=0$”，计算出 $a=\dfrac{1}{2}$，如图 18－8 所示。

(3) 按 ctrl +page 键，插入图形页面，作出 $f(x)=\mathrm{e}^x$，$g(x)=ax^2+bx+c$ 的图像，发现在点 $(0,1)$ 附近，两个函数图像基本重合，如图 18－9 所示。

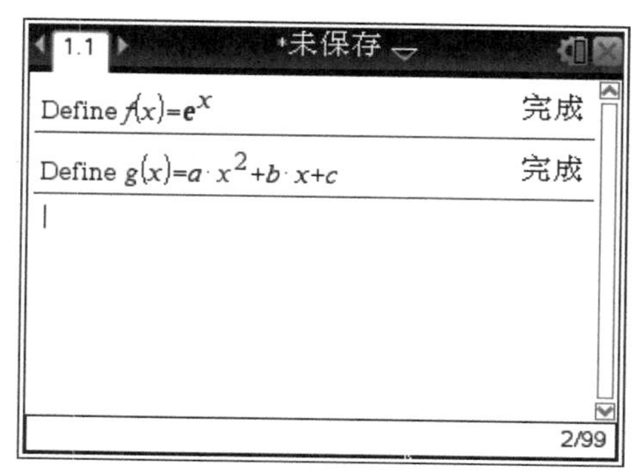

图 18－7

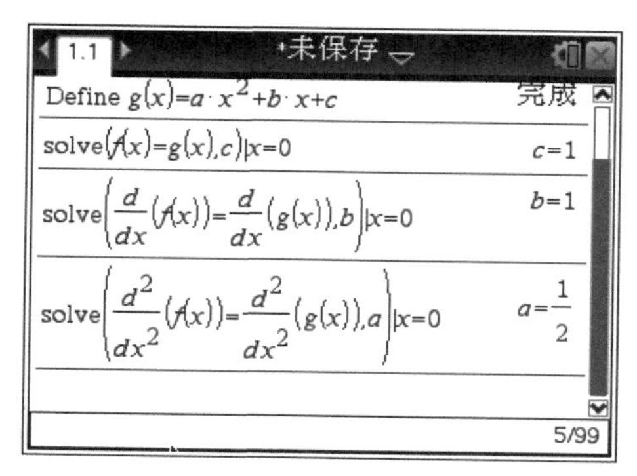

图 18－8

（4）按menu 4 C 1键，选择“泰勒展开式”命令，如图 18－10 所示，按格式 taylor($f(x)$，x，2，0)输入表达式，计算出 $f(x)$ 在 $x=0$ 处的 2 阶泰勒展开式，如图 18－11 所示。可以计算函数在 x 的另外位置的展开式，如图 18－12 所示，在图形页面作出的图像如图 18－13、图 18－14 所示。

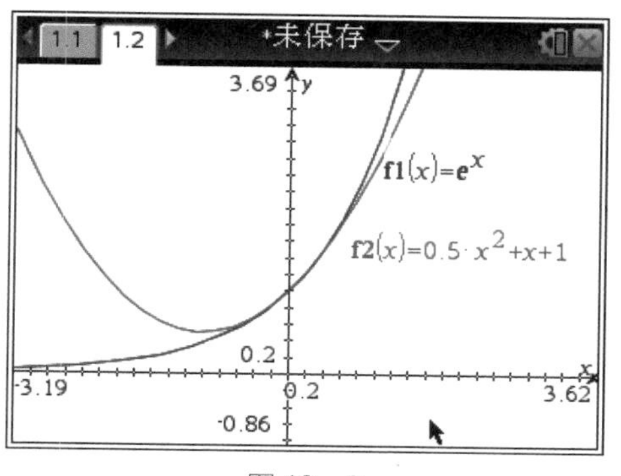

图 18－9

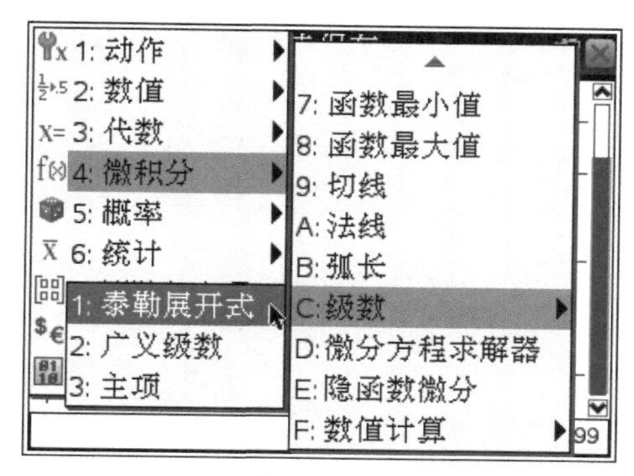

图 18－10

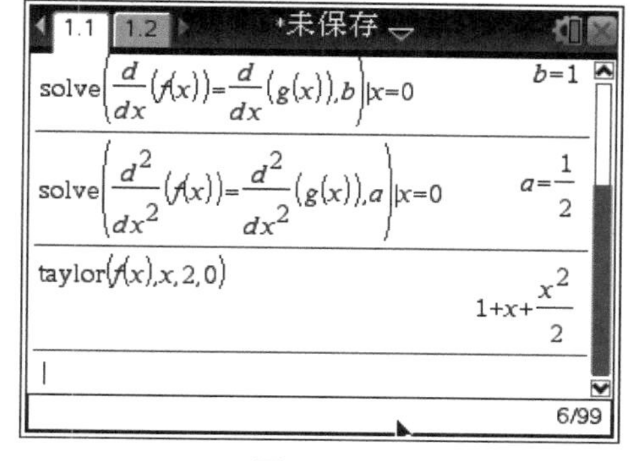

图 18－11

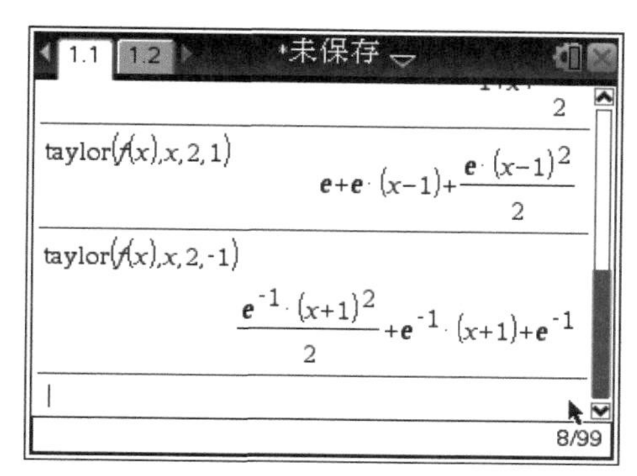

图 18－12

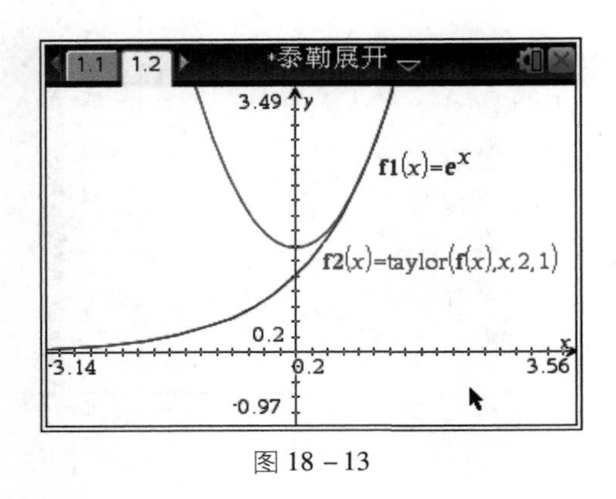

图 18－13

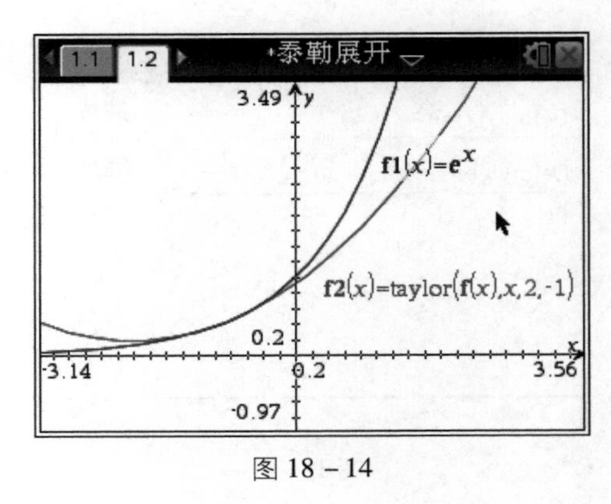

图 18－14

练习：

给定级数 $\sum_{n=1}^{\infty} \frac{1}{n+4}$，先从数字和图像上观察其敛散性，然后用积分法证明。

第十九课时　单变量、双变量统计

学习目标

利用 TI－nspire 图形计算器的数据处理功能计算数据的特征值、作出散点图，利用随机数函数抽取随机样本，进行单变量、双变量的统计分析。

学习过程

实践 1：用简单随机抽样的方法从个数为 100 的总体中抽取 1 个容量为 10 的随机样本。

方法一：开机，按 doc▾ 4 1 键，插入计算页面，输入“int(100rand())”，按回车键，得到一个随机数。共操作 10 次，得到 10 个随机数，如图 19－1、图 19－2 所示。

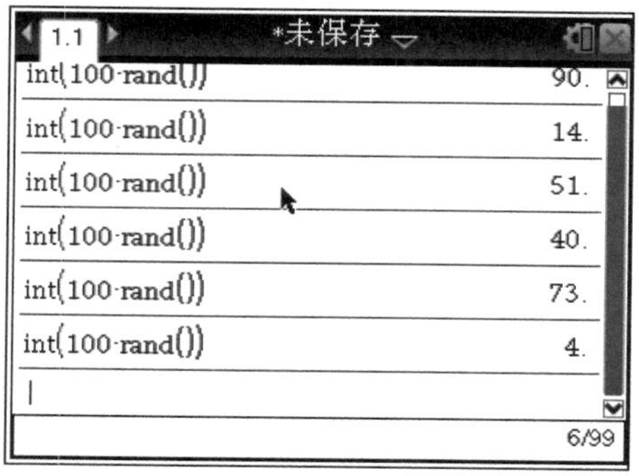

图 19－1

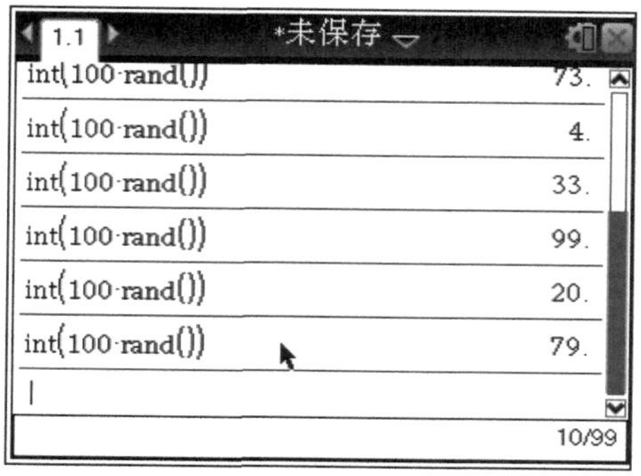

图 19－2

方法二：插入列表页面，在 A 列标题栏中输入“seq(int(rand()·100)，n，1，10)”，按回车键，在 A 列中产生一个容量为 10 的随机样本，如图 19－3、图 19－4 所示。

这里用到以下 3 个函数。

(1) seq(表达式，变量，初值，终值)。该函数的功能是按照变量的初值和终值建立一个数列，每一项的值是表达式的计算值。

(2) int(表达式)。该函数的功能是取表达式的值的整数部分。

(3) rand()。该函数的功能是产生 0～1 的随机数。

seq(int(rand()·100), n, 1, 10)的功能就是产生10个0~99的随机数。

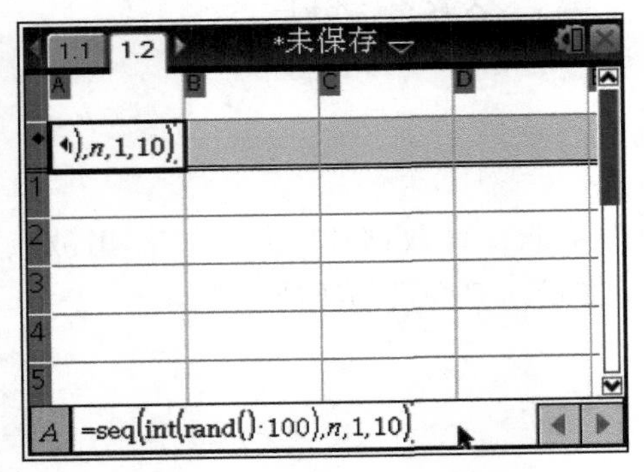

图 19－3

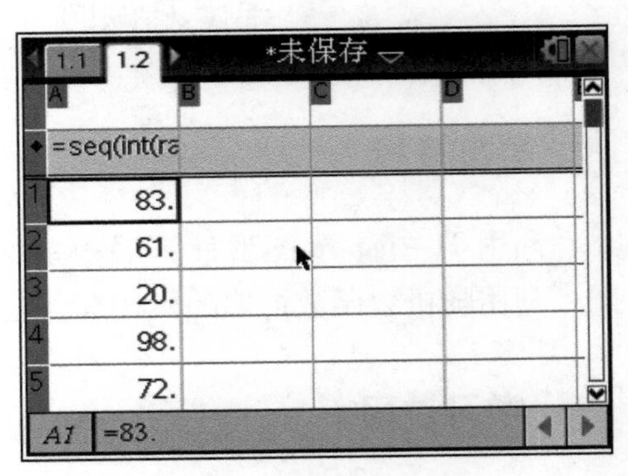

图 19－4

实践2：作出样本直方图，计算样本的数字特征量：平均数、标准差。

表19－1所示是100位居民的月均用水量，在TI图形计算器表格“统计”文件的A列存储这100个数据。

表 19－1

3.1	2.5	2.0	2.0	1.5	1.0	1.6	1.8	1.9	1.6
3.4	2.6	2.2	2.2	1.5	1.2	0.2	0.4	0.3	0.4
3.3	2.7	2.3	2.1	1.6	1.2	3.7	1.5	0.5	3.8
3.2	2.8	2.3	2.2	1.7	1.3	3.6	1.7	0.6	4.1
3.0	2.9	2.4	2.3	1.8	1.4	3.5	1.9	0.8	4.3
2.5	2.9	2.4	2.4	1.9	1.3	1.4	1.8	0.7	2.0
2.6	2.8	2.3	2.3	1.8	1.3	1.3	1.6	0.9	2.3
2.5	2.7	2.4	2.1	1.7	1.4	1.2	1.5	0.5	2.4
3.2	2.6	2.3	2.1	1.6	1.0	1.0	1.7	0.8	2.4
2.8	2.5	2.2	2.0	1.5	1.0	1.2	1.8	0.6	2.2

步骤：

（1）开机，按[doc▾][4][4]键，插入列表页面，按[ctrl][保存]键，保持文件，打开中文输入法，输入“统计”，按回车键确认，即保存文件名为“统计”，如图19－5、图19－6所示。

（2）在A列输入上述100个数据，并将列名命名为“pjsl”，如图19－7所示。

（3）按[menu][4][1][1][enter]键，选择“单变量统计”命令，在“x1数组”框中输入

“pjsl”，如图 19－8 所示，按回车键后显示结果，如图 19－9 所示。拖动右边的滚动条可以看到所有统计量，如平均数、中位数、方差、标准差、四分位数等，如图19－10、图 19－11 所示。

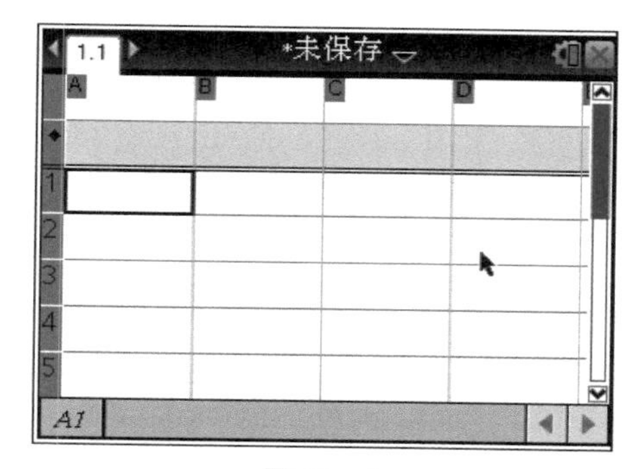

图 19－5

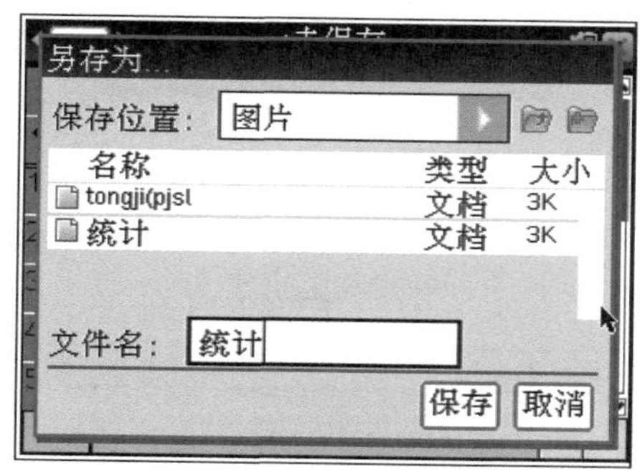

图 19－6

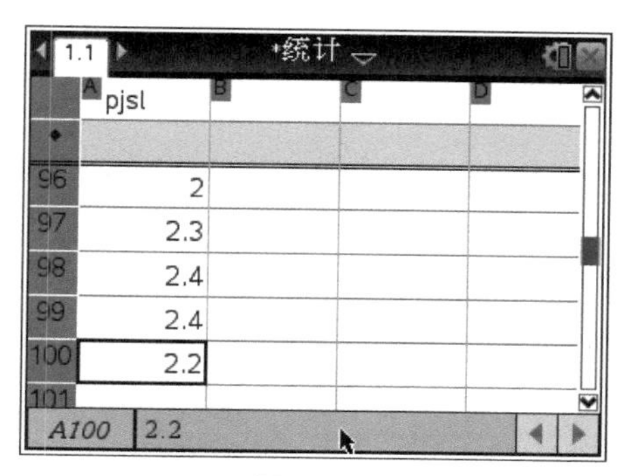

图 19－7

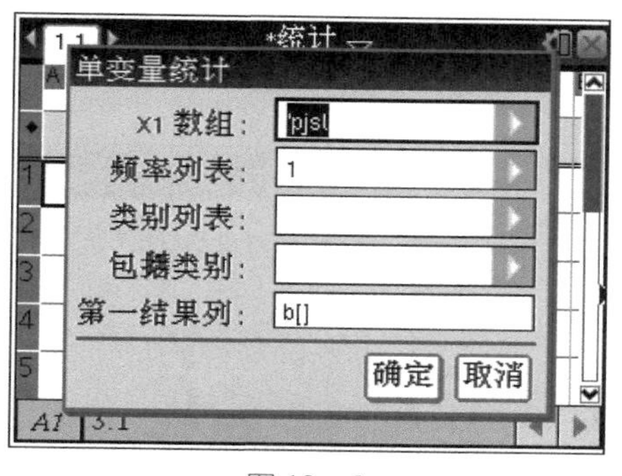

图 19－8

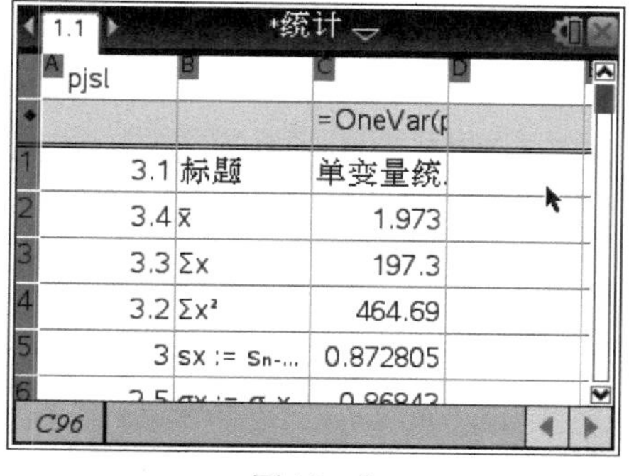

图 19－9

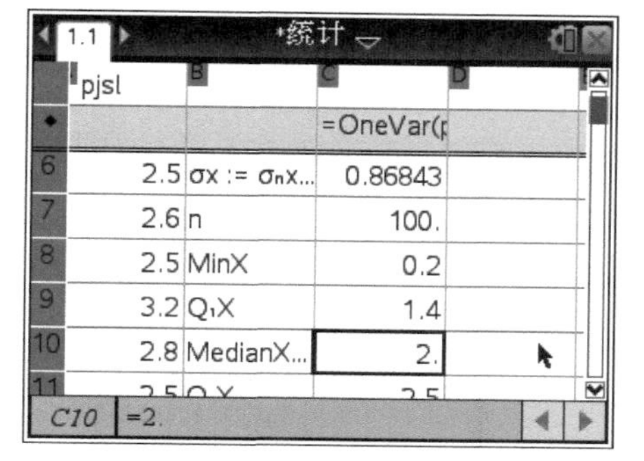

图 19－10

（4）光标停留在第一列，按menu 3 9键，选择“快速作图”命令，在屏幕右边作出频数点图（Dotplot），拖动中间的屏幕分界线，适当放大图形部分，如

图 19－12 所示。在图形页面按[menu][3][3]键，选择“插入文本”命令，按[⊡]键打开中文输入法，输入“月均用水量统计”，按回车键确认，如图 19－13 所示。

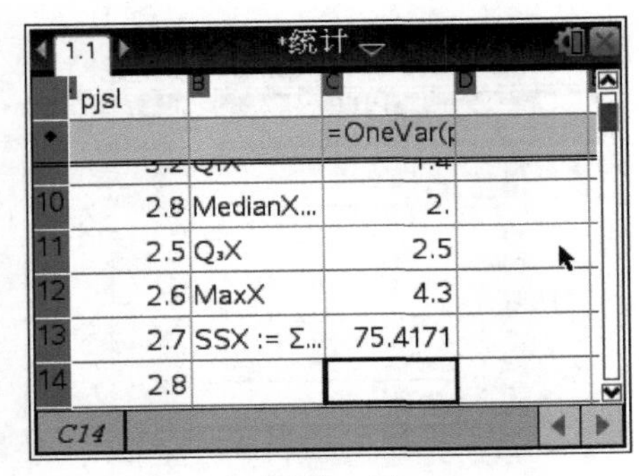

图 19－11

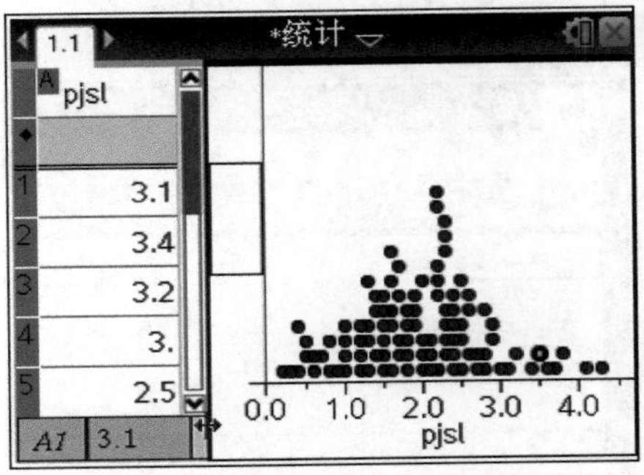

图 19－12

（5）在图形页面按[menu][1][3]键，选择“图类型”为“直方图”，则统计图变为直方图，如图 19－14 所示。按[menu][2][2][2]键，可以重新设置直方图的宽度和基准值，如图 19－15 所示，修改完毕后，按回车键确认，结果如图 19－16 所示。

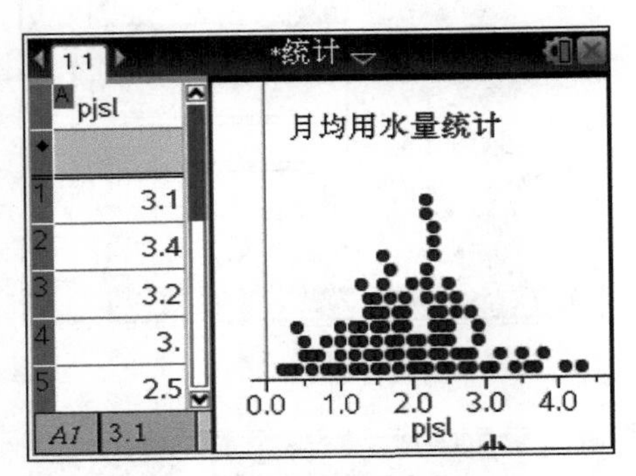

图 19－13

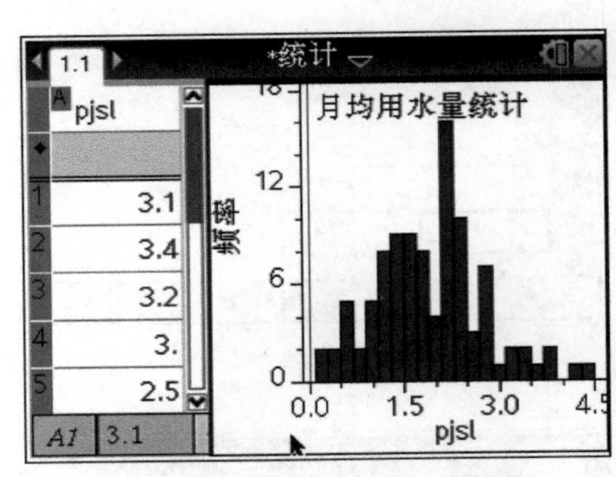

图 19－14

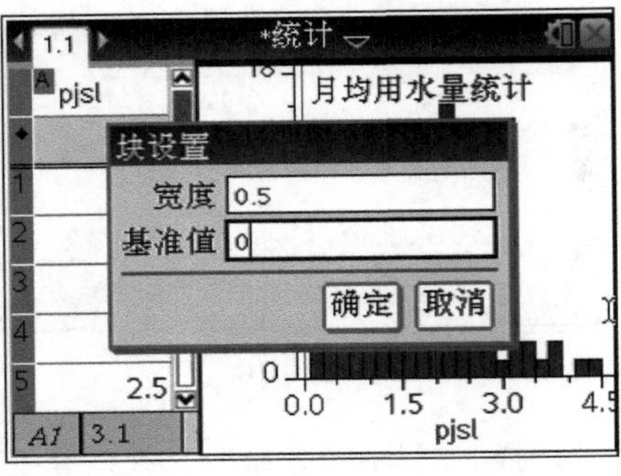

图 19－15

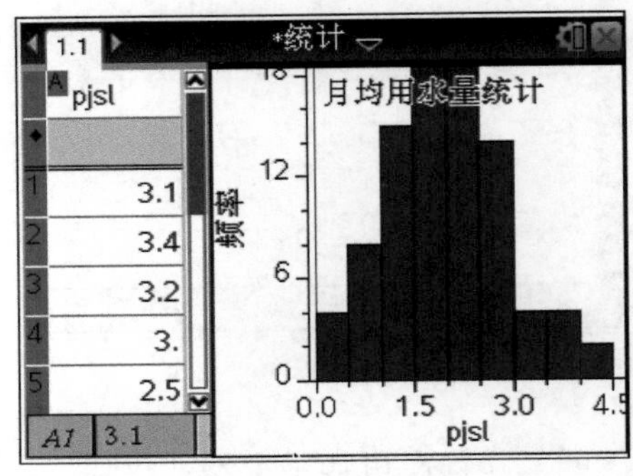

图 19－16

（6）按menu 2 2 1 3键，设置“柱状图比例尺”为“密度”，如图 19－17 所示，当光标指向各柱形时，会显示相关频率，如图 19－18 所示。

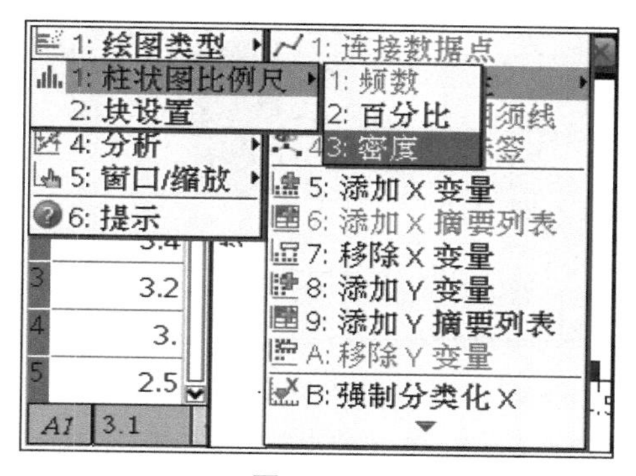

图 19－17

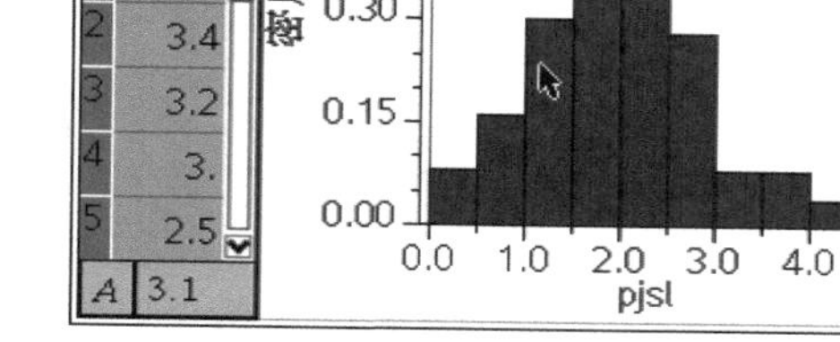

图 19－18

（7）按menu 4 9键，可以显示正态分布曲线，如图 19－19 所示。按menu 4 A ◀▶键，可以跟踪图像，如图 19－20 所示。

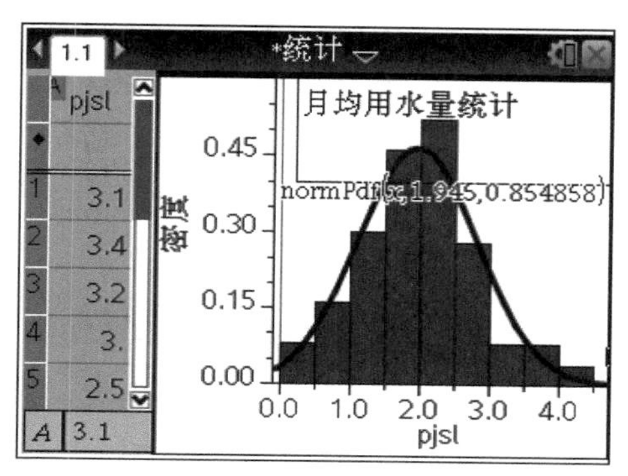

图 19－19

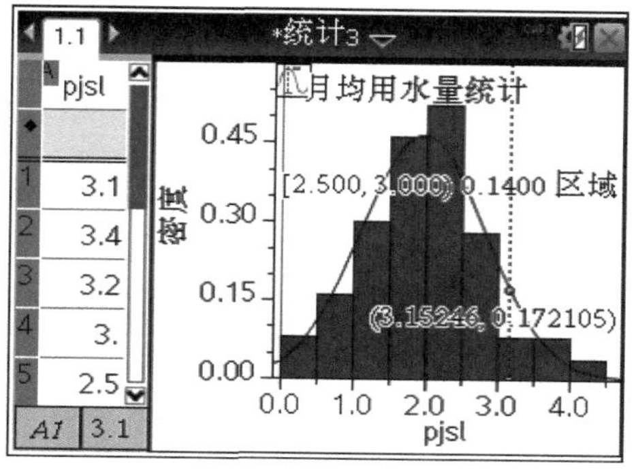

图 19－20

（8）按menu 1 2键，选择“图类型”为“箱型图”，如图 19－21 所示，按menu 4 A ◀▶键，可以跟踪图像，在每个分位上显示数值，如图 19－22 所示。

实践 3：制作饼图。

某班 10 位学生头发的颜色分别为金、金、红、棕、棕、棕、棕、黑、黑、黑。作出这组数据的饼图，观察统计量。

步骤：

（1）开机，按doc 4 4键，插入列表页面，在 A 列输入上述 10 个数据，并将列名命名为“hair”，注意使用中文输入法，如图 19－23～图 19－25 所示。

（2）按menu 3 6键，作出统计图（圆点图），如图 19－26 所示。

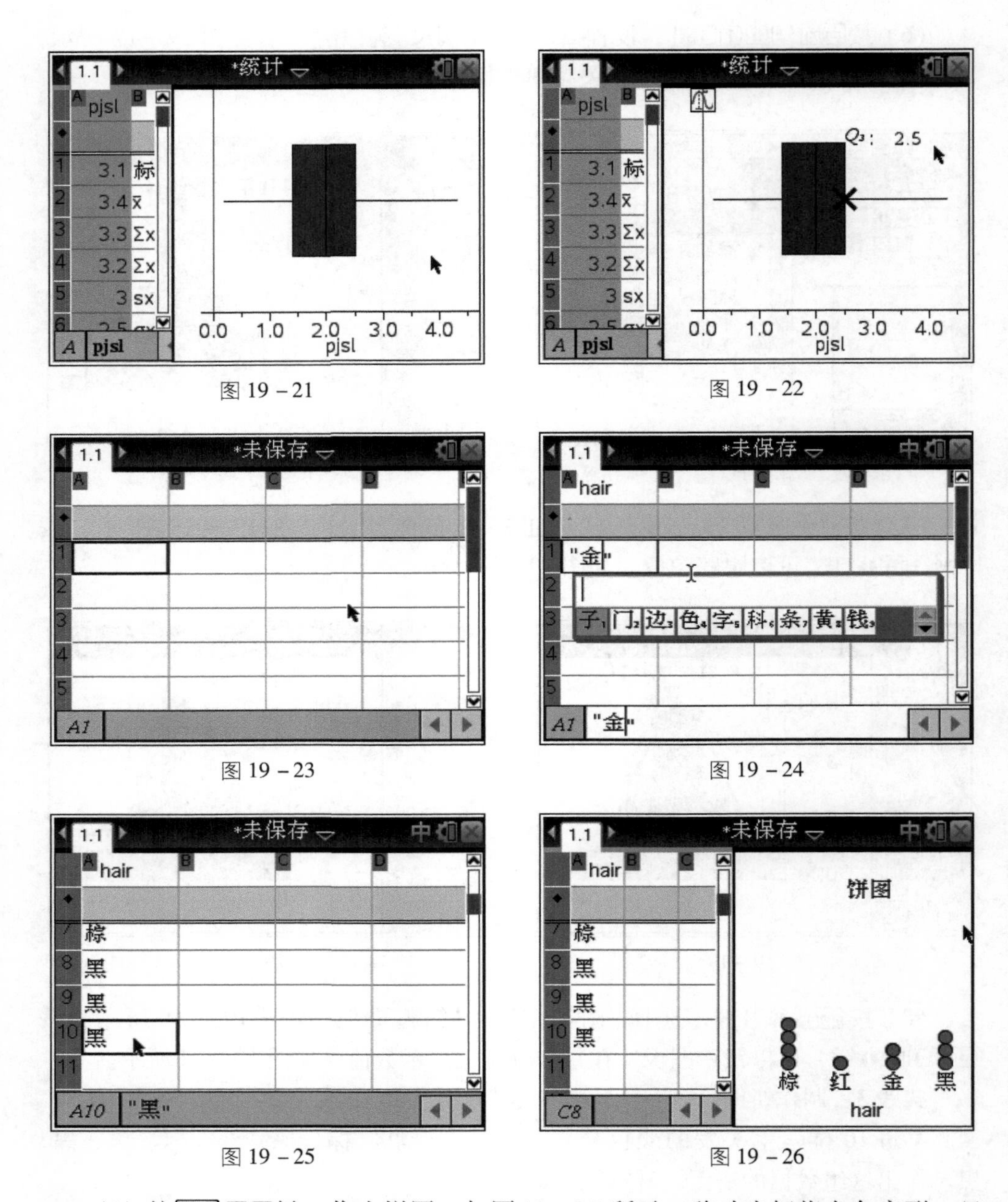

图 19－21　图 19－22

图 19－23　图 19－24

图 19－25　图 19－26

（3）按menu ① ⑨键，作出饼图，如图 19－27 所示。移动光标指向各扇形，显示样本比例，如图 19－28 所示。

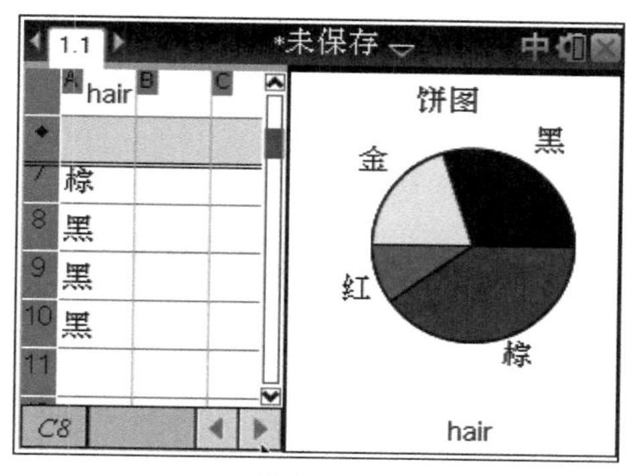

图 19－27

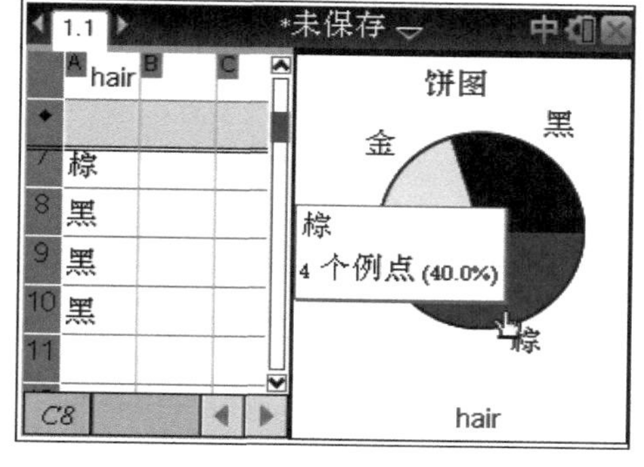

图 19－28

实践 4：两变量的统计及线性回归。

某次考试某班学生的数学与物理成绩见表 19－2。

表 19－2

学号	数学	物理	学号	数学	物理	学号	数学	物理	学号	数学	物理
1	82	74	13	85	73	25	83	76	37	86	79
2	86	81	14	90	78	26	80	69	38	83	80
3	76	77	15	83	68	27	84	80	39	90	83
4	87	78	16	95	84	28	78	69	40	83	75
5	82	73	17	90	76	29	85	80	41	85	79
6	87	79	18	87	81	30	77	71	42	91	83
7	92	87	19	82	67	31	86	83	43	90	78
8	88	79	20	85	77	32	76	70	44	81	73
9	89	76	21	86	73	33	85	80	45	93	81
10	87	75	22	84	69	34	95	84	46	87	72
11	93	82	23	89	81	35	92	79	47	79	73
12	95	81	24	89	83	36	85	80	—	—	—

分析数学物理与成绩的关系。

步骤：

（1）开机，按doc▾ 4 4键，插入列表页面，在 A、B 列输入数据，并将列名命名为“math”“phsc”，如图 19－29 所示。

（2）按menu 4 1 2 enter键，选择“双变量统计”命令，在 x1 数组中输入 math，在 y1 数组中输入 phsc，按回车键后显示结果，如图 19 – 30 所示。拖动右边的滚动条可以看到所有统计量，如平均数、中位数、方差、标准差、四分位数等，如图 19 – 31、图 19 – 32 所示，其中相关系数是 0. 702 187，表明两个变量具有较强的相关性。

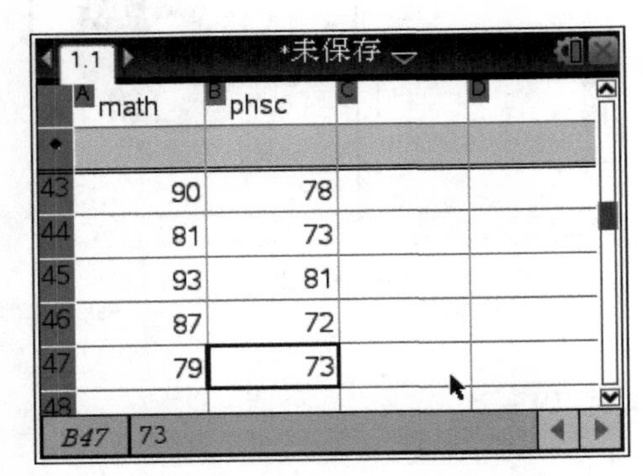

图 19 – 29

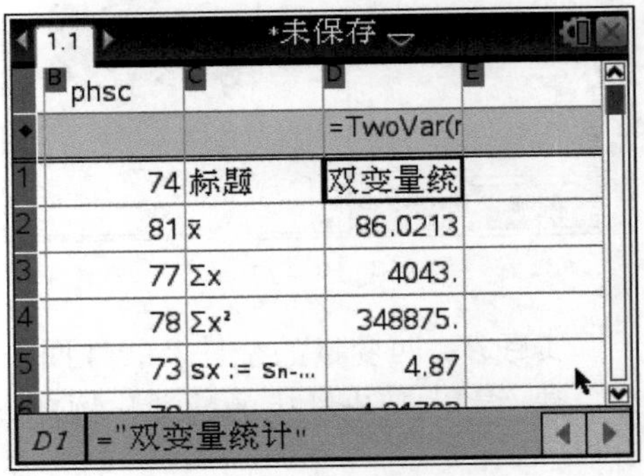

图 19 – 30

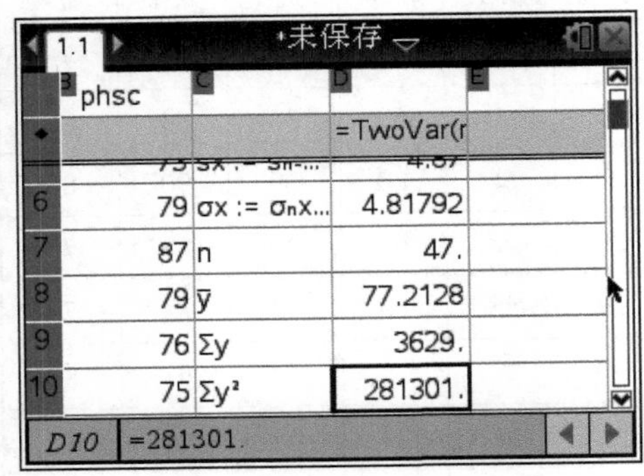

图 19 – 31

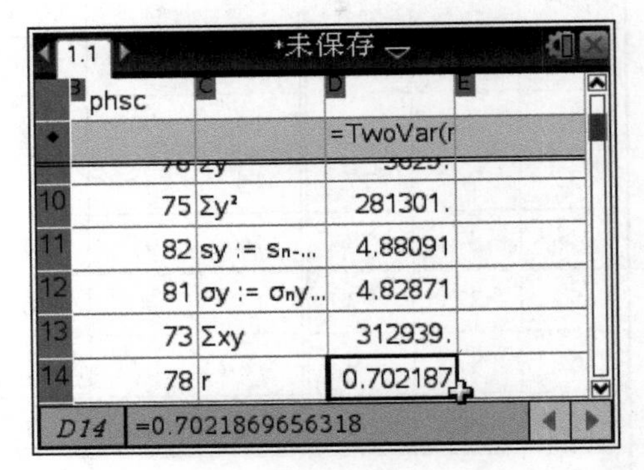

图 19 – 32

（3）按 ctrl +page 键，插入数据和统计页面，在水平方向选择 math 变量，在竖直方向选择 phsc 变量，作出散点图，如图 19 – 33 所示。

（4）按 menu 4 6 2 enter 键，选择"显示线性回归"命令，如图 19 – 34 所示，按回车键后图像中将添加线性回归的直线并显示方程，如图 19 – 35 所示。

（5）回到列表页面，按 menu 4 1 4 enter 键，选择"线性回归"命令，如图 19 – 36 所示，按回车键后在弹出的"线性回归"对话框中输入变量名，如图 19 – 37 所示，按回车键后计算出结果，如图 19 – 38 所示。

（6）按 ctrl +page 键，插入数据和统计页面，在水平方向选择 math 变量，在竖直方向选择 stat. resid 变量，作出残差散点图，如图 19 – 39 所示。观察出圆点在 0 轴上下均匀分布，说明线性回归比较合适。

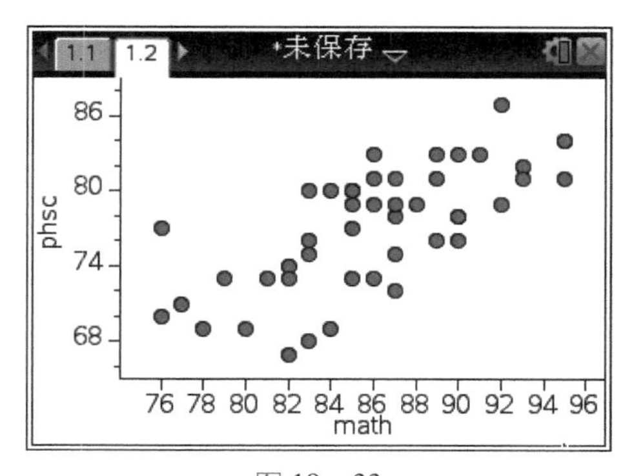

图 19－33

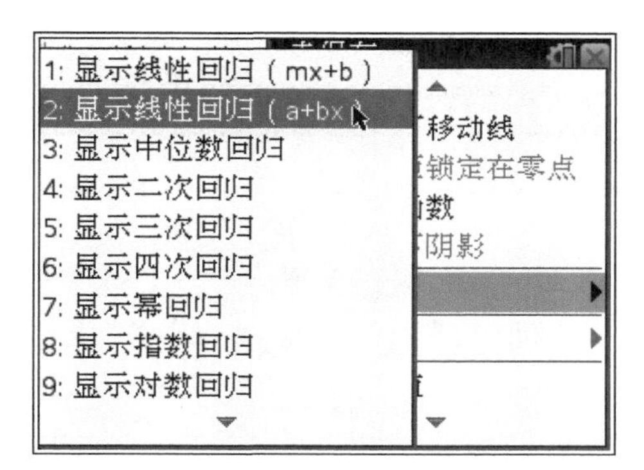

图 19－34

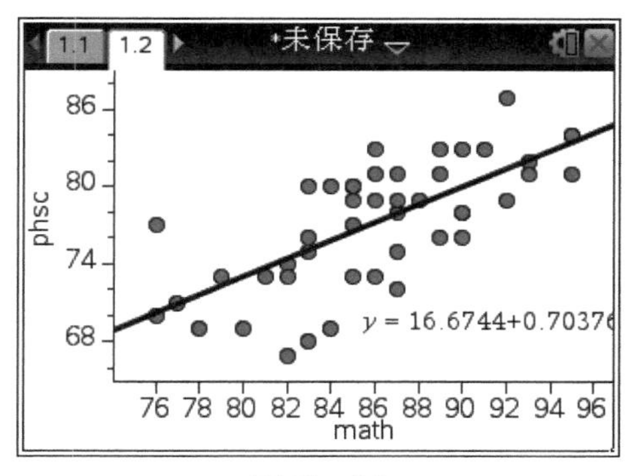

图 19－35

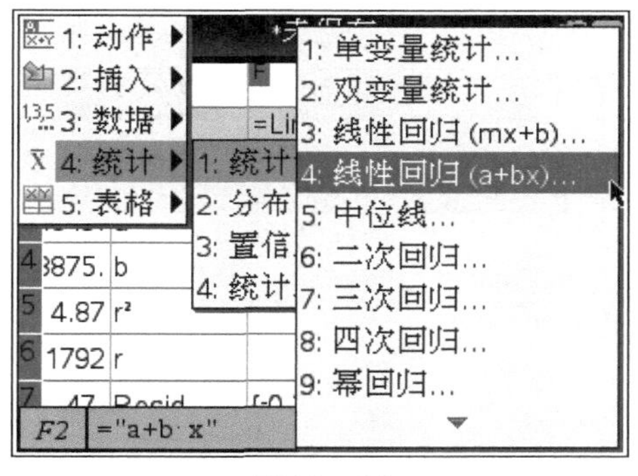

图 19－36

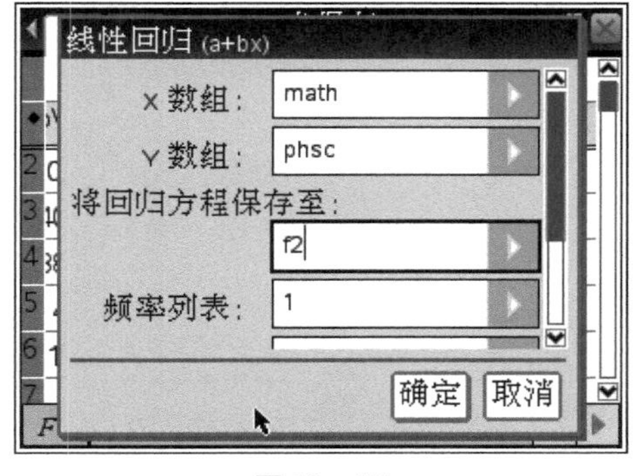

图 19－37

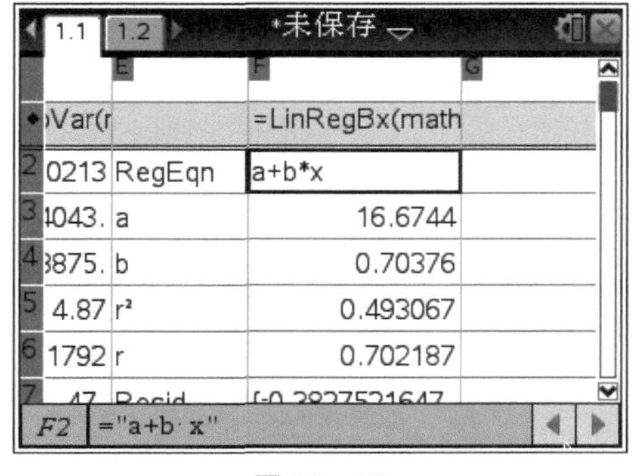

图 19－38

（7）回到列表页面，按menu 4 4 A enter键，选择“线性回归 t 检验”命令，如图 19－40 所示，按回车键后在弹出的对话框中输入变量名，按回车键后计算出结果，如图 19－41、图 19－42 所示，$t = 6.61582$，$\text{PVal} = 3.79154\text{E}-8 \ll 0.01$，说明有 99% 的把握认为两个变量相关。

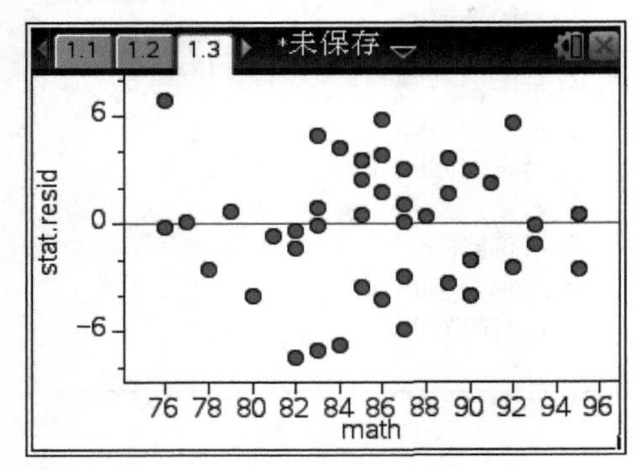

图 19－39

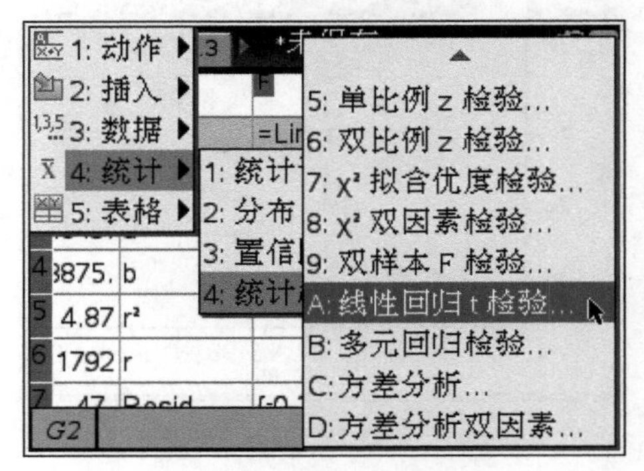

图 19－40

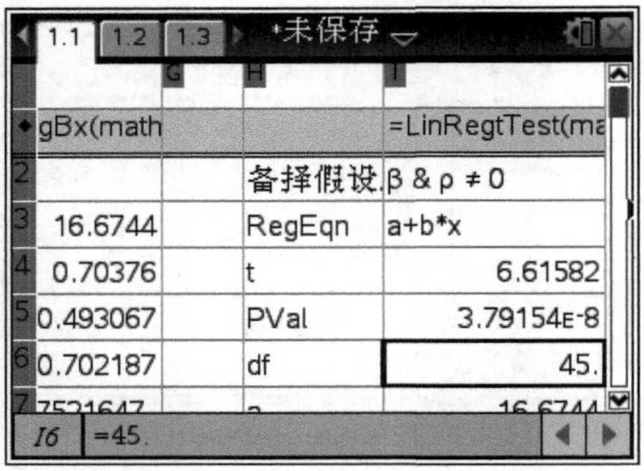

	G	H	I
◆ gBx(math			=LinRegtTest(ma
2		备择假设	β & ρ ≠ 0
3 16.6744		RegEqn	a+b*x
4 0.70376		t	6.61582
5 0.493067		PVal	3.79154E-8
6 0.702187		df	45.

I6 =45.

图 19－41

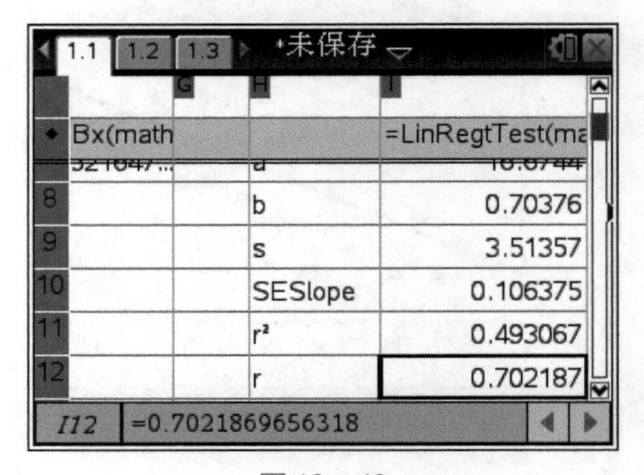

图 19－42

第二十课时　随机模拟及常见离散随机变量分布探究

学习目标

利用 TI－nspire 图形计算器的编程功能进行随机模拟，计算常见离散分布的概率值。

学习过程

实践 1：随机模拟方法。

（1）编制程序模拟投掷硬币，并统计正面朝上的频数，计算频率。

（2）甲、乙两人约定 0 时到 1 时在某地约会，先到的人等 10 分钟后若不见对方则离开，估计甲、乙两人能碰面的概率。

步骤(1)：

（1）开机，按 on 1 1 键，添加计算页面。按 menu 9 1 1 键，选择“新建”命令，在弹出的“新建”对话框中输入程序名“zyb”，如图 20－1 所示。

（2）输入程序，如图 20－2、图 20－3 所示。

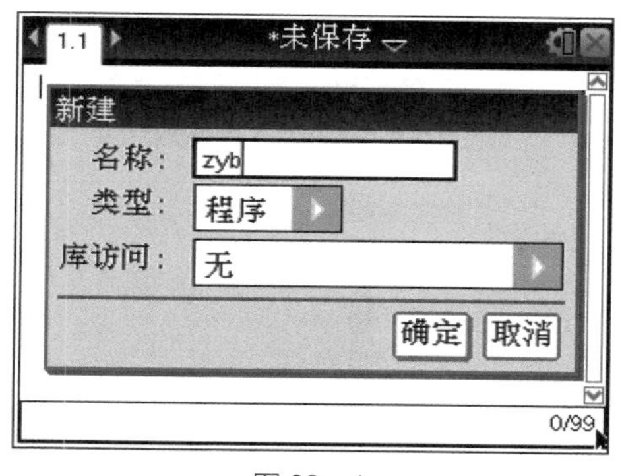

图 20－1

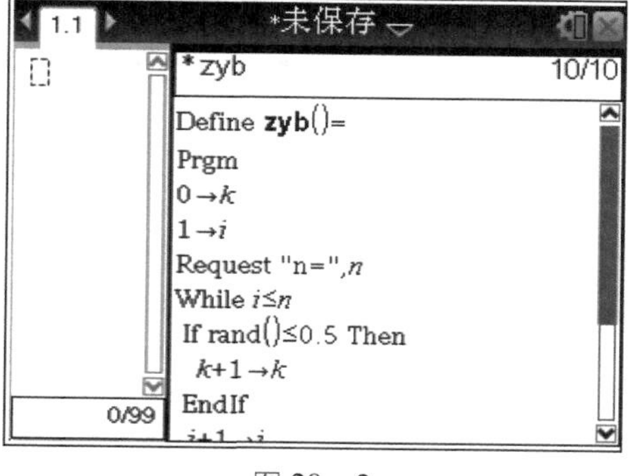

图 20－2

（3）按 menu 2 1 键，选择“检查句法并保存”命令，如图 20－4 所示，切换到运行窗口，输入“zyb( )”，在对话框中输入“100”，如图 20－5 所示，按回车键，结果如图 20－6 所示。

（4）按 ctrl 键，输入文件名称，按回车键保存文件，如图 20－7、图 20－8 所示。

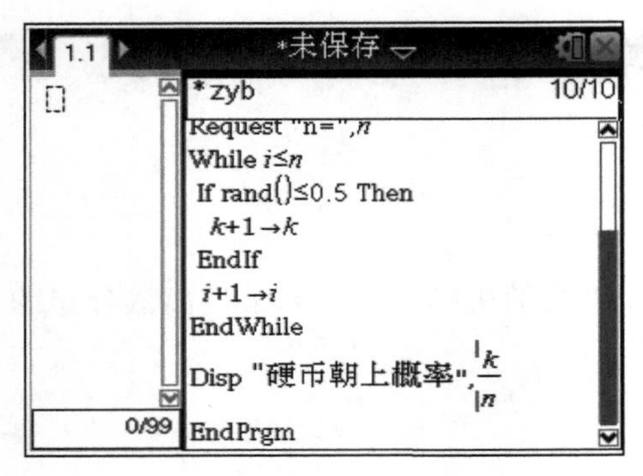

图 20－3

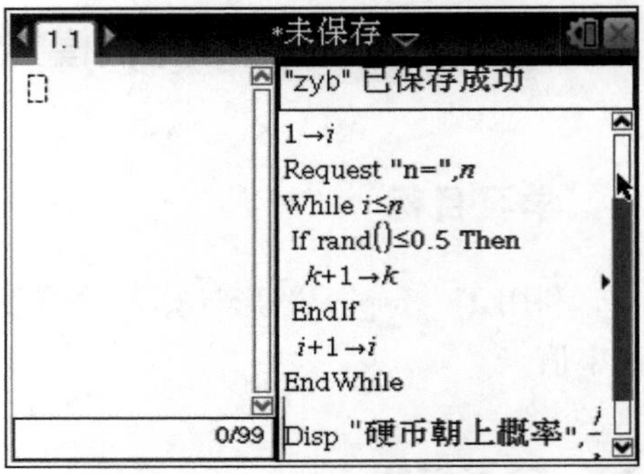

图 20－4

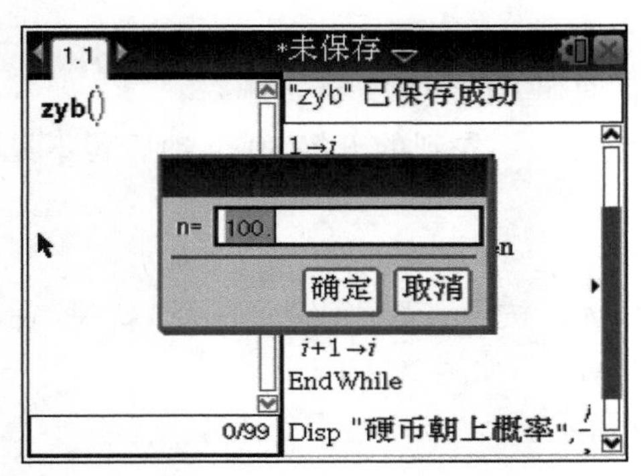

图 20－5

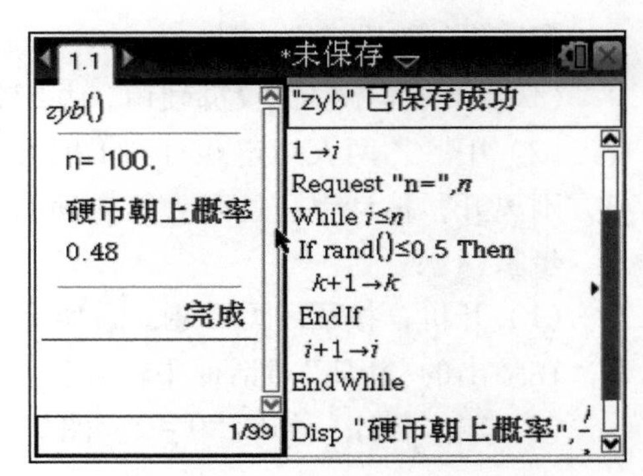

图 20－6

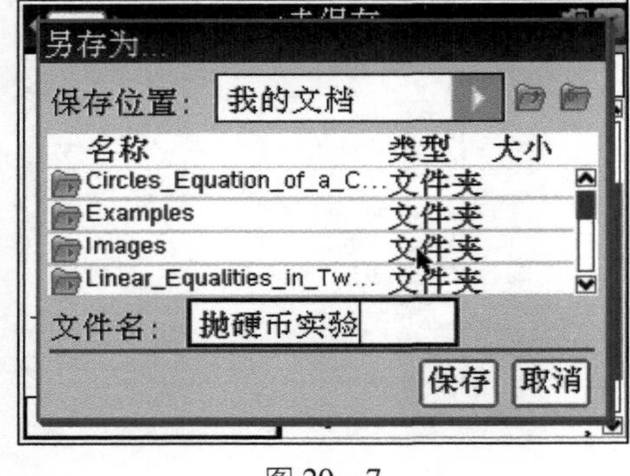

图 20－7

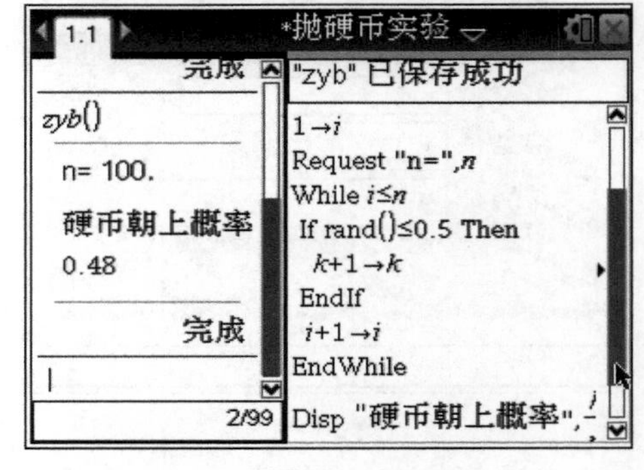

图 20－8

步骤(2)：

(1) 建立新的程序“yuehui”，进入程序编辑器，输入程序，如图 20－9、图 20－10 所示。

(2) 切换到运行窗口，输入“yuehui ( )”，在对话框中输入“168”，如

图 20－11所示，结果如图 20－12 所示。

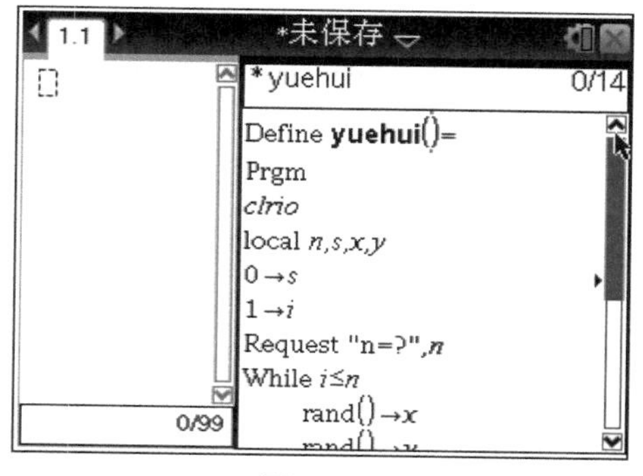

图 20－9

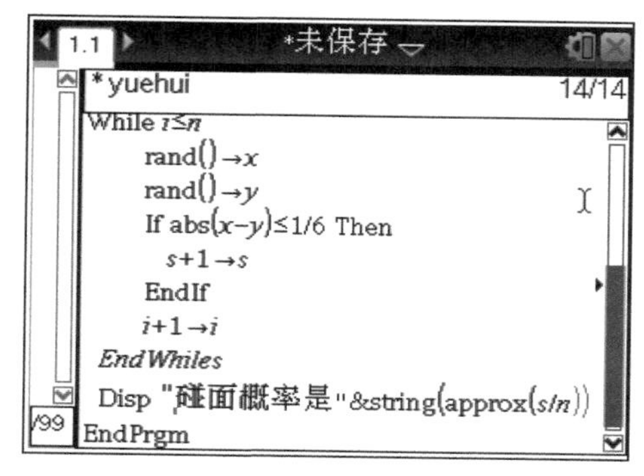

图 20－10

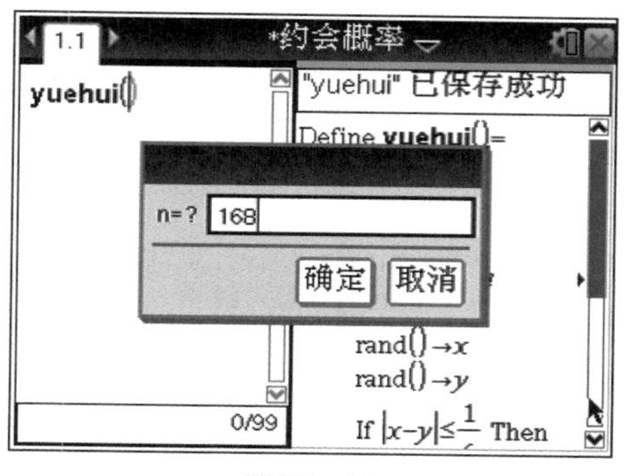

图 20－11

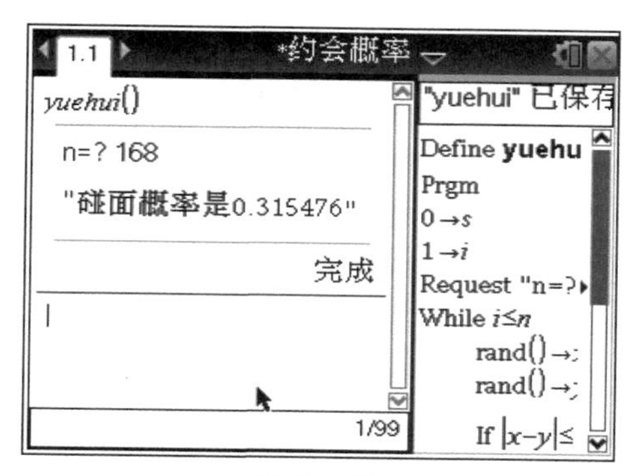

图 20－12

实践 2：二项分布概率的计算、图像绘制。

某射手每次射击击中目标的概率是 0.8。求这名射手在 10 次射击中的以下概率

（1）恰有 8 次击中目标的概率；（2）至少有 8 次击中目标的概率。

步骤：

（1）开机，按on 1 1键，添加计算页面。按menu 5 3键，选择“组合”命令，如图20－13所示，按回车键后如图 20－14 所示，然后输入二项分布的计算公式，按回车键得出结果，如图 20－15 所示。

（2）按menu 5 5 D键，选择“二项式 Pdf”命令，如图 20－16、图 20－17 所示，弹出“二项 Pdf”对话框，如图 20－18 所示，输入相应的数据，按回车键得出结果，如图 20－19 所示，可见两次计算结果相同。

（3）按menu 5 5 E键，选择“二项式 Cdf”命令，如图 20－20 所示，弹出“二

项 Cdf”对话框，如图 20－21 所示，输入相应的数据，按回车键得出结果，如图 20－22 所示。

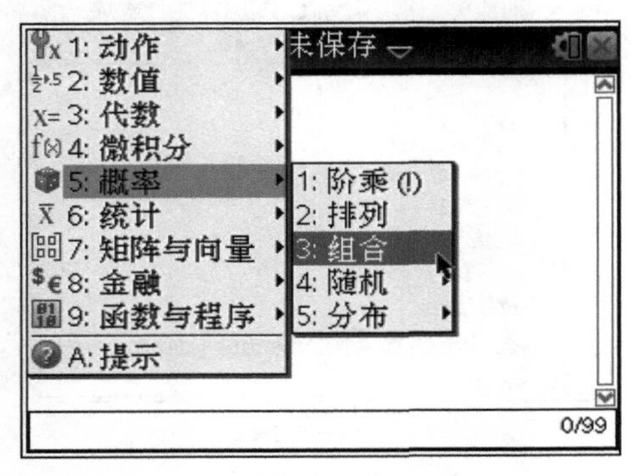

图 20－13

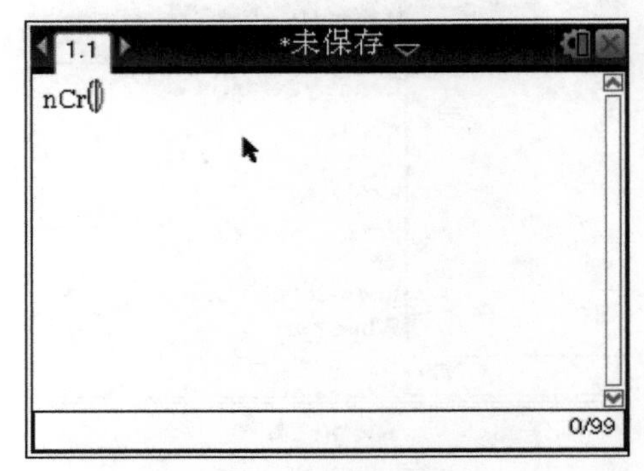

图 20－14

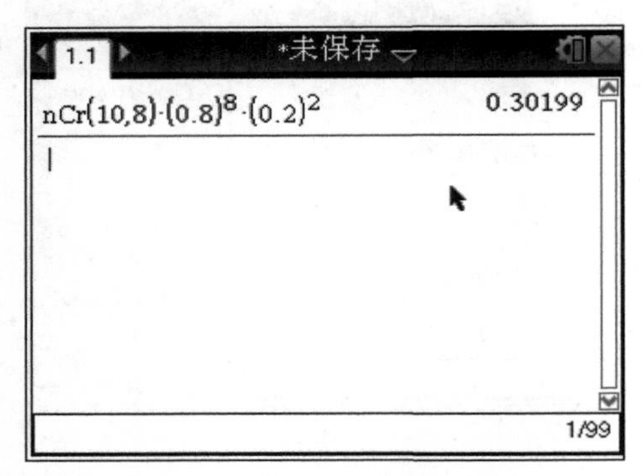

图 20－15

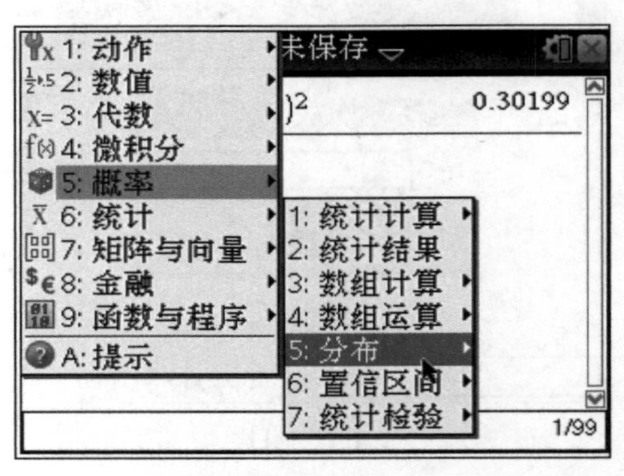

图 20－16

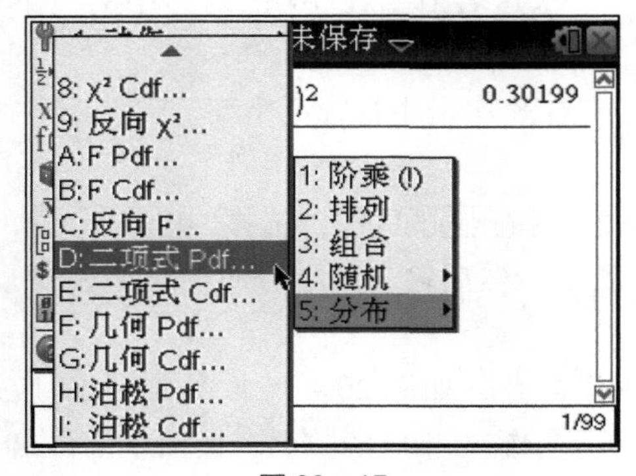

图 20－17

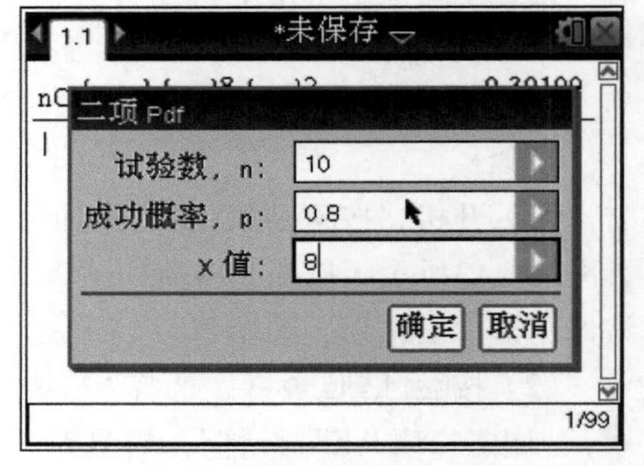

图 20－18

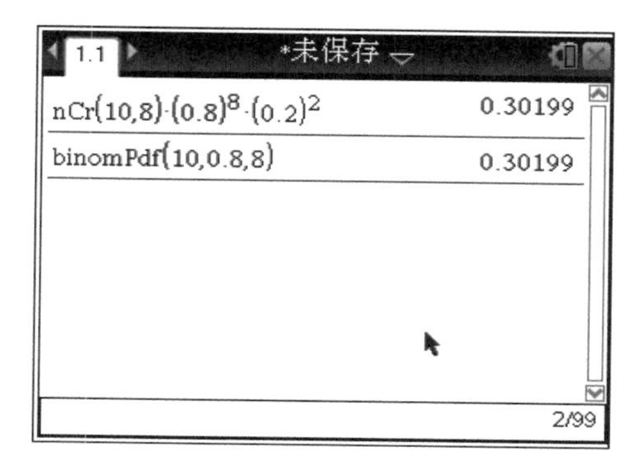

图 20－19

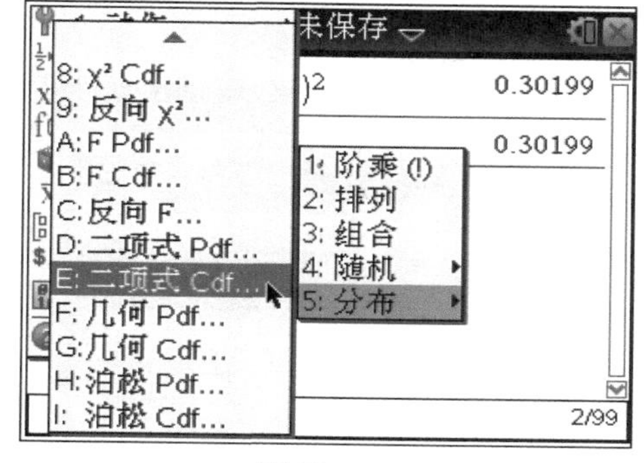

图 20－20

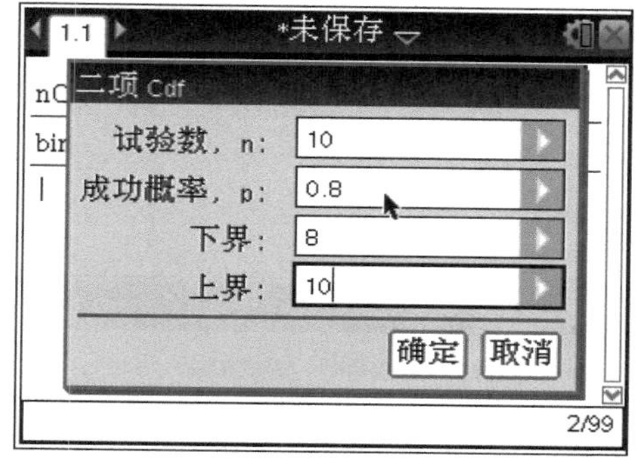

图 20－21

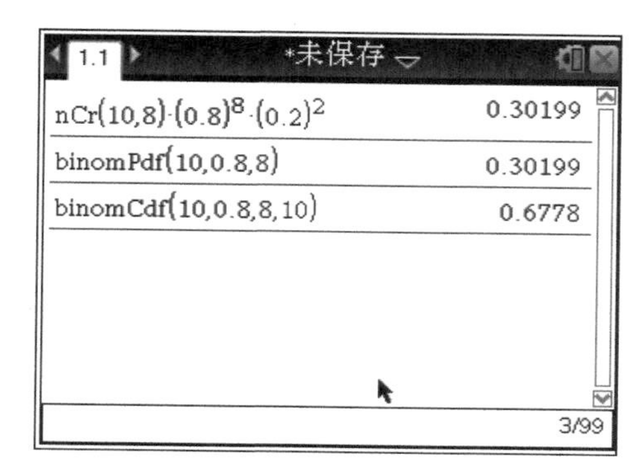

图 20－22

（4）按 doc▾ 4 4 键，添加图形页面，按 menu 5 3 5 键，选择“序列”命令。如图 20－23 所示，光标在表达式“$u1(n)=$”后的位置时，按 ▣ 2 键，选择“概率”→“分布”→“二项 Pdf”选项，如图 20－24 所示，按回车键弹出“二项 Pdf”对话框，如图 20－25 所示，然后按图示进行设置，按回车键得出结果，如图 20－26 所示。

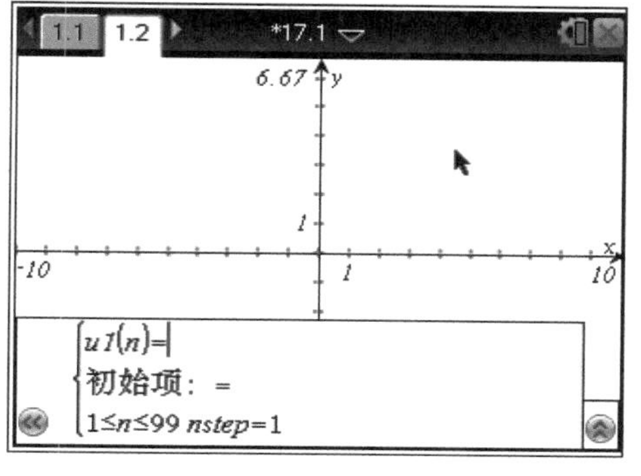

图 20－23

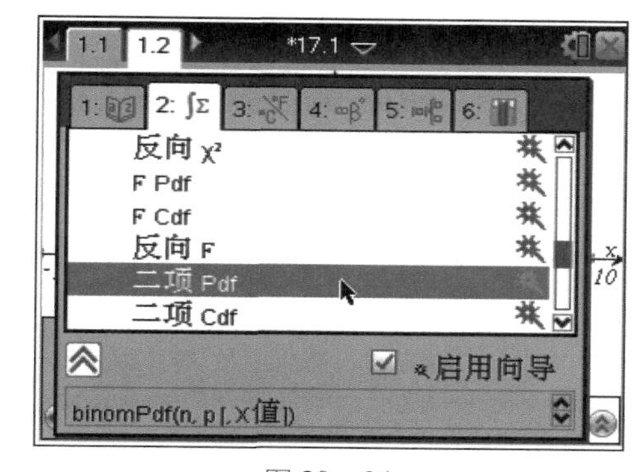

图 20－24

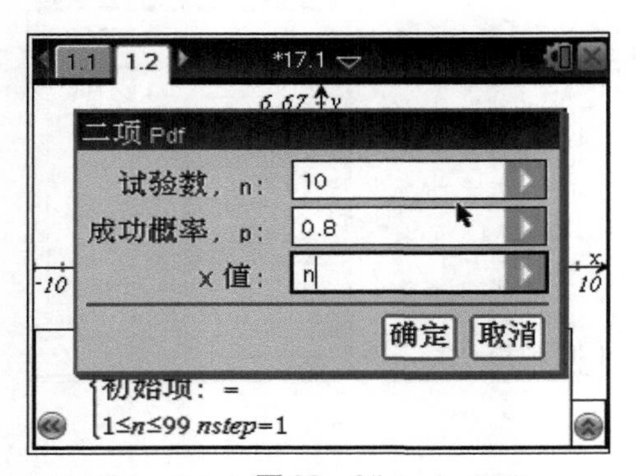

图 20－25

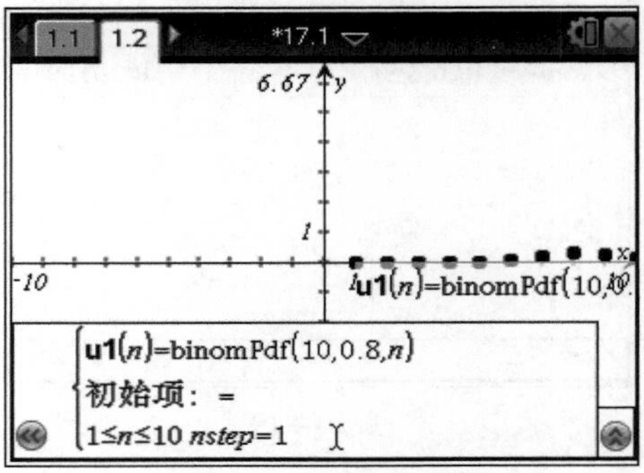

图 20－26

（5）按menu 4 1键，弹出“窗口设置”对话框，如图 20－27 所示，按图示进行设置，按回车键得到结果，如图 20－28 所示。按ctrl T键显示函数值表，移动光标查看函数值，如图 20－29、图 20－30 所示。

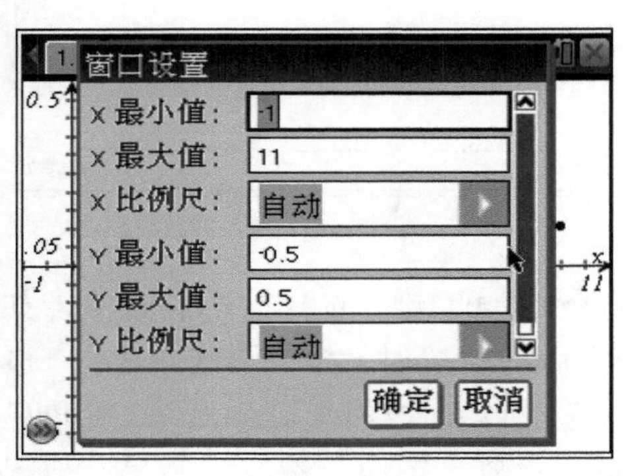

图 20－27

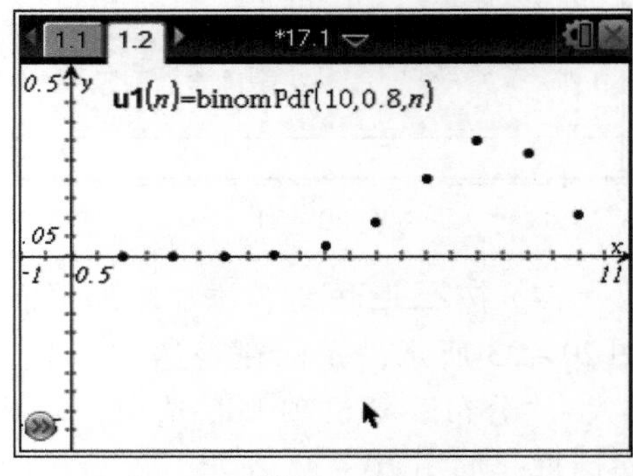

图 20－28

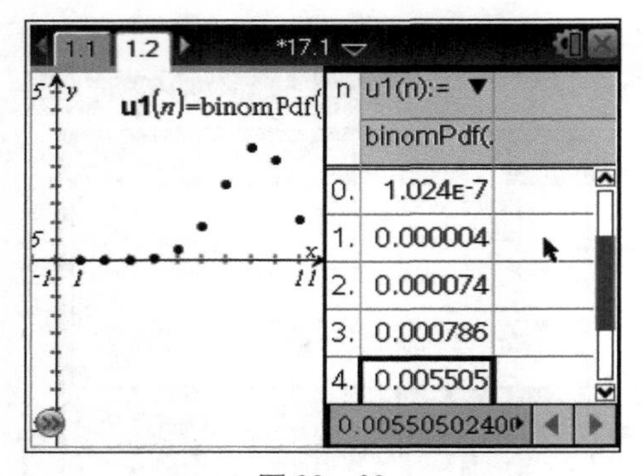

图 20－29

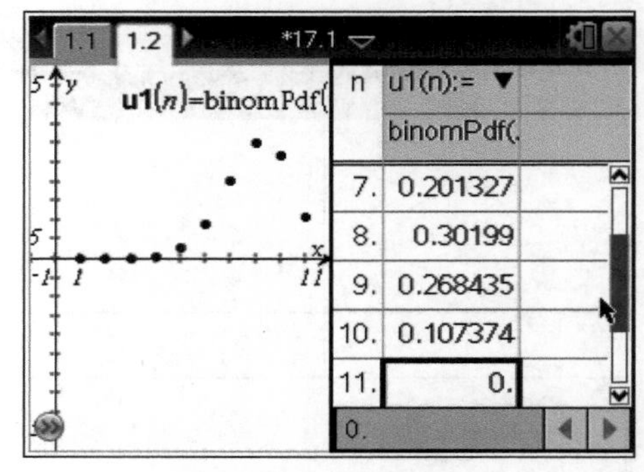

图 20－30

（6）用同样的方法可以做出二项分布的累计数列的图像和函数值表，如图20－31、图20－32所示。

注：

（1）命令 binomPdf(二项式 Pdf)计算随机变量在某一点的概率密度函数值。

（2）命令 binomCdf(二项式 Cdf)计算随机变量在某一区间的概率(累计概率)。

其他随机变量函数命令的意义与此相同。

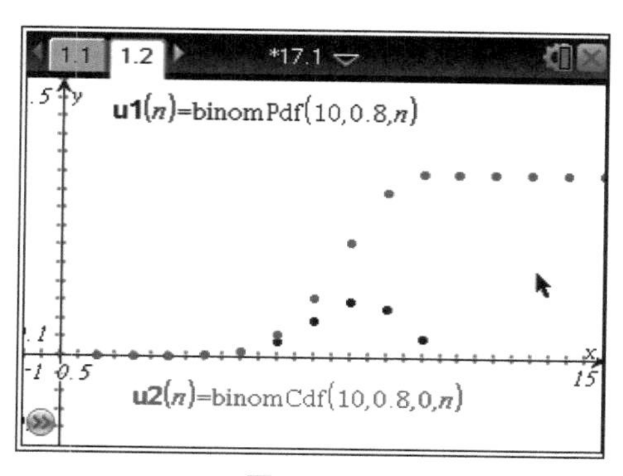

图 20－31

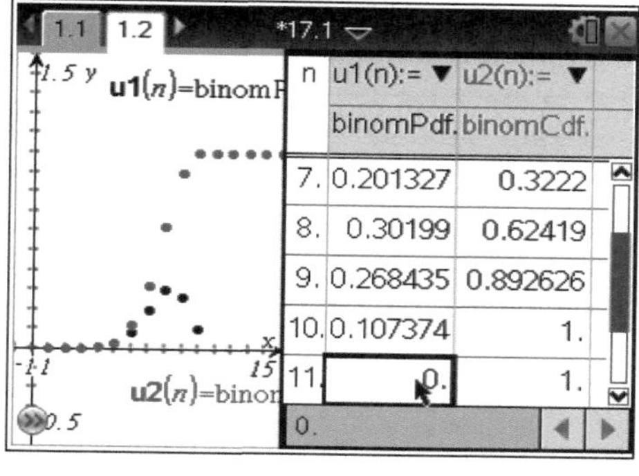

图 20－32

实践3：超几何分布概率的计算及作图。

在含有4件次品的12件产品中，任取3件，试求：

（1）取到的次品数 X 的分布列及期望；

（2）至少取到1件次品的概率。

由于 TI－nspire 图形计算器中没有设计超几何分布函数或程序，所以采用以下办法处理。

步骤：

（1）新建计算页面，定义超几何分布的密度函数 hypergpdf(n，m，$n1$，k)＝$\frac{C_m^k C_{n-m}^{n1-k}}{C_n^{n1}}$，如图20－33所示。

（2）直接利用函数 hypergpdf(n，m，$n1$，k)计算概率值，如图20－34所示。

（3）定义超几何分布的期望函数 hypergexp($n,m,n1$)＝$\sum_{i=0}^{n1} i \cdot$ hypergpdf(n，$m,n1,i$)，如图20－35所示，计算 hypergexp(12,4,3)结果为1，如图20－36所示。

（4）定义超几何分布的方差函数 hypergvar($n,m,n1$)＝$\sum_{i=0}^{n1}$(i－hypergexp($n,m,n1$))^2 · hypergpdf($n,m,n1,i$)，如图20－37所示，计算

hypergvar(12,4,3) 结果为$\frac{6}{11}$,如图 20 - 38 所示。

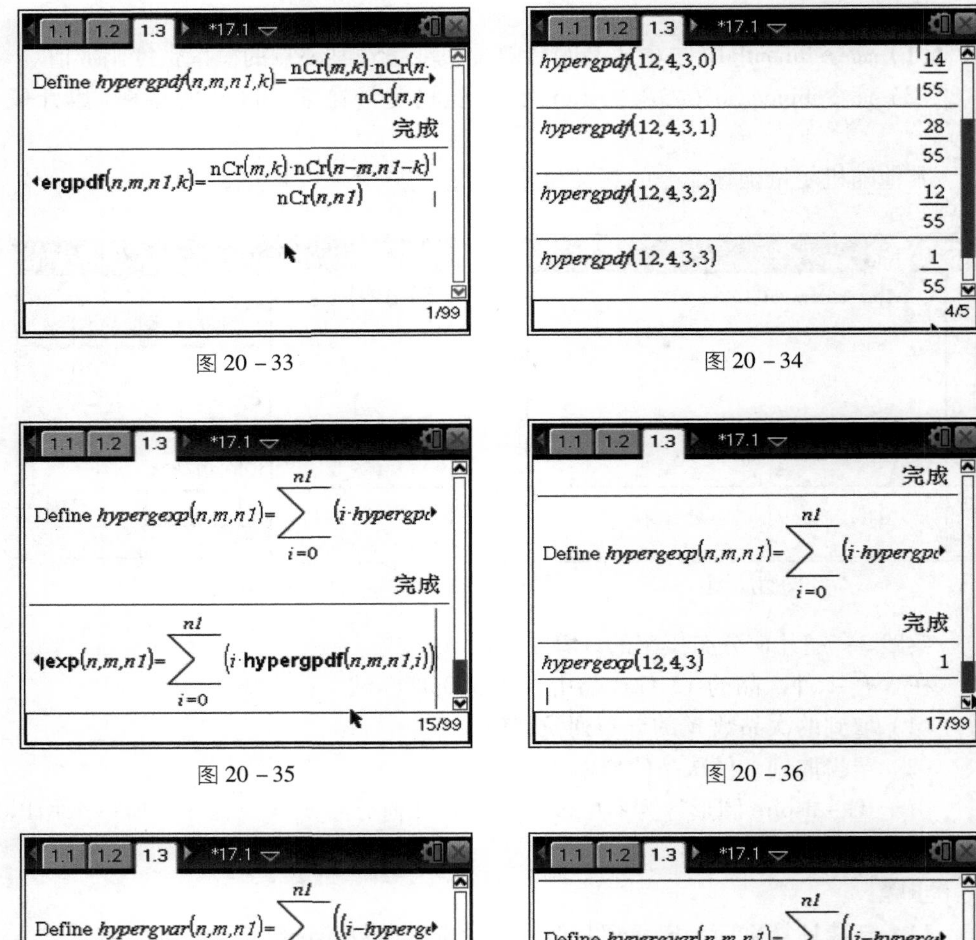

图 20 - 33

图 20 - 34

图 20 - 35

图 20 - 36

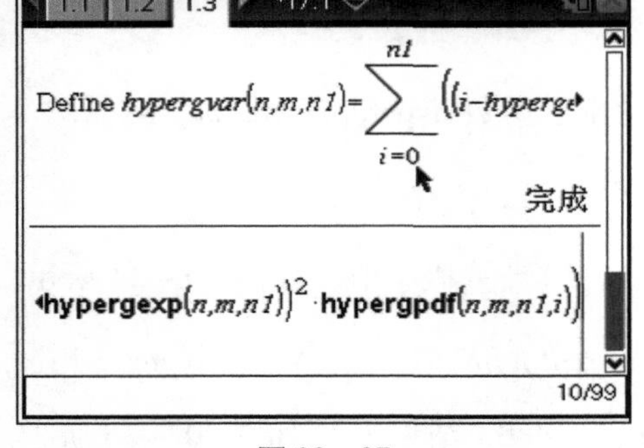

图 20 - 37

图 20 - 38

（5）可以用数列的方法作出超几何分布的密度和累积函数的图像，跟踪观察函数值的变化，如图 20 - 39 ~ 图 20 - 42 所示。

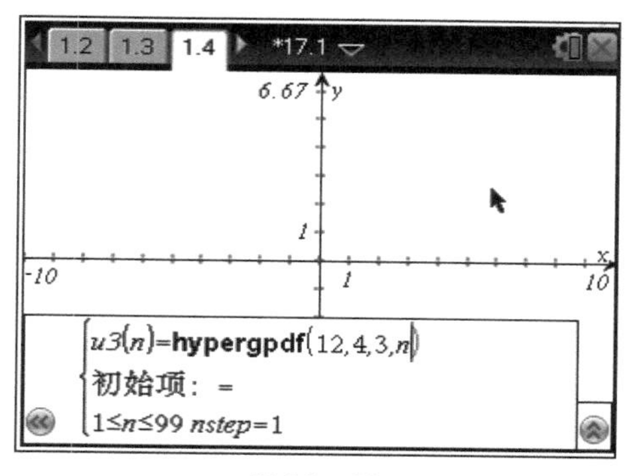

图 20－39

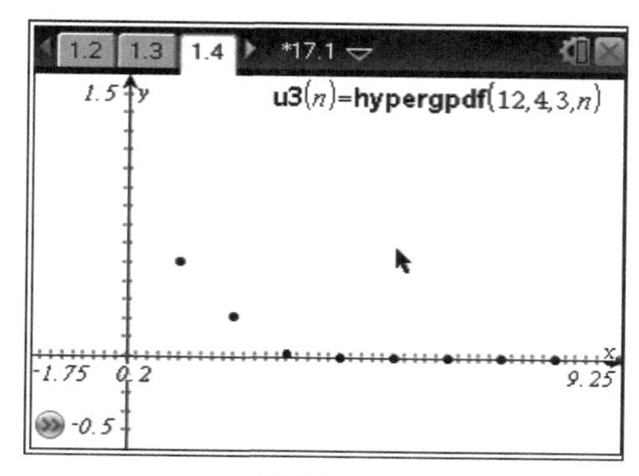

图 20－40

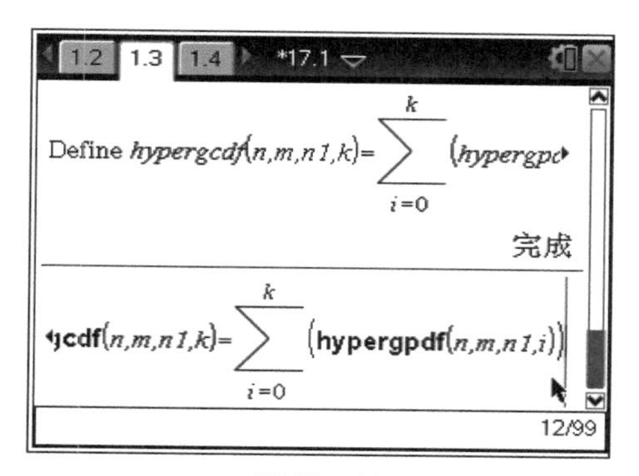

图 20－41

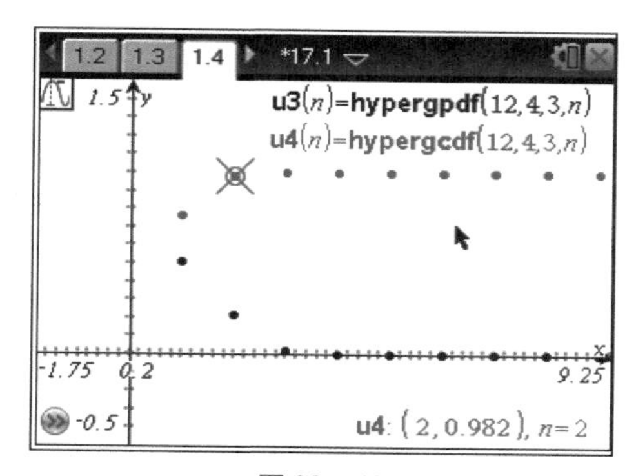

图 20－42

练习：

（1）通过随机模拟的方法可以估计 π 的值，请编制程序实现。

（2）抛一枚均匀硬币 100 次，计算恰好出现 50 次正面朝上的概率。

第二十一课时　正态分布性质及应用探究

学习目标

利用 TI - nspire 图形计算器的函数作图、计算函数值等功能探究正态分布的性质，探究参数 μ，σ 对正态分布的影响，理解标准分的意义，会转化标准分。

学习过程

一、问题探索

总体密度曲线是函数 $f(x)=\frac{1}{\sqrt{2\pi}\sigma}e^{-\frac{(x-\mu)2}{2\sigma^2}}$，$x\in(-\infty,\ -\infty)$的图像，其分布叫作正态分布，常记作 $N(\mu,\ \sigma^2)$。$f(x)$的图像称为正态曲线。服从正态分布的随机变量就叫作正态随机变量，简称正态变量。

实践 1：探究参数 μ，σ 对正态分布的影响。

用 TI - nspire 图形计算器画出 3 条正态曲线，归纳性质。

第一组：①$\mu=-1$，$\sigma=0.5$；②$\mu=0$，$\sigma=0.5$；③$\mu=2$，$\sigma=0.5$。

第二组：①$\mu=0$，$\sigma=0.5$；②$\mu=0$，$\sigma=1$；③$\mu=0$，$\sigma=2$。

步骤：

（1）开机，按 on 1 2 键，添加图形页面，如图 21 - 1 所示。按 2 键，选择“概率”→“分布”→“正态 Pdf”选项，如图 21 - 2 所示，按回车键，弹出“正态 Pdf”对话框，如图 21 - 3 所示，然后按图示进行设置，按回车键作出正态分布的图像，如图 21 - 4 所示。

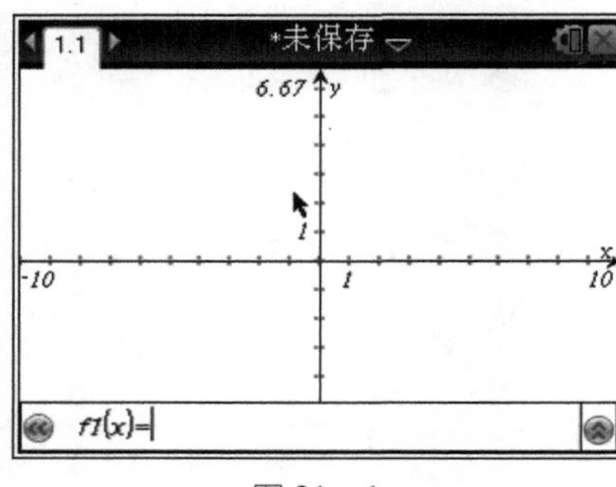

图 21 - 1

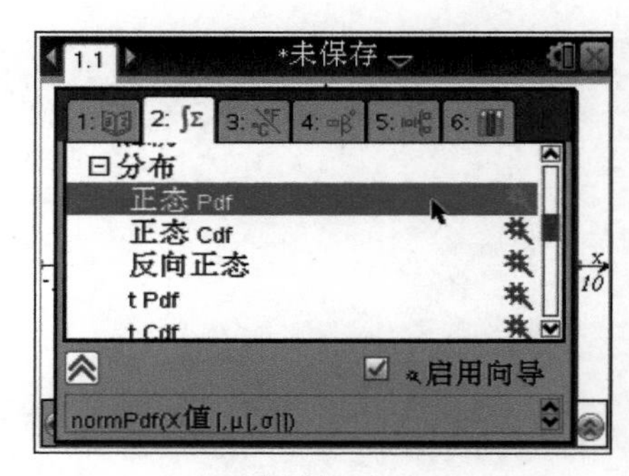

图 21 - 2

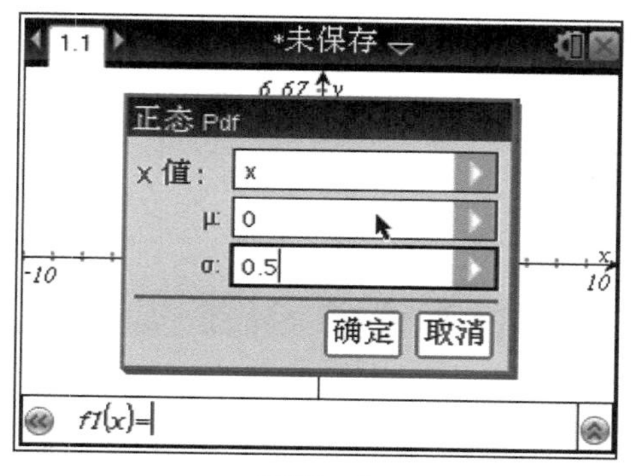

图 21－3

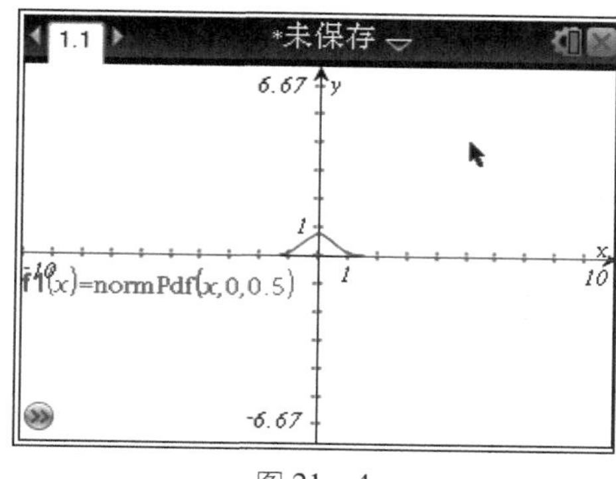

图 21－4

（2）重新设置窗口参数，用同样的方法作出另外两个函数图像，如图 21－5 所示。按 menu 6 3，选择“最大值”命令，分别作出函数图像的最高点，按 menu A 1 键，选择“垂线”命令，分别作出过最高点垂直于 x 轴的垂线，如图 21－6 所示。

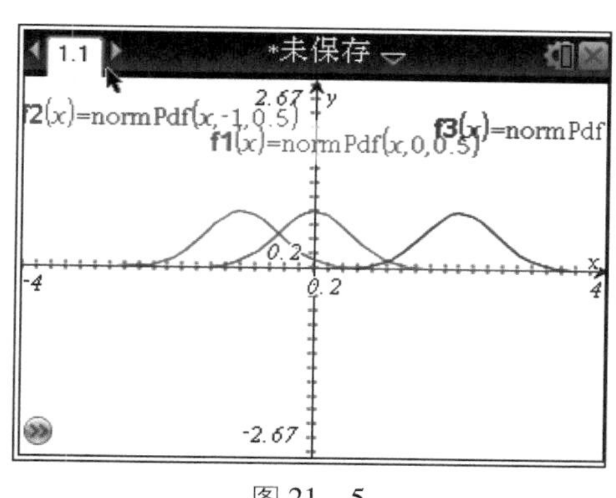

图 21－5

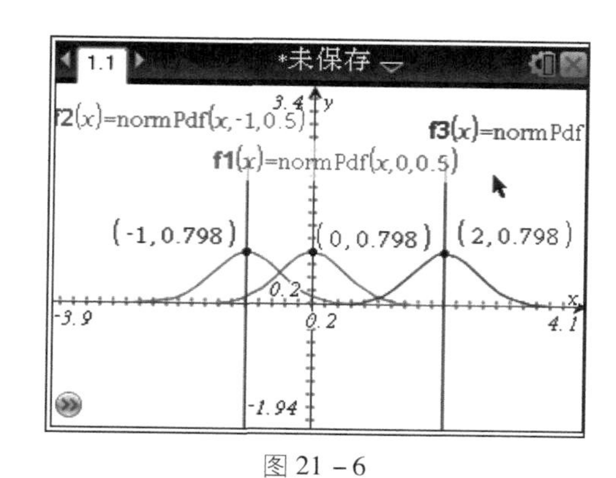

图 21－6

（3）用游标建立参数 u，按 menu 1 A 键，利用触摸板移动游标到合适的位置，按回车键确认，输入变量名 u，设置变量 u 的范围是[－10，10]，作出以变量 u 为参数的图像，如图 21－7 所示。拖动游标可以改变 u 的值，观察图像变化。

（4）作出第二组函数图像，调整显示窗口参数，如图 21－8 所示，也可以建立游标参数 s，作出含有参数 s 的图像，拖动游标观察图像的变化，如图 21－9、图 21－10 所示。

归纳性质如下。

曲线在 x 轴上方，并且关于 $x=u$ 对称。

曲线在 $x=u$ 处最高，并由此向左、右两边延伸时，曲线逐渐降低，呈现“中间高，两边低，左右对称”的形状。

参数 σ 越大，曲线越矮胖；参数 σ 越小，曲线越瘦高。

当 $\mu=0$，$\sigma=1$ 时，正态总体称为标准正态总体，相应的函数解析式是 $f(x)=\frac{1}{\sqrt{2\pi}}\mathrm{e}^{-\frac{x^2}{2}}$，$x\in(-\infty,\ -\infty)$，相应的曲线称为标准正态曲线。

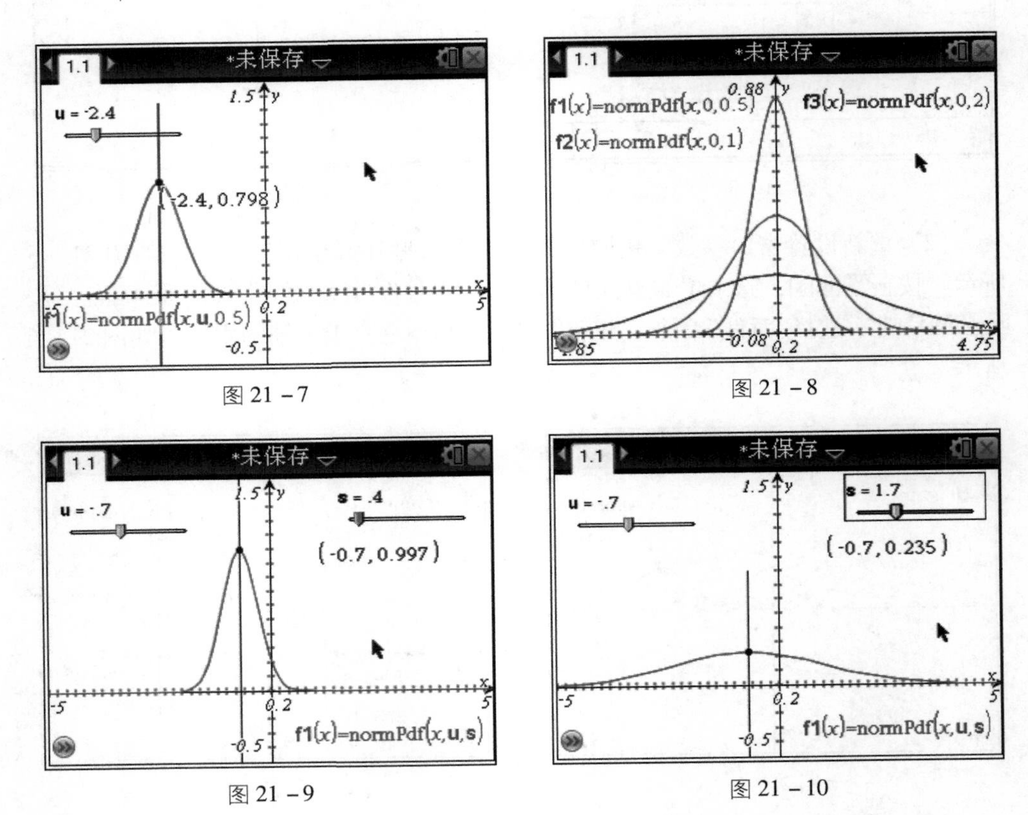

图 21－7　　图 21－8

图 21－9　　图 21－10

实践 2： 探索正态变量在 1 倍、2 倍、3 倍 σ 区间的概率。

（1）用 TI－nspire 图形计算器的统计程序计算标准正态分布的概率。

随机变量 $X\sim N(0,\ 1)$，计算 $P(-1\leqslant X\leqslant 1)$，$P(-2\leqslant X\leqslant 2)$，$P(-3\leqslant X\leqslant 3)$。

步骤：

（1）开机，按[on][1][1]键，添加计算页面。按[menu][5][5][2]键，选择“概率”→“分布”→“正态 Cdf”选项，如图 21－11、图 21－12 所示，按回车键弹出“正态 Cdf”对话框，如图 21－13 所示。

（2）按图示输入下限 －1、上限 1、均值 0、标准差 1，按回车键得出结果，如图 21－14 所示。同样再计算出其他两个概率值，如图 21－15 所示。

$P(-1\leqslant X\leqslant 1)=0.682\ 689$，$P(-2\leqslant X\leqslant 2)=0.954\ 5$，$P(-3\leqslant X\leqslant 3)=0.997\ 3$。

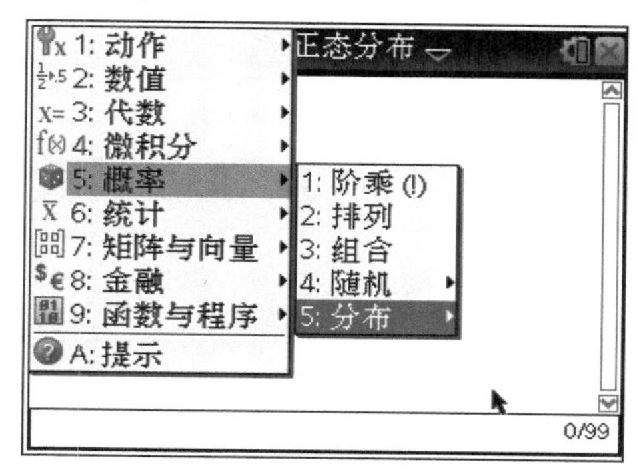

图 21－11

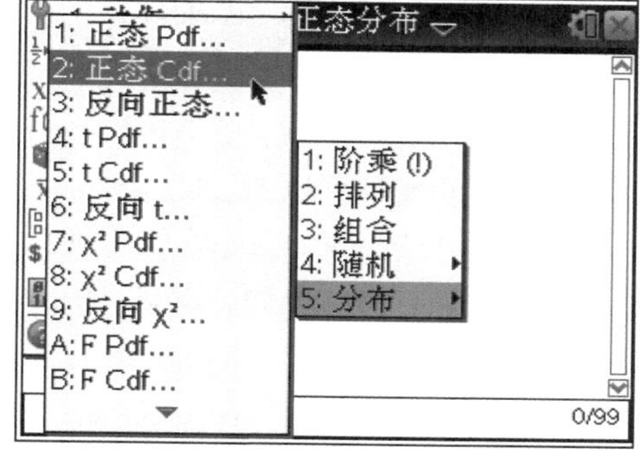

图 21－12

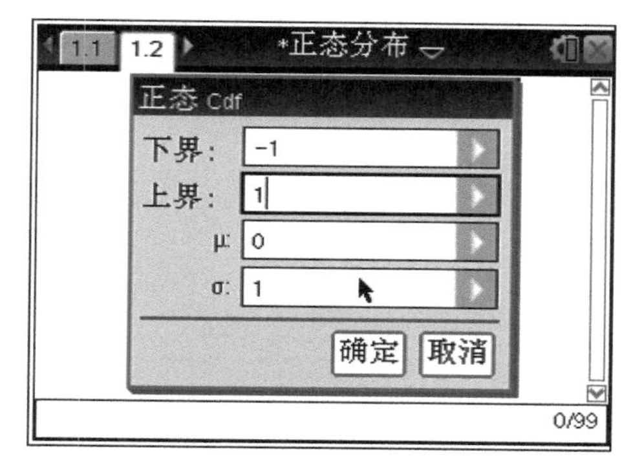

图 21－13

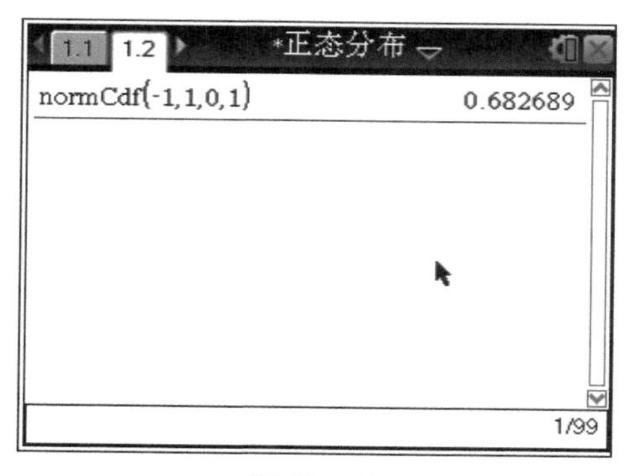

图 21－14

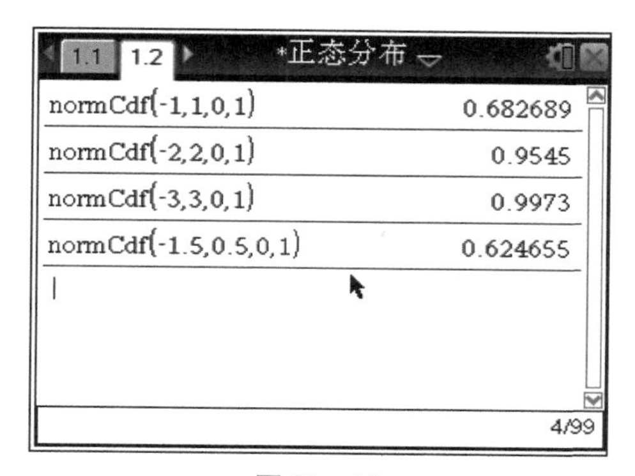

图 21－15

用同样的方法，可以计算正态变量在任意区间的概率，例如 $P(-1.5\leqslant X\leqslant 0.5)=0.624\ 655$。

(2)用积分的方法计算标准正态分布的概率。

步骤：

(1) 作出标准正态分布曲线，调整显示窗口，如图 21－16 所示。

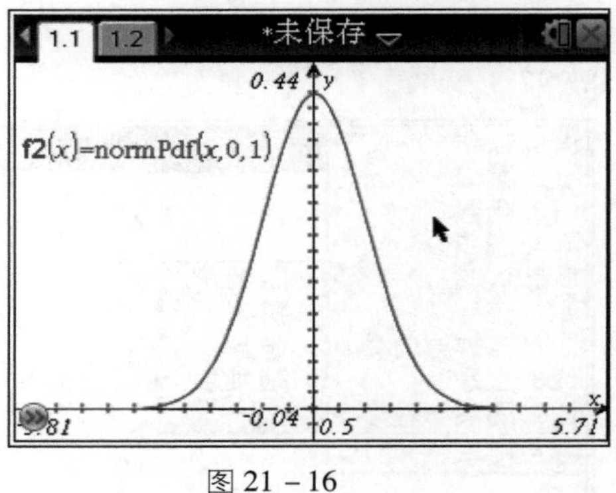

图 21－16

(2) 按menu 6 7键，选择“积分”命令，如图 21－17 所示，按◁键，输入下界－1，如图 21－18 所示，输入上界 1，如图 21－19 所示，按回车键确认，计算出面积值，即概率值，如图 21－20 所示。

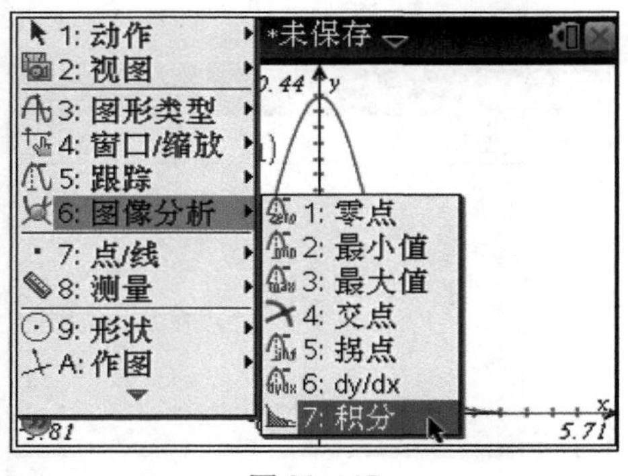

图 21－17

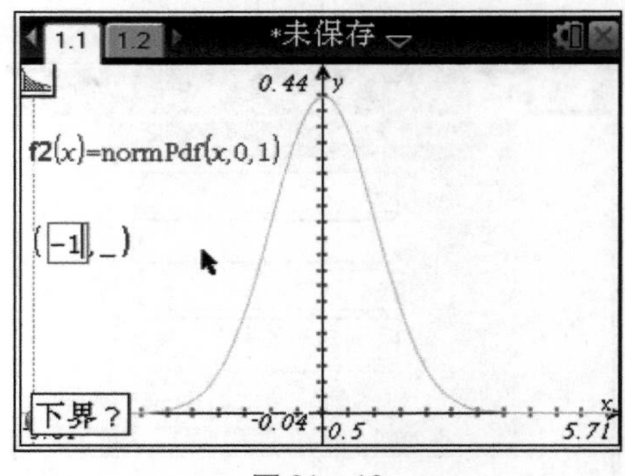

图 21－18

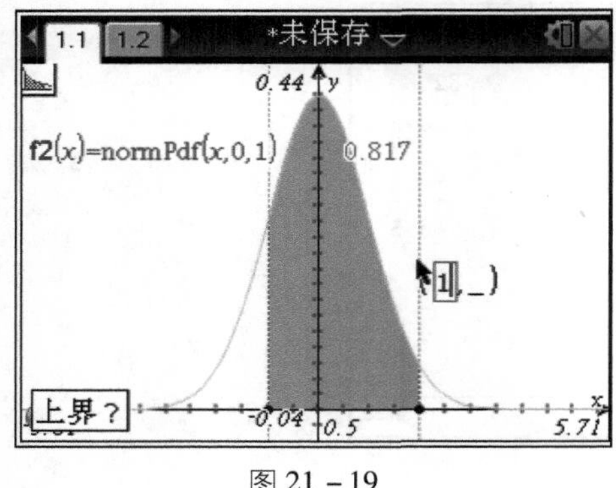

图 21－19

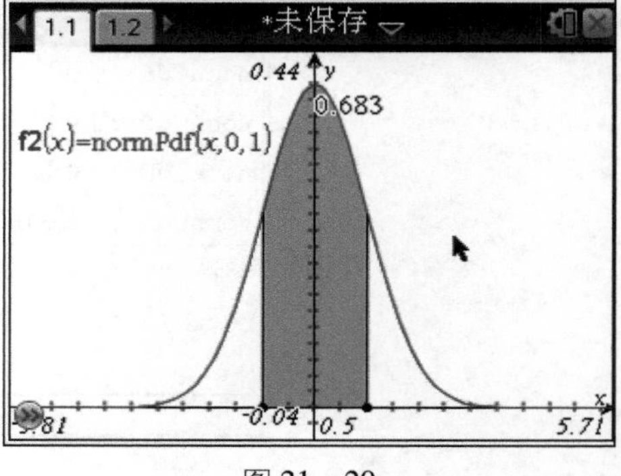

图 21－20

(3) 用同样的方法计算出其他 3 个概率值，如图 21－21～图 21－23 所示。

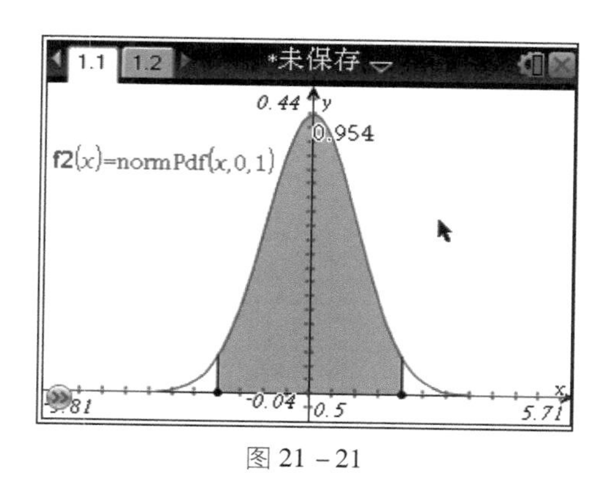

图 21－21

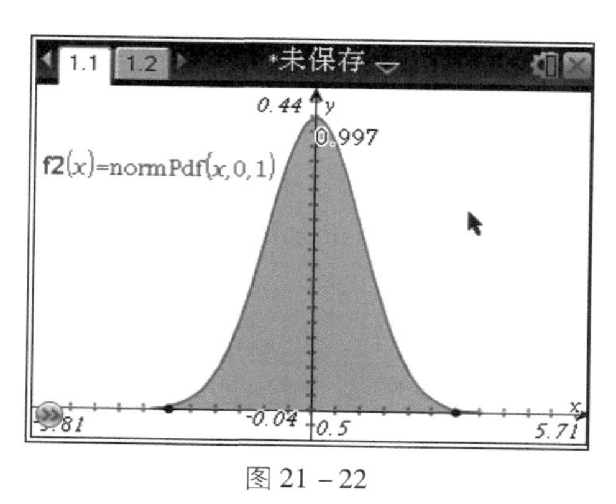

图 21－22

（4）显示区间端点的坐标，可以拖动区间端点，改变区间从而得到不同区间的概率值，如图 21－24 所示。

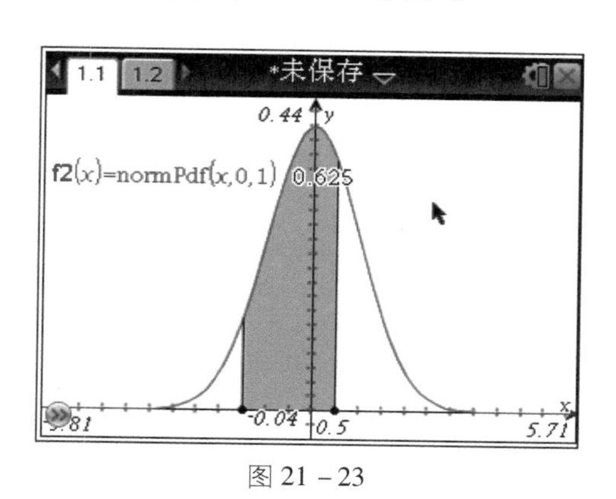

图 21－23

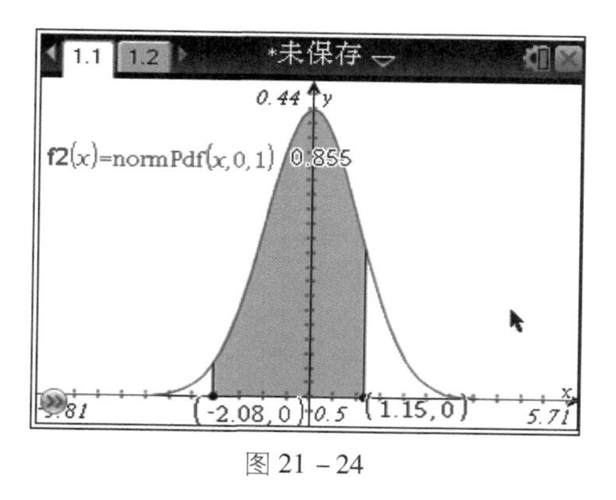

图 21－24

（3）任意取定一个正态分布，计算落入区间的概率。

随机变量 $X\sim N(u,\ \sigma^2)$，计算以下概率。

$P(u-\sigma<X<u+\sigma)=$______ $=P($______ $<X<$ ______$)=$______。

$P(u-2\sigma<X<u+2\sigma)=$______ $=P($______ $<X<$ ______$)=$______。

$P(u-3\sigma<X<u+3\sigma)=$______ $=P($______ $<X<$ ______$)=$______。

例如，取 $u=80$，$\sigma=10$，计算结果如图 21－25～图 21－28 所示。

归纳总结如下。

$P(u-\sigma<X<u+\sigma)=86.3\%$，说明正态变量落在区间$(u-\sigma,\ u+\sigma)$的概率是 86.3%。

$P(u-2\sigma<X<u+2\sigma)=95.4\%$，说明正态变量落在区间$(u-2\sigma,\ u+2\sigma)$的概率是 95.4%。

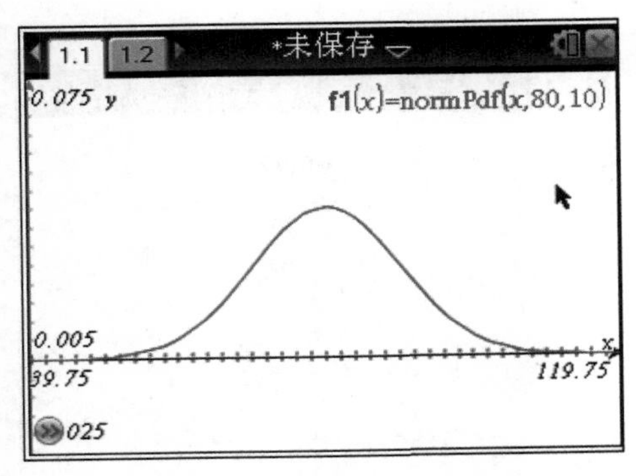

图 21－25

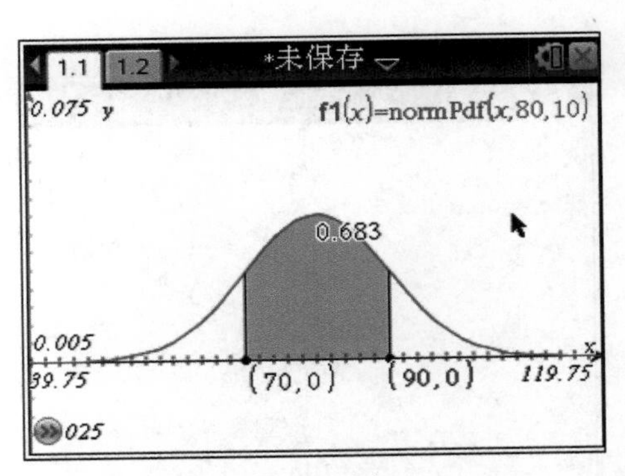

图 21－26

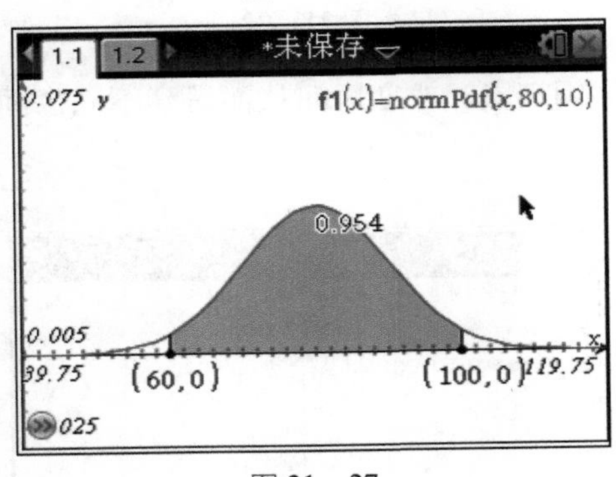

图 21－27

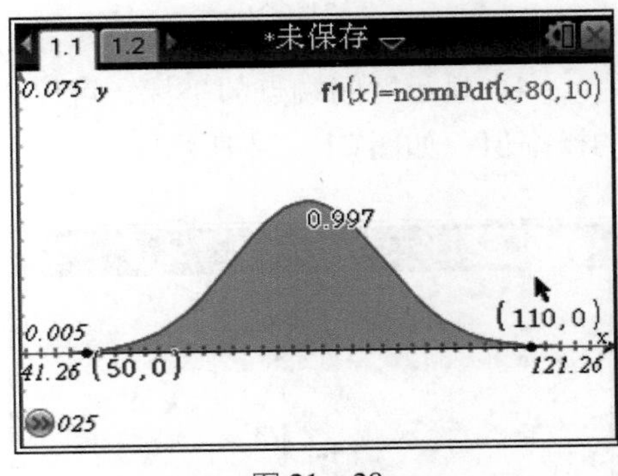

图 21－28

$P(u-3\sigma<X<u+3\sigma)=99.7\%$，说明正态变量落在区间$(u-3\sigma,\ u+3\sigma)$的概率是 99.7%。

3σ 原则：正态变量的取值几乎都在距 $x=u$ 的________倍标准差之内。

实践 3：标准分的转化。

某次测验的原始成绩平均分是 78.63，标准差是 7.31。

（1）某人成绩是 88，计算其标准分，并求出成绩高于此人的学生的比例。

（2）某人的标准分是 －2.1382，求出成绩低于此人的学生的比例，并计算其原始成绩。

步骤：

（1）开机，按[on]①①键，添加计算页面，输入“(88－78.63)/7.31”，按回车键确认后得出结果，标准分为 1.281 81，如图 21－29 所示。

（2）按[menu]⑤⑤②键，选择“概率”→“分布”→“正态 Cdf”选项，按回车键弹出“正态 Cdf”对话框，然后输入下限 88、上限∞、均值 78.63、标准差 7.31，按回车键得出结果为 0.099 955，如图 21－30 所示，表明成绩高于此人的学生的比例大约为 10%。

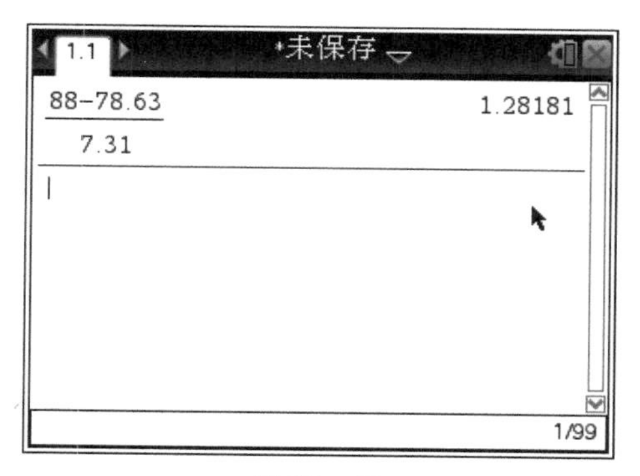

图 21－29

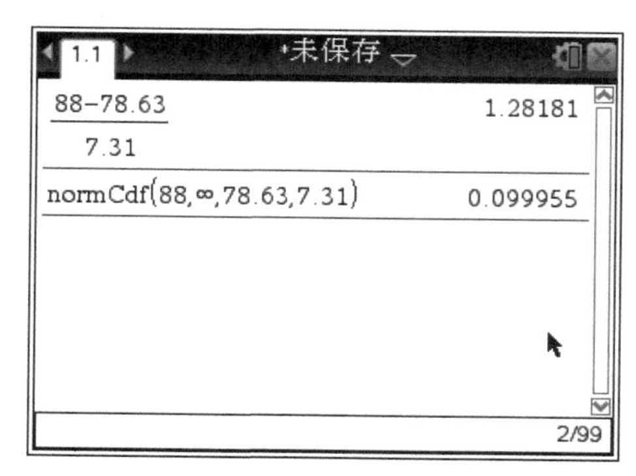

图 21－30

（3）输入“－2.1382 · 7.31＋78.63”，按回车键确认后得出结果，原始成绩约为 63，如图 21－31 所示。

（4）按menu 5 5 2键，选择“概率”→“分布”→“正态 Cdf”选项，按回车键弹出“正态 Cdf”对话框，然后输入下限－∞、上限－2.138 2、均值 0、标准差 1，按回车键得出结果为 0.016 25，如图 21－32 所示，表明成绩低于此人的学生的比例大约为 1.625%。

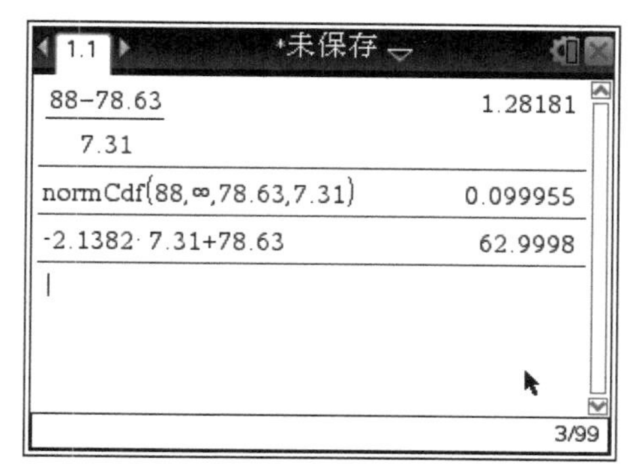

图 21－31

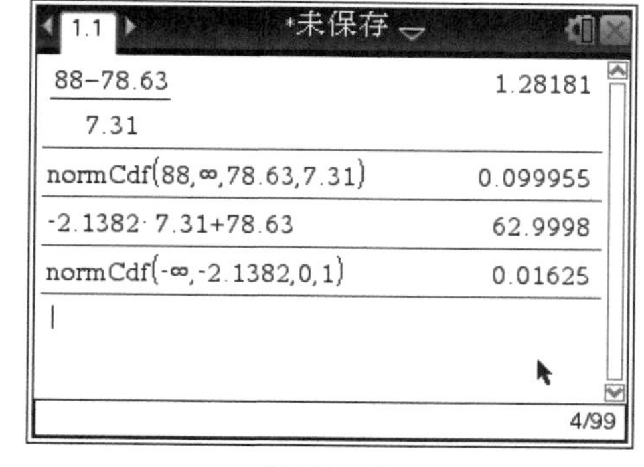

图 21－32

练习：

某种植物的高度 H 服从正态分布，$H \sim N(68,\ 3)$。

（1）计算 $P(H<65)$。

（2）计算 $P(H>65)$。

（3）计算 $P(65<h<70)$。

（4）计算 $P(70<h<75)$。

（5）设 $P(H>H_0)=0.1$，计算 H_0。

第二十二课时 参数估计

学习目标

利用 TI – nspire 图形计算器对参数进行点估计、区间估计。

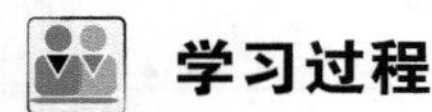

学习过程

一、正态分布参数区间估计

设总体 $X \sim N(\mu, \sigma^2)$，X_1，X_2，…，X_n 为一个样本，$\overline{X}$，S^2 分别是样本均值和样本方差。设已给定置信水平为 $1-\alpha$。

（一）当 σ^2 已知时，μ 的置信区间

$\overline{X}$ 是 μ 的无偏估计，且有统计量 $z=\dfrac{\overline{X}-\mu}{\sigma/\sqrt{n}} \sim N(0, 1)$。由标准正态分布的 α 分位点的定义，有 $P\left\{\left|\dfrac{\overline{X}-\mu}{\sigma/\sqrt{n}}\right|<z_{\alpha/2}\right\}=1-\alpha$，即 $P\left\{\overline{X}-\dfrac{\sigma}{\sqrt{n}}z_{\alpha/2}<\mu<\overline{X}+\dfrac{\sigma}{\sqrt{n}}z_{\alpha/2}\right\}=1-\alpha$。

这样就得到了 μ 的一个置信水平为 $1-\alpha$ 的置信区间 $\left(\overline{X}-\dfrac{\sigma}{\sqrt{n}}z_{\alpha/2}, \overline{X}+\dfrac{\sigma}{\sqrt{n}}z_{\alpha/2}\right)$。这样的置信区间常写成 $\left(\overline{X}\pm\dfrac{\sigma}{\sqrt{n}}z_{\alpha/2}\right)$（图 22 – 1）。

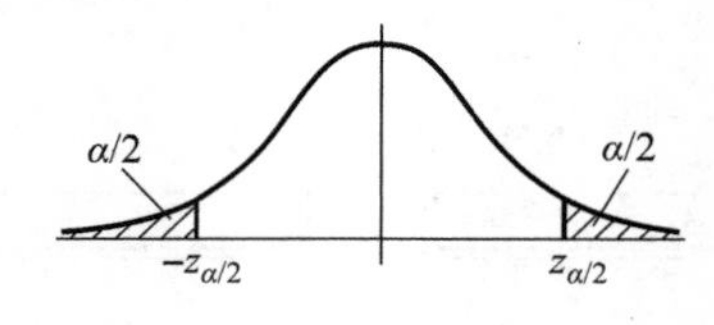

图 22 – 1

（二）当 σ^2 未知时，μ 的置信区间

因为参数 σ 未知，所以此时不能使用 $\left(\overline{X}\pm\dfrac{\sigma}{\sqrt{n}}z_{\alpha/2}\right)$ 来估计。S^2 是 σ^2 的无偏估计，将 σ 换成 $S=\sqrt{S^2}$ 得到统计量 $\dfrac{\overline{X}-\mu}{S/\sqrt{n}}$，由于 $\dfrac{\overline{X}-\mu}{S/\sqrt{n}} \sim t(n-1)$，所以可得

$P\left\{-t_{\alpha/2}(n-1)<\dfrac{\overline{X}-\mu}{S/\sqrt{n}}<t_{\alpha/2}(n-1)\right\}=1-\alpha$，即 $P\left\{\overline{X}-\dfrac{S}{\sqrt{n}}t_{\alpha/2}(n-1)<\mu<\right.$

$\overline{X}+\frac{S}{\sqrt{n}}t_{\alpha/2}(n-1)\Big\}=1-\alpha$。

于是得到μ的一个置信水平为$1-\alpha$的置信区间$\left(\overline{X}\pm\frac{S}{\sqrt{n}}t_{\alpha/2}(n-1)\right)$（图22－2）。

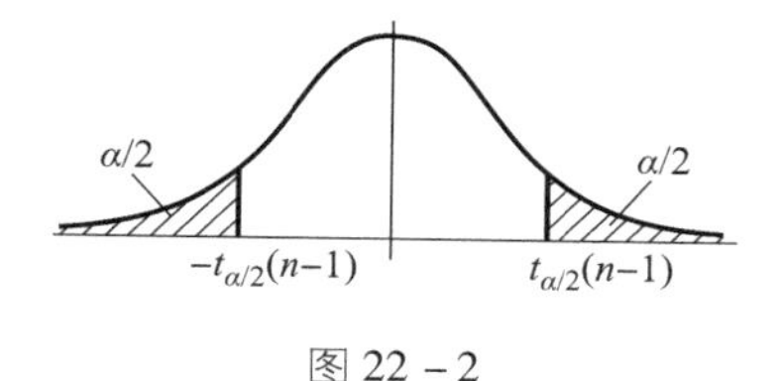

图22－2

（三）当μ已知时，σ^2的置信区间

已知$\frac{1}{\sigma^2}\sum_{i=1}^{n}(X_i-\mu)^2\sim\chi^2(n)$，但是$\chi^2$分布的概率密度图像不是对称的，对于已给的置信水平$1-\alpha$，要找到最短的置信区间是困难的。因此，习惯上仍然取对称的分位点$\chi^2_{1-\alpha/2}$和$\chi^2_{\alpha/2}$，可得$P\left\{\chi^2_{1-\alpha/2}(n)<\frac{1}{\sigma^2}\sum_{i=1}^{n}(X_i-\mu)^2<\chi^2_{\alpha/2}(n)\right\}=1-\alpha$，即

$$P\left\{\frac{\sum_{i=1}^{n}(X_i-\mu)^2}{\chi^2_{\alpha/2}(n)}<\sigma^2<\frac{\sum_{i=1}^{n}(X_i-\mu)^2}{\chi^2_{1-\alpha/2}(n)}\right\}=1-\alpha。$$

于是得到方差σ^2的一个置信水平为$1-\alpha$的置信区间$\left(\frac{\sum_{i=1}^{n}(X_i-\mu)^2}{\chi^2_{\alpha/2}(n)},\frac{\sum_{i=1}^{n}(X_i-\mu)^2}{\chi^2_{1-\alpha/2}(n)}\right)$（图22－3）。

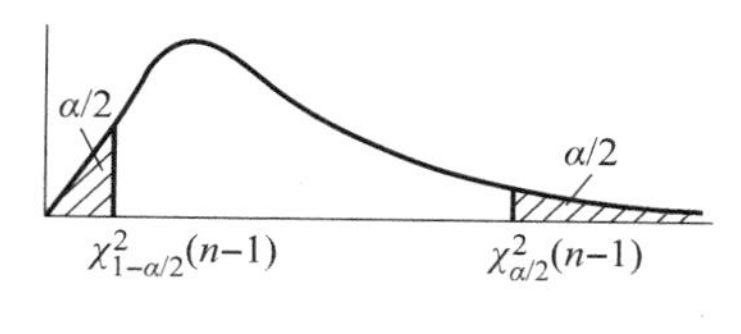

图22－3

（四）当μ未知时，σ^2的置信区间

σ^2的无偏估计为S^2，且统计量$\frac{(n-1)S^2}{\sigma^2}\sim\chi^2(n-1)$。

选取分位点$\chi^2_{1-\alpha/2}$和$\chi^2_{\alpha/2}$，可得$P\left\{\chi^2_{1-\alpha/2}(n-1)<\frac{(n-1)S^2}{\sigma^2}<\chi^2_{\alpha/2}(n-1)\right\}=$

$1-\alpha$，即 $P\left\{\frac{(n-1)S^2}{\chi^2_{\alpha/2}(n-1)}<\sigma^2<\frac{(n-1)S^2}{\chi^2_{1-\alpha/2}(n-1)}\right\}=1-\alpha$。

于是得到方差 σ^2 的一个置信水平为 $1-\alpha$ 的置信区间

$$\left(\frac{(n-1)S^2}{\chi^2_{\alpha/2}(n-1)},\frac{(n-1)S^2}{\chi^2_{1-\alpha/2}(n-1)}\right)$$

由此，还可以得到标准差 σ 的一个置信水平为 $1-\alpha$ 的置信区间

$$\left(\sqrt{\frac{(n-1)S^2}{\chi^2_{\alpha/2}(n-1)}},\sqrt{\frac{(n-1)S^2}{\chi^2_{1-\alpha/2}(n-1)}}\right)=\left(\frac{\sqrt{(n-1)}S}{\sqrt{\chi^2_{\alpha/2}(n-1)}},\frac{\sqrt{(n-1)}S}{\sqrt{\chi^2_{1-\alpha/2}(n-1)}}\right)$$

在实际问题中，对 σ^2 进行估计的时候，一般均是 μ 未知的情况。因此，应重点掌握 μ 未知条件下求 σ^2 的置信区间的方法。

实践 1：参数 μ 的区间估计。

（1）某车间所生产产品的尺寸 $X\sim N(u,0.3^2)$，先抽查了 20 个产品，平均值为 31.65，计算 μ 的 95% 的置信区间。

（2）某车间所生产产品的尺寸 $X\sim N(u,\sigma^2)$，先抽查了 20 个产品，平均值为 31.65，标准差为 0.3，计算 μ 的 95 % 的置信区间。

步骤：

（1）开机，按 on 1 1 键，添加计算页面。按 menu 5 5 3 键，选择“反正态分布”命令，按回车键弹出对话框，在“面积”框中输入下限 0.975，其他不变，按回车键得出结果为 1.959 96，再乘以 0.3 并除以 $\sqrt{20}$ 得 0.131 478，用平均数加减得到的数值，可得 95% 的置信区间为（31.518 5，31.781 5），如图 22－4 所示。

（2）或者按 menu 6 6 1 键，选择“统计”→“置信区间”→“区间”命令 z，按回车键弹出“z 区间”对话框，如图 22－5、图 22－6 所示，然后输入标准差 0.3、均值 31.65、个数 20，按回车键得出结果，即 95% 的置信区间为（31.518 5，31.781 5），如图 22－7 所示。

1.1 *未保存

invNorm(0.975,0,1)	1.95996
invNorm(0.975,0,1)·0.3 / √20	0.131478
31.65−0.13147838118385	31.5185
31.65+0.13147838118385	31.7815

4/99

图 22－4

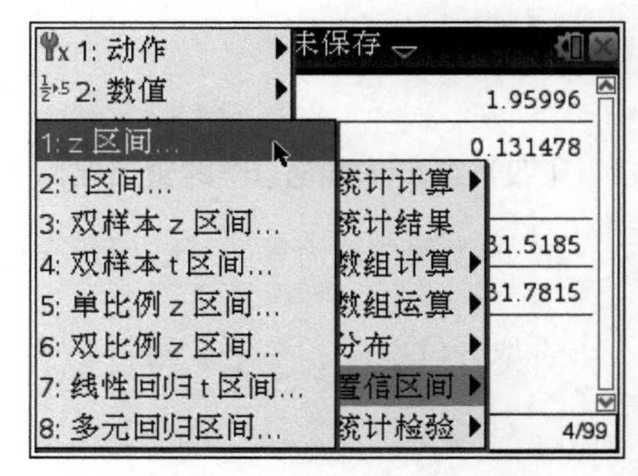

图 22－5

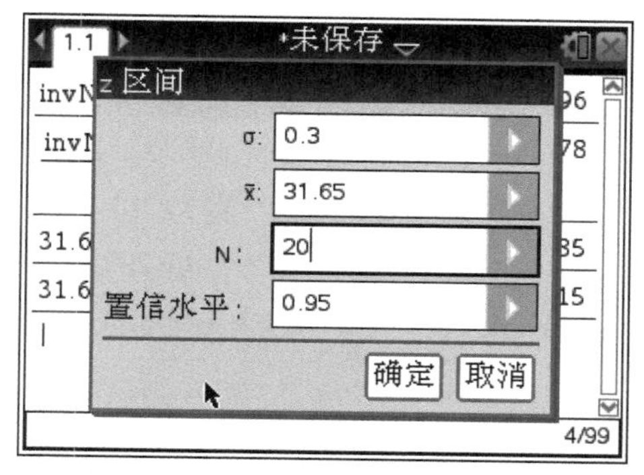

图 22－6

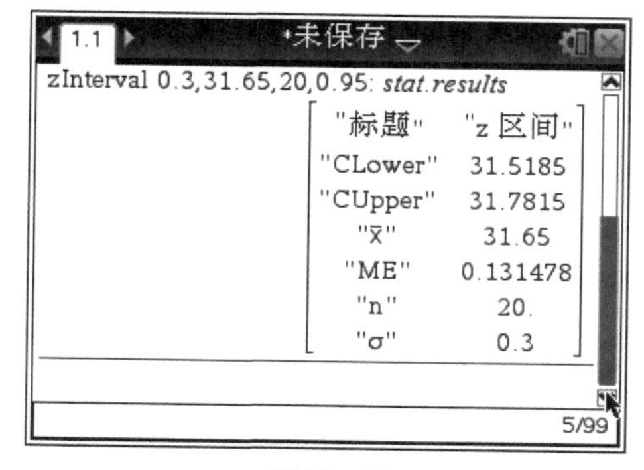

图 22－7

（3）按menu 5 5 6键，选择“反 t 分布”命令，按回车键弹出对话框，然后在“面积”框中输入下限 0.975，在“自由度”框中输入“19”，按回车键得出结果为 2.093 02，再乘以 0.3 并除以 $\sqrt{20}$ 得 0.140 404，用平均数加减得到的数值，可得 95% 的置信区间为(31.509 6，31.790 4)，如图 22－8 所示。

（4）或者按menu 6 6 2键，选择“统计”→“置信区间”→“t 区间”命令，按回车键弹出对话框，输入标准差 0.3、均值 31.65、个数 20，按回车键得出结果，如图 22－9 所示。

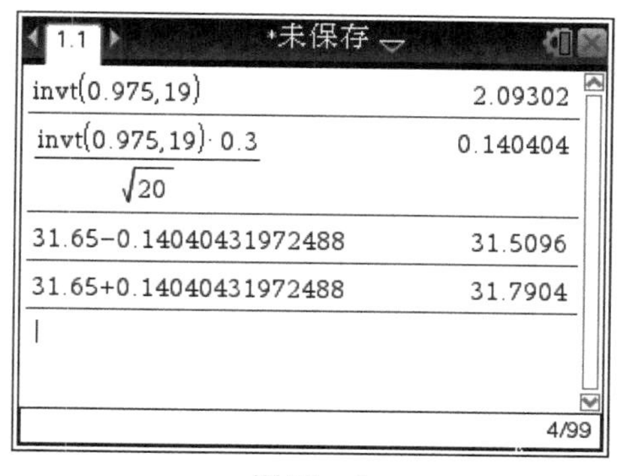

图 22－8

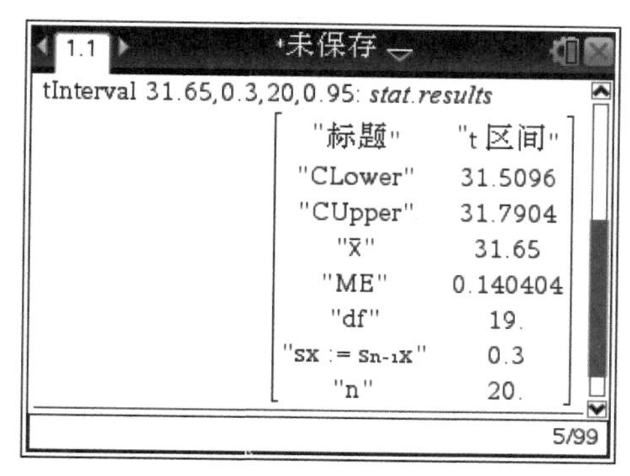

图 22－9

实践 2：参数 σ 的区间估计。

某车间所生产产品的尺寸 $X \sim N(u, \sigma^2)$，先抽查了 20 个产品，平均值为 31.65，标准差为 0.302 5，计算 σ^2 的 95% 的置信区间。

分析：因为 μ 未知，样本方差已知，所以置信水平 $1-\alpha=0.95$，$\alpha=0.05$，自由度 $n-1=19$，则方差 σ^2 的 95% 的置信区间为

$$\left(\frac{(n-1)S^2}{\chi^2_{\alpha/2}(n-1)}, \frac{(n-1)S^2}{\chi^2_{1-\alpha/2}(n-1)}\right)$$

步骤:

开机，按[on][1][1]键，添加计算页面。按[menu][5][5][9]键，选择“反χ^2分布”命令，按回车键弹出对话框，在“面积”框中输入下限0.025，在“自由度”框中输入“19”，按回车键得出结果为8.906 52。用同样的方法求出另一个χ^2值为28.458 1，按照公式输入计算可以得到σ^2的95%的置信区间为(0.061 094, 0.195 207)，如图22－10所示，开方可以得到σ的95%置信区间为(0.247 172, 0.441 823)，如图22－11所示。

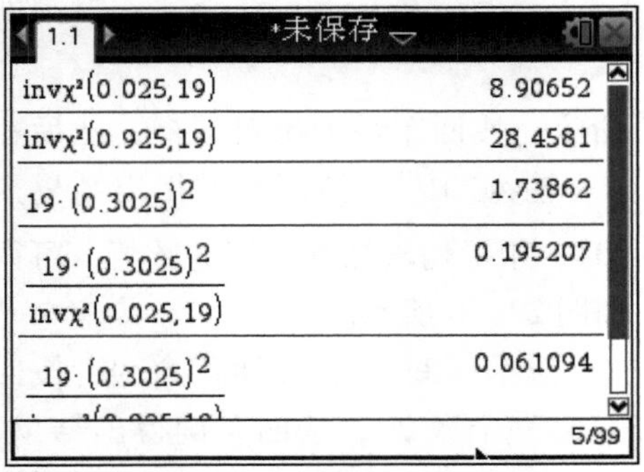

图22－10

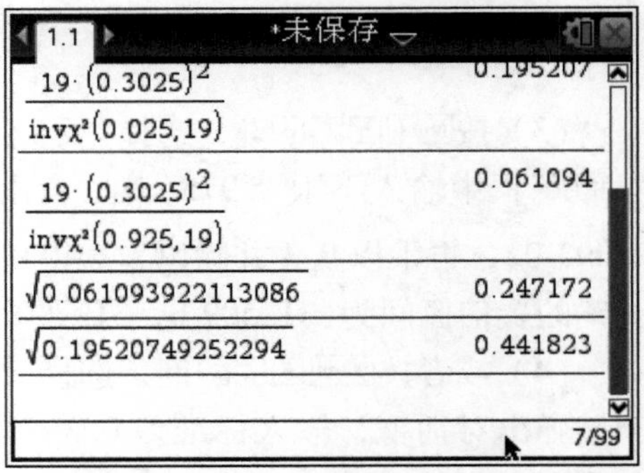

图22－11

二、总体比例的区间估计

若总体服从二项分布，则当P不接近0或1，且n很大时，其抽样分布趋近正态分布。抽样分布可以由正态分布来近似，使用正态分布统计量$Z=\dfrac{P-\pi}{\sqrt{\dfrac{\pi(1-\pi)}{n}}}\sim N(0,1)$，总体比例$\pi$在$1-\alpha$置信水平下的置信区间为$P\pm Z_{\alpha/2}\sqrt{\dfrac{P(1-P)}{n}}$。

实践3：总体比例的区间估计。

某印染厂在配制一种染料时，在40次试验中成功了34次，求配制成功的概率p的置信度为95%的置信区间。

步骤:

(1) 开机，按[on][1][6]键，添加记事本页面。按[menu][3][1]键，插入数学框，依次按公式输入相应的值，得到比例p的95%的置信区间为(0.737 9, 0.960 7)，如

图22－12所示。

（2）或者按 ctrl +page 键，插入计算页面，按 menu 6 6 5 键，选择“单比例 z 区间”命令，如图 22－13 所示，按回车键弹出对话框，在 x 处输入“34”，在 n 处输入“40”，如图 22－14 所示，按回车键得出结果，如图 22－15 所示。

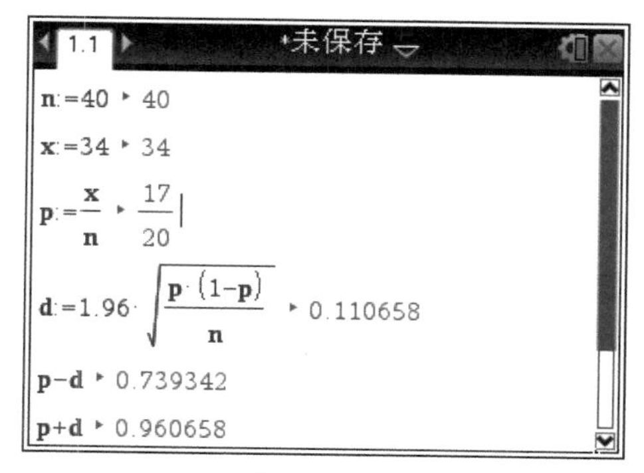

图 22－12

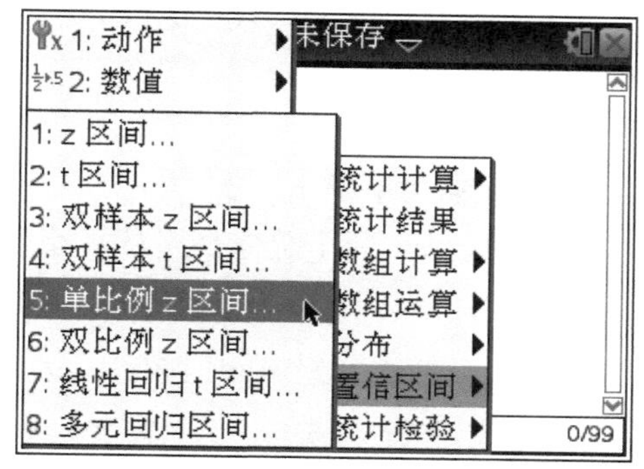

图 22－13

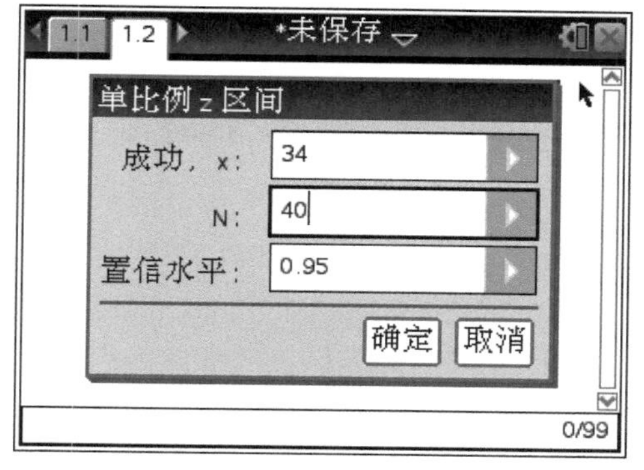

图 22－14

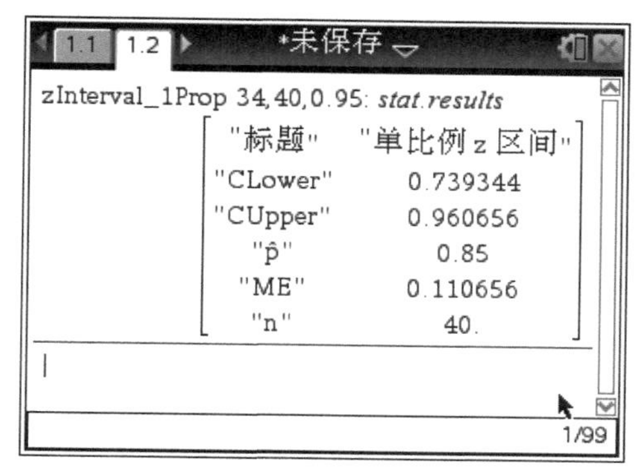

图 22－15

三、两个总体均值之差的区间估计

（一）独立大样本

假设条件：两个总体都服从正态分布，若不服从正态分布，则大样本可以用正态分布来近似（$n_1 \geqslant 30$ 和 $n_2 \geqslant 30$）；两个样本是独立的随机样本。

1. $\sigma_1^{\ 2}$，$\sigma_2^{\ 2}$ 已知时

使用正态分布统计量 $Z=\dfrac{(\overline{X}_1-\overline{X}_2)-(\mu_1-\mu_2)}{\sqrt{\dfrac{\sigma_1^2}{n_1}+\dfrac{\sigma_2^2}{n_2}}}\sim N(0,\ 1)$。

两个总体均值之差 $\mu_1-\mu_2$ 在 $1-\alpha$ 置信水平下的置信区间为 $(\overline{X}_1-\overline{X}_2)\pm z_{\alpha/2}\sqrt{\frac{\sigma_1^2}{n_1}+\frac{\sigma_2^2}{n_2}}$。

2. ${\sigma_1}^2$，${\sigma_2}^2$ 未知时

两个总体均值之差 $\mu_1-\mu_2$ 在 $1-\alpha$ 置信水平下的置信区间为 $(\overline{X}_1-\overline{X}_2)\pm z_{\alpha/2}\sqrt{\frac{S_1^2}{n_1}+\frac{S_2^2}{n_2}}$。

（二）独立小样本

假设条件：两个总体都服从正态分布；两个样本都是独立的小样本（$n_1<30$ 和 $n_2<30$）。

1. 两个总体方差未知但相等：${\sigma_1}^2={\sigma_2}^2$

总体方差的合并估计量 $S_p^2=\frac{(n_1-1)S_1^2+(n_2-1)S_2^2}{n_1+n_2-2}$。

估计量 $\overline{X}_1-\overline{X}_2$ 的抽样标准差 $\sqrt{\frac{S_p^2}{n_1}+\frac{S_p^2}{n_2}}=S_p\sqrt{\frac{1}{n_1}+\frac{1}{n_2}}$。

两个样本均值之差的标准化 $t=\frac{(\overline{X}_1-\overline{X}_2)-(\mu_1-\mu_2)}{S_p\sqrt{\frac{1}{n_1}+\frac{1}{n_2}}}\sim t(n_1+n_2-2)$。

两个总体均值之差 $\mu_1-\mu_2$ 在 $1-\alpha$ 置信水平下的置信区间为

$$(\overline{X}_1-\overline{X}_2)\pm t_{\alpha/2}(n_1+n_2-2)\sqrt{S_p^2\left(\frac{1}{n_1}+\frac{1}{n_2}\right)}$$

2. 两个总体方差未知但不相等：$\sigma_1^2\neq\sigma_2^2$

使用统计量 $t=\frac{(\overline{X}_1-\overline{X}_2)-(\mu_1-\mu_2)}{\sqrt{\frac{S_1^2}{n_1}+\frac{S_2^2}{n_2}}}\sim t(f)$，自由度 $f=\frac{\left(\frac{s_1^2}{n_1}+\frac{s_2^2}{n_2}\right)^2}{\frac{(s_1^2/n_1)^2}{n_1-1}+\frac{(s_2^2/n_2)^2}{n_2-1}}$。

两个总体均值之差 $\mu_1-\mu_2$ 在 $1-\alpha$ 置信水平下的置信区间为

$$(\overline{X}_1-\overline{X}_2)\pm t_{\alpha/2}(f)\sqrt{\frac{S_1^2}{n_1}+\frac{S_2^2}{n_2}},\quad v=\frac{\left(\frac{S_1^2}{n_1}+\frac{S_2^2}{n_2}\right)^2}{\frac{(S_1^2/n_1)^2}{n_1-1}+\frac{(S_2^2/n_2)^2}{n_2-1}}$$

实践 4：两个总体均值之差的区间估计

比较 A，B 两种灯泡的寿命，从 A 种取 80 只作为样本，计算出样本均值 $\overline{x}=$

2 000，样本标准差 $s_1=80$。从 B 种取 100 只作为样本，计算出样本均值 $\bar{y}=$ 1 900，样本标准差 $s_2=100$。假设灯泡寿命服从正态分布，方差相同，且相互独立。求均值差 $\mu_1-\mu_2$ 的置信区间（$\alpha=0.05$）。

分析： 由于 $n_1\geqslant30$，$n_2\geqslant30$，${\sigma_1}^2={\sigma_2}^2$ 但是未知，所以两个总体均值之差 $\mu_1-\mu_2$ 在 $1-\alpha$ 置信水平下的置信区间为 $(\overline{X}_1-\overline{X}_2)\pm z_{\alpha/2}\sqrt{\dfrac{S_1^2}{n_1}+\dfrac{S_2^2}{n_2}}$。

步骤：

（1）开机，按 menu 3 1 键，添加记事本页面，插入数学框，依次按公式输入相应的值，如图 22－16、图 22－17 所示，得到均值差的 95% 的置信区间为（73.7038，126.296）。

（2）或者按 ctrl +page 键，插入计算页面。按 menu 6 6 3 键，选择“双样本 z 区间”命令，按回车键弹出“双样本 z 区间”对话框，输入相应的数据，如图 22－18 所示，按回车键得出结果，如图 22－19 所示。

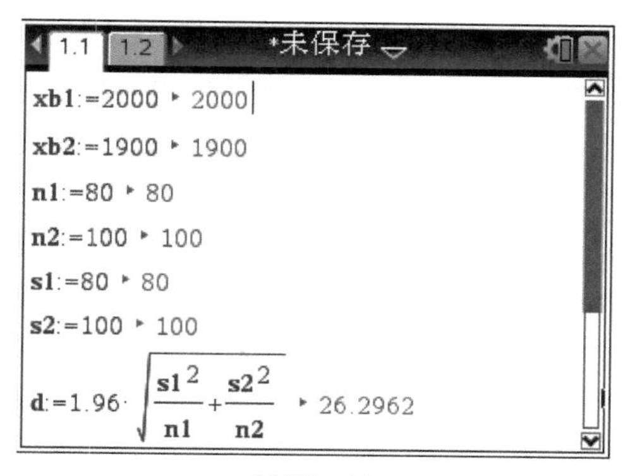

图 22－16

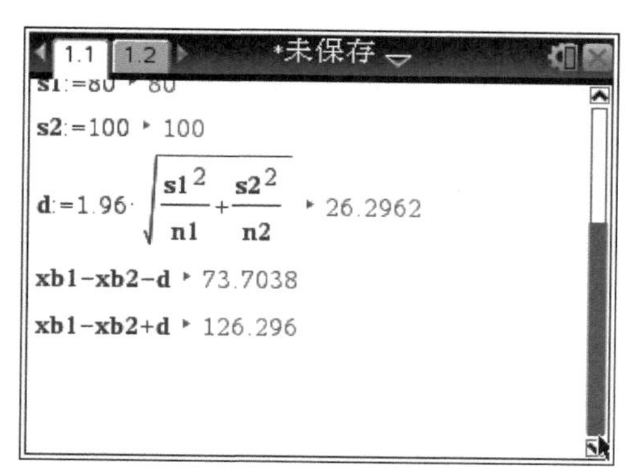

图 22－17

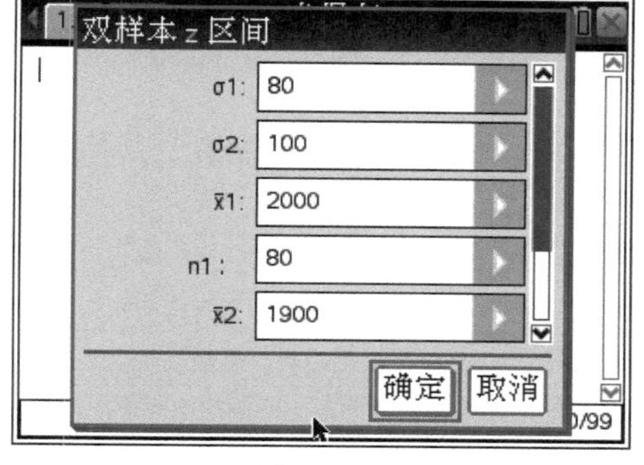

图 22－18

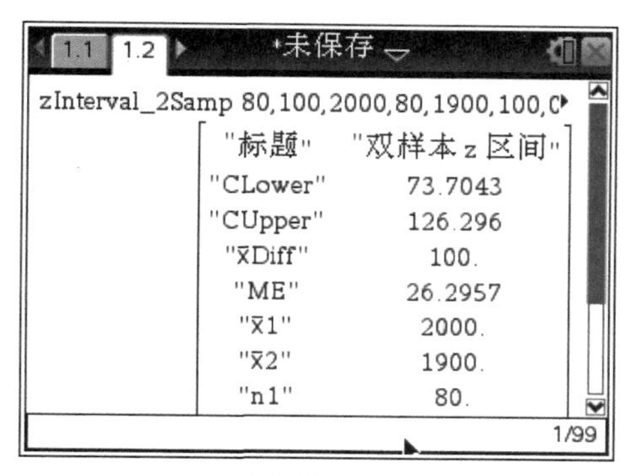

图 22－19

四、两个总体比例之差的区间估计

假设条件：两个总体是独立的；两个总体服从二项分布；可以用正态分布来近似。

两个总体比例之差在 $1-\alpha$ 置信水平下的置信区间为

$$(P_1-P_2)\pm Z_{\alpha/2}\sqrt{\frac{P_1(1-P_1)}{n_1}+\frac{P_2(1-P_2)}{n_2}}$$

实践 5：两个总体比例之差的区间估计。

在某个电视节目的收视率调查中，在农村随机调查了 400 人，有 32% 的人收看了该节目；在城市随机调查了 500 人，有 45% 的人收看了该节目。试以 95% 的置信水平估计城市与农村收视率差别的置信区间。

步骤：

添加计算页面，按 menu 6 6 6 键，选择“双比例 z 区间”命令，按回车键弹出“双比例 z 区间”对话框，输入相应的数据，如图 22－20 所示，按回车键得出结果，如图 22－21 所示，比例差的 95% 的置信区间为(－0. 193 177， －0. 066 823)。

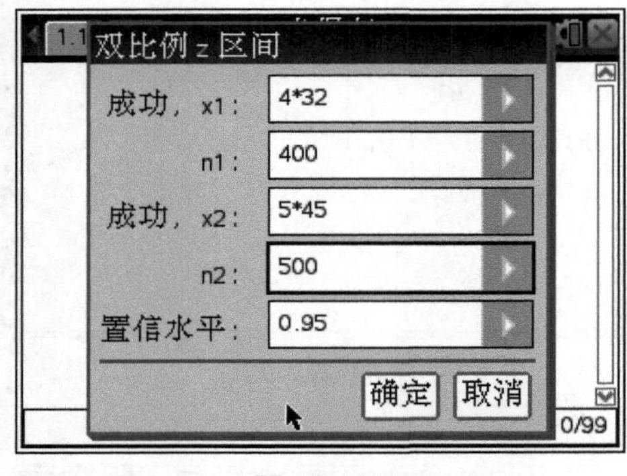

图 22－20

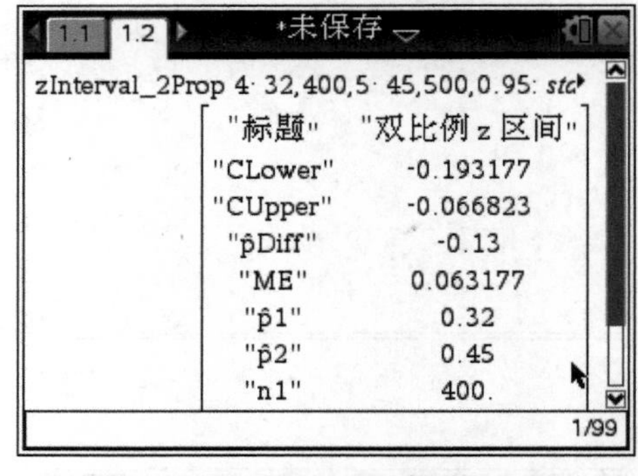

图 22－21

练习：

某人觉得一枚硬币不均匀，此人抛了 150 次，其中 88 次正面朝上，估计总体正面朝上的 99% 的置信区间。

第二十三课时　假设检验

学习目标

利用 TI－nspire 图形计算器对参数进行假设检验。

学习过程

一、假设检验的一般思路

（1）提出待检验假设 H_0。
（2）选择统计量。
（3）根据检验水平 α 确定临界值。
（4）计算统计量的值。
（5）作出判断。

二、几种常见的假设检验

单正态总体均值和方差的假设检验见表 23－1。

表 23－1

条件	零假设	统计量	对应样本函数分布	否定域
已知 σ^2	H_0：$\mu=\mu_0$	$U=\dfrac{\bar{x}-\mu_0}{\sigma_0/\sqrt{n}}$	$N(0,1)$	$\lvert u\rvert>u_{1-\frac{\alpha}{2}}$
	H_0：$\mu\leqslant\mu_0$			$u>u_{1-\alpha}$
	H_0：$\mu\geqslant\mu_0$			$u<-u_{1-\alpha}$
未知 σ^2	H_0：$\mu=\mu_0$	$T=\dfrac{\bar{x}-\mu_0}{S/\sqrt{n}}$	$t(n-1)$	$\lvert t\rvert>t_{1-\frac{\alpha}{2}}(n-1)$
	H_0：$\mu\leqslant\mu_0$			$t>t_{1-\alpha}(n-1)$
	H_0：$\mu\geqslant\mu_0$			$t<-t_{1-\alpha}(n-1)$
未知 σ^2	H_0：$\sigma^2=\sigma^2$	$w=\dfrac{(n-1)S^2}{\sigma_0^2}$	$\chi^2(n-1)$	$w<\chi^2_{\frac{\alpha}{2}}(n-1)$ 或 $w>\chi^2_{1-\frac{\alpha}{2}}(n-1)$
	H_0：$\sigma^2\leqslant\sigma_0^2$			$w>\chi^2_{1-\alpha}(n-1)$
	H_0：$\sigma^2\geqslant\sigma_0^2$			$w<\chi^2_{\alpha}(n-1)$

双正态总体均值和方差的假设检验见表 23－2。

表 23－2

条件	零假设	统计量	对应样本函数分布	否定域
大样本 σ_1^2，σ_2^2 已知	H_0：$\mu_1=\mu_2$	$U=\dfrac{\bar{x}_1-\bar{x}_2}{\sqrt{\dfrac{\sigma_1^2}{n_1}+\dfrac{\sigma_2^2}{n_2}}}$	$N(0,1)$	$\lvert u\rvert>u_{1-\frac{\alpha}{2}}$
	H_0：$\mu_1\leqslant\mu_2$			$u>u_{1-\alpha}$
	H_0：$\mu_1>\mu_2$			$u<-u_{1-\alpha}$
大样本 σ_1^2，σ_2^2 未知	H_0：$\mu_1=\mu_2$	$U=\dfrac{\bar{x}_1-\bar{x}_2}{\sqrt{\dfrac{s_1^2}{n_1}+\dfrac{s_2^2}{n_2}}}$	$N(0,1)$	$\lvert u\rvert>u_{1-\frac{\alpha}{2}}$
	H_0：$\mu_1\leqslant\mu_2$			$u>u_{1-\alpha}$
	H_0：$\mu_1>\mu_2$			$u<-u_{1-\alpha}$
$\sigma_1^2=\sigma_2^2$ 未知	H_0：$\mu_1=\mu_2$	$U=\dfrac{\bar{x}_1-\bar{x}_2}{s_w\sqrt{\dfrac{1}{n_1}+\dfrac{1}{n_2}}}$ $s_w=\sqrt{\dfrac{(n_1-1)s_1^2+(n_2-1)s_2^2}{n_1+n_2-2}}$	$N(0,1)$	$\lvert t\rvert>t_{1-\frac{\alpha}{2}}(n_1+n_2-2)$
	H_0：$\mu_1\leqslant\mu_2$			$t>t_{1-\alpha}(n_1+n_2-2)$
	H_0：$\mu_1>\mu_2$			$t<-t_{1-\alpha}(n_1+n_2-2)$

总体比例的假设检验见表 23－3。

表 23－3

条件	零假设	统计量	对应样本函数分布	否定域
$np_0\geqslant5$ $n(1-p_0)\geqslant5$	H_0：$p=p_0$	$U=\dfrac{\hat{p}-p_0}{\sqrt{p_0(1-p_0)/n}}$	$N(0,1)$	$\lvert u\rvert>u_{1-\frac{\alpha}{2}}$
	H_0：$p\leqslant p_0$			$u>u_{1-\alpha}$
	H_0：$p\geqslant p_0$			$u<-u_{1-\alpha}$
独立总体 $np_1\geqslant5$ $n(1-p_1)\geqslant5$ $np_2\geqslant5$ $n(1-p_2)\geqslant5$	H_0：$p_1=p_2$	$U=\dfrac{\hat{p}_1-\hat{p}_2}{\sqrt{\hat{p}(1-\hat{p})(\dfrac{1}{n_1}+\dfrac{1}{n_2})}}$ $\hat{p}=\dfrac{x_1+x_2}{n_1+n_2}$	$N(0,1)$	$\lvert u\rvert>u_{1-\frac{\alpha}{2}}$
	H_0：$p_1\leqslant p_2$			$u>u_{1-\alpha}$
	H_0：$p_1>p_2$			$u<-u_{1-\alpha}$

χ^2 拟合优度检验见表 23－4。

表 23－4

条件	零假设	统计量	自由度	否定域
$n\geqslant 5$	H_0：$\pi_1=\pi_2=\ldots=\pi_j$；	$\chi^2=\sum\frac{(O-E)^2}{E}$	$n-1$	$\chi^2>\chi^2_\alpha$

χ^2 独立性检验见表 23－5。

表 23－5

条件	零假设	统计量	自由度	否定域
$n\geqslant 5$	H_0：行、列变量独立	$\chi^2=\sum\frac{(O-E)^2}{E}$	$(r-1)(c-1)$	$\chi^2>\chi^2_\alpha$

实践 1：总体均值的假设检验。

某厂生产日光灯管。以往经验表明，灯管使用时间为 1 600 h，标准差为 70 h，在最近生产的灯管中随机抽取了 55 件进行测试，测得正常使用时间为 1 520 h。在显著性水平 0.05 下，判断新生产的灯管质量是否有显著变化。

分析：

提出假设 H_o：$\mu=1\,600$，H_a：$\mu\neq 1\,600$

总体均值、方差已知，因此用统计量 $\frac{\overline{X}-\mu}{\sigma/\sqrt{n}}$ 检验。

步骤：

(1) 开机，添加计算页面，依次按公式输入相应的值，如图 23－1 所示，可以求得统计量 z 的值为 $-8.475\,66$，显然 $z\ll-1.96$，因此拒绝 H_0，即样本数据表明日光灯管的质量有显著变化(显著性水平 0.05)。

(2) 或者再添加计算页面，按 menu 6 7 1 键，选择“z 检验”命令，如图 23－2 所示，按回车键后弹出“z 检验”对话框，输入相应的量，如图 23－3 所示，确认后得出结果，如图 23－4 所示，$z=-8.475\,66$，PVal＝2.36633E－17≪0.05，故拒绝 H_0。

(3) 如果要进行单侧检验，只需要改变备择假设，如图 23－5、图 23－6 所示，统计量 $z=-8.475\,66$，PVal＝1＞0.05，因此接受 H_0，认为日光灯管的质量不比以前好。同理，如图 23－7、图 23－8 所示，也有同样的结论。

如果上述问题中的总体标准差未知，则假设样本标准差为 50 h，这就需要选择 t 检验，如图 23－9、图 23－10 所示，统计量 $t=-11.865\,9$，PVal＝1.140 33E－16≪0.05，因此拒绝 H_0，即样本数据表明日光灯管的质量有显著变化(显著性水平 0.05)。

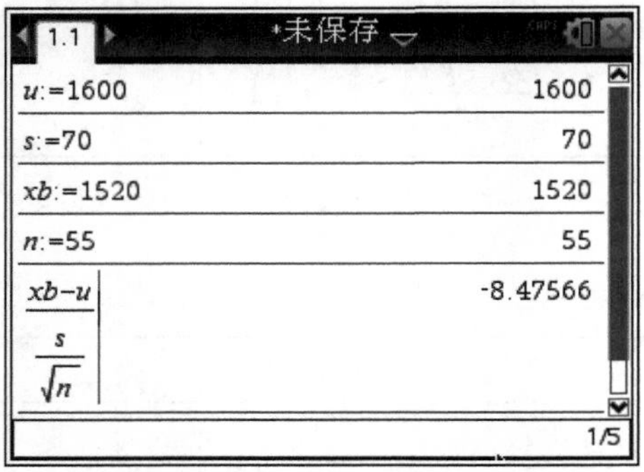

1.1 *未保存

u:=1600 1600

s:=70 70

xb:=1520 1520

n:=55 55

$\frac{xb-u}{\frac{s}{\sqrt{n}}}$ -8.47566

1/5

图 23-1

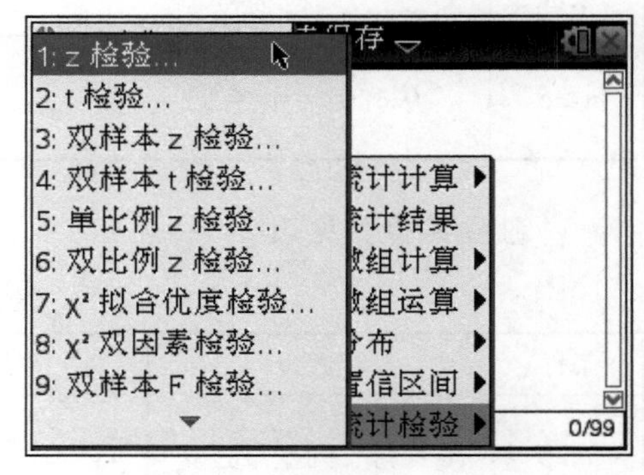

图 23-2

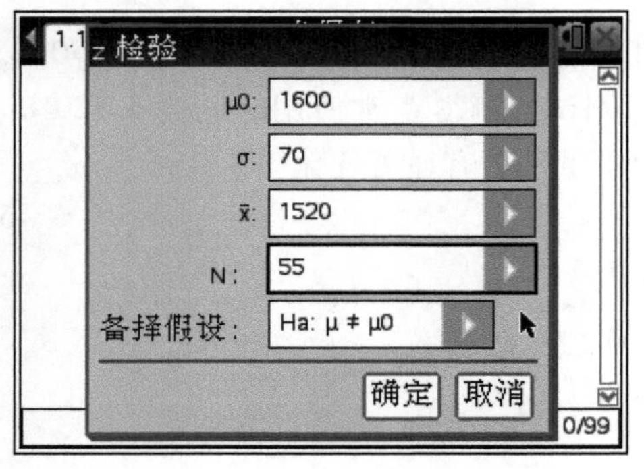

图 23-3

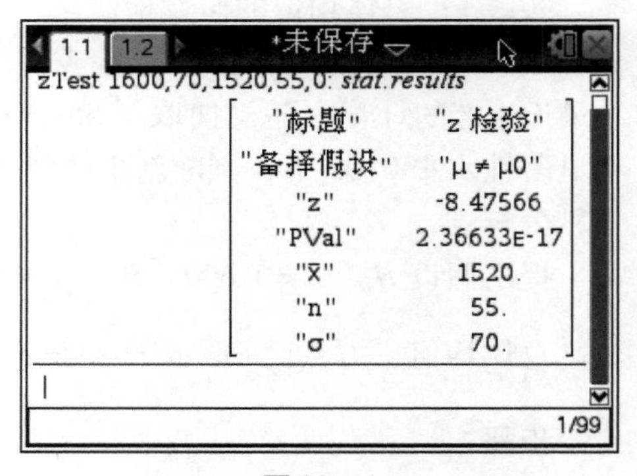

图 23-4

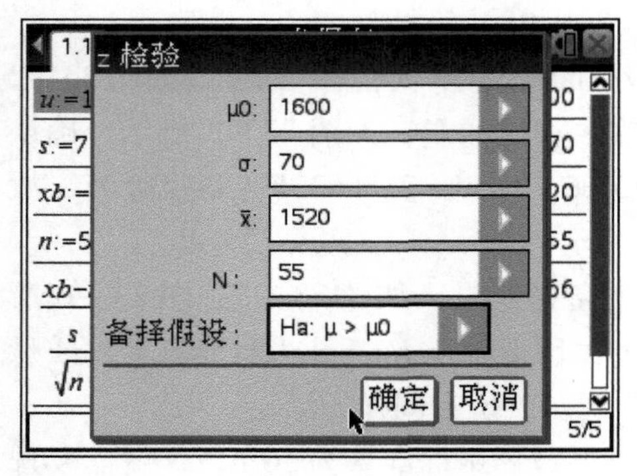

图 23-5

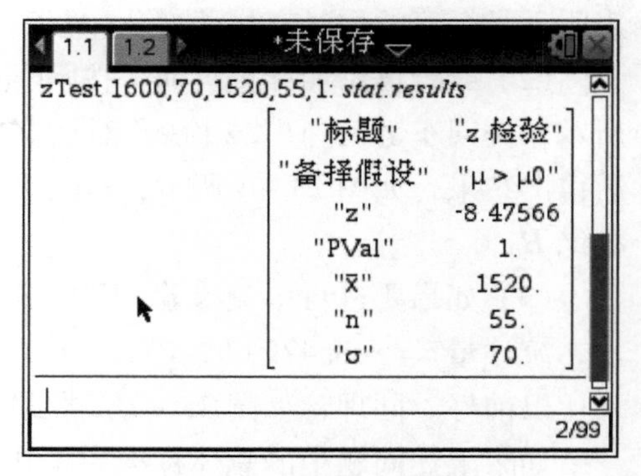

图 23-6

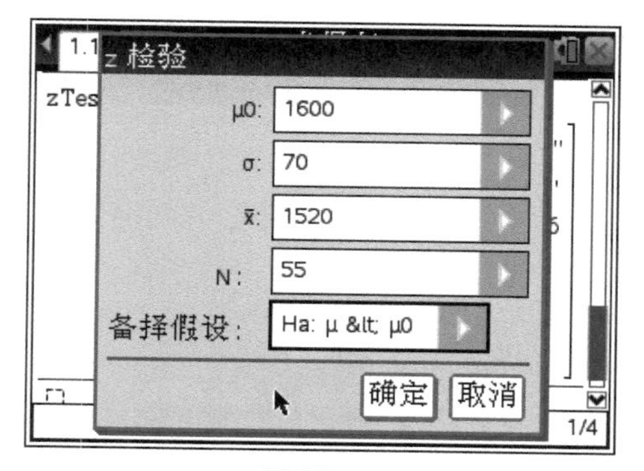

图 23 – 7

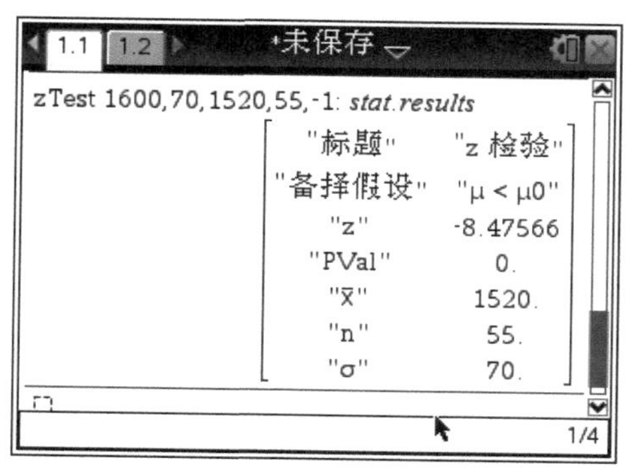

图 23 – 8

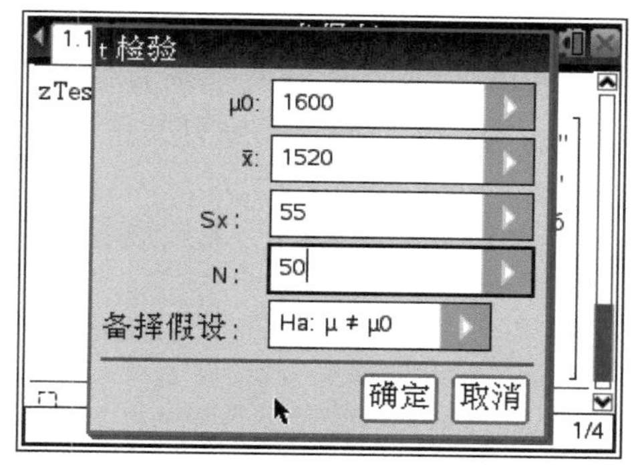

图 23 – 9

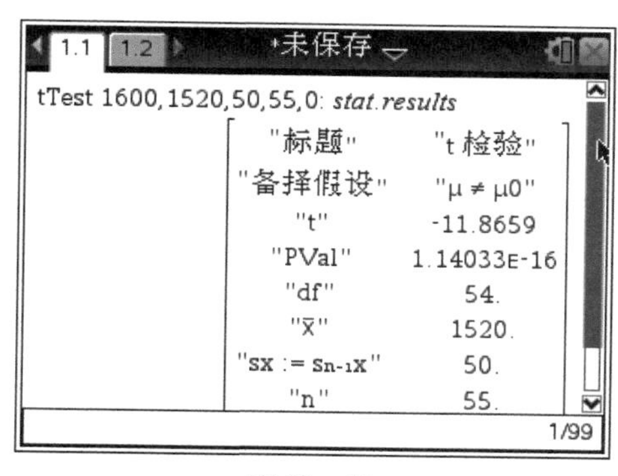

图 23 – 10

实践 2：总体均值差的假设检验。

某生产线有 2 种操作，按照操作 A 与操作 B 的平均装配时间之差为 5 分钟设计。现在操作 A 进行了 100 次，平均时间为 14.8 分钟，标准差为 0.8 分钟；操作 B 进行了 50 次，平均时间为 10.4 分钟，标准差为 0.6 分钟。对于 $\alpha = 0.05$，检验平均时间之差是否等于 5 分钟。

分析：由于 $n_1 = 100 > 30$，$n_2 = 50 > 30$，故两个样本均值之差近似服从正态分布，因此用统计量 $U = \dfrac{\overline{x}_1 - \overline{x}_2 - (\mu_1 - \mu_2)}{\sqrt{\dfrac{s_1^2}{n_1} + \dfrac{s_2^2}{n_2}}}$ 检验。

步骤：

添加记事本页面，按 menu 3 1 键，插入数学框，依次按公式输入相应的值，得到结果，如图 23 – 11、图 23 – 12 所示。检验统计量 $U = -5.14496$，显然 $U < -1.96$，计算出双侧概率值为 $= 2.68067\text{E}-7 \ll 0.05$，在显著性水平 0.05 下可

以认为它们的差不等于 5 分钟。

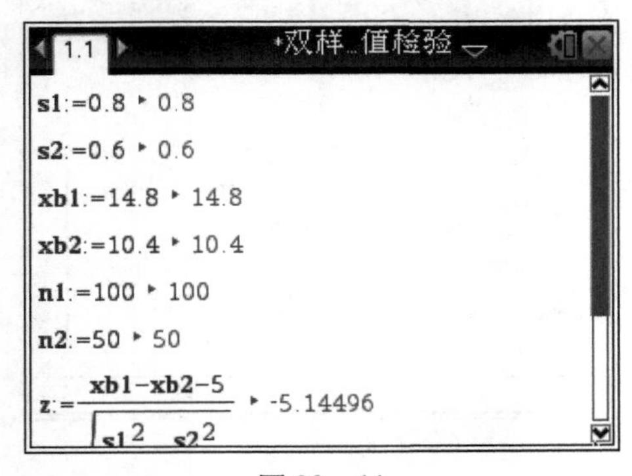

图 23 – 11

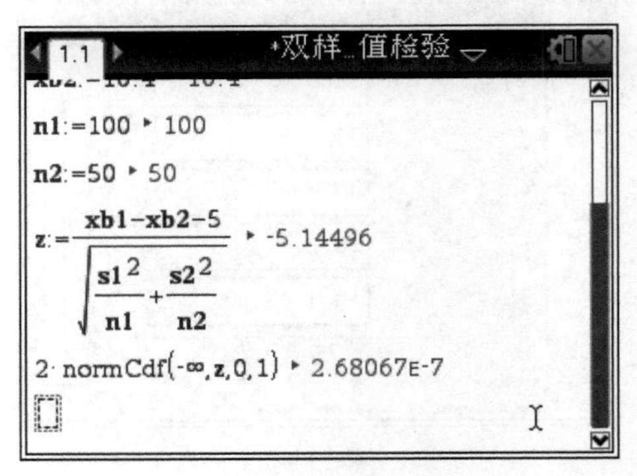

图 23 – 12

实践 3：总体比例检验。

某市全部职工中，平常订阅某种报纸的占 40%，最近从订阅率来看似乎出现降低的现象，随机抽 200 户职工家庭进行调查，有 76 户职工家庭订阅该报纸，问报纸的订阅率是否显著降低($\alpha=0.05$)？

分析：假设检验为 H_0：$p=40\%$，H_1：$p<40\%$ 为单侧检验，采用成数检验统计量 $U=\dfrac{\hat{p}-p_0}{\sqrt{p_0(1-p_0)/n}}$。

步骤：

添加计算页面，按menu 6 7 5键，选择“单比例 z 检验”命令，按回车键后弹出“单比例 z 检验”对话框，输入相应的量，注意选择备择假设为 $p<p_0$，如图 23 – 13 所示，按回车键后得出结果，如图 23 – 14 所示，$z=-0.577\ 35$，PVal $=0.281\ 851>0.05$，故接受 H_0，在显著性水平 0.05 下，抽样没有表明报纸订阅率显著下降。

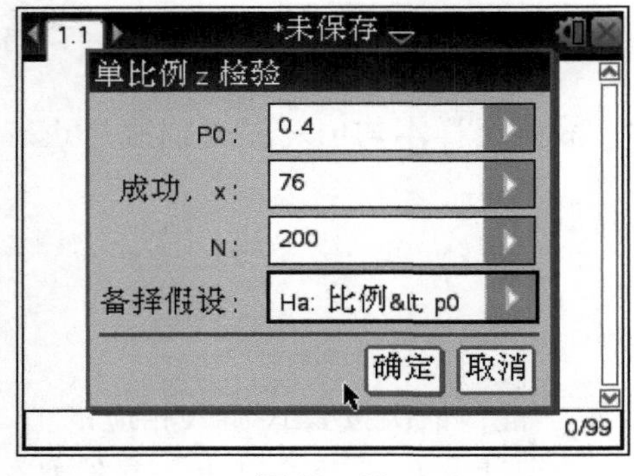

图 23 – 13

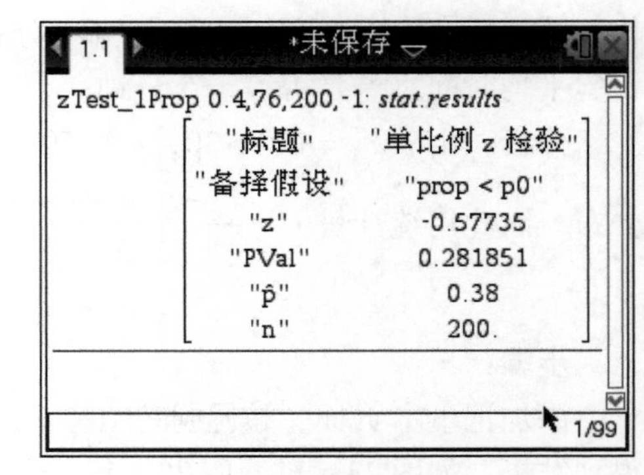

图 23 – 14

实践 4： 拟合优度检验。

有一个含 6 个面的骰子，现设计一个试验来检验它是否均匀。连续投掷该骰子 600 次，发现出现 6 个面的频数分别为 97，104，82，110，93，114。问能否在显著性水平 0.1 下认为骰子是均匀的？

分析： 该问题的总体是一个有 6 个类别的离散总体，记 6 个面分别出现的概率为 p_1，p_2，...，p_6，则零假设可以表示为 H_0：$p_1 = p_2 = ... = p_6 = 1/6$。在零假设下，理论频数都是 100，因此检验统计量 $\chi^2 = \sum \frac{(O-E)^2}{E}$ 的取值可以得出结论。

步骤：

(1) 开机，添加计算页面，输入观测数组、理论数组，如图 23－15 所示。

(2) 按 menu 6 7 7 键，选择"χ^2 拟合优度检验"命令，如图 23－16 所示，按回车键后弹出"χ^2 拟合优度检验"对话框，输入观测数组名 o、期望数组名 e、自由度 5，如图 23－17 所示，按回车键后得出结果，如图 23－18 所示，$\chi^2 = 6.94$，PVal = 0.225 141 > 0.1，故接受 H_0，在显著性水平 0.1 下可以认为骰子是均匀的。

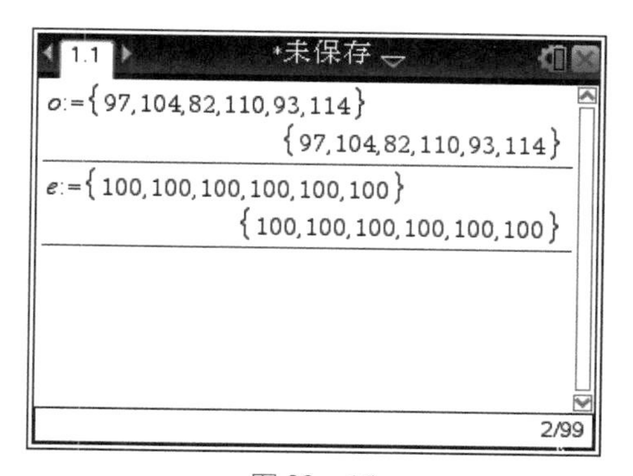

图 23－15

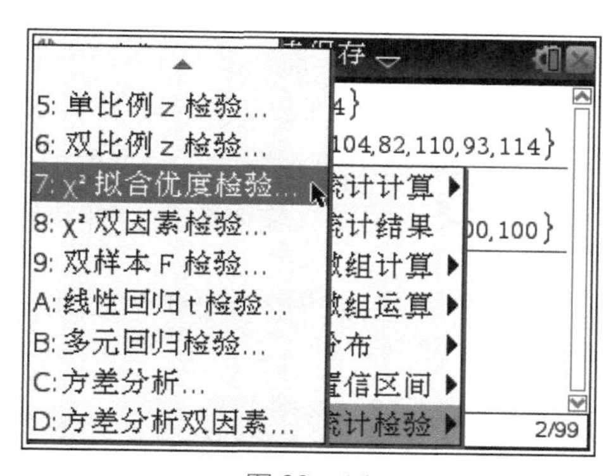

图 23－16

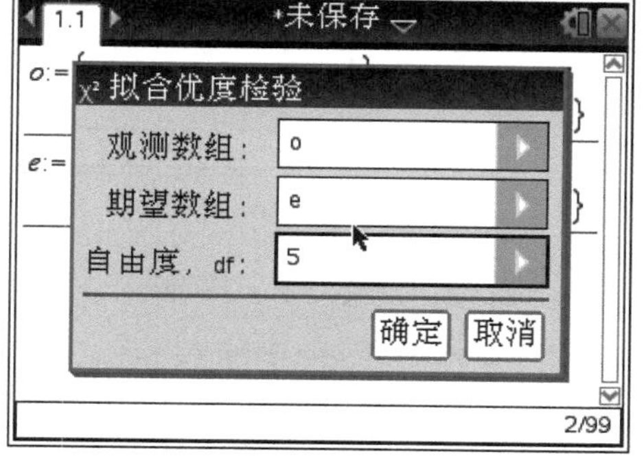

图 23－17

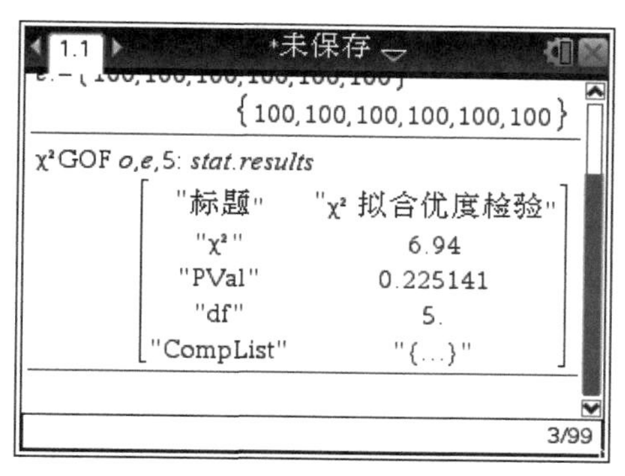

图 23－18

实践 5：列联表独立性检验。

为了调查吸烟是否对肺癌有影响，某肿瘤研究所随机地调查了 9 965 人，得到表 23－6 所示结果(吸烟情况与是否患肺癌列联表)。

表 23－6 人

项目	不患肺癌	患肺癌	总计
不吸烟	7 775	42	7 817
吸烟	2 099	49	2 148
总计	9 874	91	9 965

在不吸烟者中患肺癌的比例是 0. 54%，在吸烟者中患肺癌的比例是 2. 28%，那么吸烟与患肺癌是否相关？

分析：解决该问题的统计方法是列联表 χ^2 独立性检验。

步骤：

(1) 开机，按 doc▾ 1 1 1 键，新建文档，插入计算页面。按 menu 7 1 1 键，选择“创建”→“矩阵”命令，如图 23－19 所示，按回车键后弹出“创建矩阵”对话框，输入行数 2、列数 2，如图 23－20 所示，按回车键后，产生 2×2 的空白矩阵，如图 23－21 所示。

(2) 根据问题，输入数据，并将矩阵保存到变量 a 中，如图 23－22 所示。

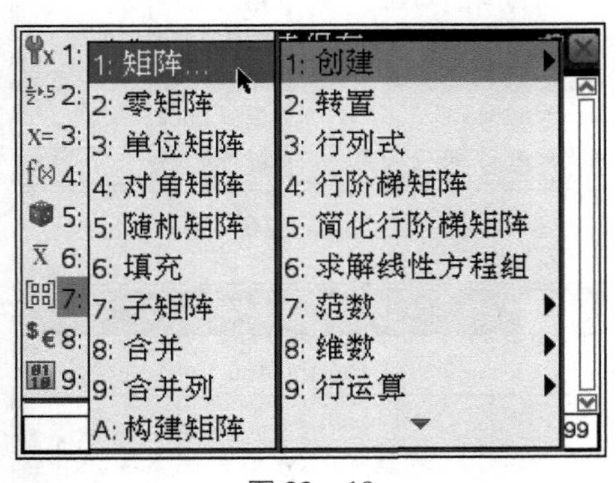

图 23－19

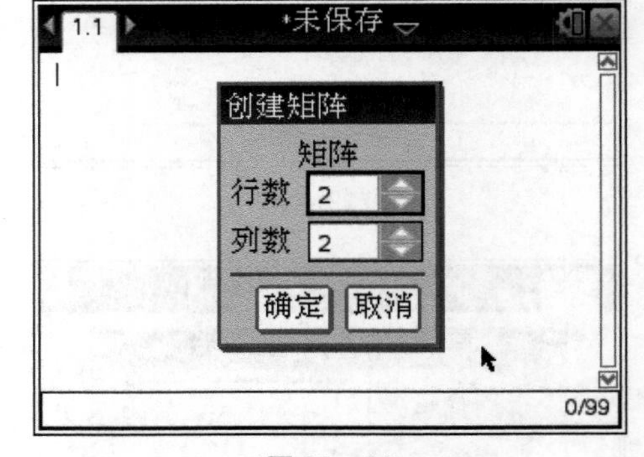

图 23－20

(3) 按 menu 6 7 8 键，选择“χ^2 双因素检验”命令，如图 23－23 所示，弹出“χ^2 双因素检验”对话框，如图 23－24 所示，在“观测矩阵”框中输入“a”，按回车键确认后，显示结果，如图 23－25 所示。从结果看出 χ^2 的值是 56. 631 9，对应的右侧概率为 5. 255 29E－14，远小于 0. 01，可以得出结论，即有 99% 的把握认为吸烟与患肺癌相关。

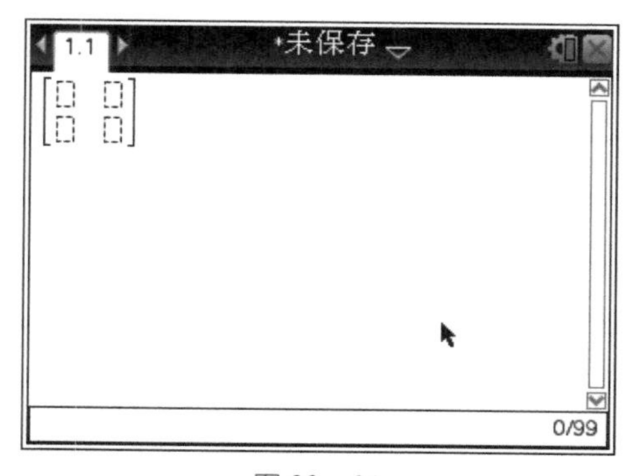

图 23－21

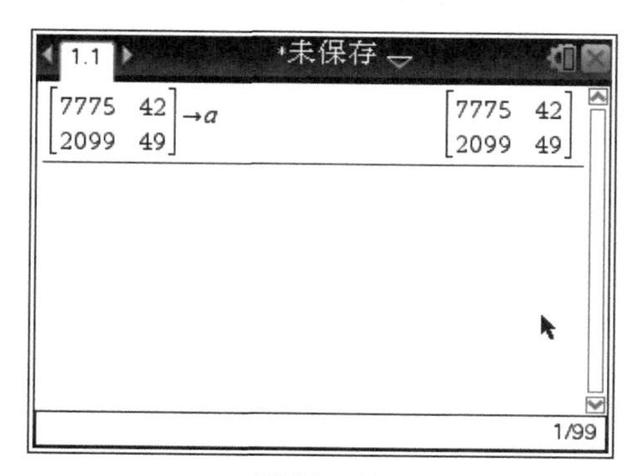

图 23－22

（4）按var键，显示统计检验计算中的各种变量，如图 23－26 所示，选择变量后可以显示其结果，如图 23－27、图 23－28 所示，这些结果可以被其他程序调用。

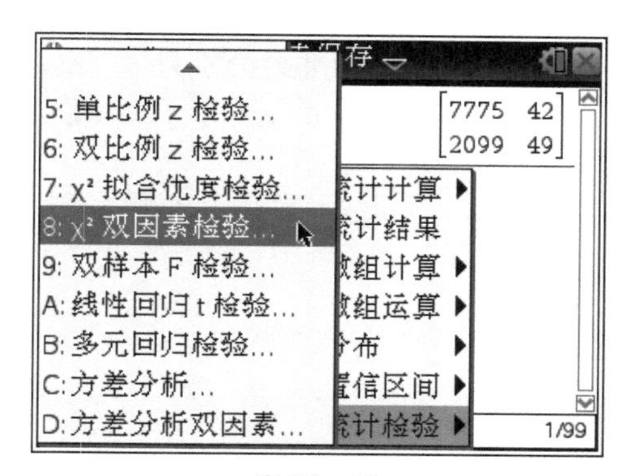

图 23－23

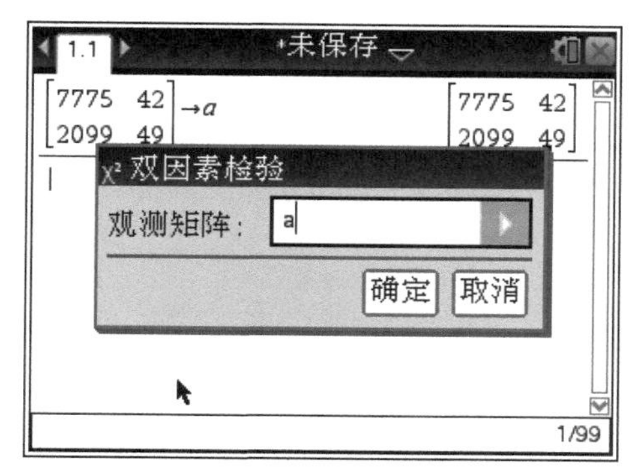

图 23－24

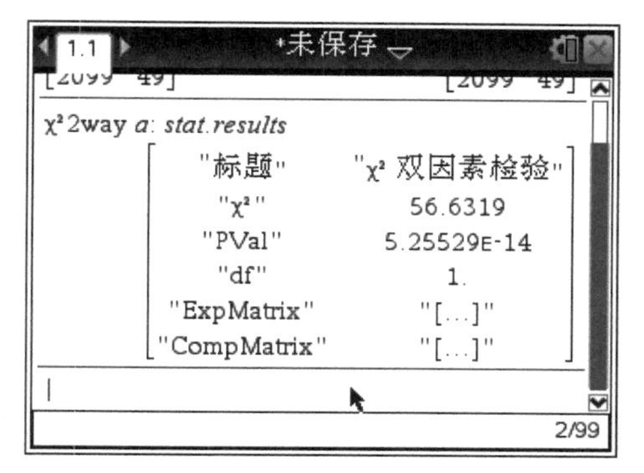

图 23－25

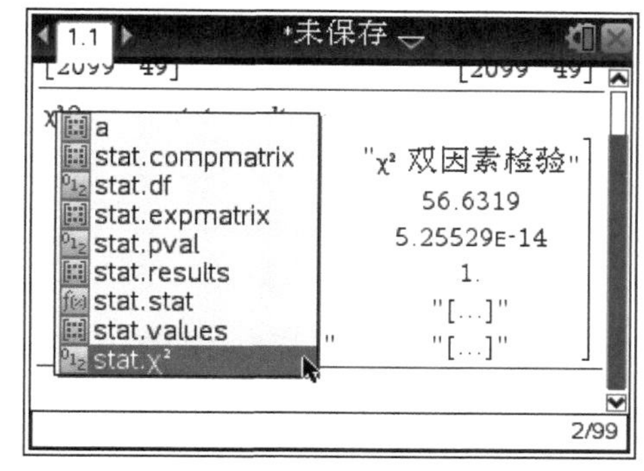

图 23－26

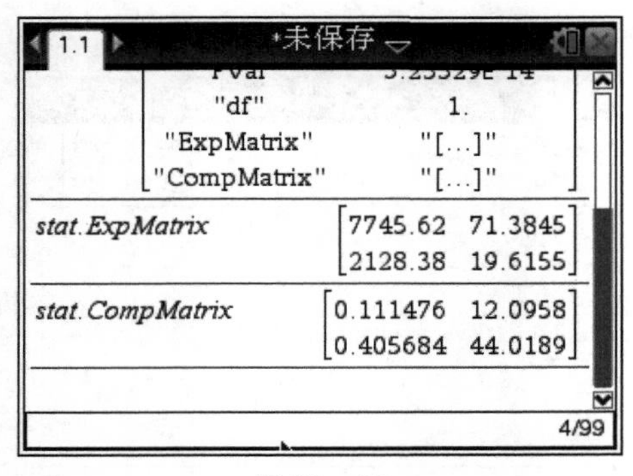

图 23-27

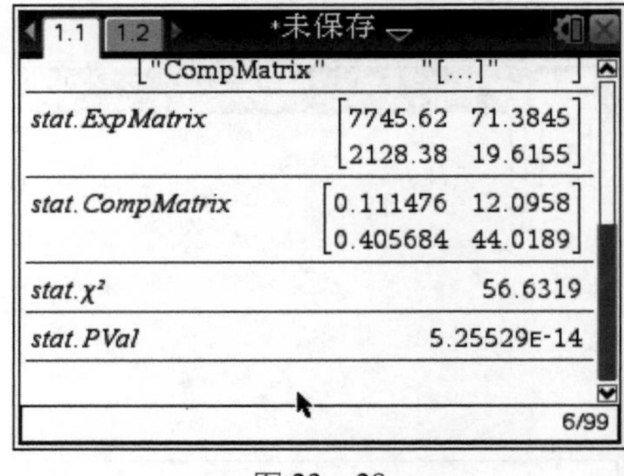

图 23-28

练习:

(1) 某人觉得一枚硬币不均匀，此抛掷该硬币 150 次，有 88 次正面朝上，请选用适当方法检验硬币是否均匀。

(2) 从正态总体 $N(100, 15^2)$ 中抽取 49 个样本，测得均值为 104.5，在显著性水平 0.05 下能否说这 49 个值来自该正态总体?

(3) 一次测验的满分为 50 分。1 班的人数、平均分、标准差分别是 $n_1=34$，$\overline{x}_1=40.2$，$s_1=9.57$；2 班的人数、平均分、标准差分别是 $n_2=31$，$\overline{x}_2=44.9$，$s_2=4.86$。1 班成绩是否一定比 2 班高?

第二十四课时　线性回归分析

学习目标

利用 TI – nspire 图形计算器进行线性回归分析，对回归系数和预测值进行假设检验、区间估计。

学习过程

一、一元线性回归模型

一元线性回归模型也称为简单线性回归模型，是分析两个变量之间相互关系的数学方程式，其一般表达式为 $\hat{y}=a+bx$。

式中，$\hat{y}$ 代表因变量 y 的估计值；x 代表自变量；a，b 称为回归模型的待定参数，其中 b 又称为回归系数，它表示自变量每增加一个单位时因变量的平均增减量。

用 x_i 表示自变量 x 的实际值；用 y_i 表示因变量 y 的实际值（$i=1,2,3\cdots,n$）；因变量的实际值与估计值之差用 e_i 表示，称为估计误差或残差，即 $e_i=y_i-\hat{y}_i$。

依据最小平方法理论可得

$$\sum_{i=1}^{n} y_i = na + b\sum_{i=1}^{n} x_i \tag{1}$$

$$\sum_{i=1}^{n} x_i y_i = a\sum_{i=1}^{n} x_i + b\sum_{i=1}^{n} x_i^2 \tag{2}$$

由式(1)、(2) 即可求出 a,b 的计算公式：

$$b=\frac{\sum_{i=1}^{n} x_i y_i-\frac{1}{n}\sum_{i=1}^{n} x_i\sum_{i=1}^{n} y_i}{\sum_{i=1}^{n} x_i^2-\frac{1}{n}\left(\sum_{i=1}^{n} x_i\right)^2}=\frac{\sum_{i=1}^{n} x_i y_i-n\cdot\overline{xy}}{\sum_{i=1}^{n} x_i^2-n\cdot\bar{x}^2}$$

$$a=\frac{\sum_{i=1}^{n} y_i-b\sum_{i=1}^{n} x_i}{n}=\bar{y}-b\bar{x}$$

上述回归方程式在平面坐标系中表现为一条直线，即回归直线。当 $b>0$ 时，y 随 x 的增加而增加，两个变量之间存在正相关关系；当 $b<0$ 时，y 随 x 的增加

而减小，两个变量之间存在负相关关系；当 $b=0$ 时，y 为一个常量，不随 x 的变化而变化。这为判断现象之间的相互关系、分析现象之间是否处于正常状态提供了标准。

二、一元回归模型的检验

检验假设 H_0：$b=0$，H_1：$b\neq 0$。

因为在假设 H_0 下 $b=0$，所以可以证明检验统计量

$$t=\frac{\hat{b}}{\hat{\sigma}}\sqrt{\sum_{i=1}^{n}(x_i-\bar{x})^2}=\frac{\hat{b}}{\hat{\sigma}}\sqrt{\sum_{i=1}^{n}x_i^2-n\cdot\bar{x}^2}\sim t(n-2)$$

$$\hat{\sigma}=S_y=\sqrt{\frac{\sum_{i=1}^{n}e_i^2}{n-2}}=\sqrt{\frac{\sum_{i=1}^{n}(y_i-\hat{y})^2}{n-2}}=\sqrt{\frac{\sum_{i=1}^{n}(y_i-a-bx_i)^2}{n-2}}$$

$$=\sqrt{\frac{\sum_{i=1}^{n}y_i^2-a\sum_{i=1}^{n}y_i-b\sum_{i=1}^{n}x_iy_i}{n-2}}$$

式中，S_y 为估计标准误差；e_i—估计残差(实际值与估计值之差)。

拒绝域为$\frac{|\hat{b}|}{\hat{\sigma}}\sqrt{\sum_{i=1}^{n}(x_i-\bar{x})^2}>t_{\frac{\alpha}{2}}(n-2)$，或写成 $t=\frac{|\hat{b}|}{s_b}>t_{\frac{\alpha}{2}}(n-2)$，其中

$$s_b=\frac{\hat{\sigma}}{\sqrt{\sum_{i=1}^{n}(x_i-\bar{x})^2}}=\frac{\hat{\sigma}}{\sqrt{\sum_{i=1}^{n}x_i^2-n\cdot\bar{x}^2}}$$

因此，在显著性水平 α 下拒绝假设 H_0：$b=0$，认为回归效果是显著的，也就是说 y 与 x 之间存在线性关系 $y=a+bx+\varepsilon$。

三、回归系数的区间估计

回归系数 b 的置信度为 α 的置信区间为

$$(\hat{b}-t_{\alpha/2}(n-2)\cdot s_b,\ \hat{b}+t_{\alpha/2}(n-2)\cdot s_b)$$

四、运用模型进行预测

一元线性回归模型通过上述检验，若其精度较高，拟合度较优，即可用其进行预测。由于实际计算中不可避免地会出现误差，所以预测值应该是在一定的范围之内的一个数值，而不是一个确定值。因此，要测算估计值的置信区间，其置信度为 α 的置信区间为

$$(\hat{y}-z_{\alpha/2}\cdot s_y,\ \hat{y}+z_{\alpha/2}\cdot s_y)$$

实践：一元线性回归模型。

某地居民年平均消费水平和食品销售额统计资料见表 24－1（某地食品销售额依据居民消费水平回归方程计算表）第 2、3 列，试据表中资料分析居民平均消费水平与食品销售额的关系，并预测居民年平均消费水平达到 213 万元时的食品销售额。

表 24－1

年份	居民平均消费水平 x_i/万元	食品销售额 y_i/万元	x_iy_i	x_i^2	y_i^2
1	64	56	3 584	4 096	3 136
2	70	60	4 200	4 900	3 600
3	77	66	5 082	5 929	4 356
4	82	70	5 740	6 724	4 900
5	92	78	7 176	8 464	6 084
6	107	88	9 416	11 449	7 744
7	125	102	12 750	15 625	10 404
8	143	118	16 874	20 449	13 924
9	165	136	22 440	27 225	18 496
10	189	155	29 295	35 721	24 025
合计	1 114	929	116 557	140 582	96 669

分析：

（1）建立回归模型。令居民平均消费水平为 x，食品销售额为 y。设 $\hat{y}=a+bx$。

（2）计算参数 a 和 b 的值。依据表 24－1 中的资料计算可得

$$b=\frac{\sum_{i=1}^{n}x_iy_i-\frac{1}{n}\sum_{i=1}^{n}x_i\sum_{i=1}^{n}y_i}{\sum_{i=1}^{n}x_i^{\ 2}-\frac{1}{n}(\sum_{i=1}^{n}x_i)^2}=\frac{116\,557-1\,114\times 929\times\frac{1}{10}}{140\,582-(1\,114)^2\times\frac{1}{10}}=0.792\,7$$

$$a=\frac{1}{n}\sum_{i=1}^{n}y_i-b\frac{1}{n}\sum_{i=1}^{n}x_i=\frac{929}{10}-0.792\,7\times\frac{1}{10}\times 1\,114=4.593$$

由此可得一元线性回归方程 $\hat{y}=4.593+0.792\,7x$。

（3）预测当居民年平均消费水平达到213万元时，食品销售额是多少。

将 $x=213$(万元)代入 $\hat{y}=4.593+0.7927x$，得

$$\hat{y}=4.593+0.7927\times213=173.438(\text{万元})$$

若其可靠度为95%，则其置信区间为(173.438 − 1.96 × 0.9598，173.438 + 1.96 × 0.9598)，即置信区间为(171.56，175.36)，即食品销售额的预测范围为171.52～175.32万元。

步骤：

（1）开机，新建文档，添加列表与电子表格页面，在A列、B列输入数据，并且分别取列名为“xf”“sp”，如图24－1所示。

（2）添加记事本页面，按照图24－2～图24－6所示的内容输入，得出结果，回归方程为 $\hat{y}=4.5878+0.792749x$，检验统计量 $t=112.657\gg2.306$，在显著性水平0.05下认为相关程度较高，b 的95%置信区间是(0.776522，0.808976)，在 $x=213$ 时预测值是 $\hat{y}=173.433$，其95%置信区间是(171.673，175.214)。

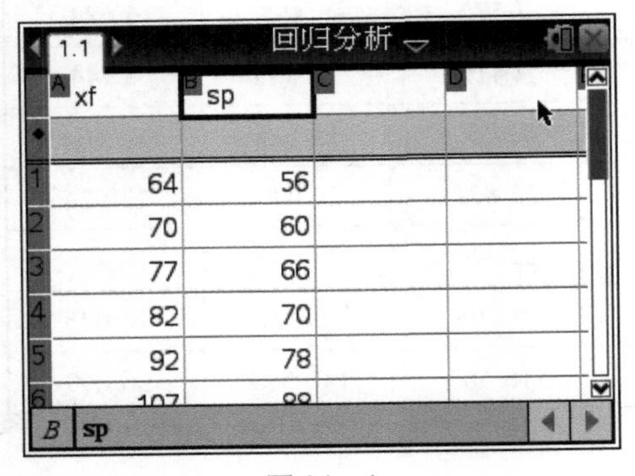

图24－1

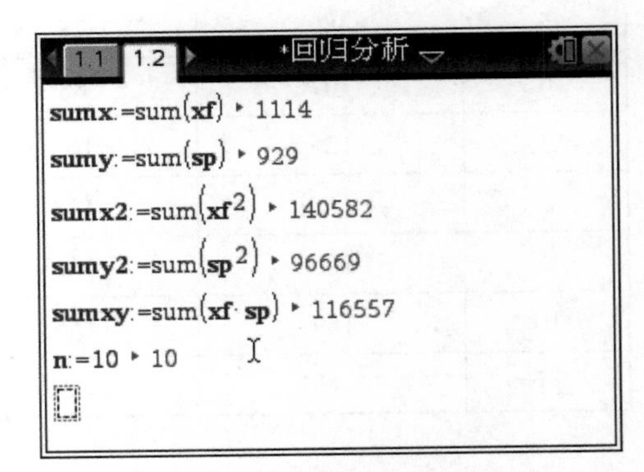

图24－2

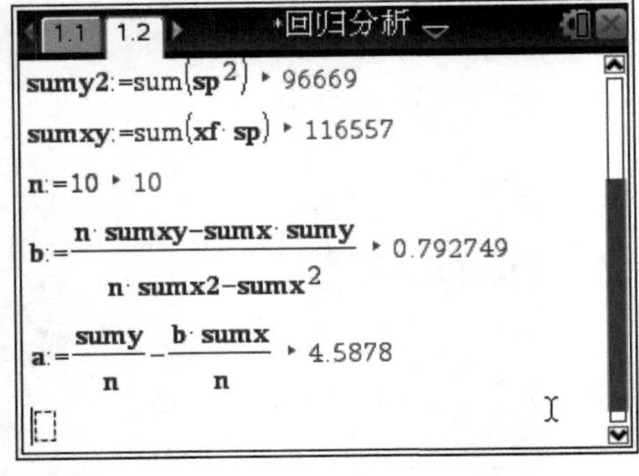

图24－3

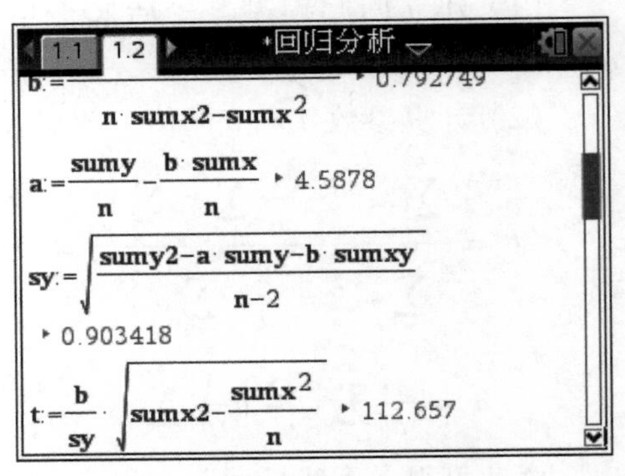

图24－4

（3）或者按menu 6 6 7 A键，选择“线性回归 t 验”命令，如图 24－7 所示，弹出“线性回归 t 检验”对话框，如图 24－8 所示，输入 X 数组名 xf，Y 数组名 sp，按回车键后显示结果，如图 24－9、图 24－10 所示，同上述一致。

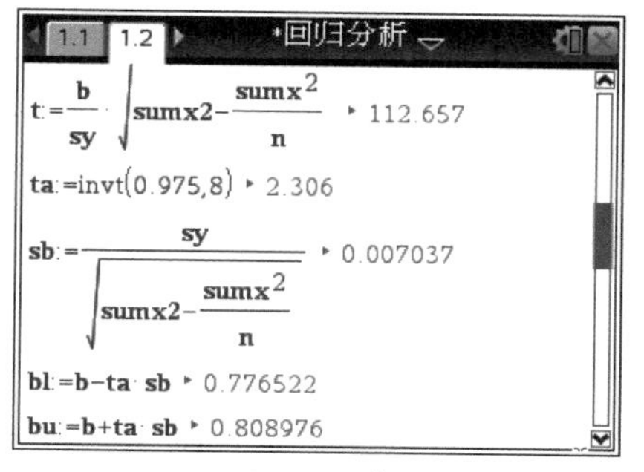

图 24－5

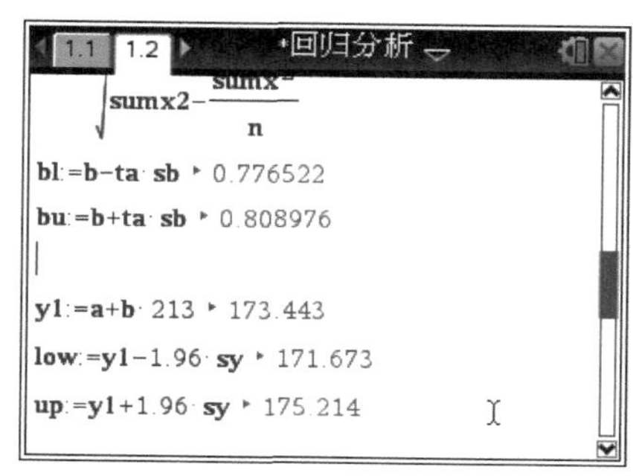

图 24－6

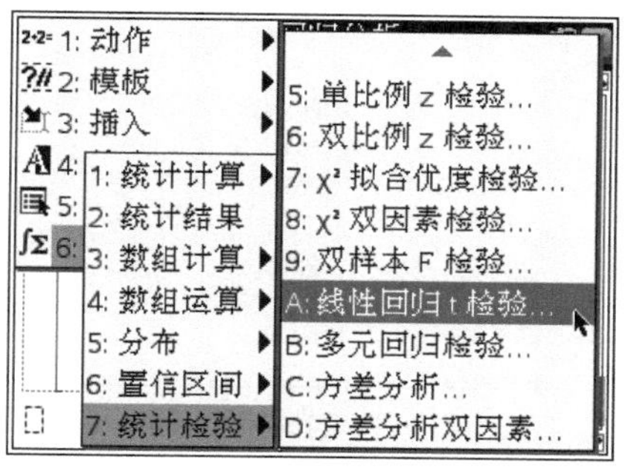

图 24－7

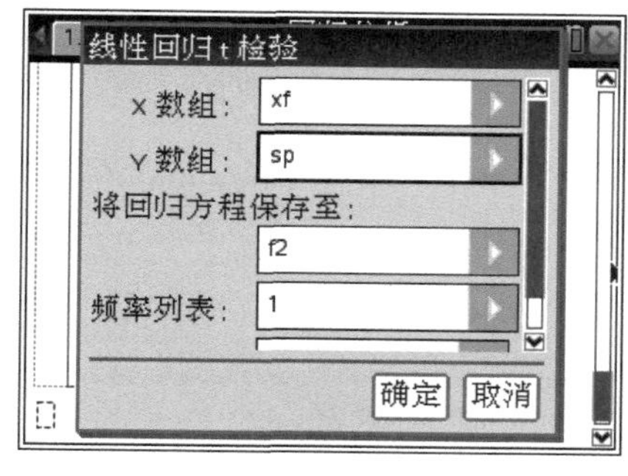

图 24－8

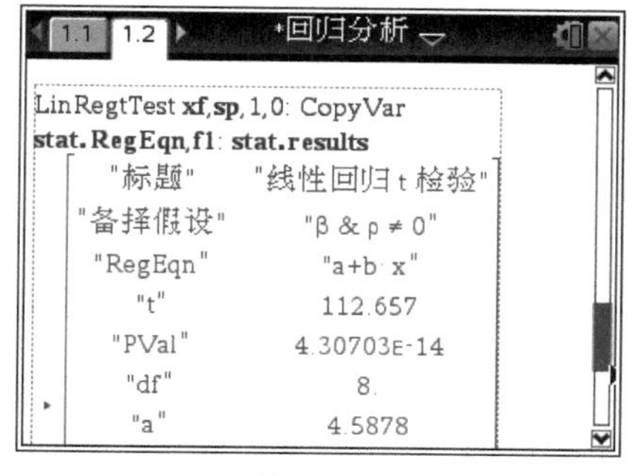

图 24－9

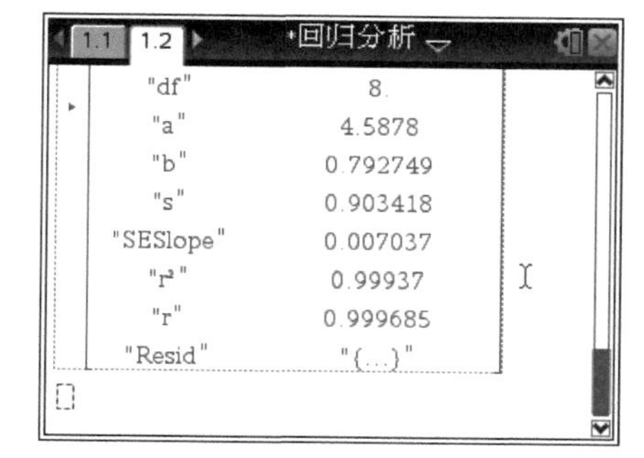

图 24－10

（4）按menu 6 6 6 7键，选择“线性回归 t 区间”命令，如图 24－11 所示，弹出“线性回归 t 区间”对话框，如图 24－12 所示，“区间”选择“斜率”，按回车键后再弹出对话框，输入 X 数组名 xf、Y 数组名 sp，按回车键后显示结果，如图

24－13、图 24－14 所示，可以看到 b 的 95% 置信区间是(0.776 522，0.808 976)，同上述一致。

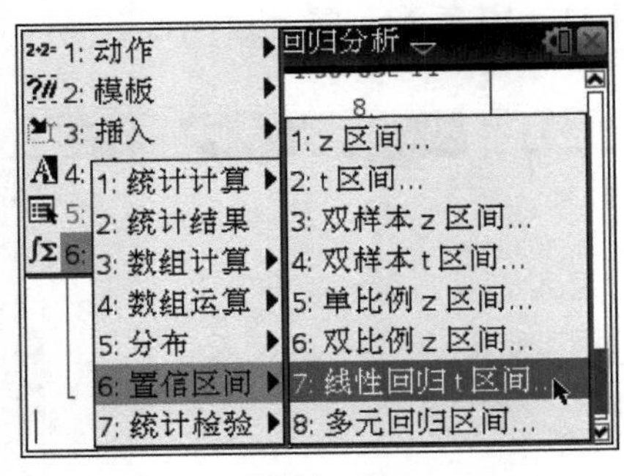

图 24－11

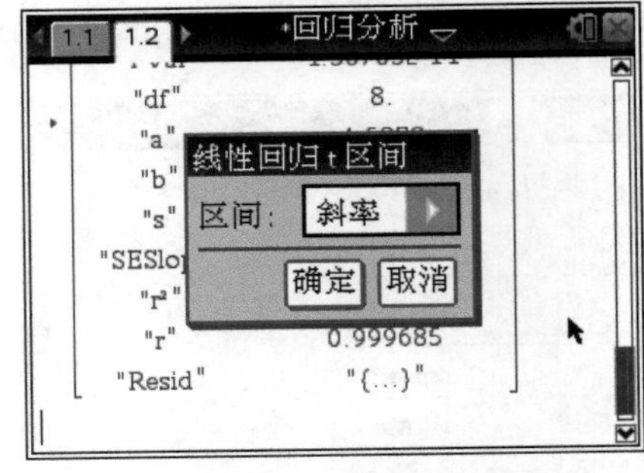

图 24－12

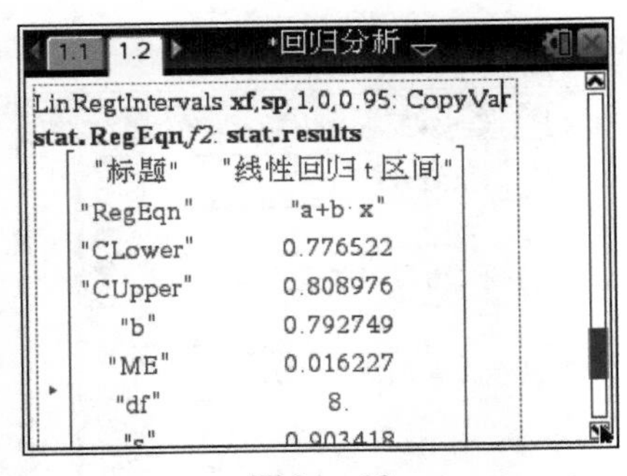

图 24－13

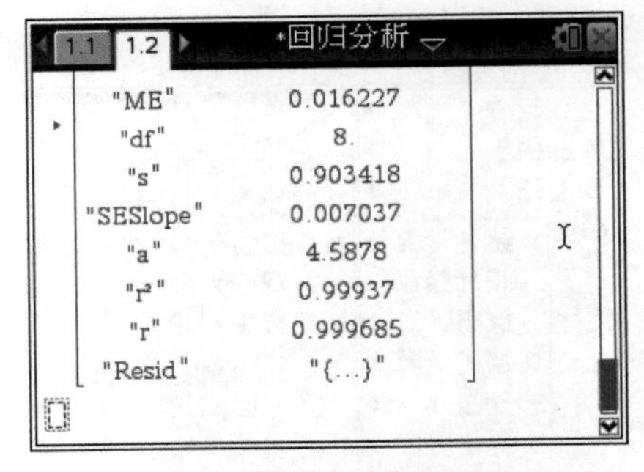

图 24－14

(5) 按menu 6 6 6 7键，选择“线性回归 t 区间”命令，弹出“线性回归 t 区间”对话框，“区间”选择“答案”，按回车键后再弹出对话框，输入 X 数组名 xf、Y 数组名 sp，按回车键后显示结果，如图 24－15、图 24－16 所示，可以看到在 $x=213$ 时预测值是 $\hat{y}=173.433$，其 95% 置信区间是(171.673，175.214)，同上述一致。

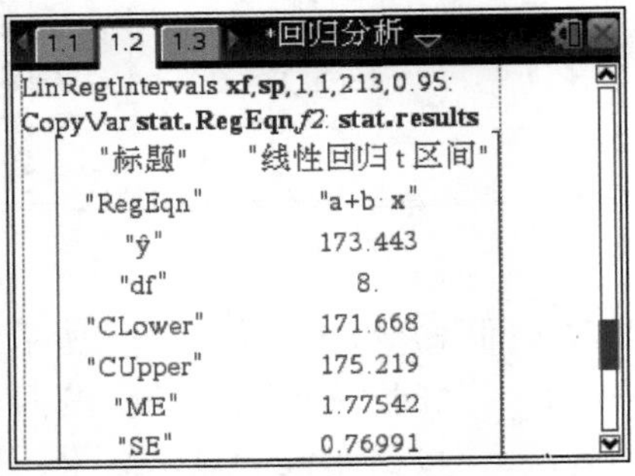

图 24－15

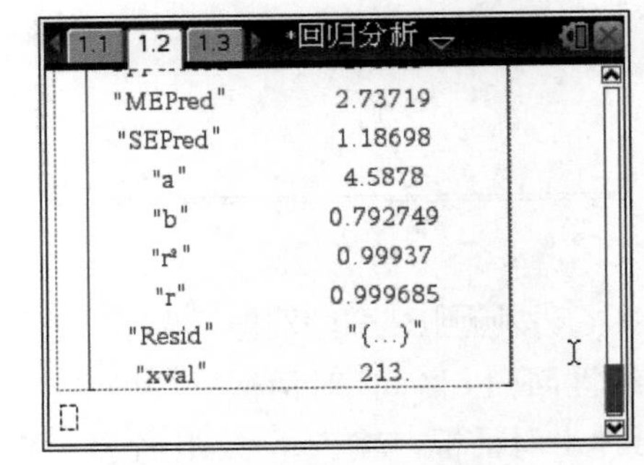

图 24－16

练习：

某地区 10 名健康儿童头发和全血中的硒含量见表 24－2。

表 24－2

‰

编号	头发中的硒含量	全血中的硒含量
1	74	13
2	66	10
3	88	13
4	69	11
5	91	16
6	73	9
7	66	7
8	96	14
9	58	5
10	73	10

（1）根据表中数据作出散点图，由散点图观察头发中的硒含量与全血中的硒含量的近似关系。

（2）求头发中的硒含量与全血中的硒含量的关系最佳拟合直线方程，并作出对应直线。

（3）对方程进行置信度为 95% 的检验。

（4）求回归系数的 95% 置信区间。

（5）如果某个儿童头发中的硒含量为 80‰，计算该儿童全血中的硒含量的 95% 置信区间。

第二部分

应用图形计算器解答 SAT、AP、ACT、IB 问题

申请美国的大学时，学生一般需要提供 SAT、AP、ACT、IB 的考试成绩，因此学生一般会参加这些考试。在数学相关的考试中都允许学生使用计算器，当然最好是可以画图的图形计算器①。能用计算器解答的题目中有些也可以不用计算器解答，但是计算量比较大，会影响答题时间，而有些题目不用计算器是解答不出来的，因此能够熟练使用计算器解题对于考试取得好成绩相当重要。

一、SAT、SAT2 数学问题解答

1. The figure above shows a rocket taking off vertically. When the rocket reaches a height of 12 kilometers. the angles of elevation from points A and B on level ground are $84.1°$ and $62.7°$, respectively. What is the distance between points A and B? (　　)

(A) 0.97 km　　(B) 6.36 km

(C) 7.43 km　　(D) 22.6 km

Solution: Figure 1, The distance is $12 \cdot \cot 84.1° + 12 \cdot \cot 62.7° \approx 7.43374$, the key is C.

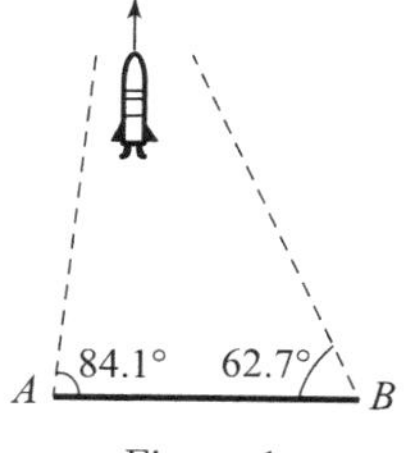

Figure 1

解析： 本题考查解三角形问题，从火箭的位置 C 作底边 AB 的垂线，构造两个直角三角形，容易求解出答案。从知识和能力方面讲，初三学生就能够解答，但是如果不用计算器就很难得出正确答案。即使进行定性分析，然后猜测答案，要猜对也比较难，因为 6.36 与 7.43 较为接近，该题如果不用计算器，基本难以得分。

2. $\cos x = 0.4697$, then $\sec x =$ (　　).

① 为了简单起见，以下“图形计算器”简称为“计算器”。

(A) 2.1290　　(B) 2.0452　　(C) 1.0818　　(D) 0.9243

Solution: Figure 2, 3, there are 2 ways to solve this question, the key is A.

解析：本题考查同角关系，$\cos x$ 与 $\sec x$ 是互为倒数的关系，如果知道这个关系可以直接计算。如果不用计算器，计算会花费较长时间，也较难估算，因为 2.1290 与 2.0452 很接近。x 是一个角，它的余弦是 0.469 7，要求这个角的正割值，因此产生算法 $\sec(\cos^{-1}(0.4697))$，由此可以得出结果，但是这个算法必须依赖计算器，无法手工计算。

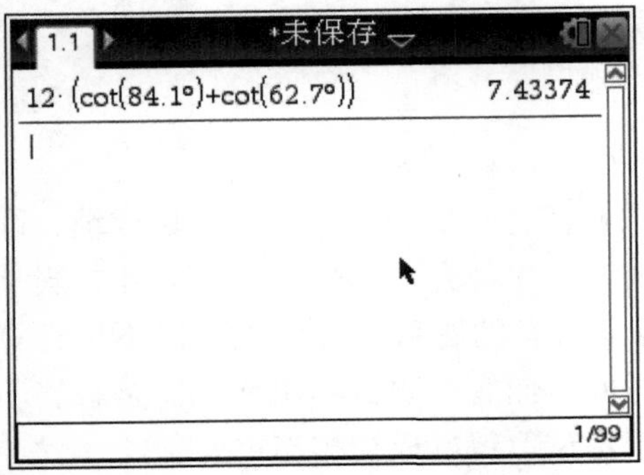

Figure 2

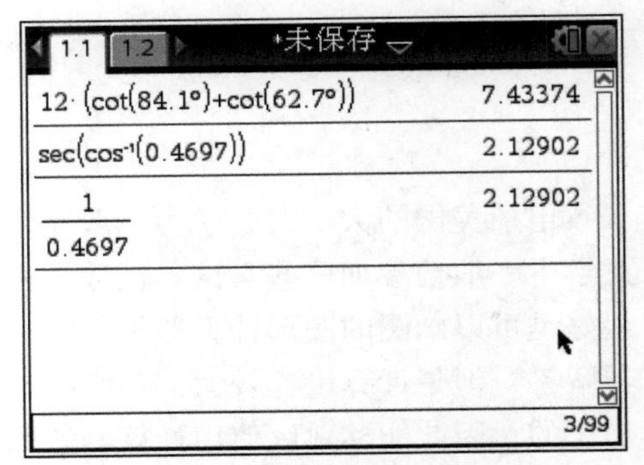

Figure 3

3. The graph of the rational function f. where $f(x)=\dfrac{5}{x^2-8x+16}$ has a vertical asymptote at $x=$(　　).

(A) 0 only　　(B) 4 only　　(C) 5 only　　(D) 0 and 4 only

Solution: Figure 4 shows the vertical asymptote is $x=4$, the key is B.

解析：本题考查有理函数的性质，其竖直渐近线存在于分母等于 0 的位置，函数 $f(x)=\dfrac{5}{x^2-8x+16}=\dfrac{5}{(x-4)^2}$，当 $x=4$ 时分母为 0，竖直渐近线就是 $x=4$. 如果不知道这个知识点，可以用计算器直接作图观察而得到结果，还要注意本题考查的只是竖直渐近线，水平渐近线是 $y=0$，二者容易混淆。

4. What value does $\dfrac{\ln x}{x-1}$ approach as x approaches 1?(　　)

(A) 0　　(B) 0.43　　(C) 1　　(D) 2

Solution: Figure 5, 6, there are 2 ways to solve this question, the key is C.

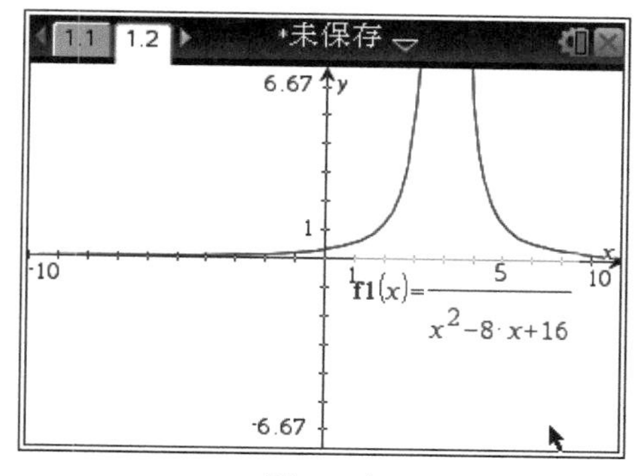

Figure 4

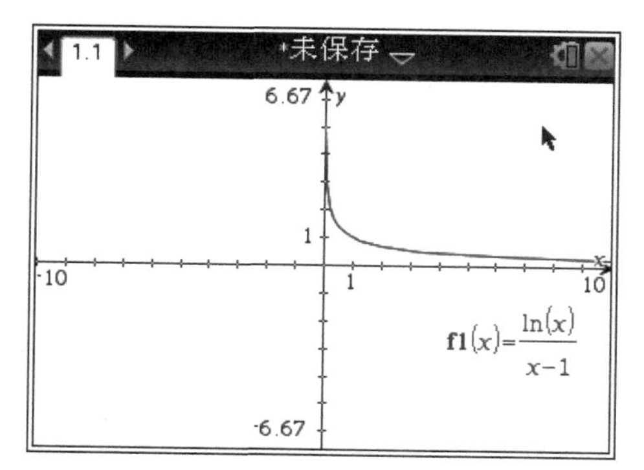

Figure 5

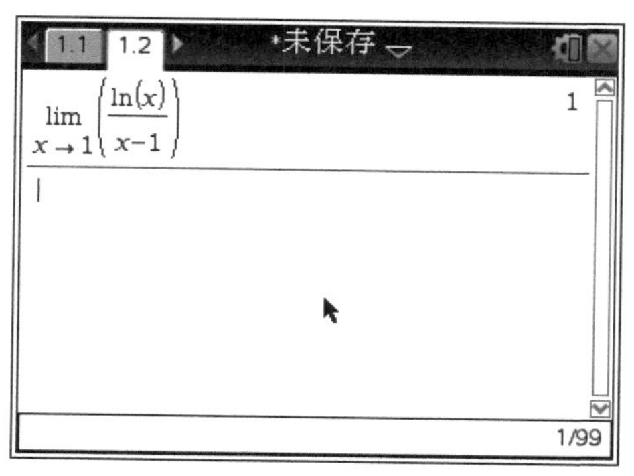

Figure 6

解析：本题考查函数的极限，直接用计算器计算$\frac{\ln x}{x-1}$极限为 1，或者作出函数图像，直接观察而得到结果。如果不用计算器则无法作图，无法观察出结果，手工运算需要借助微积分知识，即$\lim\limits_{x\to1}\frac{\ln x}{x-1}=\lim\limits_{x\to1}\frac{(\ln x)'}{(x-1)'}=\lim\limits_{x\to1}\frac{1}{x}=1$，在没有学习微积分知识的情况下不易计算极限。

5. If $f(x)=x^3-4x^2-3x+2$, which of the following statements are true? (　　)

Ⅰ. The function f is increasing for $x>3$.

Ⅱ. The equation $f(x)=0$ has two nonreal solutions.

Ⅲ. $f(x)\geqslant-16$ for all $x\geqslant0$.

(A) Ⅰ only　　(B) Ⅱ only

(C) Ⅰ and Ⅱ　　(D) Ⅰ and Ⅲ

Solution: Figure 7 to 9 shows Ⅰ and Ⅱ are correct, the key is D.

解析：本题考查多项式函数的性质，直接用计算器作出图像，并用计算器求出最小值，可得出结论，如果不用计算器，就得花费时间进行手工计算。

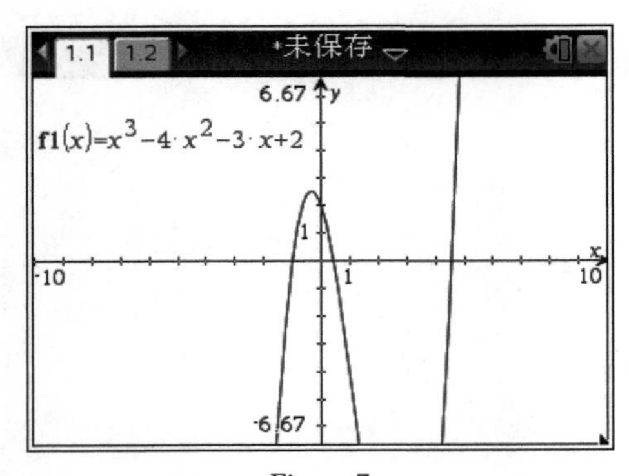

Figure 7

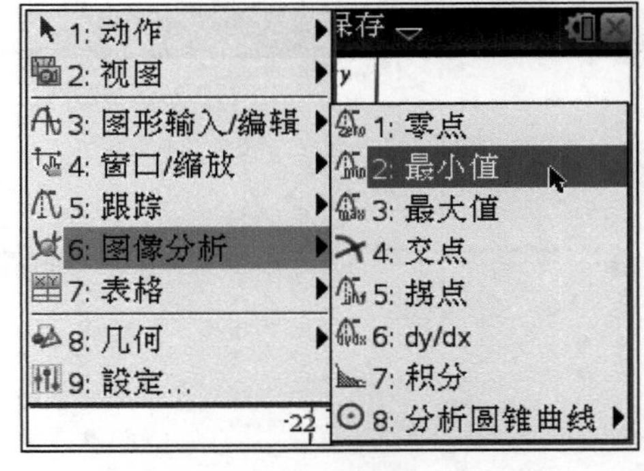

Figure 8

6. The formula $A = Pe^{0.08t}$ gives the amount A that a savings account will be worth after an initial investment P is compounded continuously at an annual rate of 8 percent for t years. Under these conditions, how many years will it take an initial investment of $1,000 to be worth approximately $5,000? (   )

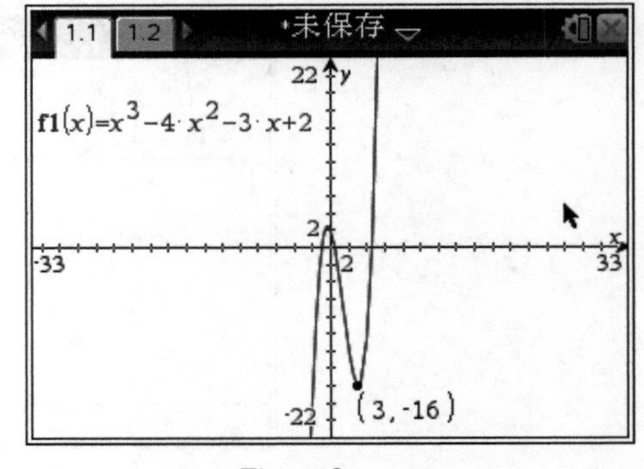

Figure 9

(A) 4.1 (B) 5.0

(C) 8.7 (D) 20.1

Solution: Figure 10, 11, there are 2 ways to solve this question, the key is D.

解析：本题考查函数的应用，进行数学建模后需要解指数方程，涉及自然对数的运算，如果没有计算器则无法解出结果。利用计算器可以像手工运算一样解出方程结果(Figure 10)，当然更快的是直接用解方程的命令求解(Figure 11)。

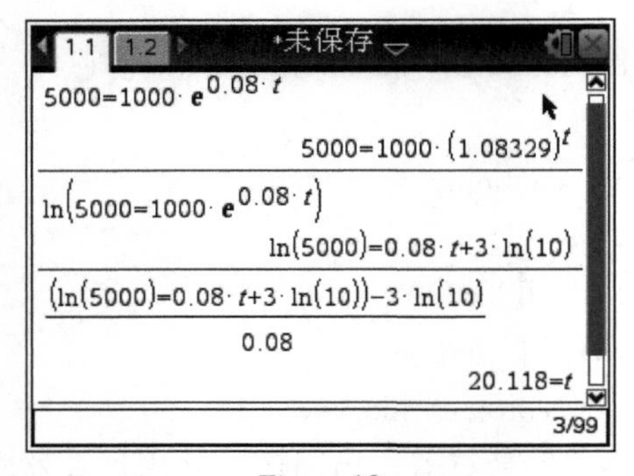

Figure 10

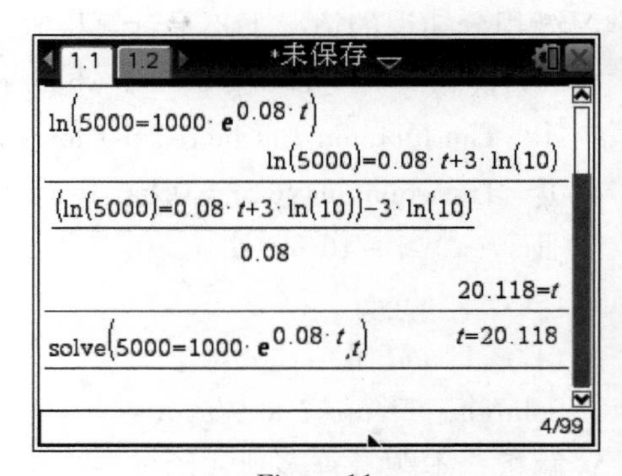

Figure 11

7. What is the sum of the infinite geometric series $\frac{1}{4}+\frac{1}{8}+\frac{1}{16}+\frac{1}{32}+\cdots$? (　　)

(A) $\frac{1}{2}$　　(B) 1　　(C) $\frac{3}{2}$　　(D) 2

Solution: Figure 12, there are 2 ways to solve this question, the key is A.

解析： 本题考查几何级数，如果知道几何级数的公式，则直接手工运算，如果不知道几何级数的公式，则直接用计算器求和运算。

8. In how many different orders can 9 students arrange themselves in a straight line? (　　)

(A) 9　　(B) 81　　(C) 181,440　　(D) 362,880

Solution: Figure 13, there are 362,880 different orders, the key is D.

解析： 本题考查排列问题，可直接用计算器运算，因为手工运算费时费力，容易出错。

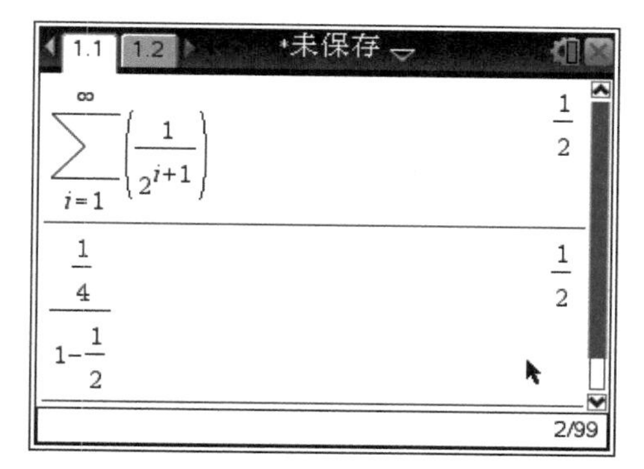

Figure 12

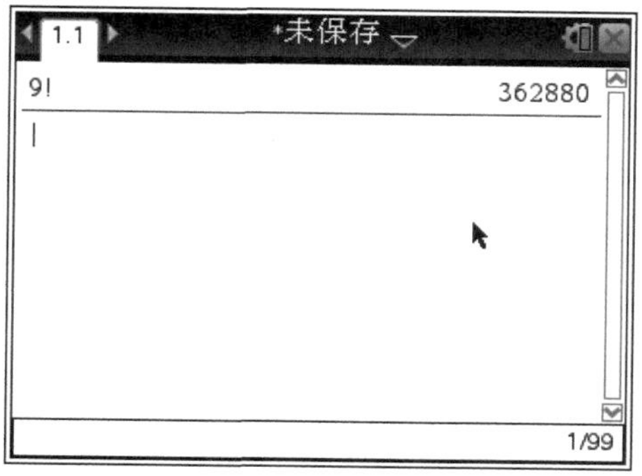

1.1　*未保存

9!　362880

1/99

Figure 13

9. The Fibonacci sequence can be defined recursively as $a_1=1$, $a_2=1$, $a_n=a_{n-1}+a_{n-2}$, for $n\geqslant 3$ What is the 10th term of this sequence? (　　)

(A) 21　　(B) 34　　(C) 55　　(D) 89

Solution: Figure 14 to 16, there are 2 ways to solve this question, the key is C.

解析： 本题考查裴波那契数列，是一个计算递推数列问题，直接在计算器中输入表达式，查看函数值表就可以得出结果。如果手工运算，则费时费力。

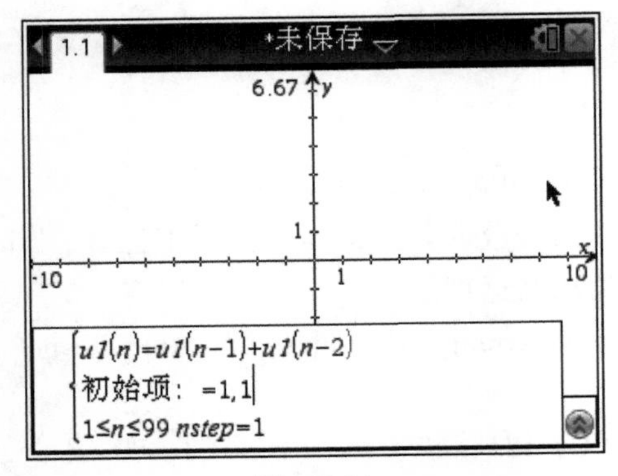

Figure 14

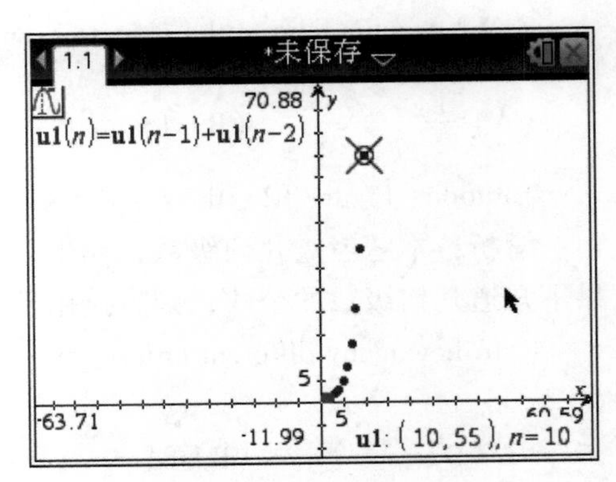

Figure 15

10. If $\sin(A)=-\frac{8}{17}$, $\frac{3\pi}{2}<A<2\pi$, $\cos(B)=-\frac{24}{25}$, $\pi<B<\frac{3\pi}{2}$, $\cos(2A+B)=$ ( ).

(A) $-\frac{5\ 544}{7\ 225}$　　(B) $-\frac{2\ 184}{7\ 225}$　　(C) $-\frac{3\ 696}{7\ 225}$　　(D) $\frac{2\ 184}{7\ 225}$

Solution: Figure 17, there are 2 ways to solve this question, the key is A.

解析：本题考查三角和角、倍角计算问题，手工运算相当烦琐、耗费时间且易出错。用计算器进行三角的恒等运算化简较为轻松方便。

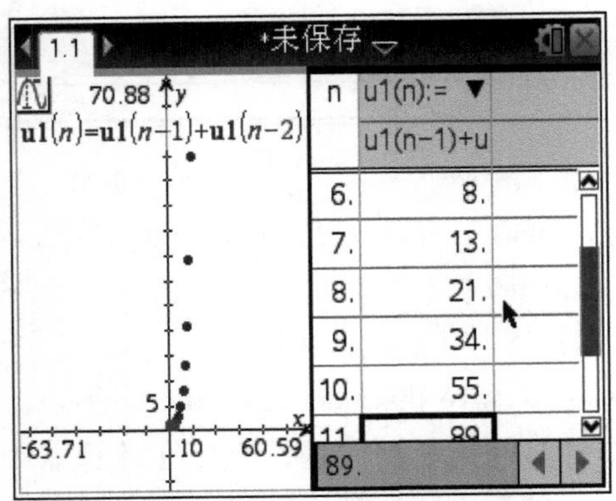

Figure 16

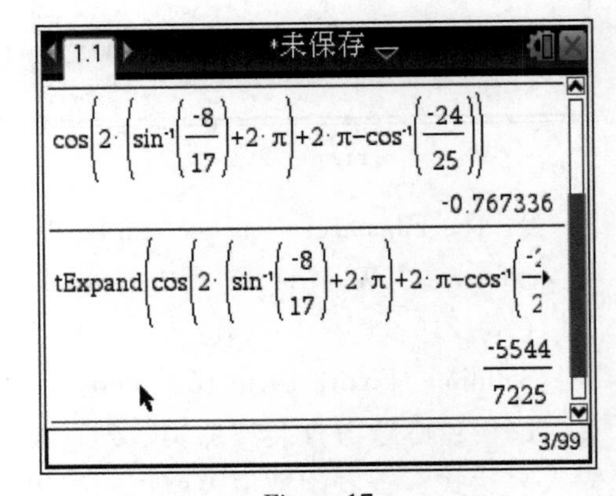

Figure 17

二、AP 微积分问题解答

(一) 选择题

1. A rectangle with one side on the x – axis has its upper vertices on the graph of

$y=\cos x$, as shown in the figure 18. What is the minimum area of the shaded region? (　　)

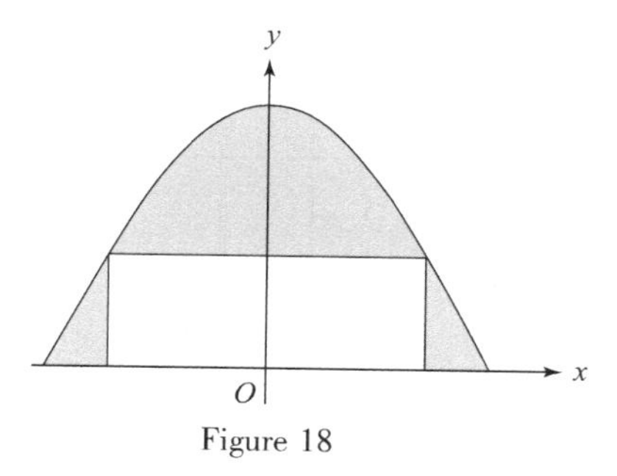

Figure 18

(A) 0.799　　(B) 0.878　　(C) 1.140　　(D) 1.439

Solution: Figure 19 to 22, there are 3 ways to solve this question, the key is B.

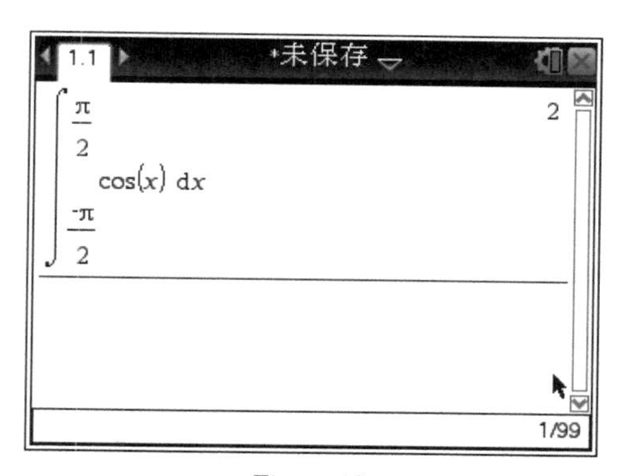

Figure 19

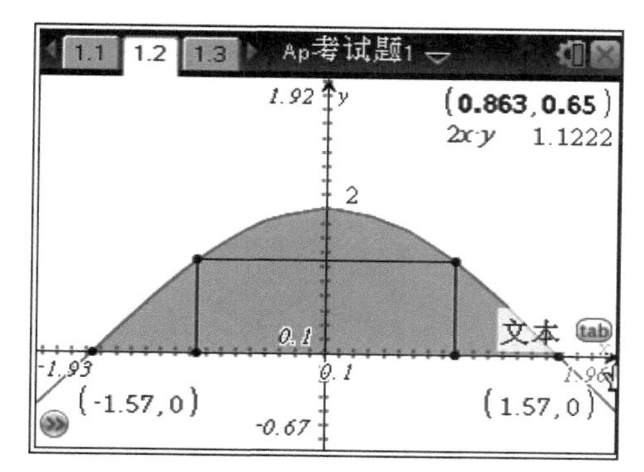

Figure 20

解析：本题考查函数的综合应用，需要用积分求面积，列出面积函数表达式，然后求最值。函数 $y=\cos x$ 与 x 轴围成的面积是 $\int_{-\pi/2}^{\pi/2}\cos x\mathrm{d}x=\sin x\Big|_{-\pi/2}^{\pi/2}=1-(-1)=2$。这个值可以手工运算。矩形的面积是 $2|x|\cdot\cos x$，这个面积的最大值即使知道求解方法，也无法通过手工运算得出结果，因此只能用计算器进行运算。

如果没有找出面积函数，可以直接在 $y=\cos x$ 的图像上取点，度量它的坐标，不断改变点的位置，探究矩形面积的最大值，得出面积的最大值约为 1.122 2，因此阴影面积的最小值为 0.878。如果能够找到函数表达式，则可以直接作出图像求最值(Figure 21、Figure 22)。

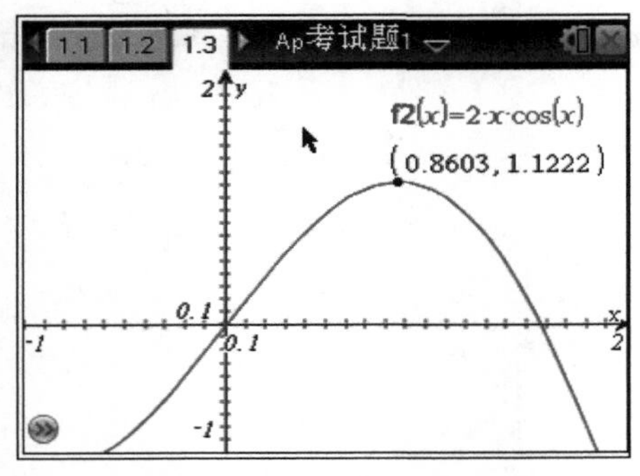

Figure 21

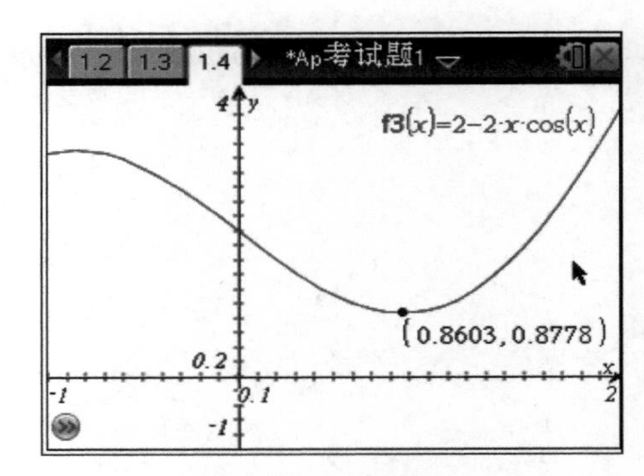

Figure 22

2. A particle moves along the x − axis so that at any time $t \geqslant 0$ its velocity is given by $v(t) = \ln(t+1) - 2t + 1$. The total distance traveled by the particle from t = 0 to t = 2 is(　　).

(A) 0.667　　(B) 0.704　　(C) 1.540　　(D) 2.667

Solution: Figure 23, the result is wrong , Figure 24 – 26, there are 2 ways to solve this question, the key is C.

解析: 本题考查微积分在物理中的应用。本题涉及的函数是自然对数，因为位移是速度的积分，即 $\int v(t)\,\mathrm{d}t = (t+1)\ln(t+1) - t$，要想计算出具体值，必须用计算器。

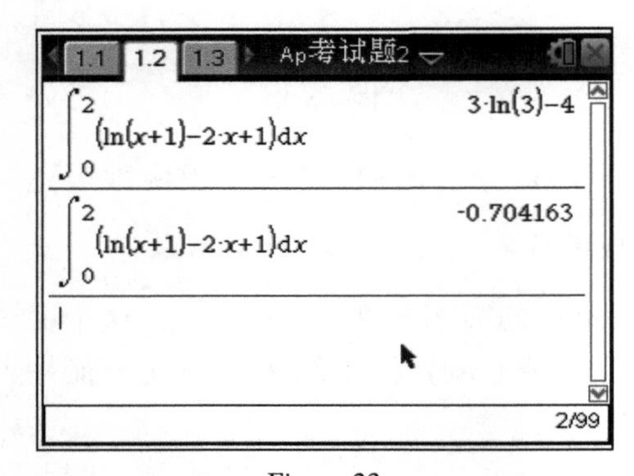

Figure 23

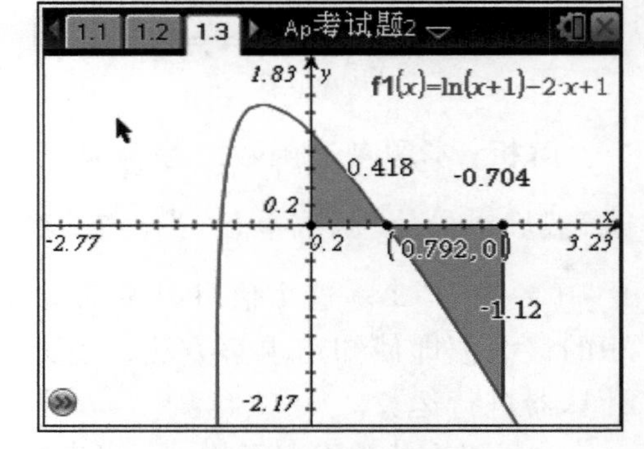

Figure 24

本题还有一个错误容易出现。路程总和并不一定等于位移总和，因为路程总是非负数，而位移有正有负，积分也是代数和，有正有负，所以在本题中直接积分是错误的。有两个办法解决，一是可以直接作出图像，找出零点，分别求出两部分面积再求和(Figure 24、Figure 25)，二是直接对函数先求绝对值再求积分

(Figure 26)。

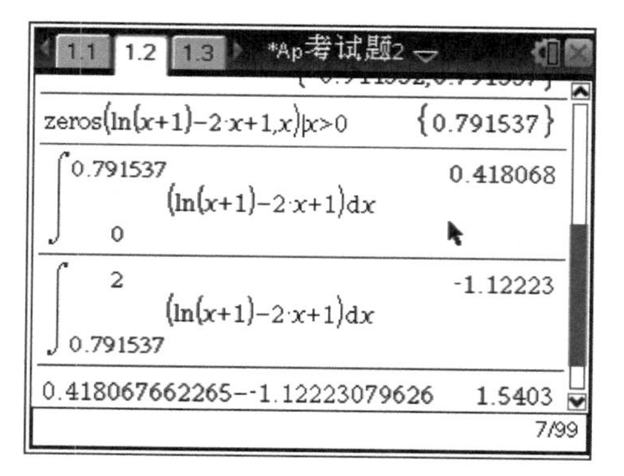

Figure 25

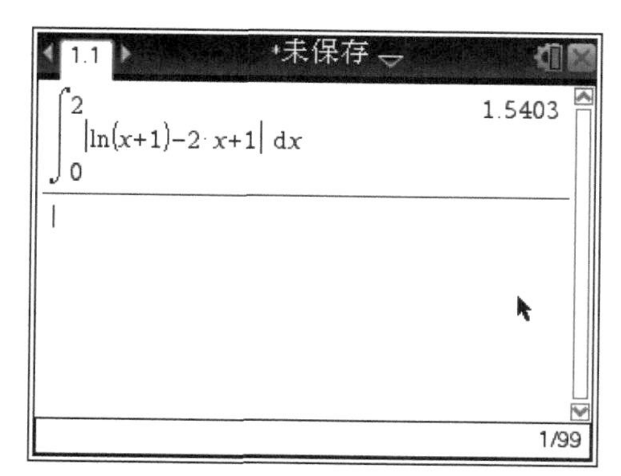

Figure 26

3. A particle travels along a straight line with a velocity of $v(t)=3e^{-t/2}\sin(2t)$ meters per second. What is the total distance, in meters, traveled by the particle during the time interval $0\leqslant t\leqslant 2$ seconds? (　　)

(A) 0.835　　(B) 1.850　　(C) 2.055　　(D) 2.261

Solution: Figure 27, 28, the key is D.

解析：本题与第 2 题相同，这种题型每年都会考，只是函数不同，一定要注意求路程时要对速度函数加上绝对值再求积分。

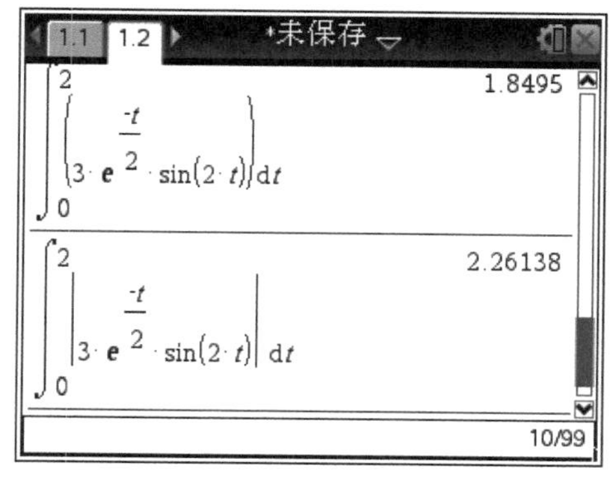

Figure 27

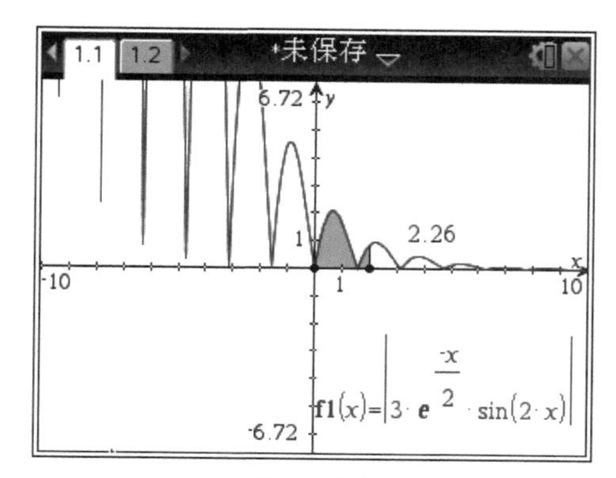

Figure 28

4. Oil is leaking from a tanker at the rate of $R(t)=2{,}000e^{-0.2t}$ gallons per hour, where t is measured in hours. How much oil leaks out of the tanker from time $t=0$ to $t=10$? (　　)

(A) 54 gallons　　(B) 271 gallons　　(C) 865 gallons　　(D) 8, 647 gallons

Solution：Figure 29，the key is D.

解析：本题考查积分的应用。由于积分函数是自然底数的指数函数，所以若不用计算器基本只能猜测。

5. Two particles start at the origin and move along the x - axis. For $0 \leqslant t \leqslant 10$, their respective position functions are given by $x_1 = \sin(t)$ and $x_2 = e^{-2t} - 1$, For how many values of t do the particles have the same velocity?（　　）

(A) None　　(B) One　　(C) Two　　(D) Three

Solution：Figure 31 to 32，there are 2 ways to solve this question，the key is D.

解析：本题考查超越方程的求解。有两个办法解决问题。一个办法是作出函数图像，观察交点个数(Figure 30)，但是要注意图像重叠的部分，可以放大图像仔细观察，以免遗漏(Figure 31)。另一个办法是直接解方程(Figure 32)。本题不用计算器无法求解。

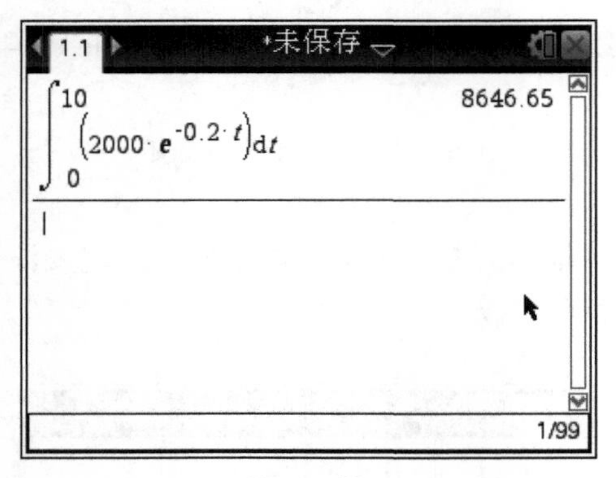

Figure 29

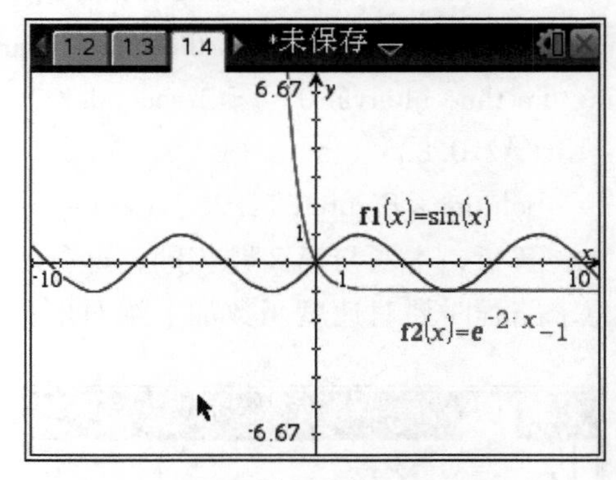

Figure 30

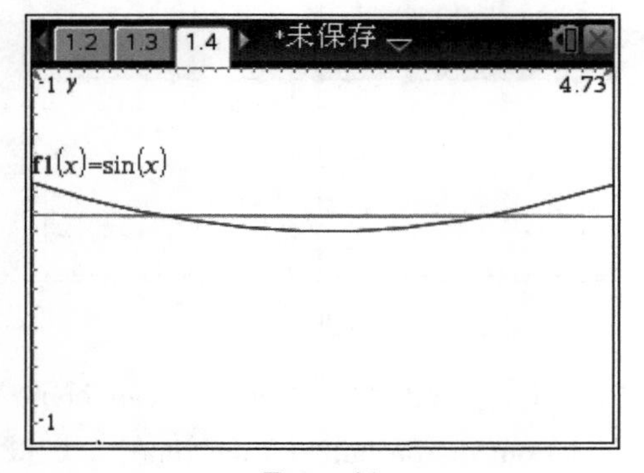

Figure 31

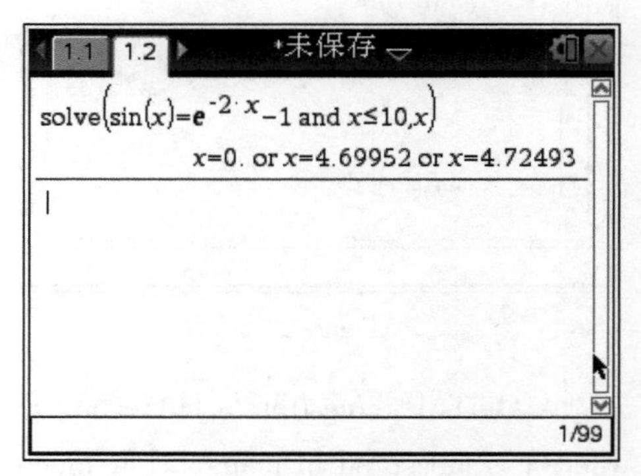

Figure 32

6. Let g be the function given by $g(x)=\int_1^x 100(t^2-3t+2)\mathrm{e}^{-t^2}\mathrm{d}t$, Which of the following statements about g must be true? (　　)

Ⅰ. g is increasing on $(1,2)$.

Ⅱ. g is increasing on $(2,3)$.

Ⅲ. $g(3)>0$

(A) Ⅰ only　　(B) Ⅱ only　　(C) Ⅲ only　　(D) Ⅱ and Ⅲ only

Solution: Figure 33, 34, there are 2 ways to solve this question, the key is B.

解析：本题考查积分与到原函数的关系。有两个办法解决问题。一个办法是作出函数图像，求出最小值(Figure 33)，可以得出结果。另一个办法是用代数方法求解(Figure 34)，通过求解导数大于0，找出增区间，再计算 $x=3$ 时的值，可以得出结果。本题不用计算器不好求解。

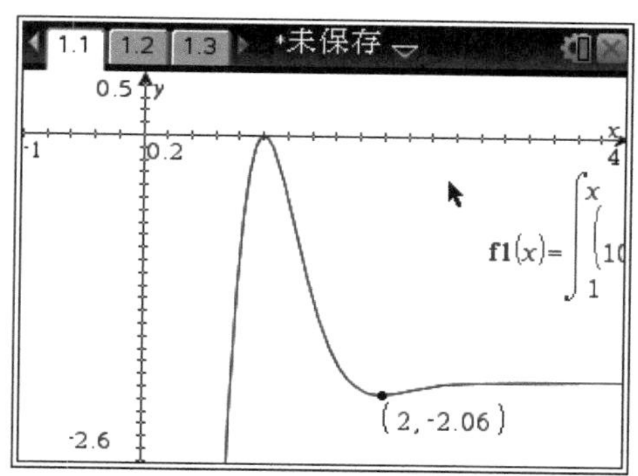

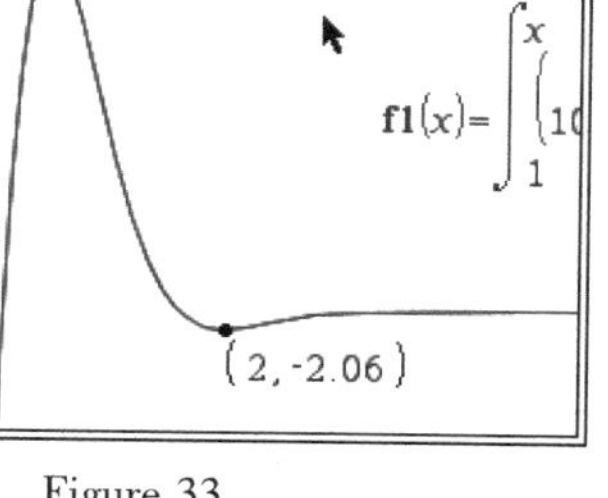

Figure 33

$\frac{d}{dx}(f1(x))$　　$100\cdot(x^2-3\cdot x+2)\cdot e^{-x^2}$

$\text{solve}(100\cdot(x^2-3\cdot x+2)\cdot e^{-x^2}>0,x)$　　$x<1$ or $x>2$

$f1(3)$　　-1.94214

3/99

Figure 34

7. If the function f is defined by $f(x)=\sqrt{x^3+2}$ and g is an antiderivative of f such that $g(3)=5$, then $g(1)=$ (　　).

(A) -3.268　　(B) -1.585　　(C) 1.732　　(D) 6.585

Solution: Figure 35, 36, there are 2 ways to solve this question, the key is B.

解析：本题考查微积分基本定理。利用公式 $\int_a^b f(x)\mathrm{d}x=F(b)-F(a)$，可得 $g(1)=\int_3^1 f(x)\mathrm{d}x+g(3)$ (Figure 35)，本题不用计算器不好求解。

8. If $f'(x)=\sin\left(\frac{\pi\mathrm{e}^x}{2}\right)$ and $f(0)=1$, then $f(2)=$ (　　).

(A) -1.819　　(B) -0.843　　(C) -0.819　　(D) 1.157

Solution: Figure 36, the key is D.

解析：本题考查微积分基本定理，解法同第 7 题，本题不用计算器不好求解。

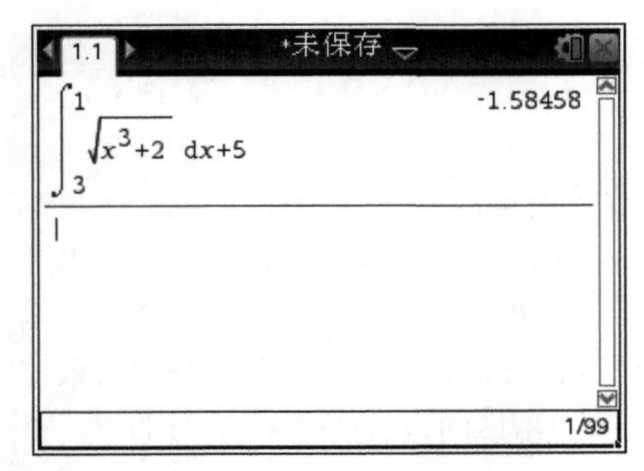

1.1
•未保存
$\int_3^1 \sqrt{x^3+2}\,dx+5$
-1.58458
1/99

Figure 35

1.1
1.2
•未保存
$\int_3^1 \sqrt{x^3+2}\,dx+5$
-1.58458
$\int_0^2 \sin\left(\frac{\pi\cdot e^x}{2}\right)dx+1$
1.15712
2/99

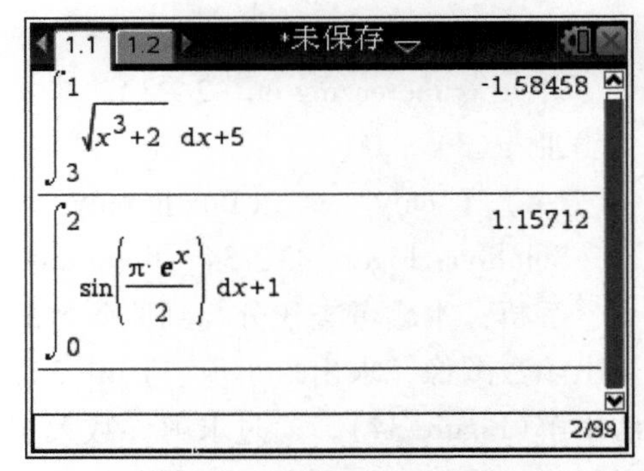

Figure 36

9. Let g be the function given by $g(t)=100+20\sin\left(\frac{\pi t}{2}\right)+10\cos\left(\frac{\pi t}{6}\right)$, For $0\leqslant t\leqslant 8$, g is decreasing most rapidly when $t=($ $)$.

(A) 0.949 (B) 2.017 (C) 3.106 (D) 5.965

Solution: Figure 37, 38, there are 2 ways to solve this question, the key is B.

解析：本题考查导数的应用。有两个办法解决问题。一个办法是求出函数的导数，再求出它的最小值点(Figure 37)，得出结果。另一个办法是作出导数的图像，在图像上直接找出最低点而得出结果(Figure 38)。本题不用计算器不好求解。

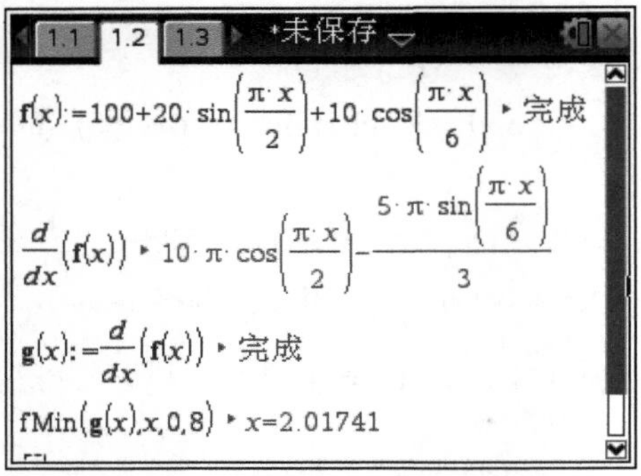

1.1
1.2
1.3
•未保存
$f(x):=100+20\cdot\sin\left(\frac{\pi\cdot x}{2}\right)+10\cdot\cos\left(\frac{\pi\cdot x}{6}\right)$ ▸ 完成
$\frac{d}{dx}(f(x))$ ▸ $10\cdot\pi\cdot\cos\left(\frac{\pi\cdot x}{2}\right)-\frac{5\cdot\pi\cdot\sin\left(\frac{\pi\cdot x}{6}\right)}{3}$
$g(x):=\frac{d}{dx}(f(x))$ ▸ 完成
fMin(g(x),x,0,8) ▸ x=2.01741

Figure 37

1.1
1.2
1.3
•未保存
y
x
8
最小值
-44.2
f2: (2.02, -36)

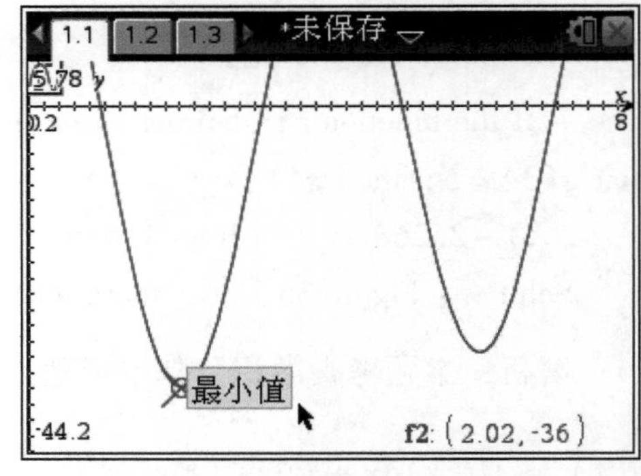

Figure 38

10. The graph of the function represented by the Maclaurin series $1-x+\frac{x^2}{2!}-\frac{x^3}{3!}+\cdots+\frac{(-1)^n x^n}{n!}+\cdots$ intersects the graph of $y=x^3$ at $x=($ $)$.

(A) 0.773 (B) 0.865 (C) 0.929 (D) 1.000

Solution: Figure 39, 40, there are 2 ways to solve this question, the key is B.

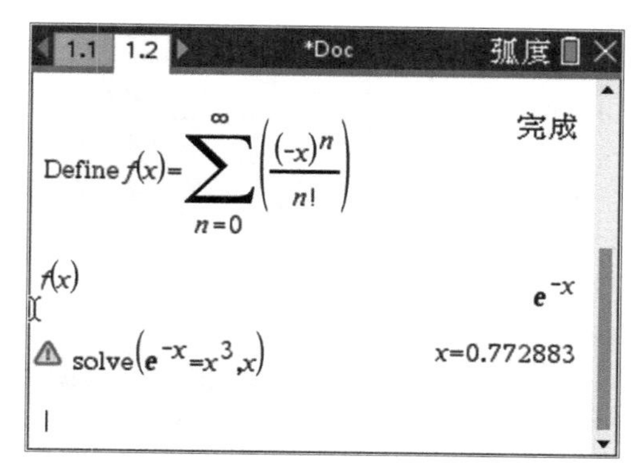

Figure 39

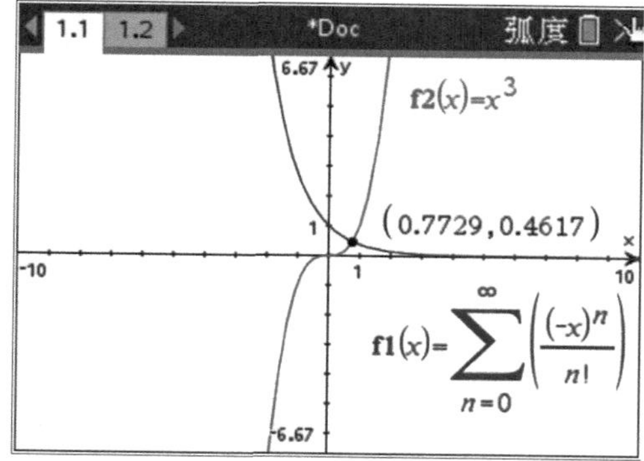

Figure 40

解析：本题考查泰勒展开式的逆向应用，有2个办法，一个方法是由泰勒展开式写出原来的函数，然后用解方程的方式求出两个函数图像的交点坐标(Figure 39)，得出结果；另一个方法是作出函数的图像，在图像上直接作出交点，并显示坐标(Figure 40)。本题不用图形计算器无法求解。

（二）自由解答题(free - response question)

1. Let R be the region bounded by the graphs of $y=\sin(\pi x)$ and $y=x^3-4x$, as shown in the figure 41.

(a) Find the area of R.

(b) The horizontal line $y=-2$ splits the region R into two parts. Write, but do not evaluate, an integral expression for the area of the part of R that is below this horizontal line.

(c) The region R is the base of a solid. For this solid, each cross section perpendicular to the x - axis is a square. Find the volume of this solid.

(d) The region R models the surface of a small pond. At all points in R at a distance x from the y - axis, the depth of the water is given by $h(x)=3-x$. Find the volume of water in the pond.

Solution: Use calculator, Figure 41 to 47.

(a) $\sin(\pi x)=x^3-4x$ at $x=0$ and $x=2$,

Area $=\int_0^2(\sin(\pi x)-(x^3-4x))\mathrm{d}x=4.$

(b) $x^3-4x=-2$ at $x=0.5391899$ and $s=1.6751309$.

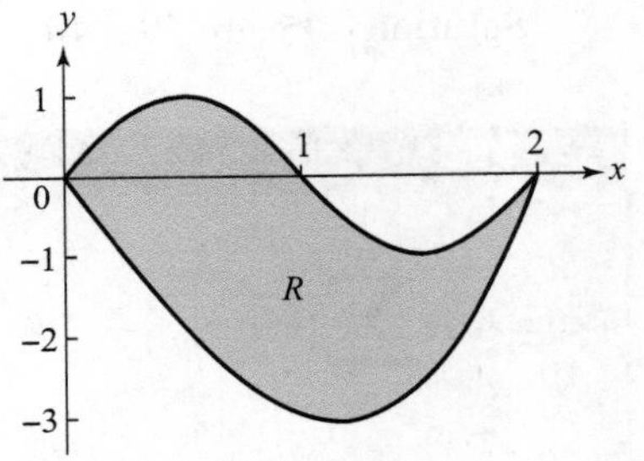

Figure 41

The area of stated region is $=\int_{r}^{s}(-2-(x^{3}-4x))\mathrm{d}x$.

(c) Volume $=\int_{0}^{2}(\sin(\pi x)-(x^{3}-4x))^{2}\mathrm{d}x=9.978$.

(d) Volume $=\int_{0}^{2}(3-x)(\sin(\pi x)-(x^{3}-4x))\mathrm{d}x=8.369$ or 8.370.

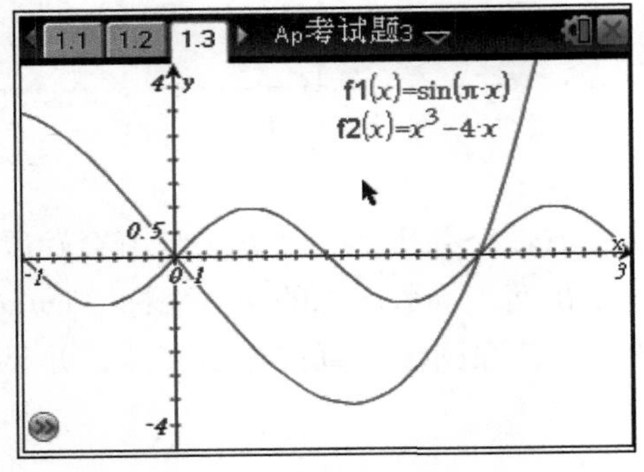

Figure 42

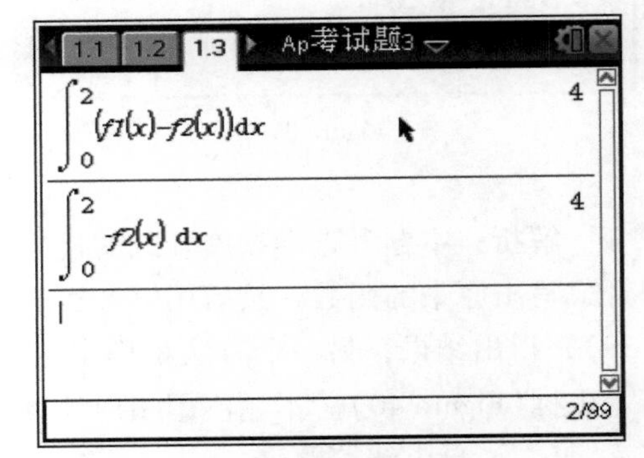

Figure 43

解析： 本题考查微积分在求面积、求体积中的应用。本题是自由解答题，如果不用计算器则难以计算出答案。

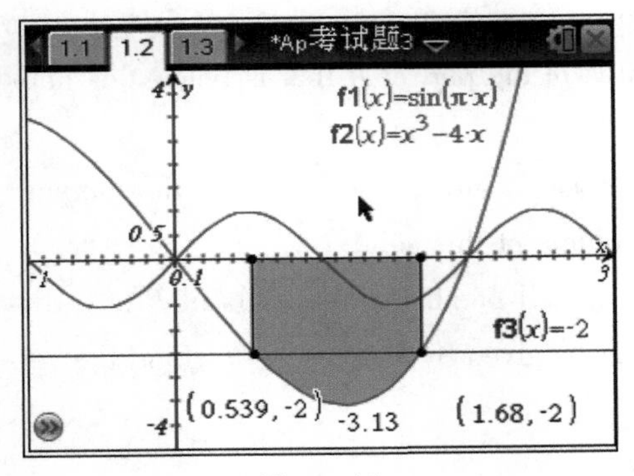

Figure 44

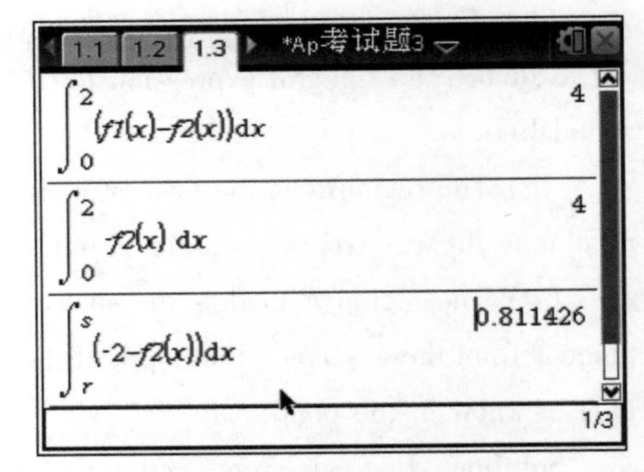

Figure 45

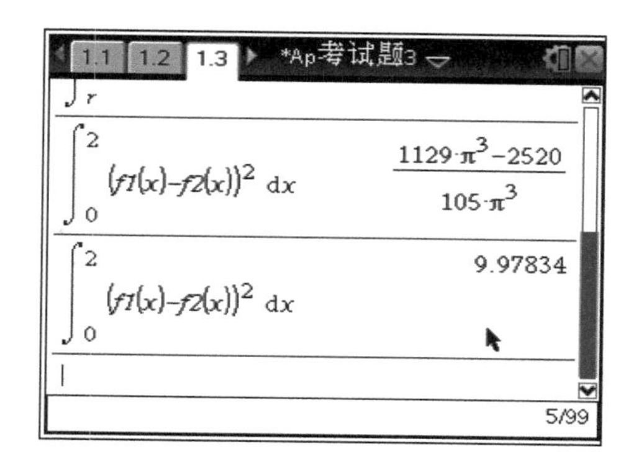

Figure 46

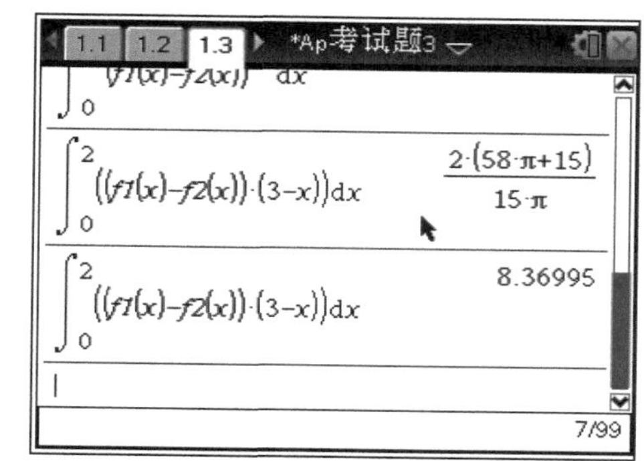

Figure 47

2. For $t \geqslant 0$, a particle is moving along a curve so that its position at time t is $(x(t),\ y(t))$. At time $t=2$, the particle is at position $(1,\ 5)$. It is known that $\frac{dx}{dt}=\frac{\sqrt{t+2}}{e^t}$ and $\frac{dy}{dt}=\sin^2 t$.

(a) Is the horizontal movement of the particle to the left or to the right at time $t=2$? Explain your answer. Find the slope of the path of the particle at time $t=2$.

(b) Find the x－coordinate of the particle's position at time $t=4$.

(c) Find the speed of the particle at time $t=4$. Find the acceleration vector of the particle at time $t=4$.

(d) Find the distance traveled by the particle from time $t=2$ to $t=4$.

Solution: Use calculator, Figure 48 to 53.

(a) $\left.\frac{dx}{dt}\right|_{t=2}=\left.\frac{\sqrt{t+2}}{e^t}\right|_{t=2}=\frac{2}{e^2}$.

Because $\left.\frac{dx}{dt}\right|_{t=2}=\frac{2}{e^2}>0$, the particle is moving to the right at time $t=2$.

$$\left.\frac{dy}{dx}\right|_{t=2}=\frac{dy/dt\,|_{t=2}}{dx/dt\,|_{t=2}}=3.055\ (\text{or } 3.054).$$

(b) $x(4)=1+\int_2^4 \frac{\sqrt{t+2}}{e^t}dt=1.253$ (or 1.252).

(c) speed $=\sqrt{(x'(4))^2+(y'(4))^2}=0.575$ (or 0.574).

Acceleration $=\langle x''(4),\ y''(4)\rangle=\langle -0.041,\ 0.989\rangle$.

(d) Distance $=\int_2^4 \sqrt{(x'(t))^2+(y'(t))^2}dt=0.651$ (or 0.650).

解析：本题考查参数方程在粒子运动的路程、位置、速度、加速度的关系中的应用。本题是自由解答题，如果不用计算器则难以计算出答案。

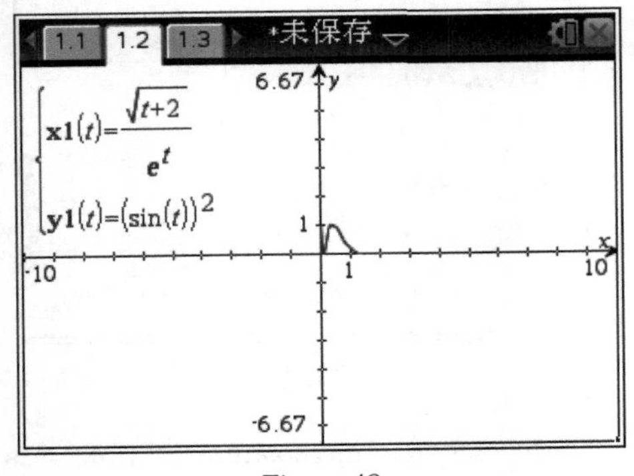

Figure 48

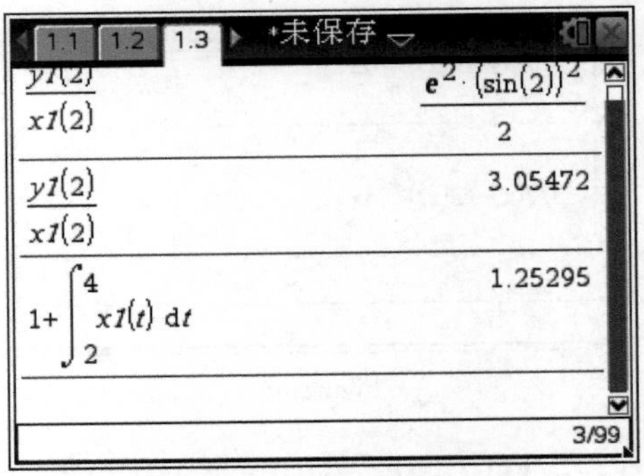

$\frac{y1(2)}{x1(2)}$ $\frac{e^2\cdot(\sin(2))^2}{2}$

$\frac{y1(2)}{x1(2)}$ 3.05472

$1+\int_2^4 x1(t)\,dt$ 1.25295

3/99

Figure 49

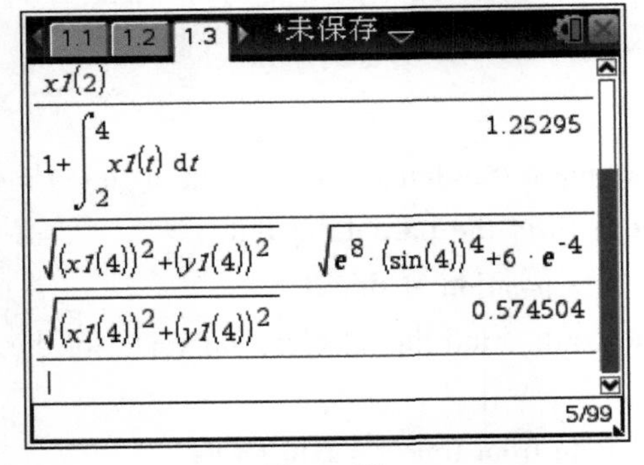

Figure 50

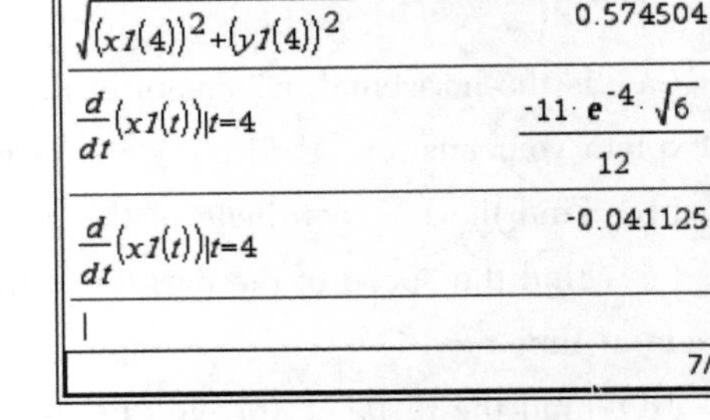

Figure 51

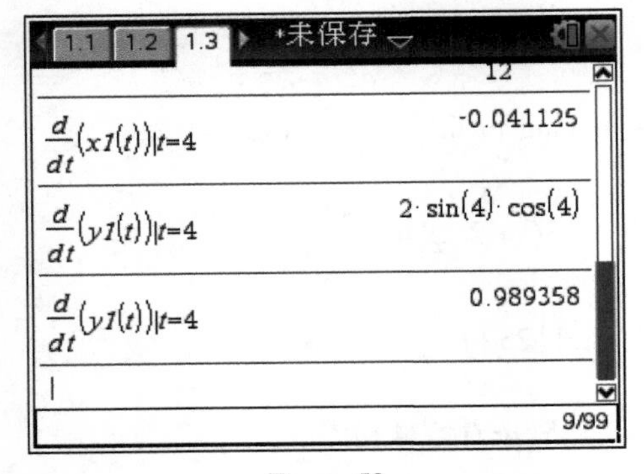

Figure 52

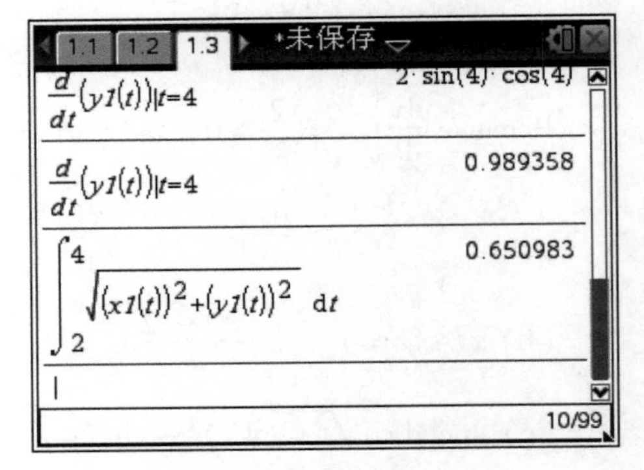

Figure 53

3. The graphs of the polar curves $r=3$ and $r=4-2\sin\theta$ are shown in the figure 54.

The curves intersect when $\theta = \dfrac{\pi}{6}$ and $\dfrac{5\pi}{6}$.

(a) Let S be the shaded region that is inside the graph of $r = 3$ and also inside the graph of $r = 4 - 2\sin\theta$. Find the area of S.

(b) A particle moves along the polar curve $r = 4 - 2\sin\theta$ so that at time t seconds, $\theta = t^2$. Find the time t in the interval $1 \leqslant t \leqslant 2$ for which the x - coordinate of the particle's position is -1.

(c) For the particle described in part (b), find the position vector in terms of t. Find the velocity vector at time $t = 1.5$.

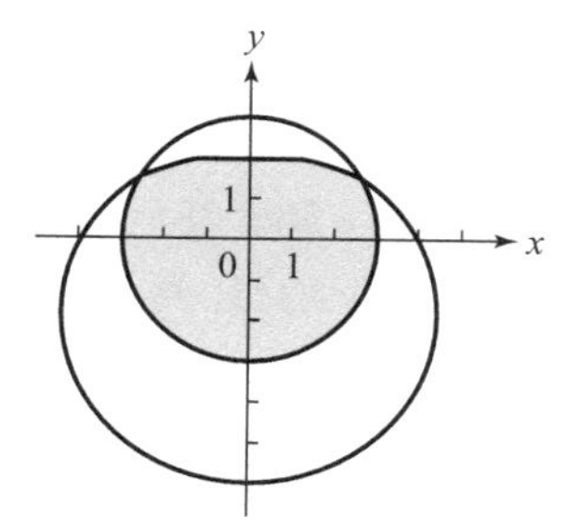

Figure 54

Solution: Use calculator, Figure 55, 56.

(a) Area $= 6\pi + \dfrac{1}{2}\displaystyle\int_{\pi/6}^{5\pi/6}(4 - 2\sin(\theta))^2 d\theta = 24.709,2$ (or 24.708).

(b) $x(\theta) = r\cos\theta = (4 - 2\sin(\theta))\cos\theta$.

$$x(t) = (4 - 2\sin(t^2))\cos(t^2).$$

$$x(t) = -1 \Rightarrow (4 - 2\sin(t^2))\cos(t^2) = 1 \Rightarrow t = 1.428 \text{ (or 1.427)}.$$

(c) $y(\theta) = r\sin\theta = (4 - 2\sin(\theta))\sin\theta$.

$$y(t) = (4 - 2\sin(t^2))\sin(t^2).$$

Position vector $= \langle x(t), y(t)\rangle = \langle (4 - 2\sin(t^2))\cos(t^2), (4 - 2\sin(t^2))\sin(t^2)\rangle$.

$v(1.5) = \langle x'(1.5), y'(1.5)\rangle = \langle -8.072, -1.673\rangle$ or $\langle -8.072, -1.672\rangle$.

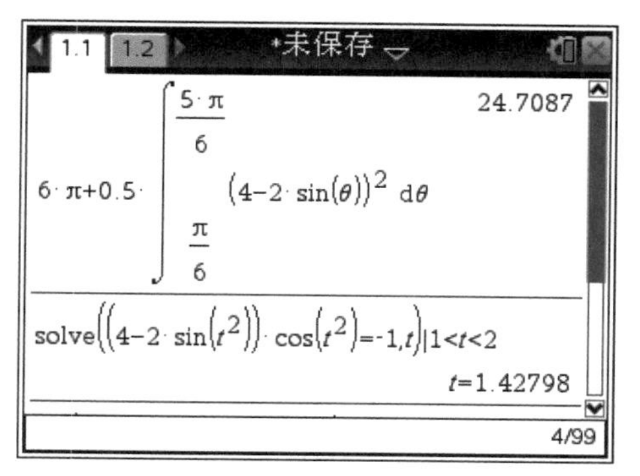

Figure 55

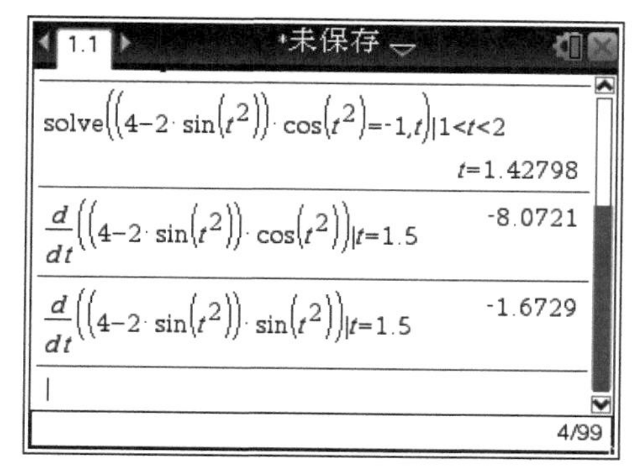

Figure 56

解析：本题考查极坐标曲线围成的面积以及其在表达粒子运动过程中的路程、位置、速度、加速度关系中的应用问题。本题是自由解答题，只要基本概念清楚、基本方法熟练，用计算器容易求解，如果不用计算器则难以计算出答案。

三、AP 统计问题解答

(一)选择题

1. Some descriptive statistics for a set of test scores are shown in Figure 57. For this test, a certain student has a standardized score of $z = -1.2$, What score did this student receive on the test? (　　)

(A) 266.28　　(B) 779.42　　(C) 1008.02　　(D) 1083.38

(E) 1311.98

DESCRIPTIVE STATISTICS

Variable	N	Mean	Median	TrMean	StDev	SE Mean
score	50	1045.7	1024.7	1041.9	221.9	31.4

Variable	Minimum	Maximum	Q1	Q3
score	628.9	1577.1	877.7	1219.5

Figure 57

Solution: standardized score $z = \frac{x - u}{\sigma}$, Figure 58 shows the result, the key is B.

解析: 本题考查描述性统计量与标准分的互化，利用计算器可以快捷、准确地计算，节约时间。

2. A summer resort rents rowboats to customers but does not allow more than four people to a boat, Each boat is designed to hold no more than 800 pounds, including their clothes and gear, is normal with a mean of 190 pounds and standard deviation of 10 pounds. If the weights of individual passengers are independent, what is the probability that a group of four adult male passengers will exceed the acceptable weight limit of 800 pounds? (　　)

(A)0.023　　(B) 0.046　　(C) 0.159　　(D) 0.317

(E) 0.977

Solution: Random variable $X_i \sim N(190,\ 10^2)(i=1,\ 2,\ 3,\ 4)$, so $W = \sum_{i=1}^{4} X_i \sim$

$N(4 \times 190, 4 \times 10^2), W = \sum_{i=1}^{4} X_i \sim N(760, 20^2)$.

Figure 59 to 61 shows the result, the probability that the group will exceed the acceptable weight limit is 0.022 75, so the key is A.

解析: 本题考查正态随机变量和的概率分布，然后计算随机变量超过 800 的概率。利用计算器可快捷、准确地计算，不用计算器则无法计算出准确结果。

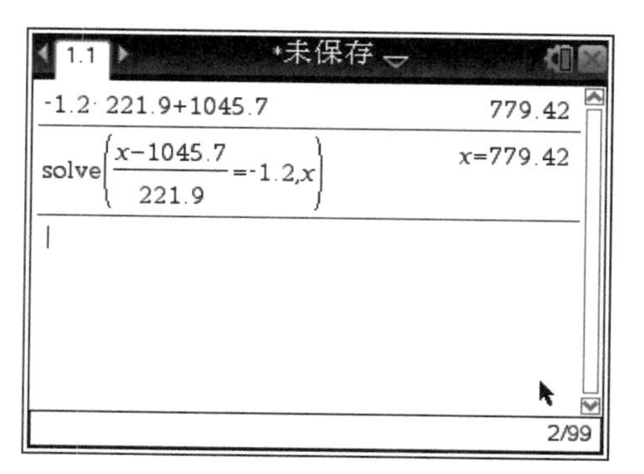

Figure 58

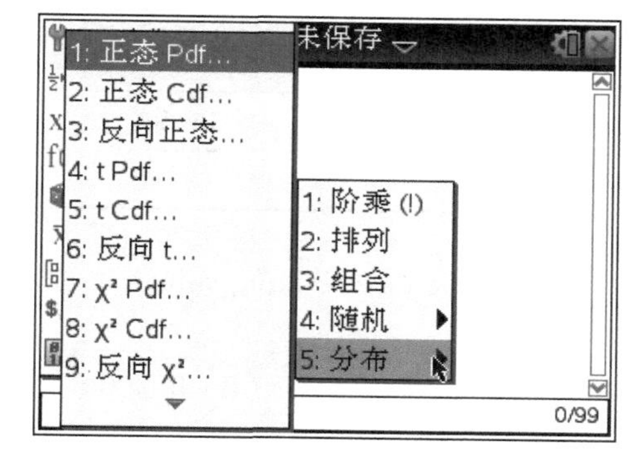

Figure 59

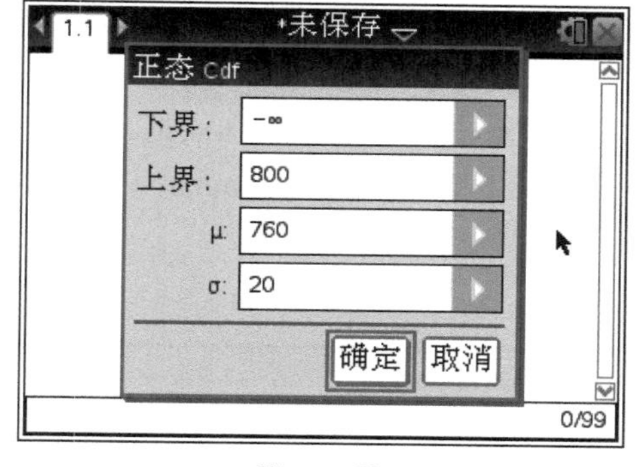

Figure 60

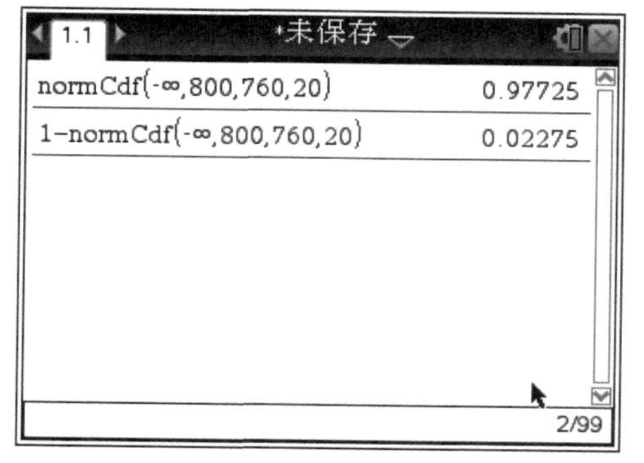

Figure 61

3. Makers of a new pain-relieving medication claim that it relieves chronic pain faster than the current top-selling pain reliever on the market. A double-blind experiment was conducted in which 10 people who experience chronic pain were randomly selected to take either the new or the current medication. Each of the 10 people recorded the time, in minutes, from taking the medication until pain relief. After an appropriate time period, each of the 10 people took the other medication and recorded the time from taking the medication until pain relief. The medication each person took first was randomly determined, and because both medications look the same, the people in the study did not know which medication was taken first. Table 1 shows summary statistics for the results.

Table 1

	Minutes until Pain Relief		Difference (new minus current)
	New Medication	Current Medication	
Mean	15. 600	16. 025	-0. 425
Standard deviation	4. 811	4. 833	1. 395

Which of the following values is closest to the p-value of the appropriate t - test?
(　　)

(A) 0. 1802　　(B) 0. 3604　　(C) 0. 4230　　(D) 0. 5770

(E)0. 8198

Solution: Figure 62 shows the result, the p - value is 0. 1803, so the key is A.

解析：本题考查配实验样本均值 t 检验，利用图形计算器可快捷准确地计算，而不用图形计算器要通过查表计算，非常耗时。

4. A random sample of 1018 city residents were asked to rate their level of support for a proposal being considered by the city council. Table 2 shows the responses by level of support.

Table 2

Level of Support	Number of Responses
Very supportive	336
Somewhat supportive	387
Not supportive	295

Based on the responses, which of the following is a 95 percent confidence interval for the proportion of all city residents who would respond very supportive or somewhat supportive of the proposal? (　　)

(A) 0. 33 ±0. 029 (B) 0. 38 ±0. 030 (C) 0. 71 ±0. 058 (D) 0. 71 ±0. 031

(E) 0. 71 ±0. 028

Solution: Figure 63 shows the result, $\hat{p} = 0.71$, ME =0. 028, so the key is E.

解析：本题考查单样本比例置信区间，用图形计算器可快捷准确地计算出结果。

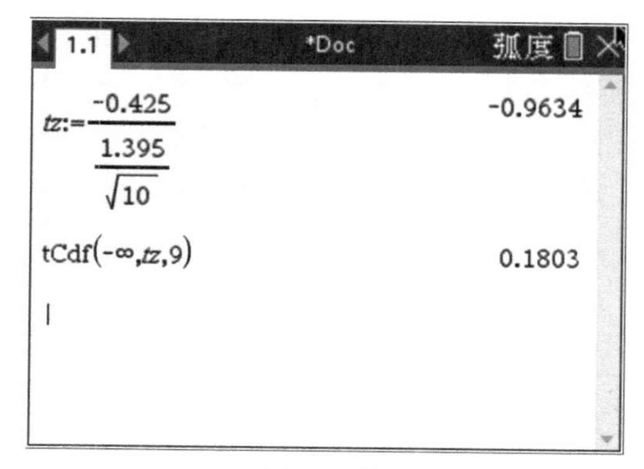

Figure 62

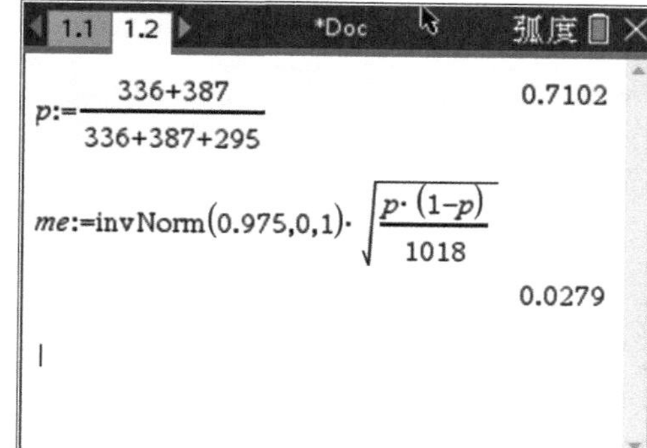

Figure 63

5. A simulation was conducted using 10 fair six – sided dice, where the faces were numbered 1 through 6, respectively. All 10 dice were rolled, and the average of the 10 numbers appearing face up was recorded. The process was repeated 20 times. Which of the following best describes the distribution being simulated? (　　)

(A) A sampling distribution of a sample mean with $n=10$, $\mu_{\bar{x}}=3.5$, and $\sigma_{\bar{x}}=1.71$

(B) A sampling distribution of a sample mean with $n=10$, $\mu_{\bar{x}}=3.5$, and $\sigma_{\bar{x}}=0.54$

(C) A sampling distribution of a sample mean with $n=20$, $\mu_{\bar{x}}=3.5$, and $\sigma_{\bar{x}}=0.38$

(D) A sampling distribution of a sample proportion with $n=10$, $\mu_{\hat{p}}=\dfrac{1}{6}$, and $\sigma_{\hat{p}}\approx 0.118$

(E) A sampling distribution of a sample proportion with $n=20$, $\mu_{\hat{p}}=\dfrac{1}{6}$, and $\sigma_{\hat{p}}\approx 0.083$

Solution: Figure 64, 65 shows the result, $\mu_{\bar{x}}=3.5$, and $\sigma_{\hat{p}}=0.54$, so the key is B.

解析： 本题考查单样本均值分布的随机模拟，用图形计算器可快速地计算出均值、标准差，从而根据均值的抽样分布理论得出正确结果。

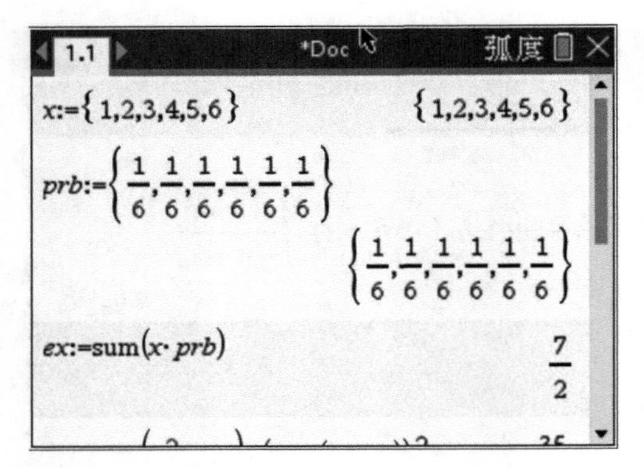

Figure 64

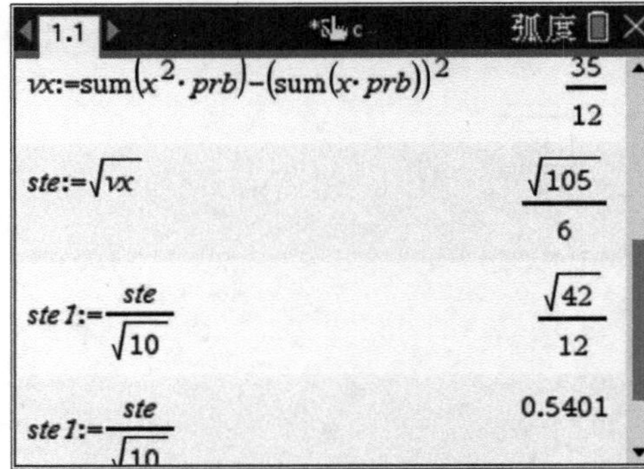

Figure 65

(二)自由解答题

1. A maternity study wants to determine whether there is evidence that childbirths occur with greater frequency during certain times of the year, as opposed to being balanced throughout the year. To conduct this study, a hospital in Ames, Iowa, has been chosen, and the number of births during the year were recorded in Table 3.

Table 3

Month	1	2	3	4	5	6	7	8	9	10	11	12
Cases	41	44	43	52	55	47	52	61	66	64	58	53

(1) Describe an appropriate hypothesis test for a study that would use this data.

(2) Is there enough evidence, at an $\alpha = 0.05$ level of significance, to conclude that childbirths do not occur equally throughout the year?

(3) What are some confounding factors that may have affected this study?

Solution:

(1) An appropriate hypothesis test would be a χ^2 goodness - of - fit test whereby the null hypothesis is H_0: Childbirths occur equally by month, tested against the alternate hypothesis, H_α: Childbirths do not occur equally by month. Since there are a total of $n = 636$ childbirths in the entire sample, the expected values would be $636/12 = 53$ childbirths per month. A minor adjustment could be made, noting that there are slight differences in the lengths of the months, between 31, 30, 28, or even 29 days. The χ^2 - test statistic would be $\Sigma(O-E)^2/E$, where the observed values are those given in the chart, compared with the expected values of 53. The rejection region, depending

on the level of significance, α, would be an upper - tail χ^2 rejection, whereby large differences between the observed values and the expected values would result in a larger χ^2 value. The degrees of freedom would be the number of categories $-1=11$, and rejection of the null hypothesis would imply that childbirths do not occur equally by month and are, therefore, not balanced throughout the year.

(2) For this data, the χ^2 - test statistic is $\chi^2=\Sigma(O-E)^2/E=[(44-53)^2/53]+[(41-53)^2/53]+[(43-53)^2/53]+[(52-53)^2/53]+[(55-53)^2/53]+[(47-53)^2/53]+[(52-53)^2/53]+[(61-53)^2/53]+[(66-53)^2/53]+[(64-53)^2/53]+[(58-53)^2/53]+[(53-53)^2/53]=14.075$. The χ^2 - rejection region, based on an $\alpha=0.05$ level of significance, and 11 degrees of freedom, is $\chi^2>19.675$. The conclusion is that the null hypothesis is not rejected, implying that there is not sufficient evidence to show that childbirths do not occur equally by month and, thus, not showing that childbirths do not occur in a balanced fashion throughout the year.

(3) Some confounding factors, besides the minor variation in the lengths of the months, would include location of the city. Cities with different climate patterns may have dramatic differences in the pattern of pregnancies and, thus, childbirths during the course of the year. For example, cities in colder climates, which see distinct changes in seasons, may have different patterns of childbirths throughout the year, whereas warmer climates, with relatively few changes in seasons, may see little variation in childbirths. Another confounding factor may be the location of the hospital, or even the fact that the records are taken from hospital records, which would exclude nonhospital childbirths. Also, the type of city itself may affect the incidence of childbirths during the year, whether the area is urban, rural, suburban, wealthy, or even located in farming areas or industrial regions, all of which may affect the behaviors of the people living in the region.

Figure 66 to 69 shows the result, the χ^2 - test statistic is $\chi^2=14.0755$, the Pval $=0.228845>0.05$, The conclusion is that the null hypothesis is not rejected.

解析：本题考查χ^2 拟合优度检验。如果不用计算器，则将花费很长时间计算，而且不容易计算正确，利用计算器可以快捷、准确地计算，节约时间。

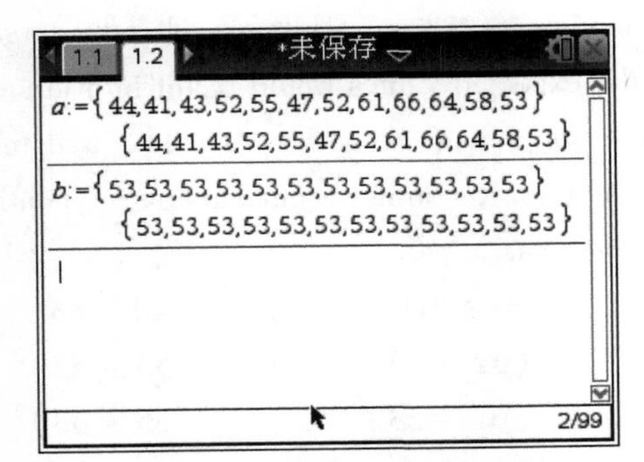

Figure 66

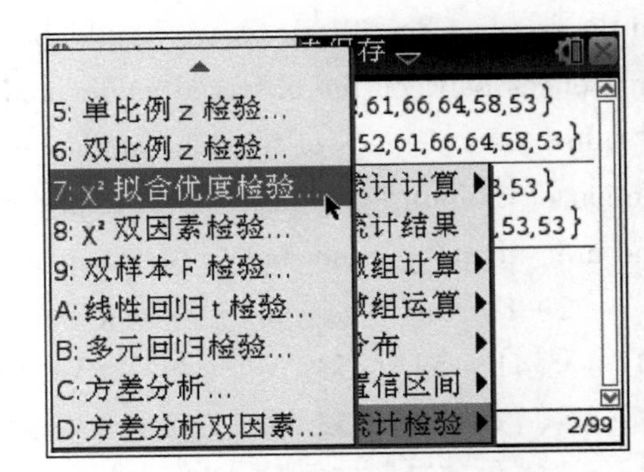

Figure 67

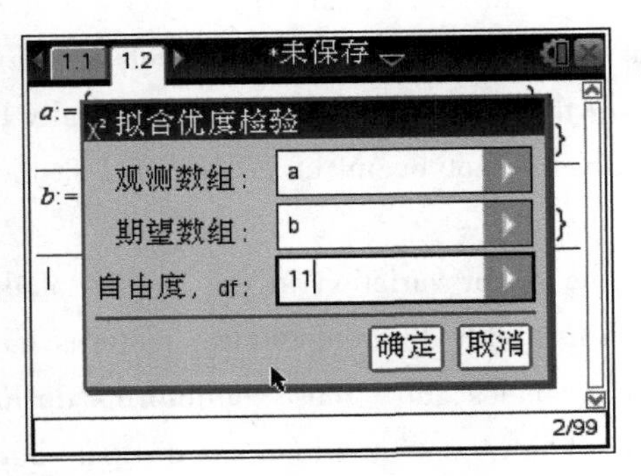

Figure 68

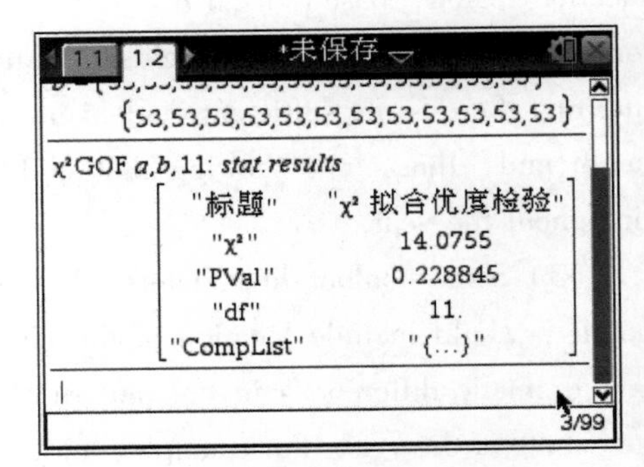

Figure 69

2. Tumbleweed, commonly found in the western United States, is the dried structure of certain plants that are blown by the wind. Kochia, a type of plant that turns into tumbleweed at the end of the summer, is a problem for farmers because it takes nutrients away from soil that would otherwise go to more beneficial plants. Scientists are concerned that kochia plants are becoming resistant to the most commonly used herbicide, glyphosate.

In 2014, 19.7 percent of 61 randomly selected kochia plants were resistant to glyphosate.

In 2017, 38.5 percent of 52 randomly selected kochia plants were resistant to glyphosate.

Do the data provide convincing statistical evidence, at the level of $\alpha = 0.05$, that there has been an increase in the proportion of all kochia plants that are resistant to glyphosate?

Solution:

Section 1:

Let p_{14} represent the proportion of the population of kochia plants in the western United States that were resistant to glyphosate in 2014. Let p_{17} represent the proportion of the population of kochia plants in the western United States that were resistant to glyphosate in 2017.

The null hypothesis $H_0: p_{17} - p_{14} = 0$ is to be tested against the alternative hypothesis $H_a: p_{17} - p_{14} > 0$. An appropriate inference procedure is a two-sample z-test for a difference in proportions. The formula for the test statistic is:

$$z = \frac{\hat{p}_{17} - \hat{p}_{14}}{\sqrt{\left(\frac{\hat{p}_c(1-\hat{p}_c)}{n_{17}} + \frac{\hat{p}_c(1-\hat{p}_c)}{n_{14}}\right)}}.$$

where $\hat{p}_c = \frac{n_{14}\hat{p}_{14} + n_{17}\hat{p}_{17}}{n_{14} + n_{17}}$ is a pooled estimate of the proportion of resistant plants for 2014 and 2017 combined.

Section 2:

The first condition for applying the test is that the data are gathered from independent random samples from the populations of kochia plants in the western United States in 2014 and 2017. The question indicates that a random sample of 61 kochia plants was taken in 2014 and a second random sample of 52 kochia plants was taken in 2017. It is reasonable to assume that the 2017 sample of plants was in no way influenced by the 2014 sample of plants.

The second condition is that the sampling distribution of the test statistic is approximately normal. This condition is satisfied because the expected counts under the null hypothesis are all greater than 10. The pooled estimate of the proportion of resistant plants is $\hat{p}_c = \frac{(61)(0.197) + (52)(0.385)}{61 + 52} \approx 0.2835$. The estimates of the expected counts are

$61(0.2835) \approx 17.29$, $61(1 - 0.2835) \approx 43.71$, $52(0.2835) \approx 14.74$, $52(1 - 0.2835) \approx 37.26$, all of which are greater than 10.

Because sampling must have been done without replacement, the independence condition for each sample should be checked. Information on the population sizes of kochia plants is not given for either 2014 or 2017, but it is reasonable to assume that each population has millions of plants. Therefore it is reasonable to assume that the sample sizes are less than 10 percent of the respective population sizes.

Using the pooled estimate of the proportion of resistant plants, $\hat{p}_c \approx 0.2835$, the value of the test statistic is:

$$z = \frac{0.385 - 0.197}{\sqrt{\left(\frac{(0.2835)(0.7165)}{61} + \frac{(0.2835)(0.7165)}{52}\right)}} \approx 2.21.$$

The p-value is 0.013 5.

Section 3:

Because the p-value is less than $\alpha = 0.05$, there is convincing statistical evidence to conclude that the proportion of resistant plants in the 2017 population of kochia plants is greater than the proportion of resistant plants in the 2014 population of kochia plants.

解析：本题的意思是科学家们担心风滚草（科奇亚）会对最常用的除草剂草甘膦产生抗药性。2014 年，在随机选择的 61 株科奇亚植物中，有 19.7% 对草甘膦具有抗药性。2017 年，在随机选择的 52 株科奇亚植物中，有 38.5% 对草甘膦具有抗药性。这些数据是否提供了令人信服的统计证据？在 α = 0.05 的水平上，表明所有科奇亚植物对草甘膦具有抗药性的比例有所增加？

本题考查双样本的比例 z – 检验，这也是统计学中的典型问题，一般解法分为 4 步，每一步 1 分，共 4 分。第 1 步指明参数，写出两个假设；第 2 步检验条件；第 3 步按照公式计算；第 4 步根据计算结果得出结论。显然在第 2 步和第 3 步中会用到图形计算器，因为图形计算器内置了双比例 z – 检验的程序，直接输入数据即可以得到结果（Figure 70、Figure 71），可以得到题目中所有中间过程需要量的值，大大提高做题速度。如果不用图形计算器，那么就得按照公式计算每一个中间值，还要查表得出概率值，耗时费力，很可能在规定时间内不能完成试题。因此，本题是验证图形计算器有效性的试题。

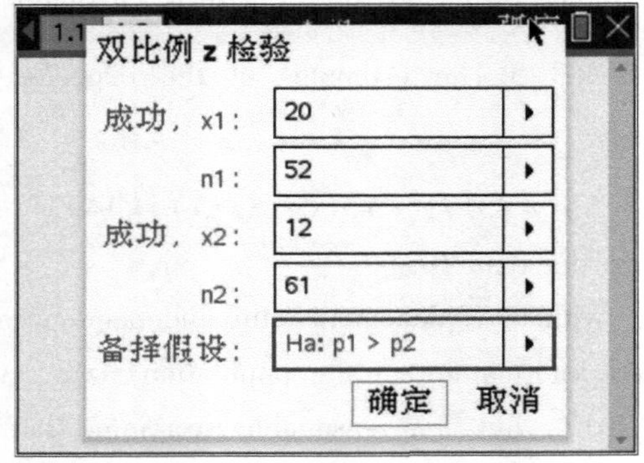

Figure 70

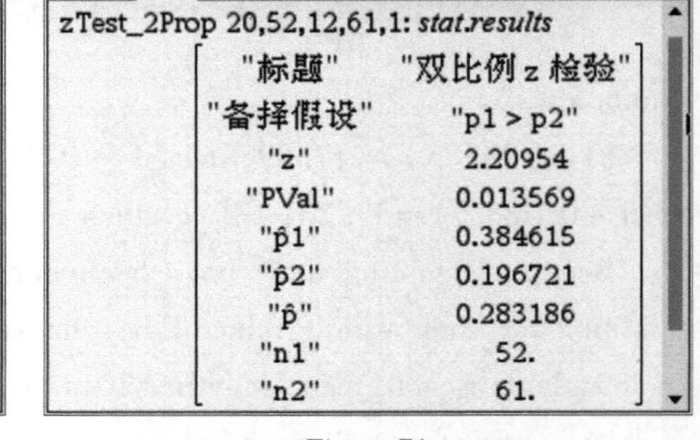

Figure 71

四、IB 问题解答

1. A particle can move along a straight line from a point P. The velocity v, in ms^{-1}, is given by the function $v(t)=2-\mathrm{e}^{-\sin t^3}$ where $t\geqslant 0$ is measured in seconds.

(1) Write down the first two times t_1, $t_2>0$ when the particle changes direction.

(2) ①Find the time $0<t<t_2$ when the particle has a maximum velocity;

②Find the time $0<t<t_2$ when the particle has a minimum velocity.

(3) Find the distance travelled by the particle between times $t=t_1$ and $t=t_2$.

Solution:

(1) The particle changes direction when

$v(t)=0$, $2-\mathrm{e}^{-\sin x^3}=0$.

$t\approx 1.58$ sec or $t\approx 1.77$ sec[by using G. D. C.].

(2) Using G. D. C. we get $t_{v\max}\approx 1.16$ sec; Using G. D. C. we get $t_{v\min}\approx$ 1.68 sec.

(3) The distance d travelled

$$\int_{1.58}^{1.77}\left|2-\mathrm{e}^{-\sin x^3}\right|\mathrm{d}x\approx 0.0877\mathrm{m}\text{ [by using G. D. C.].}$$

解析：这是一个有关变速直线运动的问题，题目中给出的速度－时间函数为指数函数和三角函数的复合函数。问题(1)是求粒子第一次和第二次改变运动方向的时刻，需要分析物体反向运动时刻即速度为零的点，然后用图形计算器作图，分析图像零点，或者直接解方程求零点。问题(2)是用图形计算器直接得到函数在某区间的最值。问题(3)是求粒子在第一次和第二次改变运动方向的时段内运动的路程。列出积分表达式后，需要通过图形计算器求出具体值。下面给出用图形计算器求解的过程(Figure 72、Figure 73)。

如果不用图形计算器，那么问题(1)的超越方程不能求解；对问题(2)求最值时，虽然能够求出导函数，但是导函数值为 0 的超越方程不能求解；问题(3)中积分的原函数表达式也不容易求出。因此，不用图形计算器本题基本上得不到分数。

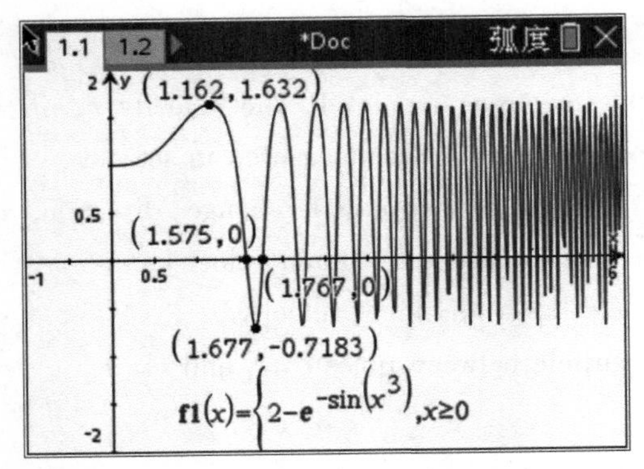

Figure 72

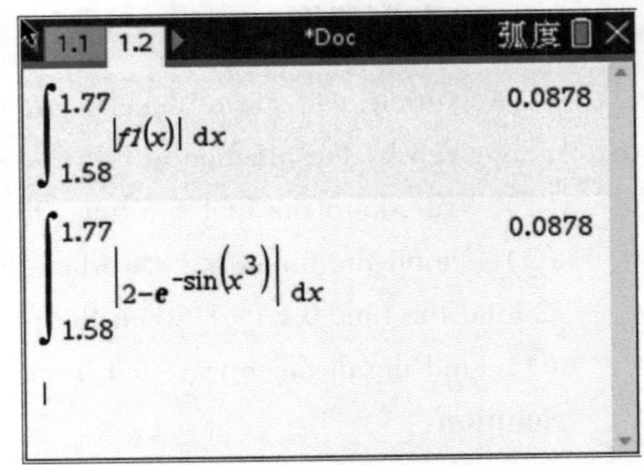

Figure 73

2. The heights, in metres, of a flock of 25 flamingos are recorded and shown below:

0.5 0.7 0.9 1.0 1.0 1.0 1.1 1.1 1.2 1.2 1.2 1.2 1.3 1.3 1.3 1.3 1.3 1.4 1.4 1.4 1.4 1.5 1.5 1.6 1.6

An outlier is an observation that falls either more than 1.5 ×(interquartile range) above the upper quartile or less than 1.5 ×(interquartile range) below the lower quartile.

(1) ①Find the values of Q_1, Q_2 and Q_3; ②Find the interquartile range; ③Identify any outliers.

(2) Using your answers to part(1), draw a box plot for the data.

(3) Calculate the mean and standard deviation for the data.

Solution:

(1) $Q_1 = 1.05$, $Q_2 = 1.3$ and $Q_3 = 1.4$.

$\text{IQR} = Q_3 - Q_1 = 0.35$; $\text{llim} = Q_1 - 1.5\text{IQR} = 0.525 > 0.5$, $\text{Rlim} = Q_3 + 1.5\text{IQR} = 1.925 > 1.6$.

So the outlier is 0.5.

(2) See Figure 78.

(3) The the mean is 1.216 metres and the standard deviation is 0.264 1 metres.

解析：本题考查数据的5数总结和箱线图表示，以及样本统计量的计算。显然利用图形计算器可以快速找出各个统计量，并且画出箱线图(Figure 74 ~ Figure 79)，如果不用图形计算器，那么就得按照公式计算每一个中间值，耗时费力，很可能在规定时间内不能完成试题。

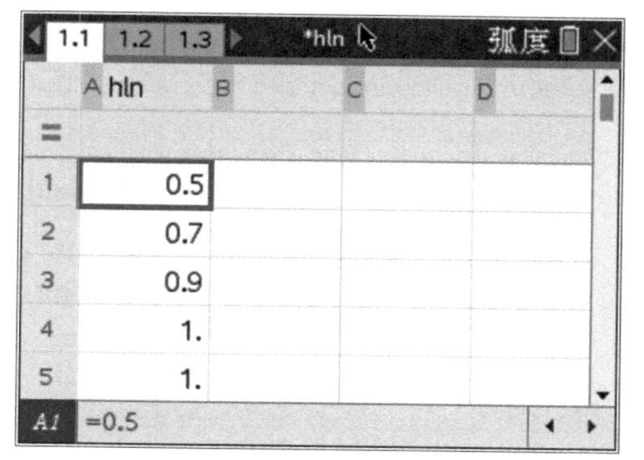

Figure 74

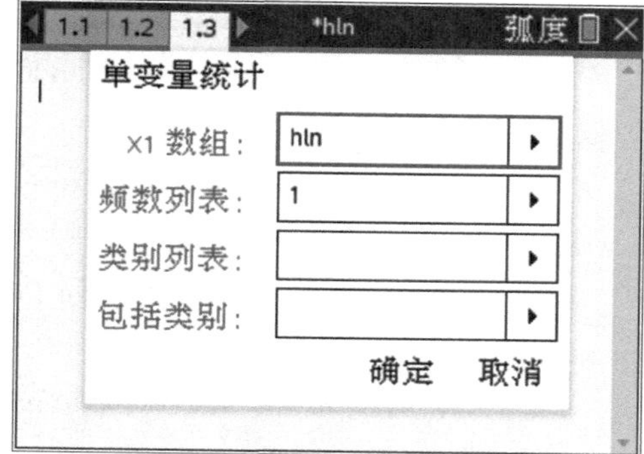

Figure 75

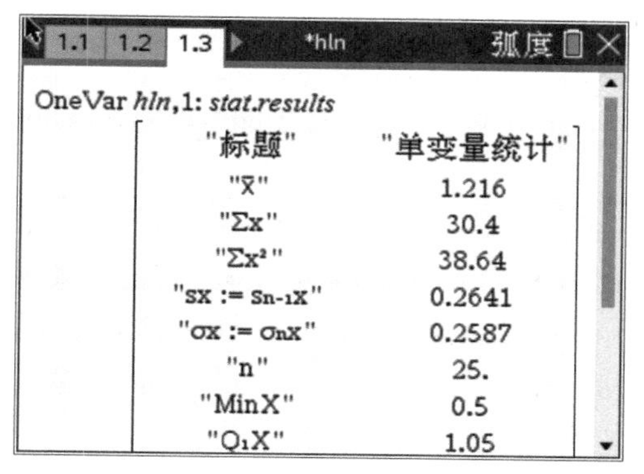

Figure 76

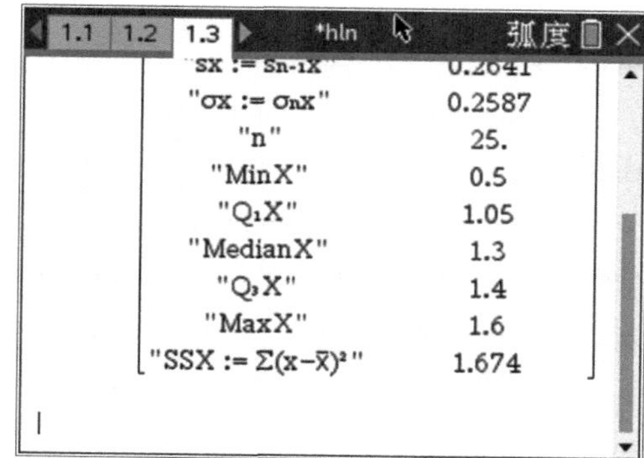

Figure 77

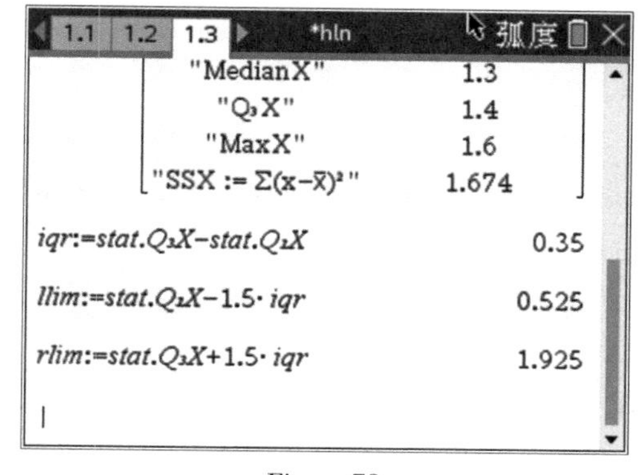

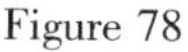
Figure 78

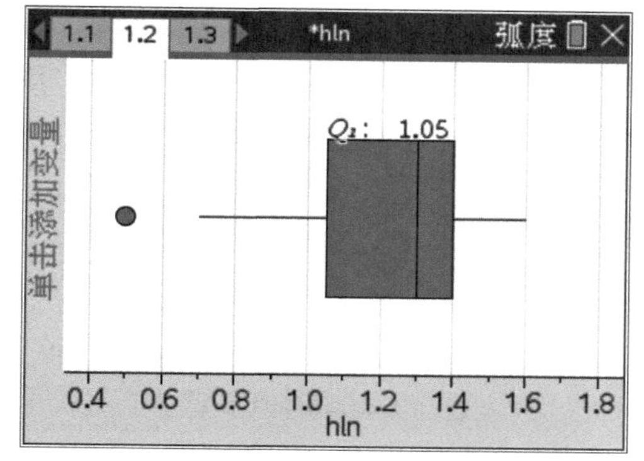

Figure 79

3. A bakery makes two types of moon cake: rose moon cake and five-kernel moon-cake.

The weights, A grams, of the rose moon cake are normally distributed with a mean of 60 g and standard deviation of 1. 5 g.

(1) Find the probability that a randomly selected rose moon cake weighs less than 59 g.

(2) In a random selection of 14 rose moon cakes, find the probability that exactly 6 weigh less than 59 g.

The weights, B grams, of the five-kernel mooncake are normally distributed with a mean of 65 g and standard deviation of 3. 8 g.

Each day 60% of the moon cakes made are rose.

On a particular day, a moon cakes is randomly selected from all those made at the bakery.

(3) ①Find the probability that the randomly selected a moon cakes weighs less than 59 g.

②Given that a randomly selected muffin weighs less than 59 g, find the probability that it is rose.

The machine that makes the rose moon cake is adjusted so that the mean weight of the rose moon cake remains the same but their standard deviation changes to σg. The machine that makes the five-kernel mooncake is not adjusted. The probability that the weight of a randomly selected mooncake from these machines is less than 59g is now 0. 145.

(4) Find the value of σ.

Solution:

(1) $P(A < 59) = 0.2525$.

(2) recognition of binomial eg $X \sim B(14, 0.2525)$.

$P(X = 6) = 0.0759$.

(3) ①Let RMC represent 'rose moon cake' and FMC represent 'five-kernel moon cake', Event C represents a random mooncake with a weight of less than 59 grams.

$P(B < 59) = 0.0572...$

So $P(C) = P(\text{RMC}) \times P(A < 59 \mid \text{RMC}) + P(\text{FMC}) \times P(B < 59 \mid \text{FMC})$

$= (0.6 \times 0.2525) + (0.4 \times 0.0572) = 0.1744$.

②prb $= \dfrac{P(\text{RMC}) \times P(A < 59 \mid \text{RMC})}{P(C)} = \dfrac{0.6 \times 0.2525}{0.1744} = 0.8688$

(4) $P(C) = P(\text{RMC}) \times P(A < 59 \mid \text{RMC}) + P(\text{FMC}) \times P(B < 59 \mid \text{FMC}) = 0.145$.

So $P(A<59)=\dfrac{0.145-0.4\times 0.0572}{0.6}=0.2036$.

$\sigma=\dfrac{59-60}{z_{0.2036}}=1.207\text{g}$.

解析：本题考查正态分布、二项分布、全概率、贝叶斯公式的应用。显然利用图形计算器可以直接得到概率和临界点，再经过一般的运算很快得出结果（Figure 80、Figure 81）。

1.1　*ib3　弧度

ana:=normCdf(-∞,59,60,1.5)	0.2525
anb:=binomPdf(14,0.2525,6)	0.0759
pb:=normCdf(-∞,59,65,3.8)	0.0572
anc1:=ana· 0.6+0.4· pb	0.1744
anc2:=ana· 0.6 / anc1	0.8688
0.145−0.4· pb	0.2036

Figure 80

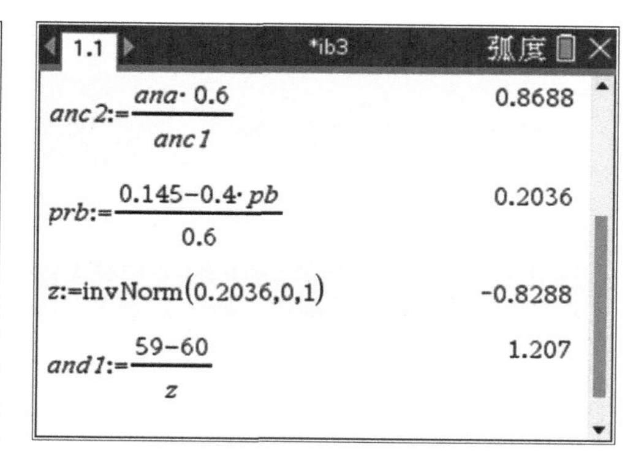

Figure 81

4. The function f is defined by $f(x)=\dfrac{x+2}{x^2-x-2}$, for $x\in\mathrm{R}$, $x\neq p$, $x\neq q$.

(1) Find the value of p and the value of q.

(2) Find an expression for $f'(x)$.

The graph of $y=f(x)$ has exactly one point of inflexion.

(3) Find the x-coordinate of the point of inflexion.

(4) Sketch the graph of $y=f(x)$ for $-8\leqslant x\leqslant 8$, showing the values of any axes intercepts, the coordinates of any local maxima and local minima, and giving the equations of any asymptotes.

The function g is defined by $g(x)=\dfrac{x^2-x-2}{x+2}$, for $x\in\mathrm{R}$, $x\neq -2$.

(5) Find the equations of all the asymptotes on the graph of $y=g(x)$.

(6) By considering the graph of $y=f(x)-g(x)$, or otherwise, solve $f(x)<g(x)$ for $x\in\mathrm{R}$.

Solution:

(1) attempt to solve $x^2-x-2=0$, So $x=-1, 2$, So, $p=-1$, $q=2$.

(2) $f'(x)=\dfrac{-x(x+4)}{(x^2-x-2)^2}$.

(3) $f''(x) = \dfrac{2(x^3+6x^2+4)}{(x^2-x-2)^3} = 0, x \approx -6.107$, See Figure 82.

(4) See Figure 83, the x - intercepts is -2, the y - intercepts is -1, when $x=-4$, the local minimum -0.111.

(5) $g(x) = \dfrac{x^2-x-2}{x+2} = \dfrac{4}{x+2} + x - 3$, the oblique asymptote $y = x-3$, the vertical asymptote is $x=-2$.

(6) See Figure 85, $y = f(x) - g(x) = \dfrac{x+2}{x^2-x-2} - \dfrac{x^2-x-2}{x+2} = 0$.

According to the image of the function we get $x=0$, $x \approx -1.236$, $x \approx 3.236$.

So $x < -1.236$ or $-1 < x < 0$ or $0 < x < 2$ or $x > 3.236$.

解析：本题以有理函数为背景考查函数性质以及方程不等式关系。利用图形计算器快速作图，通过跟踪图形很快得出零点、最值点等性质，然后快速写出不等式的解集，同时利用图形计算器快速求出导数及二阶导数的零点，解方程求出零点。另外，对于斜渐近线，只需要将分子中的每个 x 用分母 $x+2$ 凑配，然后去掉分子常数项，即可得到渐近线方程，也可以作出它的图像(Figure 82 ~ Figure 85)。

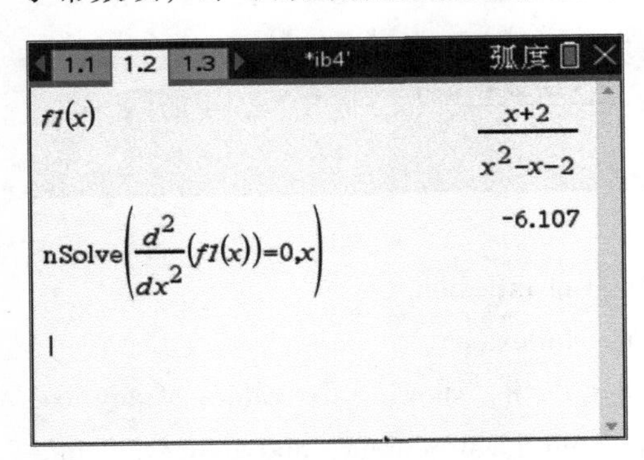

Figure 82

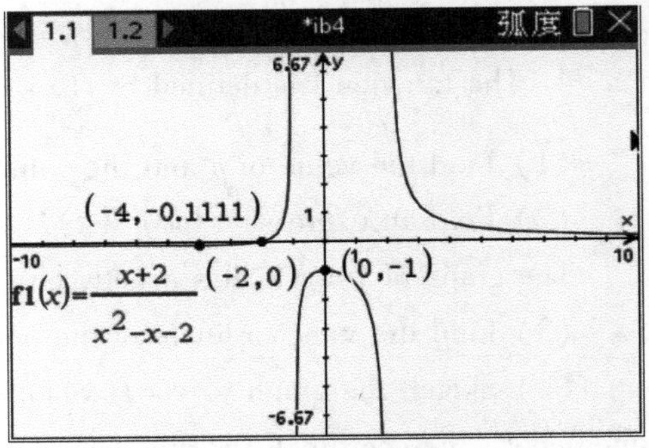

Figure 83

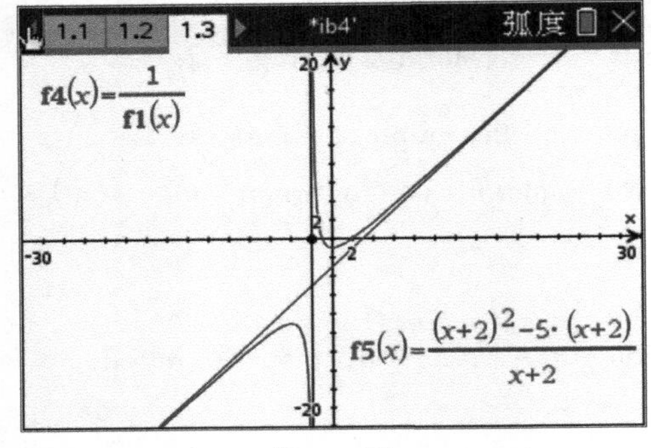

Figure 84

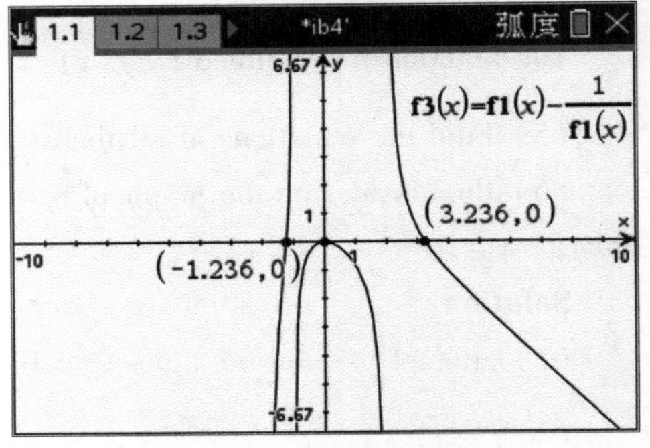

Figure 85

彩　　插

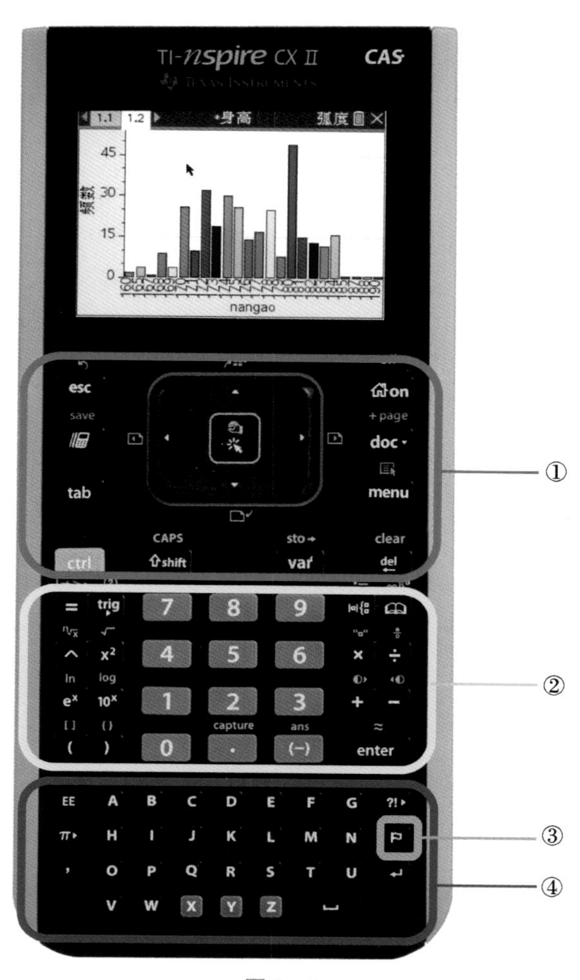

TI-nspire CX II
CAS
1.1
1.2
身高
弧度
频数
45
30
15
0
nangao
esc
save
tab
on
page
doc
menu
CAPS
shift
sto→
var
clear
del
ctrl
①
=
trig
7
8
9
4
5
6
1
2
3
0
x²
log
ln
eˣ
10ˣ
×
÷
+
−
capture
ans
(−)
enter
②
EE
A
B
C
D
E
F
G
H
I
J
K
L
M
N
O
P
Q
R
S
T
U
V
W
X
Y
Z
③
④

图 1－1